河北省社会科学基金项目（批准号：HB13LS013）
河北大学历史学强势特色学科学术出版基金资助
河北大学中西部高校提升综合实力工程项目资助

华北学 · 华北自然环境研究丛书

GENZHI HAIHE YUNDONG YU XIANGCUN SHEHUI YANJIU

"根治海河"运动与乡村社会研究（1963—1980）

吕志茹　著

人民出版社

《华北学研究丛书》出版说明

华北区域（京、津、冀、晋、内蒙古五省市区）是黄河文明与海河文明起源地，是历史上农耕文明、草原文明、海洋文明等多元文化交往、冲突、融合的典型地区。古往今来，该地区曾为众多仁人志士不懈奋斗的中心舞台之一，许多重大历史事件在此发生。近年来，随着国家京津冀一体化战略的实施，作为围绕京津的华北区域，其基础功能、辐射功能更加凸显。

河北大学位于素有"京畿重地"、"首都南大门"之称的河北省保定市，具有毗邻京津的区位优势，又是河北省内唯一与教育部共建的综合性大学和中西部高校综合实力提升工程入选高校。多年前，河北大学历史学科围绕华北区域开展了相关研究，在全国产生了积极影响。经过充分的酝酿与筹备，河北大学历史学科于2012年正式发起成立华北学研究所，在国内较早提出"华北学"这一概念，目前已取得一批标志性研究成果。华北学研究所以"古今贯通，文理交叉，区域联合，服务华北"为宗旨，参照教育部重点研究基地的模式运作，重点研究领域和拟出版《丛书》规划包括：

1. 《华北学·华北五省市区综合研究丛书》
2. 《华北学·京津冀一体化研究丛书》
3. 《华北学·人类文明起源与华北地区考古文物研究丛书》
4. 《华北学·华北自然环境研究丛书》
5. 《华北学·华北地区文化传承与发展研究丛书》
6. 《华北学·华北红色根据地研究丛书》
7. 《华北学·华北乡村研究丛书》
8. 《华北学·华北城镇研究丛书》
9. 《华北学·河北省研究丛书》……（华北各省市区）
10. 《华北学·保定研究丛书》……（华北各市县）

华北学研究为河北大学历史学科致力打造的研究特色和重点建设领域。正是基于此，河北大学华北学研究所推出《华北学研究丛书》，其旨趣在于，从纵向上，贯通古今，古为今用，发掘历史文化遗产，服务于华北区域的崛起与振兴；从横向上，积极应对京津冀一体化战略，加强区域协同研究，服务于地方经济建设与文化发展。该《丛书》将不断推出海内外同仁有关华北学研究的重要成果，贡献社会。

未来的华北学研究，目标明确，形式多样，力求实现校内与校外资源互补，强势与特色扬长补短。我们热切期盼更多的同仁关注、襄助华北学研究。

河北大学华北学研究所

目　　录

绪　论

一、选题缘起

我国是一个农业大国，农业发展与水有着密切的关系，水利设施的兴修对国计民生至关重要。由于我国水灾频发，自文明出现以来，治水便成为神话时代中国人的主题。之后，历代王朝都把水利建设看成治国安邦的重要举措之一，在新王朝初建时尤其如此。中国共产党成立后，对水利建设的认识更是提高到一个新的高度。毛泽东在1934年阐述中央苏区的经济政策时，就明确提出了"水利是农业的命脉"① 的论断。新中国成立后，面对长期战乱留下的水利失修、水灾频发的局面，党和国家下大决心进行全面、彻底的治理，不仅加强了对江河水患的治理力度，小型农田水利工程也逐渐展开，在水利建设上迈出了重要的步伐。尤其是20世纪50年代至80年代初的集体化时期，国家在统一规划水利工程、人员调配方面显现出明显的优势，大规模的水利建设如火如荼地展开，为防灾减灾以及农业的增收、国民经济的全面进步奠定了坚实的基础。

海河是我国七大江河之一，干流流经天津市区，总长只有73公里，上游却连接着众多河流，形成广阔的海河水系，呈扇面状分布在华北平原上。各大支流源于太行山、燕山，穿过华北平原，汇集天津注入渤海。海河流域西部与黄土高原接壤，南界黄河，北接内蒙古草原，东临渤海，主要流经河北

---

① 《毛泽东选集》第一卷，人民出版社1991年版，第132页。

省大部、北京市、天津市的全部，以及山西、山东、河南、内蒙古、辽宁等省、自治区的一部分。该流域涵盖了我国的政治经济中心，地理位置非常重要。但就是这样一个重要区域，却由于特殊的气候及地形条件，导致旱涝灾害频发，严重影响了区域经济的发展与人民群众的生活。新中国成立后，在党和政府的领导下，相关省、区、市加大了对海河的治理力度，除进行了部分平原除涝工程外，还修建了官厅水库，进行了综合治理规划的编制工作。"大跃进"时期，在海河上游山区又修建了十几座大型水库和大量中小型水库，在海河治理上取得了重大进展。但实践证明，海河治理虽取得了显著成绩，仍不能从根本上解除灾害的威胁。1963 年 8 月，海河流域降下特大暴雨，降雨量创下了有历史记录以来的最高值，引发了历史上罕见的大水灾，冀中、冀南一片汪洋，给人民群众的生命和财产造成巨大损失，京广铁路停运二十多天，并威胁到了天津市和津浦铁路的安全。水灾的巨大破坏力促使党和国家下决心对该流域进行彻底的综合治理。1963 年 11 月 17 日，毛泽东主席发出了"一定要根治海河"的号召，一场声势浩大的"根治海河"运动全面铺开。这次治理活动持续时间长，覆盖面广，其参与劳动的人员之多、规模之大是历史上罕见的，在海河治理史上留下了浓墨重彩的一笔。

"根治海河"是党和国家领导的一场有长期规划的大型治水运动，是当代水利史上的一件大事。新中国成立后，党和国家领导修建了诸多水利工程，"根治海河"是集体化时期水利建设中的一个重要典范。经过相关部门和民众十多年的共同努力，到 20 世纪 70 年代末，海河各大水系都有了单独的入海通道，"在未破坏原有海河水系格局的情况下，陆续开挖、整修、扩挖了许多直接排洪入海的新河道。从此，在海河流域平原上，出现了统一入海的海河水系与分流入海的分流水系并存的水网格局。"① 它不仅减轻了洪水灾害对天津市和京广铁路、津浦铁路的威胁，而且注重了综合治理，在一定程度上改善了该流域的农业基础条件，对农业的发展起到了很大的促进作用。20 世纪 80 年代实行家庭联产承包责任制以后，海河流域的农业发展有了更大的进步，

---

① 邹逸麟、张修桂主编：《中国历史自然地理》，科学出版社 2013 年版，第 404 页。

这与"根治海河"运动期间打下的良好水利设施基础是分不开的。本书将以"根治海河"运动与乡村社会的关系为视角,阐释集体化时期水利建设对农村、农业、农民的影响,以思考水利与民生的关系。

（一）理论意义

"根治海河"是集体化时期开展的一项大型水利工程。集体化时期的水利建设虽取得了令人瞩目的成就,但史学界对该领域的理论研究尚比较薄弱,因此对该问题的研究有较高的学术价值。从治理政策上,它突破了传统社会大型水利工程中"国家出钱,农民出力"的治水模式,由国家、集体和民众三方联动,充分发挥了集体的后盾作用,在农民做出巨大贡献的基础上,取得了以往无法比拟的巨大成就,是计划经济下治水的有效模式。"根治海河"正处于人民公社化时期,对该项运动的组织机制、社会动员和资源配置能力、社会成员的心理状态进行研究,能够对特定时期的整个社会面相进行更加深入的分析探讨。同时,"根治海河"是在党和国家领导下进行的大型水利工程,对该流域经济发展和乡村社会的影响无疑是巨大的。因此,对"根治海河"运动的研究不仅有利于华北区域地方史和集体化时期水利史研究的深入开展,还可以从水利建设的角度深化对国史、中共党史和当代经济社会史的研究,具有较高的学术价值。

（二）现实意义

随着经济、社会的发展,水利事业的重要性更加凸显。从20世纪70年代起,党和国家对水利的重要作用有了更加深刻的认识,由"水利是农业的命脉"提高到"水利是国民经济的命脉"。进入21世纪后,中央更为重视粮食安全问题,要求进一步建立粮食安全保障体系,水利便是其中极为重要的一个环节。不可否认的是,当今的农村在水利方面很大程度上仍然是在吃集体化时期的"老本"。因此,对集体化时期水利史的研究,有利于总结既往经验,为新时期的水利建设提供经验借鉴。水利部前部长钱正英曾经说过,水利建设"宜未雨绸缪,勿临渴掘井"。重大治水方略的实现,不是短期就容易完成的,应在总结既往经验教训的基础上提前筹划。

"根治海河"是对海河流域的综合治理。水利涉及人与自然的关系,党的十八大把生态文明建设放在突出地位，要求人们必须树立尊重自然、顺应自然、保护自然的生态文明理念，做到人与自然的和谐发展。总结"根治海河"中工程规划的合理成分、治理理念，对当今处理水利建设与环境保护的关系将有一定的借鉴作用。另外，水利建设是涉及"三农"问题的一项重要工作，对于"根治海河"运动与"三农"关系的研究，能使我们深入分析水利建设与乡村社会的关系，合理利用乡村资源，更好地为"三农"状况的改善服务。

二、学术史回顾

学术界对水利史的研究多集中于古代和近代。如著名水利研究专家姚汉源先生的《中国水利史纲要》①与《中国水利发展史》②均以1948年为下限，很多专题研究也多集中于新中国成立以前。对新中国成立以后水利史的研究起步较晚。近年来，这方面的研究开始有了较大的进步。

（一）对新中国成立后水利史的宏观研究

综合性研究：2014年6月，中国社会科学出版社出版了王瑞芳的新著《当代中国水利史（1949—2011）》，对新中国成立以后60余年的水利建设进行了全面梳理，弥补了大量水利史著作以1948年为下限的不足。该著覆盖面广，从江河治理和农田水利建设两个基本维度，揭示了新中国治水方针的转变及由此带来的水利建设重心的转移，清晰地勾画出当代中国水利建设发展的历史轨迹，并对水利建设的利弊得失做了客观评判，是全面研究当代水利史的重要著作。但由于侧重点在全局，其中所涉及的"根治海河"部分仅限于粗线条的概括。

其他有关新中国成立以后水利史的研究主要分为两部分：一是对大江大

---

① 姚汉源：《中国水利史纲要》，水利电力出版社1987年版。
② 姚汉源：《中国水利发展史》，上海人民出版社2005年版。

河治理的研究；一是对小型农田水利①的探讨。二者既有区别，又有非常密切的联系。在一定区域的生态系统中，"水利建设的有效性恰恰在于大水利与小水利之间是否构成一个协调与互补的系统。"② 1963 年大水灾后海河流域的治理属于国家领导完成的大型水利工程，但在骨干河道进行治理的同时大力加强了配套工程建设，使其在防洪的同时兼具了除涝和抗旱的双重功能，正好体现了这一原则。以下对两种类型的水利研究都将予以关注。

江河治理研究：有关江河治理等大型水利工程的研究，重要的著作有高峻的《新中国治水事业的起步（1949—1957）》③。该著由追溯中共在革命战争年代的治水实践入手，对新中国成立初期的治水事业进行了历史考察。记述了新中国治水方略的制定，国家领导下对淮河的初步治理、对黄河水患的防治和规划，以及长江分洪工程的兴建等，最后总结新中国成立初期治水的主要经验，是研究新中国成立初期水利发展的重要著作。但其研究理路重在传统的水利史方法，主要关注国家治水方略的制定与水利工程建设，对于水利建设中的施工政策与民众的参与，仅在总结治理淮河的成就和经验教训中提到对参建民工实施按劳取酬制度、奖罚分明，激励了民工施工的积极性和主动性。尚未对国家在水利建设中的出工政策、参与民众的状况展开论述。该著的研究截至 1957 年，人民公社时期的水利建设不是其考察的范围。

对大型治理工程的专门研究中，以新中国成立初期的淮河治理工作取得的成就较多。除一些当事人的回忆性追述外④，以葛玲为代表对新中国成立初期的治淮运动⑤进行了探讨。作者以皖西北为例，在大量地方档案的基础上分

---

① 对于农田水利的概念，学术界没有统一的定义。吕亚荣在《小型农田水利建设的制度模式及绩效评价》中认为：农田水利设施的范围，即是指辐射和服务范围窄、规模小、建设和投资额度少、受益对象有限、在农业生产中使用的水利设施。与大中型水利设施比较而言，小型农田水利设施承担的社会、经济责任和作用较小，涉及的利益主体关系简单。转引自李文、柯阳鹏的《新中国前 30 年的农田水利设施供给——基于农村公共品供给体制变迁的分析》，《党史研究与教学》2008 年第 6 期。

② 罗兴佐：《治水：国家介入与农民合作——荆门五村农田水利研究》，湖北人民出版社 2006 年版，第 157 页。

③ 高峻：《新中国治水事业的起步（1949—1957）》，福建教育出版社 2003 年版。

④ 王光宇：《安徽治淮的回顾与思考》，《中共党史研究》2009 年第 9 期。

⑤ 葛玲：《新中国成立初期皖西北地区治淮运动的初步研究》，《中共党史研究》2012 年第 4 期。

析了治淮运动的兴起和工程实施中乡村与政府间的互动，对中共领导的水利工程中的"政治化"问题进行了研究，从党史、政治史的角度进一步探讨了新中国成立初期党在淮河治理上的得失，认为在将治淮推向政治旋涡的同时，弱化了工程的水利效益。该文突破了传统水利建设的层面，以治淮运动与乡村社会的互动为视角，探讨了新中国成立初期党和国家水利政治的形成和影响，较为深入地研究了新中国成立初期水利建设的政策及实施状况。此外，刘彦文对"大跃进"时期甘肃引洮工程的研究[1]不仅探讨了该工程的实施状况，而且重点关注了民工的阶级成分。[2] 上述学者的研究均强调了水利与政治、社会的互动，突出了社会环境对水利建设的影响，不仅为新中国成立后水利史研究，而且为新中国成立后的社会史研究注入了新鲜血液。

农田水利研究：有关农田水利建设，重要的著作有罗兴佐的《治水：国家介入与农民合作——荆门五村农田水利研究》。该著作以江汉平原荆门市五个村庄为考察对象，将新中国成立以来的水利建设分三个时段加以考察，分别是：新中国成立到分田到户的农村改革阶段、联产承包制至2002年税费改革前以及2002年税费改革以后。对于第一个阶段，他认为："新中国成立后，尤其是经过人民公社化后，国家在农村建立起以政社合一和集体所有为突出特点的高度集权的组织与管理体制。在这一体制中，国家通过对政治、经济、文化资源的控制，强制人们合作，农民合作问题实质上变成了国家的一个组织问题。"[3] 作者指出，几千年来存在的农民合作问题，在国家政权建设取得成功的条件下得以解决。人民公社体制为治水提供了强大的组织基础。作者将国家—社会理论作为研究新中国治水的视角，研究国家的制度层面与民众的应对，强调了水利建设中"人"的因素，是对传统水利史的有益补充。但作者对集体化时期的水利研究仅用一章来表述，论述略显单薄并缺乏实证材料。对于新中国的农田水利政策，罗兴佐认为新中国成立后的农田水利建设

---

① 刘彦文：《"大跃进"时期的甘肃引洮工程述评》，《中共党史研究》2013年第5期。

② 刘彦文：《"大跃进"期间引洮工地的"五类分子"》，《开放时代》2013年第4期。

③ 罗兴佐：《治水：国家介入与农民合作——荆门五村农田水利研究》，湖北人民出版社2006年版，第24页。

分成三个阶段，经历了农业生产为取向、农民负担取向、市场化与自治性取向的政策。集体化时期的水利政策是以农业生产为取向的。①

　　还有学者专门研究了新中国成立后的农田水利政策，李文、柯阳鹏在《新中国前 30 年的农田水利设施供给——基于农村公共品供给体制变迁的分析》一文中认为：集体化时期的水利筹资方式有两种：大型水利工程由国家负责兴修；一切小型水利工程，均由合作社其后是人民公社依靠自身的资金和劳动积累解决。这种民办公助的建设和供给方式在合作化和集体化时期在很大程度上保障了农田水利灌溉事业的稳定和发展。② 该文重点关注小型的农田水利，对大型水利没有论及，仅为简单概括的一个总的指导思想。著名学者黄宗智在其《长江三角洲小农家庭与乡村发展》中对集体化时期的水利建设进行过论述，他认为集体化为新的水利建设提供了实际上免费的劳动力，国家提供了现代资本投入，诸如电泵、水闸和新海塘所需的水泥，但是这些工程是由农民的"义务工"完成的。③ 这是基于长江三角洲地区的水利设施兴修得出的结论。至于各地在兴修不同规模的水利工程时所实施的具体政策，以及民众在水利建设中如何具体参与，如何被组织起来，尚未有专门的著作论及。而集体化时期，随着大规模水利建设的兴起，民众的生产生活与水利建设密不可分，水利建设成为理解这一时期农村民众社会生活的一个很好的切入点。

　　此外，近几年来，一些硕士、博士学位论文开始以新中国成立后的农田水利问题作为选题，丰富了新中国成立后水利史的研究。山西大学社会史研究中心对集体化时期的研究做出了很大的努力，取得了一些较好的研究成果。其中，有关水利方面，周亚以晋南龙子祠泉域为考察对象，对集体化时期的乡村水利与社会变迁进行论述，该文立足于集体化时期，把研究视域放开，对唐宋、元明清、民国和集体化各阶段的水利建设进行纵向研究，对水利社

① 罗兴佐：《论新中国农田水利政策的变迁》，《探索与争鸣》2011 年第 8 期。
② 李文、柯阳鹏：《新中国前 30 年的农田水利设施供给——基于农村公共品供给体制变迁的分析》，《党史研究与教学》2008 年第 6 期。
③ ［美］黄宗智：《长江三角洲小农家庭与乡村发展》，中华书局 2000 年版，第 235 页。

会的变与不变，对集体化时期的水利建设与管理进行了评价，[①] 是以长时段研究乡村水利与社会变迁的尝试。华中师范大学谢丁的硕士学位论文《我国农田水利政策变迁的政治学分析：1949—1957》[②]，从政治学角度分析了新中国成立初期农田水利政策的制定和实施情况，认为农田水利在新中国成立初期得到党和国家的高度重视，而新政权又没有能力投入太多资源，解决的办法是，国家利用组织农民的形式来汇集国家机器启动之初所需要的动力，其能量和速度都是前所未有的。而这种"前所未有"创造了世界现代史上的奇迹。作者把公共政策看作政治系统与社会互动过程的结果，但文中多是"自上而下"的政策制定和实施的分析，尚缺乏"自下而上"的社会互动声音。广西师范大学禤推鸽的硕士学位论文《当代广西水利建设述评（1950—1979）》[③]，分五个阶段探讨了 1950—1979 年广西水利建设的状况，对政府在水利建设中的执政职能和水利建设中实行的"民办公助"方式进行了分析。认为"民办公助"形式弱化了封建社会时期的血缘关系，利用地缘关系扩大了水利工程兴建的范围，在管理上避免了封建社会因为血缘关系产生的用水纠纷。在具体兴建过程中，政府发扬明清时期盛行的利益原则，充分调动劳动力投身到水利建设中，做到公私兼顾。因此，"民办公助"方式是 1950—1979 年开展水利建设的有效方式。在政府职能上，省政府、地方政府比较重视水利建设，并承担工程建设主要角色，但当时社会环境和政治路线影响了政府职能的充分发挥。此外，还有河南大学张艾平的硕士学位论文《1949—1965 年河南农田水利评析》[④]，该文对新中国成立后 17 年农田水利的发展脉络、取得的成就及其原因进行了分析，并在此基础上给予评价，总结了新中国成立 17 年的农田水利建设的经验教训。华中师范大学孙景丽的硕士学位论文《1949—1978

① 周亚：《集体化时期的乡村水利与社会变迁——以晋南龙子祠泉域为例》，山西大学 2009 年博士学位论文。

② 谢丁：《我国农田水利政策变迁的政治学分析：1949—1957》，华中师范大学 2006 年硕士学位论文。

③ 禤推鸽：《当代广西水利建设述评（1950—1979）》，广西师范大学 2006 年硕士学位论文。

④ 张艾平：《1949—1965 年河南农田水利评析》，河南大学 2007 年硕士学位论文。

年随县水利建设与农村社会》①，在分析 1949 年至 1978 年随县水利建设的同时，从社会动员和社会控制两个方面阐发了水利建设与农村社会的关系。以上学术成就虽多是区域性研究，具体问题有地方特点，但宏观政策具有普遍性，对海河流域的研究均有所启迪。

（二）对"根治海河"的专题研究

"根治海河"群众性治水运动发端于 1963 年海河流域大水灾，自 1965 年正式展开，到 1980 年宣告结束。从治理后期起，人们开始逐渐反思这段历史，尝试总结这场运动的得与失。其中较早的有门万和的《治理海河三十年》②、赵金升的《根治海河的伟大成就和遗留问题》③ 以及李继光的《根治海河中的两项新经验》④，三篇文章主要从水利工程角度介绍了"根治海河"的状况、取得的成就、遗留的问题以及工程实施过程中所取得的新经验。此后，又陆续出现了一些回忆性质的文章，如董一林、王克非的《根治海河十四年》⑤，以当时治河亲历者的身份对"根治海河"运动做了简要介绍。1993 年和 2003 年，为纪念毛泽东"一定要根治海河"题词发表 30 周年和 40 周年，在水利部、海河水利委员会主办的《海河水利》上分别刊出了一些纪念文章。⑥ 这些文章从宏观上回顾了"根治海河"运动的发起及大致状况，增进了我们对"根治海河"运动的基本了解。但从严格意义上来说，它们还不是真正的学术作品，具有历史纪实性，我们通常将其作为珍贵的史料来对待。

改革开放后，当代史研究逐渐兴起，为及时总结新中国成立以来的历史

---

① 孙景丽：《1949—1978 年随县水利建设与农村社会》，华中师范大学 2008 年硕士学位论文。

② 门万和：《治理海河三十年》，《地理知识》1979 年第 9 期。

③ 赵金升：《根治海河的伟大成就和遗留问题》，《中国地理》1979 年第 5 期。

④ 李继光：《根治海河中的两项新经验》，《水利水电技术》1979 年第 2 期。

⑤ 董一林、王克非：《根治海河十四年》，《文史精华》1994 年第 3 期。

⑥ 这些文章主要有黄尊国、刘敬礼：《根治海河备忘录——纪念毛主席"一定要根治海河"发表 30 周年》，《海河水利》1993 年第 5 期；张泽鸿：《根治海河，效益恢宏——纪念毛泽东同志"一定要根治海河"题词 30 周年》，《海河水利》1993 年第 5 期；戚振华：《鲁北平原展新姿——纪念毛主席题词"一定要根治海河"30 周年》，《海河水利》1993 年第 5 期；《毛泽东"一定要根治海河"题词的经过》，《海河水利》2003 年第 6 期；等等。

经验，《当代中国》丛书编辑委员会于 1984 年成立，制定了统一的当代史研究规划，以省市为单位的区域研究为其中的一项。1990 年，《当代中国的河北》① 付梓，在水利事业中，以"根治海河的宏伟工程"为题对"根治海河"运动进行了简要介绍。之后，其他通史类著作也相继涉及该项活动，主要有韩立成的《当代河北简史》②、张同乐主编的《河北经济史》第 5 卷③等，都对该工程有所涉及，但限于篇幅，均未充分展开。

历史进入 21 世纪后，人们对国史研究的重视程度逐渐提高，"根治海河"运动作为一项影响深远的水利运动进入学者的视野。因海河流域绝大部分处在河北省境内，"根治海河"运动是以河北省为主体的治水运动，所以首先关注这段历史的是河北省的学者，他们对"根治海河"运动的研究也多以河北省为立足点。2002 年，河北省社科院刘洪升发表《根治海河史略》④，对"根治海河"的整体状况进行了研究。之后，研究成果逐渐增多。2003 年，河北师范大学张学礼完成《河北根治海河运动探析》⑤ 的硕士学位论文。该文分三个部分研究了"根治海河"运动，第一部分论述了在抗击 1963 年的特大水灾过程中，"根治海河"决策的酝酿和形成；第二部分论述了海河工程的实施及其成就；第三部分论述了"根治海河"运动的得与失。该文是一篇质量较高的有关"根治海河"运动的论文，较为详尽地论述了"根治海河"运动的出台、实施和经验。但是篇幅所限，实施中的诸多问题仍未深入展开。之后，张学礼又相继发表了《"一定要根治海河"决策形成的历史略述》⑥《根治海河运动取得巨大成就的历史考察》⑦《根治海河工程的历史经验和现实价值》⑧

---

① 解峰、徐纯性、刘荣惠：《当代中国的河北》，中国社会科学出版社 1990 年版。
② 韩立成：《当代河北简史》，当代中国出版社 1997 年版。
③ 张同乐主编：《河北经济史》第 5 卷，人民出版社 2003 年版。
④ 刘洪升：《根治海河史略》，《河北省地方志》2002 年第 2 期。
⑤ 张学礼：《河北根治海河运动探析》，河北师范大学 2003 年硕士学位论文。
⑥ 张学礼：《"一定要根治海河"决策形成的历史略述》，《党史博采》2005 年第 5 期。
⑦ 张学礼：《根治海河运动取得巨大成就的历史考察》《文教资料》2008 年第 29 期。
⑧ 张学礼、杨博：《根治海河工程的历史经验与现实价值》，《前沿》2011 年第 8 期。

《根治海河工程中民工管理模式的历史考察》① 等论文，从观点上看与其硕士学位论文基本相同。其经验归结为：国家领导人的特殊关注是工程顺利开展的保证，充分挖掘了人力资源的潜能，发扬了自力更生、勤俭治水的优良传统，实行军事化的民工管理制度等。2006 年，郭丽娟再次以"根治海河"运动为研究对象，做了题为《河北省根治海河民工研究》的硕士学位论文②，该文分四个部分，对于海河民工的动员和组织、民工在"根治海河"运动中的劳动施工和管理、民工的后勤保障以及对民工组织中的经验和教训进行了较为详尽的论述，对我们深入了解这一特殊群体提供了平台。不足之处是陈述较多，缺乏深入分析。

　　该项运动的研究中影响最大的当属刘洪升的两篇文章《根治海河运动述论》③《论河北省根治海河运动的特点及经验教训》④，文章从"根治海河"运动的出台、"根治海河"运动的成就特点与"根治海河"运动的经验教训几个方面综合考察了该项运动。文章认为，经过 15 年的治理，海河流域的洪水危害得到了初步治理，易涝面积大为减少，海河流域大部分盐碱地得到治理。"根治海河"的经验可归结为相对稳定的、综合性的组织机构，民工的军事化管理，合理的出工政策，依靠群众勤俭治水，精心设计科学施工等，但也存在着占用农村劳动力过多，海河出工增加社队经济负担等问题。2008 年出版的《社会主义时期党史专题文集（1949—1978）》第 3 辑中，刊录了刘京华、冉世民、陈红的《河北省根治海河运动》⑤，文章以"根治海河"决策的酝酿形成、"根治海河"工程的组织实施、"根治海河"取得的伟大成就和"根治海河"运动的成功经验四部分综述了"根治海河"运动。该文依然是对"根治海河"运动的粗线条勾画及经验总结。2010 年，刘洪升又发表《根治海河

　　① 张学礼、杨博：《根治海河工程中民工管理模式的历史考察》，《经营管理者》2011 年第 4 期。
　　② 郭丽娟：《河北省根治海河民工研究》，河北师范大学 2006 年硕士学位论文。
　　③ 刘洪升：《根治海河运动述论》，《燕山大学学报》2005 年第 3 期。
　　④ 刘洪升：《论河北省根治海河运动的特点及经验教训》，《当代中国史研究》2007 年第 3 期。
　　⑤ 刘京华、冉世民、陈红：《河北省根治海河运动》，载中共中央党史研究室第二部编《社会主义时期党史专题文集（1949—1978）》第 3 辑，中共党史出版社 2008 年版。

取得成就原因探析》① 一文，认为"根治海河"的所取得的成就得益于党和国家的高度重视、军事化的组织和管理、有力的思想政治工作及精心设计科学施工。2013 年，杨学新发表了《河北省根治海河运动研究的回顾与反思》②，对"根治海河"运动的研究分阶段进行了阐述，总结了研究的成绩和不足，并指出了今后努力的方向，对深入研究"根治海河"运动具有指导意义。

由此可见，"根治海河"运动的研究在近几年取得了一些成就，值得学习与借鉴，但也存在诸多不足，上述研究多从大处着眼，简述"根治海河"工程概况及成就教训。由于篇幅所限，缺乏对该工程的深入研究和多角度分析，其不足具体表现在：

第一，缺乏整体性研究。既有的研究主要集中在河北省的海河治理上，这一时期，山东省、河南省、北京市和天津市都参与了这一运动，除天津市与河北省存在密切关系有所涉及外，其他省市均没有提及。

第二，研究内容较为宏观。上述研究主要从理清史实、总结经验入手。对该项运动尚缺乏深入、动态的考察，如未对出工政策、粮食政策、组织动员以及制度因素、时代特点进行细致梳理与深度剖析；未论及"根治海河"与经济社会发展的关系等。

第三，研究视角比较单一。既往研究主要采用党史、革命史路径，从"自上而下"的视角，重点关注"政策—效果"，未对实行过程中的矛盾、问题进行深入分析，即缺少政策推行过程中曲折历程的展示及民众对上级政策的理解、应对研究。

基于上述考察，本书力图较为全面、深入、动态地展示"根治海河"运动的全貌。在以河北省治理工作为主的情况下，兼顾其他省市的治理活动。并切入社会史视角，将"自上而下"与"自下而上"视角相结合，把1963 年后的"根治海河"运动放在新中国成立后水利发展的链条中，以及人民公社

---

① 刘洪升：《根治海河取得成就原因探析》，《农业考古》2010 年第 6 期。
② 杨学新：《河北省根治海河运动研究的回顾与反思》，《当代中国史研究》2013 年第 5 期。

化的大环境中进行深入分析，突出上级政策与基层执行的互动，分析民众的心态与应对，探讨集体化时期水利建设中国家、集体和民众三者的角色以及"根治海河"对农村、农业、农民的影响，对水利事业的合理规划与合理负担问题提出思考。

（三）史料基础

文献资料：目前，对于"根治海河"运动资料的整理有了新的突破性进展。2008 年是毛泽东发出"一定要根治海河"号召 45 周年，由中共河北省委党史研究室选编的《河北省根治海河运动》①付梓，作为《中共河北历史专题资料丛书》的一种，该书包括了河北省及河北省部分区县对"根治海河"运动的综述、纪实性文章、"根治海河"大事记，并收录了 1965 年至 1980 年一些重要的档案文件资料等，是研究"根治海河"运动的重要史料。同时，该研究室还出版了口述史资料《热血铸辉煌——海河壮举忆当年》②上下两册，该书汇集了二百多名"根治海河"亲历者和知情者的回忆，虽大多数回忆较为简略，但一定程度上反映了民工的生活及态度，依然是研究"根治海河"运动的重要史料。2009 年，由河北省政协文史资料委员会编辑出版了《河北人文精神丛书》，其中包括《再现根治海河》③，该书在综述河北省"根治海河"运动的基础上，汇集了当时治河的亲历者——包括管理人员和民工的回忆，生动地再现了当时治理海河的生动场面，也成为研究该项运动不可多得的重要材料。一些相应的刊物也在不断刊出一些相关人士的回忆④，各地的水利志、文史资料中都有相关的一些记载。2014 年 12 月，人民出版社出版

---

① 中共河北省委党史研究室编：《河北省根治海河运动》，中共党史出版社 2008 年版。

② 中共河北省委党史研究室编：《热血铸辉煌——海河壮举忆当年》（上、下），中共党史出版社 2008 年版。

③ 河北省政协文史资料委员会编：《再现根治海河》，河北人民出版社 2009 年版。

④ 这些文章主要有刘英奇：《在根治海河的工地上》，《文史精华》2007 年第 1 期；刘英奇：《拜访根治海河"推车大王"穆宗新》，《文史精华》2008 年第 1 期；纪秉文：《冀州人民根治海河纪实》，《文史精华》2008 年第 2 期；袁树峰：《我的海河民工经历》，《文史精华》2009 年第 1 期；崔景华：《一个民工团团长的回忆》，《文史精华》2010 年增刊 1；董一林：《人类减灾壮举——根治海河》，《文史精华》2010 年增刊 1、2 合刊；等等。

了杨学新主编的《根治海河运动口述史》①，该书选择了70多名"河工"的口述资料，丰富生动，记录翔实，对进一步加深"根治海河"运动的研究有重要的价值。

口述资料：当时的海河民工如今年龄在五十七八岁至七十多岁之间，大部分人仍健在，对那段历史有着深刻的历史记忆，可以充分发掘口述资料来进一步丰富对该项运动的研究。本人充分利用寒暑假的机会进行了大量田野调查，寻找治河亲历者进行访谈，收集了相关口述资料，并请河北大学历史学院的本科生协助进行了部分问卷调查，以补充文献记载的不足。

档案资料：除了学者们已经用到的河北省档案馆的河北省"根治海河"指挥部档案外，本人还查阅了河北省委、河北省政府、河北省粮食厅相关档案中有关"根治海河"运动的记载，并赴山东和天津分别查阅了山东省水利厅、天津市水利厅有关"根治海河"运动的档案。同时将搜集资料的范围扩展到区县，查阅了石家庄市档案馆、藁城市档案馆、盐山县档案馆、高碑店市档案馆、天津静海县档案馆等有关"根治海河"运动的档案史料。

宣传资料：本人还搜集了大量"根治海河"运动期间的宣传材料，尤其以1973年毛泽东主席发出"一定要根治海河"号召十周年的宣传材料居多。通过这些材料，可以丰富地再现"根治海河"运动的部署及成就。

报刊资料：本人详细查阅了1963年至1980年的《人民日报》《河北日报》《天津日报》等，这些报刊对"根治海河"运动进行了大量报道，之前尚未被充分发掘利用。

三、基本思路

（一）研究理路

"根治海河"是集体化时期进行的一次大规模的群众性治水运动，与当时普遍进行的农田水利建设相联系，对海河流域的发展产生了深远的影响。在这次大型水利活动中，主要的施工者来自农民；海河流域周边多为农村，其

---

① 杨学新主编：《根治海河运动口述史》，人民出版社2014年版。

各项政策，包括出工政策、移民政策等都与农村密切相关；水利活动对农业的发展影响很大。因此本课题选取了"根治海河"运动与乡村社会为视角，考察本次水利活动对农民、农村和农业的影响，研究在水利建设中如何更好地处理水利与民生的关系。

本研究借鉴国家—社会理论，以"自上而下"和"自下而上"相结合的视角，不仅关注国家政策而且关注基层民众的互动，动态地揭示"根治海河"运动中党和国家的政策在执行过程中的复杂面相，对"根治海河"的工程状况、国家政策、舆论动员、组织管理以及"根治海河"与农村、农业和农民的关系进行详细论述，以思考新中国成立后大型水利工程对乡村社会的影响。

（二）结构框架

除前言和结语外，本书共分七章：

第一章，"根治海河"运动的必要性。考察海河流域的灾害状况，分析该流域灾害多发的原因；梳理历史上清代以前、民国及新中国成立初期治理海河的活动，探讨历朝政府治理中的成效与不足，分析全面"根治海河"的必要性；考察"根治海河"运动的发源，1957 年"根治海河"目标的提出和实施，1963 年大水灾及"一定要根治海河"决策的出台。

第二章，"根治海河"运动的展开。阐述"根治海河"运动的准备工作，包括治理规划的制定、领导机构的建立及大规模治理前的实验——宣惠河工程，宣惠河工程的组织管理办法直接影响了"根治海河"期间政策的制定；以 1973 年为界分前后两个时期阐述"根治海河"运动进程；进一步总结工程的特点以及治理理念。

第三章，"根治海河"运动的政策。考察党和国家制定的出工政策、粮食政策以及占地移民政策。分析农村集体出工的义务工方式；国家对民工生活、机具的补助政策；国家对民工粮食政策的不断调整及由此带来的种种问题；河道与水库占地移民迁建政策等，以此分析国家在"根治海河"中的投入状况与所起的重要作用。

第四章，"根治海河"运动的舆论动员与组织管理。考察"根治海河"运动中的舆论宣传与民工动员工作，分析运动型治理的特点；施工中工程任务的"包干"性质、技术进步以及管理中存在的问题，后勤保障的计划模式。通过集体化时期党对水利建设的领导，探讨当时的政治、经济体制在水利建设中的优势与缺陷。

第五章，"根治海河"运动与农民。考察"根治海河"的主要劳动力——农民工，用社会史的方法探讨民工的群体状况、工地上的日常生活；分析民工的出工动机以及治河过程中农民的合作与抵制，关注民众与政府间的互动。从"自下而上"的视角重新审视"根治海河"对农民生活的影响，并反思集体化时期的水利建设。

第六章，"根治海河"运动与农村。研究"根治海河"过程中的农村社队角色，公社和生产队的具体分工；基层生产队所承担的额外付出，分析农村集体对"根治海河"顺利进行所起的作用，概括"根治海河"对农村的正负面影响；分析"根治海河"中的投资方式以及对农村发展的影响，并探讨集体化时期国家与基层社会的关系。

第七章，"根治海河"运动与农业。探讨"根治海河"工程在排水与抗旱中的作用；相关的配套工程、机井建设与骨干工程的联合作用；对生态环境的影响等。分析沿河农业发展与"根治海河"的直接或间接关系，总结"根治海河"对农业发展的两面性影响。以"根治海河"工程为例，探讨新中国成立后水利事业的综合效益。

结语部分尝试总结"根治海河"运动取得成功的条件、"根治海河"工程的不足与继续治理的必要性以及15年"根治海河"运动的启示。"根治海河"之所以取得较大成就，关键在于新中国成立后党和国家强大的组织领导能力及对基层社会的高度控制力，在国家投入有限的情况下，集体和农民都为海河治理做出了巨大贡献。但海河并未"根治"，由于治理工作的不足、认识水平的缺陷和新情况的不断出现，"根治海河"依然任重道远。15年的治理经验告诉我们，在处理水利与民生的关系上，应首先尊重经济规律，建立合理的筹资模式，实现合理负担；其次，要尊重科学，科学规划与管理，注重工程效益；再次，要将水利建设纳入制度化轨道。

四、基本概念说明

（一）海河、海河水系和海河流域

海河：是指海河干流，海河源自天津市西部的金刚桥，贯穿整个天津市区，东至大沽口入海，又名沽河，全长73公里。

海河水系①：指海河和它的大小支流的总称。海河主要支流由五大水系组成，由北系的北运河蓟运河、永定河潮白河和南系的大清河、子牙河、漳卫南运河五大水系及三百多条支流组成。另外，徒骇河和马颊河，虽然是单独入海，但与南运河关系密切，也列入海河水系范围。

海河流域②：包括海河干流及上游全部支流。其所指范围不同时期有一定的变化。历史上海河流域不包括滦河水系。1980年海河水利委员会成立后，将滦河也划入海河流域，引滦入津工程完工后，正式把滦河水系与海河水系合并，统称海河流域。本书所指的"根治海河"，实际指广义的海河流域，以海河水系为重点，后期兼顾了滦河水系的少量工程。

（二）黑龙港地区和鲁北地区

黑龙港地区：是海河南系中下游核心区域。在1963年大水灾和1964年平原沥涝中损失非常严重，是河北省"根治海河"工程最先治理的区域，在配套工程建设方面也以这一地区为重点，治理宗旨是实行洪涝旱碱综合治理。该地区是"根治海河"工程最大的受益地区。黑龙港地区具体包括哪些县市说法不统一③，但沧州地区和衡水地区应为中心区域。主要为漳河、卫运河、

---

① 水系：水系指骨干河道和它的支流河道。

② 流域：地面降雨后，水都流向某一河道，凡向同一河道汇流的地面，即称为这条河的流域。

③ 1965年治理时界定为：黑龙港地区位于河北省中南部，跨邯郸、邢台、衡水、沧州、天津（后改为廊坊）五个专区42个县。源自《河北省黑龙港地区排水工程总结》，河北省档案馆藏，档案号1047－1－196－2。1973年河北省纪念毛主席"一定要根治海河"题词十周年筹备工作办公室编的宣传小册子《一定要根治海河1963—1973》中认为：黑龙港地区包括沧州、衡水地区的全部，天津地区（廊坊地区）的南部，邢台、邯郸地区的东部，共47个县。现在的界定为黑龙港地区主要包括沧州市和衡水市的全部，邢台8个县、邯郸4个县、保定4个县及廊坊2个县，共含44个县、市。源于http://baike.soso.com/v8818076.htm。

滏阳河、子牙河等河道围绕的区域。该区域内有黄河、漳河、滹沱河故道，地形复杂，是历史上形成的低洼易涝地区，不仅洪水①易聚集，而且沥水②无出路，大雨大灾、小雨小灾，十年九涝，经常遭受洪涝灾害，土地盐碱化严重。

鲁北地区：位于黄河以北河北省以南，地处海河南系中下游，包括山东省德州地区、聊城地区全部及惠民地区的一部分，有 27 个县市。徒骇河、马颊河、四女寺减河流经该地区。该地区与河北省黑龙港地区毗邻，自然条件相类似，地势低洼，土地盐碱化，历史上洪涝旱碱交替为害，农业生产水平低。鲁北地区也是"根治海河"工程中的主要受益地区。

（三）关于河北省行政区划的说明

因为河北省在"根治海河"运动中出工人数最多，工程量最大，是"根治海河"的主要力量，为便于对出工状况的分析，现对河北省的行政区划进行简要说明。1949 年 8 月 1 日，河北省人民政府成立，以保定市为省会。1958 年 2 月 11 日，天津市划归河北省，河北省省会由保定市迁至天津市。1961 年 5 月 23 日，国务院批准河北省人民委员会关于调整行政区划的决议，设立石家庄、邯郸、邢台、保定、张家口、唐山、承德、天津、沧州 9 个专区。1962 年 6 月 27 日，恢复衡水专区建制，达到 10 个专区。"根治海河"运动开始时，天津市还是河北省省会，与周边区县组成天津专区。1966 年 4 月，中央指示将河北省省会由天津市迁回保定市。1967 年 1 月 2 日，天津市与河北省分开，仍改为中央直辖市。之后天津专署迁驻于安次县廊坊镇。自 1967 年 11 月至 1968 年 8 月，石家庄、天津、承德、张家口、邢台、沧州、衡水、邯郸、唐山、保定 10 个专区先后改称地区。1973 年 12 月 12 日，天津地区更名为廊坊地区，将原天津地区所辖蓟县、宝坻、武清、静海、宁河 5 县划归天津市。

（四）"根治海河"的概念

自新中国成立后，在国家大力倡导水利建设的大背景下，海河流域民众

---

① 洪水通常是指由暴雨、急骤融冰化雪、风暴潮等自然因素引起的江河湖海水量迅速增加或水位迅猛上涨的水流现象，是自然灾害。

② 沥水是指降雨之后积在地面上的雨水。

对海河进行了初步的治理。随着农业集体化的到来，更进一步推动了水利事业的发展。1957 年，河北省委提出了"大干一个冬春，基本根治海河"的水利跃进计划，"根治海河"成为海河流域的治理目标。河北省水利厅成立了河北省"根治海河"委员会办公室，为展现水利建设方面的进展和成就，发行了《根治海河快报》，这时的"根治海河"工程重点放在山区水库的修建，同时在平原地区也兴修了一些蓄水工程，这一时期对海河流域的治理统称"根治海河"。此为"根治海河"的第一阶段。

1963 年，海河流域南部发生特大水灾。虽然新中国成立后兴修的水利设施在拦蓄洪水方面已经发挥了巨大作用，但远远达不到控制水患的目的，海河流域中下游大片田地被淹，人民群众的生命和财产遭受了巨大损失，并威胁到天津市和京广、津浦等重要交通枢纽的安全，海河流域离"根治"相差甚远。于是在 1963 年 11 月天津市举行的河北省抗洪展览上，毛泽东题词"一定要根治海河"，表达出党和国家对海河流域治理的决心。在党和国家的领导下，相关部门开始对海河流域进行综合治理的规划和筹备工作。1964 年冬至 1965 年春，沧州地区治理了宣惠河，成为大规模"根治海河"的实验。从 1965 年到 1980 年，海河流域相关省市每年都动员几十万民工在冬春农闲季节对相关河道进行水利"大会战"，并全年实施水库的续建、扩建和新建工程，被统称为"根治海河"运动。此项运动基本涵盖了整个"文化大革命"时期，因持续时间长，参与人数众多，治理活动不免和政治形势密切结合，因此海河治理被赋予了明显的政治色彩，故称群众性治水运动。这一阶段被称为"根治海河"的第二阶段。本书重点研究第二阶段，也就是 1963 年毛主席号召发出之后持续 15 年间的"根治海河"群众性治水运动。为了解之前的海河治理状况，对于前期的治理将有所涉及。

如今，"根治海河"运动作为一项大规模的治水运动进入历史的记忆，"根治"是人类的美好愿望和追求目标，但它并不是一个科学术语，海河也并未真正"根治"，"根治海河"作为时代的产物而成为一个专有名词。因此本书特意将"根治海河"加上引号来表示，但在引用各类文献的过程中，依然保持原貌。

第一章　"根治海河"运动的必要性

海河流域地处华北平原，涉及五省一区两市，具有重要的战略地理位置。由于自然条件和人为因素的双重作用，历史上海河流域灾害频发，不仅影响了该流域的发展，也威胁到流域内重要城市的安全。历朝政府对海河流域的治理都做出过一定努力，由于技术水平和社会经济状况等原因，治理上比较零散，未能从根本上解决灾害频发的状况，但为新中国成立后的治理摸索了经验，为大规模"根治海河"打下了基础。

第一节　海河流域的灾害

海河流域特殊的自然地理和气候条件，导致该地区长期以来灾害频发，给流域内民众的生命和财产造成极其严重的损失。了解海河流域的自然条件和灾害状况，能使我们更加深入地认识到海河流域治理的必要性。

一、灾害发生的自然条件

从自然条件上看，海河流域灾害的发生与其特殊的地理与气候条件有关。

（一）海河流域的自然地理

海河水系是华北平原最大的水系。按传统界定，该水系由南运河、子牙河、大清河、永定河和北运河五大河流和三百多条支流组成。海河流域西起太行山，北跨燕山，南界黄河，东临渤海。包括河南省的北部、山东省黄河以北地区、山西省的东部、内蒙古自治区的南部、河北省大部以及北京市和天津市的全部。该流域总面积为 26.5 万平方公里，拥有耕地 1.8 亿亩。在 20 世纪 80 年代引滦入津工程完成后，滦河也被归入海河流域，属水利部海河委员会管辖，流域范围进一步扩大，辽宁省南部的一小部分被归入海河流域，河北省几乎都归入海河流域范围。流域内气候温暖、土地肥沃、资源丰富。西部和北部的山区有丰富的矿藏，是我国重要的钢铁煤炭基地；中部和东部是广阔的平原，是重要的农业发展区；东部沿海地区还是石油产区。流域内横贯着我国重要的交通枢纽——京广铁路、京沪铁路以及京九铁路等。随着社会的发展，近些年高速公路和高速铁路等交通干线日益增多，先后建成了京港澳、京沪、京昆、大广、黄石、荣乌等高速公路，高铁建设也获得较快发展。北京市自元朝以来就成为我国的政治、经济和文化中心，天津市在我国的工业发展上占据十分重要的地位，并拥有大型港口，是我国主要的进出口门户之一。因此海河流域的地理位置和战略价值是十分重要的。

但就是这样一个重要地区，由于特殊的自然地理条件，历史上经常受到灾害的侵袭，洪、涝、旱、碱灾害频发，对该地区的发展十分不利。成灾的原因主要有以下几个方面：

第一，河流分布上多下少。海河流域的五大水系分别发源于流域北部和西部的高山中，汇集 300 多条支流奔流而下，河水至平原地带逐渐集中，由于天津市地势最低，按照河水的自然流向，各河流逐渐向最低处汇流，至贯穿天津市中心的海河干流入海。这样，海河流域就像一把巨型扇子斜铺在华北平原上，面宽柄窄，扇柄直指天津，形成了该流域河流分布上多下少，入海口狭窄的局面，"上游来水与下游泄洪能力悬殊极大，有的相差一、二百倍。因此，经常决口、泛滥成灾，洪沥水连成一片，甚至水淹天津市。"①

第二，地势上游高，中下游低。从地形上，流域内的西部、北部是太行、燕山山脉，地势高，海拔都在 1000 米以上；东部和东南部是广阔的平原，地

---

① 河北省根治海河指挥部：《依靠群众，发动群众，大打人民战争，认真落实毛主席"一定要根治海河"的伟大号召》（1971 年 11 月 17 日），河北省档案馆藏，档案号 1047－1－220－13。

势低洼，大部分地区海拔在 50 米以下。这种地形不但使河流平面分布上形成汇流局面，而且极易成灾。上游每遇较大降水，因坡陡势猛，各河流水迅速下泄，进入平原地带后，坡缓滩漫。而形成汇流局面后，排泄能力不能满足需要，在水量大的时候，容易造成河水漫溢，淹没村镇，形成洪灾。

第三，河道淤积严重。上游河水带来大量泥沙，随着河流出山后坡势渐缓，河水流速减慢，泥沙沉积，致使河道逐渐淤高，排水能力越来越低。日积月累的泥沙使河床逐渐升高，为了解决河流漫滩问题，不得不加高堤防，自京广铁路以东开始以堤束水，河流逐渐形成"半地上河"或"地上河"。①相邻"地上河"之间出现封闭的河间洼地，使平原排水更为困难。每到汛期，干道只能行洪不能排涝，沥水无出路，容易形成涝灾淹死庄稼，在大水年份更容易加重灾情。

第四，历史上黄河改道的影响。由于历史上黄河曾数度北侵，以致今天黄河以北的广大下游地带逐渐淤高，位置稍北的天津市成为地势最低的地方。据杨持白在《海河流域解放前二百五十年间特大洪涝史料分析》一文中指出，1194 年前，海河"多次与黄河交相窜夺，形成了不规则的、纵横交错的条形地带和蝶形淀泊。加上由西北向东南，由西南向东北的倾斜，给防洪除涝造成不利的地形。这也是特大洪涝时灾情特大的原因"②。由此看出，黄河北侵造成两种结果，一是天津市排水压力越来越大，二是一些条形地带和封闭洼地无处排水，加重了洪涝灾害风险。

以上几个因素综合作用，造成海河流域上游在出现较大降雨的情况下极易形成洪灾。同时，海河流域的部分地区也容易形成平原涝灾，涝灾的成因不是由于上游来水大，而是在本地降雨较大的情况下，积水无法排出而形成。其中，河北省的黑龙港地区就是一个典型。

黑龙港地区位于河北省的中南部，由于黄河北徙的影响，各河流经常改道，致使区内古河道纵横，形成一些封闭洼地，造成沥水无出路，无法及时

---

① 河北省地方志编纂委员会编：《河北省志·自然地理志》，河北科学技术出版社 1993 年版，第 184 页。

② 《海河流域特大洪涝史料的研究》，《人民日报》1965 年 7 月 27 日，第 5 版。

排泄。尤其是黑龙港地区东部面临着南运河的阻挡，情况更为严重。在我国历史上的几个朝代中，由于南粮北调局面的形成，在保证漕运的宗旨下，运河的通畅是重中之重，运河的阻水问题没有得到应有的重视，造成这一地区农作物经常受灾。另外，由于积水长期蓄积还造成了土地的盐碱化。因此，黑龙港地区洪、涝、旱、碱灾非常严重。自然条件的恶化使这一地区民众的生产生活条件长期无法得到改善，是海河流域最容易受灾的地区。

与河北省黑龙港地区情况类似的还有山东的鲁北地区，这里地处徒骇河和马颊河之间。由于历史上黄河多次改道而形成的古河道错综复杂，致使这一地区同样出现众多封闭洼地。由于没有通畅的入海通道，一旦出现洪水，就难以及时排除，影响区域内广大民众的正常生产生活。

现以漳卫南运河系为例来说明骨干河流的排水问题。据统计，在全面治理前，漳河在京广铁路桥以上的排洪能力12000立方米/秒，到大名县附近只有1000立方米/秒。卫运河排洪能力2500立方米/秒，但南运河只有300立方米/秒，四女寺减河也只有1300立方米/秒。[①] 从以上数据看，上游排水能力强，下游排水能力弱，矛盾非常突出，一旦遇到降雨量大的年份，洪水到中下游后便会漫溢出河，造成非常严重的水灾。

总之，海河流域的自然地理特点，使中下游存在比较严重的洪涝灾害威胁，而海河流域的气候特点又使这种危险状况更趋严重。

（二）海河流域的气候特点

海河流域的气候也是该流域灾害频发的主要原因之一。

海河流域东临渤海，西接大陆，属温带大陆性气候。冬季受西伯利亚大陆性气团控制，寒冷少雪。春季受蒙古大陆变性气团影响，气候干燥、多风、蒸发量大，因而春季干旱少雨，降雨量多在40—80毫米，占全年降雨量的10%左右。夏季到来后，开始受海洋气团影响。暖湿气流从海洋向大陆推进，比较湿润，气温高，降雨量大，容易成灾。该地地势更是加重了灾害强度，

---

① 水电部：《漳卫河中下游治理规划说明》（1971年），山东省档案馆藏，档案号 A121 - 03 - 26 - 14。

该流域西高东低，中西部是东北—西南走向的太行山山脉，中北部是东西走向的燕山山脉，形成了两道"厂"字形的高耸的天然屏障。每逢夏季，来自海上的暖湿气流遇到两大山脉的阻隔，使这两道屏障"起着抬升气团水汽的作用，因而山麓常出现大强度的暴雨，造成海河的五大支河同时出现洪峰"[1]，促成大水灾的爆发。

因此，该流域全年降雨量极不均匀，每年的5—10月的降雨量较多，占全年降雨量的80%以上，其中7—8月降雨最多，能占到全年降雨量的50%—60%，致使夏季降雨量最为集中，"于是，或因淫雨连绵，或因山洪暴发，或因山洪淫雨并至，造成特大洪涝灾害。"[2]

总之，从气候特点上来讲，海河流域春季降雨稀少，夏季雨量加大，甚至暴雨集中。使该地春季常遇干旱，夏季多遭水患，有时甚至形成严重的水灾。

海河流域降雨量年际变化也非常悬殊，"因历年夏季太平洋副热带高压的进退时间、强度、影响范围很不一致，致使降雨量的变差很大，旱涝时有发生。"[3] 形成明显的枯水年与丰水年。由于海河各河流水量主要靠降雨补给，"降水又多以暴雨形式降落，全年降水量往往是几次暴雨的结果。"[4] 因此河流的年径流量数据能明显地反映出降雨量的多寡。据统计，降雨量大的1956年、1963年、1964年径流量分别为556亿、558亿和490亿立方米，而1965年、1968年、1972年几个干旱年份则分别为139亿、138亿和118亿立方米，最干旱的1920年只有50亿立方米。[5] 丰水年与枯水年降水能相差10倍。再以漳河和卫河为例，1963年全年水量达116亿立方米，而1965年全年水量仅14亿

---

① 《海河流域特大洪涝史料的研究》，《人民日报》1965年7月27日，第5版。
② 《海河流域特大洪涝史料的研究》，《人民日报》1965年7月27日，第5版。
③ 冯焱主编：《中国江河防洪丛书·海河卷》，水利电力出版社1993年版，第5页。
④ 河北省地方志编纂委员会编：《河北省志·自然地理志》，河北科学技术出版社1993年版，第190页。
⑤ 董一林：《继续完成"一定要根治海河"的宏伟任务（代发刊词）》，《海河水利》1982年第1期。

立方米。① 前者是后者的 8 倍。如此悬殊的水量，仅仅是相隔一年的情况。"连续丰水与连续枯水也是海河流域特点之一。根据海河流域 505 年丰枯变化过程分析，洪涝年共 135 年，其中 2—4 年的连续洪涝年 84 年，占洪涝水年的62.2%。旱年为 141 年，其中连续干旱 2—4 年的为 89 年，占旱年的 63.2%。"② 虽大体上有丰水期和枯水期的划分，但人类尚无法掌握它的确切规律。

总之，由以上论述可以看出，海河流域降雨量分布极不均衡，处于旱涝交错的状况。该流域降水量时空分布非常悬殊，年际之间极不平衡，造成时而出现严重干旱，时而又会发生严重的水灾，甚至一年两灾，春旱秋涝，且丰水年与枯水年降雨量差异非常大。这就使海河流域的发展受到气候的严重制约，不可抗因素增加，形成了一个与水资源状况非常矛盾的局面。

虽然会有洪灾的威胁，但是从总体数值上来看，海河流域降水量偏少。该流域多年的平均降水量在 400—700 毫米，在我国东南沿海各流域中是最少的。③ 从可资利用的水资源来看，海河流域所处华北平原从整体上属于缺水区域，流域内人均可利用水资源远远低于南方。由于特殊的气候及地形特点，这一地区形成了水旱灾害频发的局面。海河流域的状况表现为，总体上是一个严重缺水的地区，但瞬时突发的水灾也会冲毁家园，威胁民众的人身和财产安全。因此，加强对该流域的治理是保证民众安居乐业、加快农业发展的基础性工作。

海河流域的自然地理与气候特点决定了该地区在水利上必须要解决的问题是：不断闹着严重的水荒，但同时又存在着严重的水灾威胁。这对海河流域的水利建设提出了更高的要求，即同时兼顾防洪和抗旱两个方面的需求。海河流域中的河北、河南、山东、山西都是农业大省，北京和天津两大重要城市坐落在流域的东北部。各省市的发展对水资源的供给提出了越来越高的要求，流域本身已难以满足这种需求，需要从外流域调水来解决，但突发的

---

① 水电部：《漳卫河中下游治理规划说明》（1971 年），山东省档案馆藏，档案号 A121－03－26－14。

② 董一林：《继续完成"一定要根治海河"的宏伟任务（代发刊词）》，《海河水利》1982 年第1 期。

③ 河北省地方志编纂委员会编：《河北省志·自然地理志》，河北科学技术出版社 1993 年版，第185 页。

水灾又会威胁该地的经济发展，使海河流域成为我国水资源与社会、经济发展最不协调的地区。①

从上述分析可以看出，海河流域的自然地理和气候特点决定了流域内水灾、旱灾频发，交替发生，甚至可能一年两灾。民间将该流域的状况总结为："一天无雨一天旱，雨来洪水满山窜"。在历史上，灾害屡有发生，而人类对流域环境的破坏更进一步加重了灾害的发生。

二、灾害发生的人为因素

海河流域的自然地理与气候条件决定了该流域是一个极易发生灾害的地域，而在人类社会的发展中，人为因素对生态环境的破坏则使灾情进一步加重。

海河流域的太行山、燕山自古以来是以林木资源繁茂而著名的。"唐宋年间，太行山松柏遍地，桑竹成林，植被较好。"② 到了明代，山区仍有大面积森林覆盖。流域内生态环境的恶化始于对北方的开发。自元朝在北京建都以后，海河流域人口增加，自然生态环境负荷加大。尤其是明朝永乐年间之后，统治者开始大规模改建、扩建北京城。我国传统建筑主要是木结构，所需木材量大，为了建设宫室、皇陵、王府官邸，对木材的需求加大。营造建筑所需木材来源广泛，以四川、江浙、湖广等南方木材为主，但来自北京周边的太行山、燕山等地的树木也不少。海河上游的山区遂成为木材供应地，林木砍伐速度明显加快。以大清河为例，据史料记载，其上游曾是松柏密布、桑竹成林。地处大清河上游的定县曾经是全国闻名的丝织业中心。自元代、明代在北京定都以后，由于兴建宫室，大兴土木，离北京较近的海河流域上游的林木开始遭受破坏。至明初，唐县、定县等地大部分树木被砍伐殆尽。③

除了兴建宫室造成森林破坏之外，还有多种原因加快了乱砍滥伐森林的

---

① 谢金荣：《用好水资源，发展经济基础》，《海河流域水利建设四十年》（1949—1989），水利部海河水利委员会1989年编印，第67页。

② 河北省水利厅编：《河北省水旱灾害》，中国水利水电出版社1998年版，第136页。

③ 《海河史简编》编写组：《海河史简编》，水利电力出版社1977年版，第82页。

步伐。据学者对海河流域生态问题的研究，明清以来的烧炭、冶金、毁林开荒、战争破坏等原因同样加剧了植被的破坏。烧炭是为了满足宫廷生活与民间生活之用，烧炭所用木材无须成材巨木，也无须选择树种，完全可以就地取材。由于北京建都后京城人口数量剧增，所需燃料相应增加，所以北京周边的海河上游山区成为北京燃料炭火的供应地。因炭火所需数量庞大，所以采伐范围不断加大，甚至对幼树也大量砍伐。过度采伐造成太行山林木逐渐减少，致使海河流域山区植被遭到毁灭性的破坏。"至清代，宫廷所用炭材不得不'取之口外地区了'。由此可见，明代烧制木炭对太行山森林破坏的严重程度。"① 冶金业的发展也导致了木材消耗的加剧。当时冶铁、冶铜、烧制砖瓦都是用木材作为燃料的，明朝时期我国手工业获得了较快发展，对木材的需求量不断上升。为就地取材方便起见，冶金业作坊大多设在靠近山林之处，这一时期太行山、燕山一带有比较发达的矿冶业，加剧了对森林资源的消耗。明清以来的毁林开荒现象同样非常严重，且对森林的破坏性更为彻底。为了发展农业，也为了解决人口增加后的生产生活问题，大面积山区被开垦，森林被砍伐，开辟为农田，虽然耕地面积增加了，但是原始植被面积逐渐缩小。战争也成为加速海河流域植被破坏的一个重要原因，为了在与敌军作战时瞭望敌情的需要并破坏敌军的藏匿地，明朝还采用过烧荒之策，"每年在燕山和太行山北部烧荒，以使'胡马无水草可恃'"②，致使大量山林被焚烧殆尽，对生态环境破坏极大。

进入民国以后，对森林的毁坏依然在加剧。北洋军阀混战期间，战争双方为修筑防御工事，砍伐森林是常有的事。抗日战争时期，日军用飞机轰炸、放火烧山等方式，使大片森林被毁。长期的过量采伐和战争的破坏，使海河流域上游山区的森林覆盖率大幅度下降。据学者研究表明，"隋唐时期，太行山森林覆盖率在50%；元明之际已由30%降至15%以下；清代由15%降至5%左右，民国再降至5%以下。"③ 以至于不少地方出现岩石裸露、寸草不生

① 刘洪升：《明清滥伐森林对海河流域生态环境的影响》，《河北学刊》2005年第5期。
② 河北省水利厅编：《河北省水旱灾害》，中国水利水电出版社1998年版，第136页。
③ 刘洪升：《明清滥伐森林对海河流域生态环境的影响》，《河北学刊》2005年第5期。

的景象。

由于明朝以来海河流域的山林遭到破坏，严重破坏了这一地区的生态环境，山林的大量乱砍滥伐造成上游水土流失严重，各河流泥沙量增大，使各河流的平原地带泥沙淤积严重，"海河水系各支河长期处于自流状态，其上游水土流失严重，泥沙沿岸堆积，致使海河一再改道"①，人为因素加重了灾情的发生。

关于植被破坏对河流造成的影响，现以永定河为例加以说明。汉魏之际，永定河的名字为"清泉河"，顾名思义，河水以清澈见底而著称。自有文字记载以来至唐朝末年，很少能够见到永定河泛滥改道的记载，相反，该河给两岸居民却带来灌溉和航运的便利。辽金以后，该河上游山区森林开始遭到大规模破坏，速度远远超过了自身的再造修复能力，致使地表枯枝落叶层和腐殖层被冲刷，河水变黑，"'呼黑为卢'，卢沟河由此得名。"② 之后，随着太行山山区植被的持续被破坏，大量水土流失，泥沙随着河水顺流而下，河水逐渐变浑。至元代时，这条河被改名为"浑河"，又称为"小黄河"，河水状况可见一斑。元代之后，森林植被的破坏更为严重，明代尤甚。由于河水挟带泥沙量大，造成河道的不断淤积，河流改道的现象频频发生，遂该河又被改名为"无定河"。为了控制河道常徙的局面，历朝政府不得已以筑堤束水。到清朝康熙年间，为了保护北京城的安全，在卢沟桥以下筑起坚固的左堤，并将这条河钦定为"永定河"，统治者的期望不言而喻，希望能够通过此次治理保证下游的长期安澜局面。但是此种愿望是不可能实现的，由于泥沙量大，河道淤塞的现象屡屡发生，永定河依然经常泛滥决口，给两岸民众造成深重的灾难。从永定河名字的变迁，我们不仅能够了解该河的历史发展状况，而且能够深切地体会生态环境的破坏对洪涝灾害的发生所起的推波助澜作用。

森林植被的破坏不但改变了河流的状况，加重了洪灾，同样加重了旱灾。森林植被不但能够防风固沙、保持水土，还能涵养水源、调节气候，对维持

---

① 《海河流域特大洪涝史料的研究》，《人民日报》1965 年 7 月 27 日，第 5 版。
② 刘洪升：《明清滥伐森林对海河流域生态环境的影响》，《河北学刊》2005 年第 5 期。

生态平衡起着重要的作用。由于明清以来海河流域森林减少、生态环境遭到破坏，降低了空气湿度，减少了成雨条件，由此也导致了流域内旱灾的加剧。据统计，明代旱灾出现的频率为 25%，到清代时为 41%，民国时期为51.4%[1]，旱灾出现的频率呈明显上升趋势，这与海河流域生态环境遭受破坏的程度呈正相关状态。

从以上论述可以看出，人为因素对生态环境的破坏是造成海河流域灾害频发的又一个非常重要的原因，随着人们对生态环境重要性认识水平的提高，人与自然的和谐相处成为当今社会最受关注的话题之一。

三、1963 年前的灾害状况

由于特殊的地形气候条件，海河流域的雨水在年际和季节之间分布极为不均，再加上人为因素对生态环境的破坏，导致这一地区经常旱涝交替，灾害频发，甚至一年内先旱后涝，致使该流域的农业生产极不稳定，人民群众的生活受到很大影响。

海河流域主要干流之一的永定河流经北京市西郊，自官厅山峡至门头沟区三家店出山，然后进入平原。据测算，门头沟和卢沟桥两处的河床比北京市城区中心地面分别高出 60 米和 20 米。在永定河来水量大的时候，给北京市的安全造成极大威胁。据统计，从金代以来到 1949 年 830 多年的时间里，永定河共决口 81 次，漫溢 59 次，改道 9 次。仅清代就有 3 次洪水冲入北京城的记录。1890 年，永定河洪水奔流而下，"彰义门（即广安门）、南西门（即右安门）外一带，平地水深丈许，洪水淹浸之处，室庐十不存一"，"西南一望尽成泽国，倒灌入西南门，城门壅闭者数日"。[2]

在不包括滦河流域以前，海河流域总面积为 26.5 万平方公里，其中 14.7万平方公里在河北省境内。该流域的自然特点，给河北省带来既频繁又严重的水旱灾害。根据历史资料记载，1368—1949 年的 581 年间，海河流域共发

---

① 河北省水利厅编：《河北省水旱灾害》，中国水利水电出版社 1998 年版，第 3 页。
② 颜昌远主编：《水惠京华——北京水利五十年》，中国水利水电出版社 1999 年版，第 72 页。

生旱灾 407 次，水灾 387 次，平均 3 年 4 灾。1920—1921 年大旱，河北省的 97 个县大部分土地不能播种，草木干枯，受灾人口达 1200 余万，冻饿而死的 1 万多人。1939 年发生大洪水，淹没河北省 4.5 万平方公里土地，灾民 800 多万人。淹溺和冻饿致死的 1.23 万人，正如史书上所说的那样，旱则"赤地千里，饿殍载道"；涝则"百里汪洋，尸漂遍野"。① 在这频繁的水旱灾害中，大水灾频率是比较高的。根据河北省旱涝预报课题组 1985 年编辑出版的《海河流域历代自然灾害史料》和天津市博物馆 1964 年编印的《海河流域历史上的大水和大旱》等文献资料对灾害等级的划分，同样是明代至民国时期的 581 年间，河北省共发生全省性特大洪涝灾（全省约有一半左右地区发生大水灾）23 次，平均每百年 4 次。② 杨持白根据清代档案、民国报刊、地方志及有关专著中的材料，分析了新中国成立前 250 年中海河流域的特大洪涝情况，据他统计，"从一七〇〇以后到解放以前，年年有不同程度的洪涝灾害。其中特大洪涝计有十三年，平均约二十年一次，灾年的间隔年数有很大的偶然性。灾害最重的多达一百三十余州县或五千万亩农田以上。"③ 如此频发的大水灾严重威胁着沿岸人民群众的生命和财产的安全。而处于"九河下梢"④ 的天津市在历史上遭灾更为严重，据统计，"五百年来天津被淹达 70 多次。"⑤

为展示该流域水灾的破坏性影响，现以民国时期的 1917 年和 1939 年的水灾灾情状况以及新中国成立后 1956 年的大水灾为例来进行说明。

1917 年夏季，海河流域受台风影响普降大暴雨。自该年 7 月中旬起，阴雨连绵，暴雨不断，造成山洪暴发，各河相继水位暴涨，多处发生决口漫溢，天津市被淹，市区水深 1 米多，街道可行船。洪水所经农村地区，庄稼被淹，大量房屋倒塌，灾民遍野。据统计，"海河流域受灾 104 县，被淹 38950 平方

---

① 郑德明：《沧桑巨变——河北水利建设四十年》，《海河流域水利建设四十年》（1949—1989），水利部海河水利委员会 1989 年编印，第 5 页。

② 河北省地方志编纂委员会编：《河北省志·水利志》，河北人民出版社 1995 年版，第 68 页。

③ 《海河流域特大洪涝史料的研究》，《人民日报》1965 年 7 月 27 日，第 5 版。

④ "九河下梢"是人们对天津市的习惯称谓，从实际情况看，准确的应该称作"五河下梢"。

⑤ 董一林：《继续完成"一定要根治海河"的宏伟任务（代发刊词）》，《海河水利》1982 年第 1 期。

公里，尤以天津、保定为最重，京汉、京绥铁路冲毁多处。"①

1939 年夏，海河流域再次出现大水灾，此次灾情最严重的地区在海河北系，以潮白河、北运河和永定河的灾情最重。暴雨中心在北京市西北部及官厅山峡，暴涨的洪水导致永定河下游多处决口，北运河、永定河河水漫溢，京山铁路两侧一片汪洋。多处河道发生漫溢决口，溃不成河，主要河道决口达 79 处，扒口分洪 7 处，广大平原洪涝十分严重。"据统计，淹地面积为 45000km²，受灾农田为 5200 万亩，被灾村庄为 12700 个，被淹房屋者有 150 多万户，灾民为 900 万人，死伤人口为 1.332 万人。本次洪水期间，交通几乎全部断绝。冲毁京山、京汉、津浦、京包、京古（古北口）、同蒲、石太、新开（新乡至开封）等 8 条铁路，计 160km；冲毁铁路桥 49 座；冲毁公路 565km；冲毁公路桥梁 137 座。"② 河水再次涌入天津市区，受灾人口 80 万，被淹 15.8 万户，倒塌房屋者有 1.4 万户，市区 80% 被淹，水深 1—2 米，最深处达 2.4 米，"市内可以行船，积水达两个月之久。"大水灾影响了民众的生产生活，造成了极其严重的损失。

1956 年 7 月底到 8 月上旬，海河流域再次出现暴雨，此次暴雨分布地域广泛，"十日降雨量超过五百毫米的面积为四千平方公里，井陉县窦王墓降雨最大达八百零三毫米。"③ 各河普遍发生了洪水，其中滹沱河、漳河的洪水尤其大，出现了有实测记录以来的最大洪峰。洪水造成大清河、子牙河、南运河多处漫溢决口。这一年的洪水是新中国成立以来海河流域首次特大洪水，虽然新中国成立以来开辟的独流减河等河流在减灾方面发挥了很大的作用，避免了天津市再次被淹，但京广铁路以东、南运河以西广大地区大部土地被淹。仅据河北省统计，"1956 年全省受灾面积为 4455 万亩（洪灾约占 2/3，沥涝约占 1/3），成灾面积为 2935 万亩，减产粮食 19 亿 kg，经济损失 31.4 亿元，受灾人口 1500 万。京广铁路、石德铁路多处被冲毁或扒口泄洪，损失

---

① 《海河志》编纂委员会编：《海河志·大事记》，中国水利水电出版社 1995 年版，第 61 页。
② 河北省水利厅编：《河北省水旱灾害》，中国水利水电出版社 1998 年版，第 87—88 页。
③ 《海河史简编》编写组：《海河史简编》，水利电力出版社 1977 年版，第 138 页。

极大。"①

　　海河流域频繁严重的灾情对该流域的发展产生了很强的破坏性影响，促使历朝政府重视并加强该流域的治理。从历代采取的措施看，零散的治理一直陆陆续续存在。下面将对历代治理措施和效果进行梳理。

第二节　海河流域的治理

一、清代以前的治理

　　海河流域多灾的面貌不仅给当地居民造成巨大的损失，而且影响了农业生产的进步与提高，并直接威胁了重要城市的安全。因此，海河的治理成为历代执政者非常关注的问题。

　　海河干流是随着海河尾闾处逐渐成为陆地而自然形成的，初步形成于东汉建安年间，由于该区域西、北、南三面地势较高，诸水顺势东流，首次出现众流归一的扇形河道结构，后来一度解体。至隋朝南北大运河开通以后，海河水系再一次形成。以后黄河北徙，曾数度夺海河入海。南宋建炎二年（1128年），黄河南徙，漳卫南运河、子牙河、大清河、永定河以及北运河分别注入海河干流的局面再一次形成。

　　唐宋以前，由于政治中心在黄河流域，政府比较重视黄河流域的治理。当时的海河流域由于生态环境较好，灾害状况尚不是很严重，因此政府在海河流域的治理上未有多大建树。

　　自明朝以来海河流域生态环境遭到破坏以后，灾情加重，政府开始逐步重视海河水系的治理。永乐十年（1411年），为确保京杭大运河畅通，明政府组织在南运河上开挖了四女寺减河。该河起自德州西北，上口分别经过5里的旧沟渠，5里的古路，再开挖了2里的平地，便将河水引入黄河故道，经

---

① 河北省水利厅编：《河北省水旱灾害》，中国水利水电出版社1998年版，第97页。

吴桥、宁津、乐陵、庆云、无棣入海，长 227.5 公里，成为分减漳卫河洪水直接就近入海的行洪通道。该河贯通后，一直淤积严重，需要经常疏浚才能确保发挥作用。弘治三年（1490 年），明政府又在南运河上开挖捷地减河，起自沧州沧县境内，向东北流向今黄骅岐口入渤海，分泄南运河汛期洪水，减轻海河负担。明末该河曾经淤废，清朝乾隆、道光、光绪年间不断挑挖，并进行过裁弯取直。

在"保漕运"思想指导下，自明朝以来在南北运河上多处增辟减河，总计有："明朝开挖了四女寺、兴济、捷地、哨马营等减河。清朝开挖马厂减河。但因减河屡疏屡淤，历代有关疏浚减河的记载较多。"① 虽然这些减河需要不断重复动工，但减河的开辟毕竟扩大了泄洪入海能力，是政府减轻流域洪灾采取的有效措施。

除在南北运河上开挖减河分泄汛期洪水外，清代以前重点治理的是与北京城安危密切相关的永定河。永定河是海河流域水害较大的一条河流，由于泥沙多，河水经常淤积改道。元明清时期各朝执政者为了保护京城，都把治理永定河作为执政方略之一。"永定河的堤防工程是随着北京政治地位的变化而出现，并不断完善。五代以前永定河两岸没有堤防工程。辽代升幽州（今北京西南部）为南京，始有筑堤记载。金代以北京为中都，城市防洪日趋重要，北京上下堤防逐步兴建。"② 到"元代定都北京，不仅北京安全头等重要，永定河下游地区安全也受到重视，这促使永定河堤防工程有一个较大发展"③。至清朝，永定河堤防工程大发展。

从治理理念上，金元两代重在引永定河水通漕运，元代开始重视堤防建设，明代永定河治理重点转向防洪，保卫北京城，清代前期对永定河曾大规模治理，筑堤束水。1698 年，清政府修筑了卢沟桥至郭家务一段河堤。由于永定河的治理上始终以"保京城"作为主旨，因此在堤防修筑上有所体现，对京城一侧的左堤修筑比较牢固，右堤堤防相对薄弱，致使右堤堤防依然经

---

① 河北省地方志编纂委员会编：《河北省志·水利志》，河北人民出版社1995年版，第145页。
② 水利水电科学研究院：《中国水利史稿》（下），水利电力出版社1989年版，第285页。
③ 水利水电科学研究院：《中国水利史稿》（下），水利电力出版社1989年版，第286页。

常溃决，泛滥成灾。为了改变诸水汇流造成的水灾严重局面，康熙年间还对永定河进行了一次较大的治理，"巡抚于成龙疏筑兼施，自良乡老君堂旧河口起，径固安北十里铺、永清东南朱家庄，会东安狼城河，出霸州柳岔口三角淀，达西沽入海，浚河百四十五里，筑南北堤百八十余里，赐名永定。"① 从此该河的名字改为永定河，寓意确保永久安澜。但是由于堤防问题、泥沙淤积问题都没有很好解决，一遇大水，依然经常遭灾。乾隆初年高斌等人力主全面治理，并首次提出治理永定河应从上游开始进行全面规划，包括兴建水库调节径流，疏通中游，挑开下口等措施。无疑，这种综合治理的理念是彻底解决永定河水灾的最根本方法，但由于治理面广，耗资巨大，必须有充足的财政实力来保证。由于乾隆以后国力衰退，这些主张没有得到系统的实现。清末，曾国藩和李鸿章督直期间，一度加强了对海河流域的治理，采取的措施主要是加固堤防、裁弯取直等。

在海河流域的各河流中，子牙河系的灾害也是比较频繁的，历史上经常漫溢决口，泛滥成灾。元代对子牙河系所属的滹沱河、滏阳河治理，"一百多年间'举者不下十数次'，都因为费用花光而没有修成。"② 为了解决子牙河系的排水问题，在清代有开献县减河之议，即从沧州献县开始，向东打通子牙河的单独入海通道，但始终没有落到实处。

至清末，海河流域的一些河道工程，已设有专管机构进行管理。"清末的永定河道、通永道，天津道，管辖大清、滹沱、子牙、卫河系的水利施工。"③ 八国联军入侵后，为保证各国在城市租界的安全与贸易的畅通等，于1901年在天津设海河工程局，专门负责天津市到海口段的海河河道治理工作。

清代以前的治理主要是国家行为，由政府出面征用民工进行治理，为方便管理起见，所用民工以沿河农民为主。

---

① 赵尔巽、柯劭忞等编：《清史稿》（第六册），台湾洪氏出版社1981年版，第3809页。
② 《换了人间——献县四十八村新貌》，《人民日报》1972年2月20日，第2版。
③ 河北省水利厅水利志编辑办公室：《河北省水利志》，河北人民出版社1996年版，第811页。

二、民国时期的治理

民国时期，由于海河流域灾害更加严重，北洋政府和国民政府对海河流域的治理也给予了很大程度的重视。1917年大水灾过后，鉴于水灾造成的严重损失，北洋政府开始认识到海河治理的重要性。一边组织人力对损坏的堤防进行修复，一面加紧制定该流域的治理规划。

首先进行了堤防修复工作和局部治理。堤防修复是在水灾过后首先要进行的一项工作。以子牙河系滹沱河为例，在1917年的大水中，上下游堤岸决口32处，水灾过后必须及时进行修复才能保证下一个汛期的安全。1918年由8个县堤工联合会会长郭寿轩等人组织培修，第二年又继续培修，暂时保证了堤防的安全。1928年各县再次出工6000人修复残堤，但汛期又有决口。"在万分危急之际，由上海济生会及华北赈灾会补助银洋8000元，各县摊派5000元，经抢修于中秋节前合拢。"[1] 由上述资料可以看出，在民国期间对海河的治理中，除政府力量外，民间组织和民间救助团体开始发挥一定作用。

在政府层面，为了加强对水利工作的领导，1918年3月，由熊秉三正式组织创立顺直水利委员会。委员会建立后，加紧了对海河流域治理规划的编订工作。1925年，该委员会颁布了《顺直河道治本计划报告书》，其中，主要内容之一是在海河下游开挖疏浚减河，主要规划的工程有马厂减河、独流减河以及子牙河泄洪道和北运河泄洪闸等。可见，该规划主要解决的是海河入海尾闾不通畅的问题。

1928年，国民政府迁都南京，正式将顺直水利委员会改组为华北水利委员会，其所管辖范围由直隶省扩展至华北各河系上下游，除海河流域外，也把黄河流域包括在内，所辖区域扩大。华北水利委员会成立后，开始用近代科学技术对华北各河流进行全面系统测量。1928年9月至1929年7月，著名水利专家李仪祉在华北水利委员会任职，他一生致力于将近代科学技术应用于水利事业，是由中国古代传统治河方法向近代科学技术治河转变的引路人，

---

[1] 河北省地方志编纂委员会编：《河北省志·水利志》，河北人民出版社1995年版，第155页。

极大地促进了我国水利事业的进步。李仪祉对水利工作曾有很多精辟论述，如治河中经常采用的裁弯取直方法，他认为，对河道的裁弯取直可以避免险工，缩短水路；还可以保护农田，增加农田面积；同时，渠化天然河道，还能促进航运事业的发展，并能发展水力，进而发展工业。① 同时，他认为水利事业的规划要打破区域界线，不能因行政区划而局限于一隅，需要在整个流域内，包括省市之间、区域之间、上下游之间进行广泛的合作，才能走出"以邻为壑"的弊端。只有将水利工作统一管理，才能够真正建造惠泽一方的大工程。李仪祉在任期间，曾大量引进西方水利理论和工程技术，促进了华北水利事业走向近代化。具体到海河流域，在规划设计上也取得了突破性的进展。

在海河流域治理问题上，改组后的华北水利委员会对 1925 年颁布的《顺直河道治本计划报告书》进行了修订，于 1930 年首先完成《永定河治本计划》，该计划是专门针对永定河的详细治理规划，主要内容包括：第一，在上游修建水库和拦沙坝。其中规划水库为官厅水库和太子墓水库，在洋河及支流和桑干河及支流上修建拦沙坝。第二，在中游建分洪工程。修建卢沟桥节制闸和扩建金门闸。第三，在下游加固堤防和放淤。在左岸修筑堤防，右岸修建放淤工程。第四，尾闾河道疏浚。疏浚北运河泄水道和金钟河泄水河道并修筑堤岸。② 这份治本计划根据永定河上中下游的具体情况对整个河道分段进行了规划，上游拦洪拦沙，中游分洪，下游固堤、放淤以及疏通尾闾等，体现了全面规划、综合治理的思想。在这些工程中，官厅水库的修建是重点。自 1935 年起，华北水利委员会开始在官厅进行水工模型试验、地质钻探等前期设计工作，迈出了永定河治理上非常重要的一步。但是由于不久后抗日战争爆发，局势动荡，该项工作被迫中止，大部分规划工作未能实施，更不用说按照计划进行实际的工程了。

在民国时期，针对子牙河系的状况，华北水利委员会同样制定了《子牙

---

① 尹北直：《李仪祉与中国近代水利事业发展研究》，南京农业大学 2010 年博士学位论文，第 103 页。

② 参见《永定河治本计划》，中国水利国际合作与科技网，http：//www.chinawater.net.cn/guoji-hezuo/CWSArticle_View.asp？CWSNewsID=22275。

河治本计划》，"包括修建黄壁庄水库，开辟献县减河等大型防洪工程，但计划均未能实现。"①

在海河流域的治理上，民国时期可以说是一个非常重要的时期。这一时期除了被迫进行的灾后堤防修复工作以及局部治理工作外，还利用近代科学技术对海河流域的治理进行了卓有成效的规划工作。在海河流域治理规划的制定上，华北水利委员会做出了较为突出的成绩。仅从对永定河的治理规划便能看出，对上下游都提出了具有针对性的方案，体现了较为全面的综合治理思想。虽然这些规划最终并没有及时落到实处，造成规划多实施少，但这些规划的成果却比较完整地保留了下来，为新中国成立后海河流域的治理提供了科学依据，打下了全面"根治海河"的基础。

除了当时执政政府的治理外，抗日战争爆发后建立的中共根据地也采取了相关措施加强对海河的治理，以减免灾害的破坏性影响。

抗日战争时期，中国共产党在华北地区先后建立了一些根据地。1938年，晋察冀根据地建立，这是中国共产党在敌后建立的第一个根据地，将海河流域的部分地区管辖在内。晋察冀边区政府自成立后一直比较重视水利工作，首先在水灾严重的冀中区成立了冀中河务局，针对流域内时而爆发的自然灾害，边区政府领导民众进行了一些抗灾自救工作，主要为河道治理。

1939年海河流域大水灾后，边区政府将冀中河务局裁撤，在各县成立了由冀中行署统一领导的县河务委员会，"新的治河机构在动员民工方面实行了'有人出人，有钱出钱'的合理办法，对民工伙食给予部分补助或全部补助，或'以工代赈'。对于工程占地问题，改变了旧政府无偿占用农民耕地和损坏禾苗的做法，本着局部利益服从全局利益又兼顾局部利益的原则，对牺牲局部利益的地方，都予以适当的禾苗损失赔偿与占地赔偿。"② 边区政府的做法，大大提高了农民参与兴修水利工程的积极性。

在边区政府的领导下，冀中区开展了广泛的修复堤防、疏浚河道的治理

---

① 河北省地方志编纂委员会编：《河北省志·水利志》，河北人民出版社1995年版，第155页。

② 高峻：《新中国治水事业的起步（1949—1957）》，福建教育出版社2003年版，第35—36页。

活动。经过数月奋战，"修堵大小决口 215 处，整修险段 53 处，复修筑堤 38 条，疏浚淤河 9 段，特别是成功地修堵了为害冀中 1/2 县份的新乐西里村决口和饶阳五岗决口，这是冀中治理水害的空前壮举。"① 为了加固堤防，还组织群众大力开展堤防植树活动，以预防水患的发生。

1945 年，冀中行署成立工务局负责管理水利和交通，内部设有子牙河务局、南运河办事处。冀南解放区成立卫运河河务局和滏阳河河务局来负责相应河流的治理。1946 年，卫运河河务局曾组织沿岸群众，"除对卫运河进行堤防加固、河道裁弯外，还在馆陶县境内建申街分洪闸，可分 50 立方米每秒的洪水入清凉江。"②

由于长期处于战争环境下，中共根据地的治理也仅限于灾害过后的修修补补，尚没有精力与实力实施较大的工程。

从这一时期的海河治理和海河流域的规划编制来看，政府行为和民间力量联合发挥了作用。

从以上叙述可以看出，新中国成立前历代政府和政权都不同规模地进行过一些河道治理工作，但由于经济状况、社会条件和技术水平等多方面影响，治理上零零散散，始终未能根除灾害的发生。

三、新中国成立初期的治理

新中国成立后，海河流域的治理迈上了一个新的台阶，从局部性治理逐渐向全面综合治理转变，并开展了对流域内综合治理规划的编订工作。这一时期，海河流域的治理是在国家对整个水利建设工作高度重视的大背景下展开的。

新中国成立后，党和国家需要从整个国家发展的角度通盘考虑全国的建设问题，水利依然被列为重点开展的工作之一，这主要基于两个方面的考虑：

首先，水利关乎民生，是一个政权能否得以稳固的关键。中国是一个灾

① 高峻：《新中国治水事业的起步（1949—1957）》，福建教育出版社 2003 年版，第 36 页。
② 河北省地方志编纂委员会编：《河北省志·水利志》，河北人民出版社 1995 年版，第 147 页。

害频发的国家，水旱灾害的发生不仅制约着民众生活水平的提高，而且直接威胁到民众生命财产的安全。从历史上看，每一个朝代都非常重视水利建设，特别是政权初建，都把兴修水利、除害兴利作为安定民生、谋求民众支持和稳定发展的重要举措。一个政权能否得到民众的拥护与爱戴，很大程度上要看它的施政政策是否得到民众的支持和拥护。中国共产党在长期的革命和实践中，一直把广大民众的利益放在最首要的位置。执掌政权后，更是把国家的发展、人民群众生活水平的提高看作国家发展的最重要基础，把减免灾害直接和政权的稳固联系在一起。新中国成立伊始，从国民政府手中接下了一个烂摊子，在水利方面，由于多年来战争的影响，水利设施没有得到及时的维护，加上新中国成立初期几年内灾害频发，使国家的水利建设面临比较严峻的考验。在这样的情况下，国家制定了相应的方针政策，兴修水利、除害兴利成为中国共产党施政的重要方针之一。

其次，支持国家发展的需要。新中国成立后，党和国家认识到，修复战争创伤和发展经济是国家发展的第一要务。农业的发展与水利工作有着密切的联系，中共对水利一直是比较重视的，毛泽东在革命战争年代就提出过"水利是农业的命脉"的论断。说明党和国家的领导人在长期的革命实践中，已充分认识到水利工作对农业发展、对国计民生的重要作用。在新中国成立时制定的《共同纲领》中，明确提出了"兴修水利，防洪抗旱"[1] 以促进农业生产的目标。新中国成立后，工业基础薄弱，国家制定了重点发展重工业的方针，而我国不具备实行西方国家资本积累方式的条件，为了筹措工业发展所必需的资本，只能在农业上下功夫。因此，农业要在不断满足人民生活的前提下，为工业的发展提供必要的原料和资金的积累，这就为农业的发展提出了更高的要求。新中国成立初期国家实行的一系列方针、政策都是围绕着这个目标而制定的。农业发展必须首先解决水利问题，水利是减少自然灾害、促进农业增收的必要保障。因此国家不仅对大江大河的治理倾注了很大精力，而且在此基础上，逐渐利用集体化的优势，大力发动群众，大规模兴办小型

---

[1] 中共中央文献研究室编：《建国以来重要文献选编》第1册，中央文献出版社2011年版，第8页。

的农田水利，形成大中小型工程兼顾的水利格局，为减少灾害的发生与农业的发展创造条件。

在 1949 年 11 月召开的各解放区水利联席会议上，党和国家首先确立了水利建设的方针和任务，提出："对于各河流的治本工作，首先是研究各重要水系原有的治本计划，以此为基础制订新的计划。尚无治本计划者，应从速研究拟定计划。至于已具备了施工条件的个别治本工程，经过批准后，亦可有重点地部分实施。"①

新中国成立后，我国政府一直采取的是全党办水利、全民办水利，所以党的政治路线和思想路线正确与否，对水利工作影响很大。第一个五年计划（1953—1957）期间的水利建设，由于党的路线正确，社会较为安定，水利工作做得扎实，取得了比较显著的成效。

在党和国家对兴修水利的重视和直接领导下，"一五"期间，海河流域的各大骨干河流都普遍进行了除涝、整修和加固堤防工程。海河流域的一些主要省份在党中央领导下，加强了对海河流域的治理。当时的河北省内"山区没有水库，平原没有机井、泵站，各河中下游没有直接入海的排沥工程系统，堤防矮小残破，闸涵年久失修，洪沥水排泄不畅，根本无法抵御水旱灾害，确实是大雨大灾，小雨小灾，无雨旱灾"②。针对这一状况，河北省从新中国成立后就已经逐步展开对海河流域的治理，并在一些河流治理上与其他相关省市共同合作完成了一些工程，主要包括平原除涝和山区水库的修建工作。

首先是医治战争创伤，恢复各河堤防。新中国成立初期，恰逢海河历史上的丰水年，降雨量大，水灾频发，尤其是 1949 年、1953—1956 年期间，海河流域中东部和南部平原地区降雨量大，给农业生产造成巨大损失，于是海河流域的水利建设结合了当时的气候特点，将治理重点放在了平原地区的防洪、防涝方面，重点对大清河、潮白河中下游河道进行了一些治理，兴修和治理了

---

① 李葆华：《当前水利建设的方针和任务》，《历次全国水利会议报告文件 1949—1957》，《当代中国的水利事业》编辑部编印，第 11 页。

② 河北省水利厅水利志编辑办公室：《河北省水利志》，河北人民出版社 1996 年版，第 4 页。

潮白河、新盖房分洪道、千里堤、赵王新河、漳卫南运河以及大清河系的独流减河等防洪除涝工程。1949 年后,"对南运河一直采用加固堤防、整修险工、疏浚下游河道和两条减河的措施。"① 这些工程主要集中在 1952—1954 年完成。漳卫河下游的四女寺减河在新中国成立初期基本淤废,1955—1956 年,河北省和山东省共同出工对四女寺减河进行了疏浚和筑堤。1956 年,海河流域发生大洪水,漳河、卫河等多处决口,1957 年水利部分别组织了河北、山东等省份的民工进行了复堤工程,将堤防加高、培厚,并于 1957 年冬和 1958 年春对漳卫河系下游的卫运河、四女寺减河进行扩大治理,由河北省、山东省和淮委联合出工。

其次,实施了一些大型的治本工程。在海河流域的治理上,最为成熟的当属《永定河治本计划》,由于民国时期对永定河的前期规划工作做得比较充分,该流域最早实施的大型水库工程是永定河上游的官厅水库。新中国成立后,国家决定彻底治理永定河水患,在国家尚处于经济困难、技术水平较差的情况下,毅然决定修建官厅水库,并列为国家的重点工程。在原有规划的基础上,进行了进一步的勘探、分析、选址等准备工作后。在水利部的直接领导下,官厅水库从 1951 年 10 月破土动工,由河北省调集民工进行建设。四万多民工日夜奋战在官厅水库的建设工地。经过两年多的施工,至 1954 年 5 月胜利完工。该水库采用宽心墙土坝,坝顶高程 485.23 米,竣工时总库容为 22.7 亿立方米,控制流域面积 43402 平方公里。② 官厅水库是新中国成立后修建的第一座水库,成为新中国繁荣昌盛的象征。在官厅水库修建期间,党和国家给予了高度重视,周恩来、刘少奇、朱德和邓小平等党和国家领导人曾先后到水库建设工地视察、指导工作,以水利部副部长张含英为首的中央慰问团曾到工地慰问,中共中央各部委都给予了重视和支持。1954 年 4 月 12 日,在水库即将完工之时,毛泽东亲自到水库视察,并题词"庆祝官厅水库工程胜利完成"。上级的关心使参加水库建设的水利工作者和民工们受到极

---

① 河北省地方志编纂委员会编:《河北省志·水利志》,河北人民出版社 1995 年版,第 149 页。
② 《海河志》编纂委员会:《海河志·大事记》,中国水利水电出版社 1995 年版,第 85 页。

大鼓舞。官厅水库 1955 年开始蓄水，它的建成并迅速投入使用，初步解决了永定河危害京津两市和下游农村的局面，民众千百年来没有实现的驯服永定河的夙愿得以初步实现。在新中国刚刚成立的背景下，官厅水库的建成，体现了党和国家依靠群众力量进行水利建设方针的胜利。

　　再次，进行了流域治理规划的编制工作。新中国成立后，由于海河流域水灾频繁，中央和河北省都极为重视海河流域的治理，组织了比较强大的技术力量进行海河流域的勘探规划工作。从 1951 年开始，分河系进行了以防洪为主的规划工作。1952 年，政务院通过的关于 1952 年水利工作的决定中明确指出："从一九五一年起，水利建设总的方向上是：由局部的转向流域的规划，由临时性的转向永久性的工程，由消极的除害转向积极的兴利。"[①] 标志着国家在初步控制灾情的状况下，开始转向积极的流域全方位治理。当年，河北省水利厅编制了大清河流域规划；1953 年，水利部设计局编制了永定河流域规划。1955 年 1 月，水利部提出了海河流域规划任务书，获得批准后，由水利部北京勘测设计院负责组织编制。当时，中央与地方的水利专家和工程技术人员千余人参与了这项工作，于 1957 年 4 月完成了《海河流域规划（草案）》的编订工作，对海河流域内的防洪、除涝、农田灌溉等做了全面的规划。这是海河流域的第一次综合规划，鉴于新中国成立初期水灾频发的状况，规划以解决洪涝灾害为主线，首次提出各河系按照 50 年至 100 年一遇的防洪标准进行治理，并进行水土保持、兼顾灌溉。此次规划对指导海河流域的开发治理起了很重要的作用。从 1958—1972 年规划的第一期工程来看，不仅包括了岗南、黄壁庄、密云、岳城等 13 座大型水库，而且包括四女寺减河（后来的漳卫新河）、献县减河（即以后的子牙新河）及永定新河等开辟入海尾闾的河道工程，还包括徒骇河、马颊河、清凉江等 14 项除涝工程。这些工程尤其是中下游河道工程和除涝工程都是大规模"根治海河"期间的重点工程，在 1957 年的规划中已经成型。自 1958 年开始的海河流域治理工作中的

---

　　① 傅作义：《一九五二年全国水利会议开幕词》，《历次全国水利会议报告文件 1949—1957》，《当代中国的水利事业》编辑部编印，第 109 页。

水库建设在本次规划中均已详细阐明。此次规划以防洪为主，同时兼顾灌溉及水能利用为辅，适合了海河流域的实际状况。当然，在总体方向正确的前提下，这次规划的缺陷为：由于技术水平所限，对防洪标准的确定偏小，尚不能满足实际需要，这是被以后的实际状况所证明了的。1958年开始的大规模水库建设，就是以该规划作为基准的。这些规划工作，为以后全面"根治海河"的规划设计工作起了重要的奠基作用。

海河治理离不开民众的参与。新中国成立后，农业合作化的进程，为统一集中兴修水利创造了极为有利的条件。在机械化水平比较低的情况下，水利工程的建设必须集结大量的人力物力。当时水利建设所需劳力主要是农民工，还有少量军工和专业化队伍，民工从沿河附近农村的农民中征集，被称为群众性施工队伍，区别于由政府部门组建的专门从事水利水电施工的专业队伍，其特点在于季节性，他们农忙时务农，农闲时参加水利工程。这样，"海河流域的广大贫下中农破除了'歇冬'的旧习俗，变冬闲为冬忙"①，逐渐掀起了水利建设的高潮。以1951年山东省的勾盘河疏浚工程为例，鲁北地区的惠民、阳信、无棣、沾化、滨县、商河、乐陵7个县共出民工9万余人，同年的河北省整治潮白河工程，调集民工9.5万人，军工1.9万人。②

在民工的薪酬方面，新中国成立初期大多采用了以工代赈的方式，如1956年海河南系爆发了大水灾，漳河等多处堤防损坏，在1956年冬到1957年春的复堤工作中，以"临漳、魏县、大名动员民工4万余人，以工代赈分期分段完成复堤工程。"③ 民工在施工时的组织方式为设立民工团或民工大队，由省、地、县统一领导。

通过以上探讨可以看出，海河流域的自然地理条件、气候特点及人为因素对生态的破坏是该流域灾害频发的主要原因。就水灾成因来看，夏季降水集中、上游水土流失严重、中下游泄水能力低是主要问题所在。该流域历史上曾发生过频繁的自然灾害，给流域内民众的生命和财产造成极其严重的损

---

① 《海河史简编》编写组：《海河史简编》，水利电力出版社1977年版，第123页。

② 《海河志》编纂委员会编：《海河志·大事记》，中国水利水电出版社1995年版，第77页。

③ 河北省地方志编纂委员会编：《河北省志·水利志》，河北人民出版社1995年版，第146页。

失。历史上的历朝政府尤其是清朝、民国、中共根据地及新中国成立初期都曾对该流域进行过治理，但由于政治经济等原因，治理上一直零零散散。新中国成立初期则主要以修复战争创伤，修复被破坏的堤防为主。这些措施有利于防灾减灾，但是事实证明依然不能彻底解决流域内灾害频发所造成的破坏性影响，1956年爆发的水灾再次表明对海河进行全面治理的必要性。

第三节　"根治海河"运动的发端

一、"根治海河"目标的提出与实施

1957年，《海河流域规划（草案）》出台，预示着流域内的治理正式由局部修修补补向全面综合治理转变。河北省在这一年提出了"大干一个冬春，基本根治海河"的号召，首次把"根治"作为海河治理的目标。虽然就当时的时间安排上看，这是一个不切实际的美好愿望，但反映了从中央到地方治理水患、发展水利的急切心情。从实际工作看，"大跃进"期间的治理是按照刚刚制定的规划草案实施的，只是突出了"以蓄为主"的方针，比较偏重水库的拦蓄作用，将治理重点放在了上游山区水库的修建上，对中下游河道治理，尤其是入海尾闾的开辟没有给予足够的重视，因此全面治理还未能真正落到实处，但水库建设的确获得了突飞猛进的发展。水库的作用主要有两个，一是防洪，表现为调节径流，拦蓄洪水，削减洪峰，减少洪灾对下游的威胁。二是蓄水，把拦蓄的水暂存起来，或用于灌溉，满足农业灌溉需求；或输送到城市，保障城市生活用水和工业用水；还可用于养鱼或发电。因此，水库所起的作用是多方面的。

自1958年开始，"大跃进"之风吹遍大江南北，在"大炼钢铁"的同时，水利建设获得突飞猛进的发展，也成为占用劳动力最多的领域，尤其是水库建设发展迅速。这一时期的海河流域，"全流域山区有23座大型水库、47座

中型水库和一大批小型水库同时开工兴建。平原区也兴建了一些蓄水工程。"[1]到1963年建成和基本建成的大型水库[2]包括子牙河上的岗南、黄壁庄、临城和东武仕;大清河上的安各庄、龙门、王快、口头和横山岭;漳卫河上的关河、后湾和漳泽;北三河(北运河、潮白河和蓟运河)上的密云、海子、怀柔、邱庄和于桥;以及滦河上的洋河和庙宫。[3] 还有一些工程尚未完工,这些工程对于防洪、灌溉都起到重大的作用。其中比较知名的有以下几个。[4]

岗南水库:位于河北省平山县境内子牙河系的滹沱河上。该库于1958年3月动工,为黏土斜墙坝,最大坝高63米,总库容15.71亿立方米,控制滹沱河上游总面积1622平方公里。1959年开始拦洪,1962年1月竣工。施工初期质量较好,后期因追求速度,质量放松,在出现问题后及时进行了处理。

黄壁庄水库:该水库同样修建于子牙河系的滹沱河上,位于岗南水库下游。该库1958年10月开工,采用苏联在黄土地带创造的施工方法——水中填土坝,并突破最高坝高15米的限制,坝高达到30.7米,总库容12.1亿立方米,控制流域面积23400平方公里,于1963年6月竣工。

西大洋水库:位于河北省唐县境内的大清河系南支唐河上。该库1958年7月开工,为均质土坝,最大坝高53.4米,总库容10.71亿立方米,控制流域面积4420平方公里,于1960年2月竣工。

王快水库:位于河北省曲阳县大清河南支沙河上。该库1958年6月动工,主坝为黏壤土斜墙土坝,最大坝高62米,总库容13.89亿立方米,控制流域面积3770平方公里,于1960年6月竣工。

密云水库:位于北京郊区密云县境内,横跨潮河和白河,有"燕山明珠"

---

[1] 《海河志》编纂委员会编:《海河志》(第1卷),中国水利水电出版社1997年版,第416页。

[2] 关于水库的级别划分:水库有五个级别,总库容大于等于10亿立方米为大一型水库,1亿—10亿立方米为大二型水库,0.1亿—1亿立方米为中型水库,0.01亿—0.1亿立方米为小一型水库,0.001亿—0.01亿立方米为小二型水库。

[3] 由于引滦入津工程的实现,后来滦河也算在海河流域的范围之内。

[4] 以下数据参见《河北省水利志》,第108—110页;《海河史简编》,第110—114页;《海河志·大事记》,第108—121页;吕元平:《对海河流域某些大型水库的回顾与展望》,《海河水利》1984年第3期。

之称。这是新中国成立后自行设计修建的华北地区最大的水库，为斜墙土坝，库容达到 43.75 亿立方米，控制流域面积 15788 平方公里，潮河最大坝高 56 米，白河最大坝高达 66.4 米。该库自 1958 年 9 月 1 日开始动工，开工后提出了"一年拦洪，两年建成"的口号，工作量非常大。该库虽施工速度比较快，但由于周恩来总理亲自抓，施工质量比较好。该库于 1960 年 9 月竣工。

于桥水库：位于天津蓟县蓟运河支流州河上。1959 年 12 月开工，为均质土坝，最大坝高 22.63 米，总库容 15.59 亿立方米，控制流域面积 2060 平方公里，于 1960 年 7 月竣工。由于施工抢进度，该库大坝碾压质量不佳，竣工后不断出现状况，长期不能蓄水，后又经过修建溢洪道和加固坝体，成为引滦入津的调蓄水库。

岳城水库：是建在海河流域南系漳卫河系漳河上的一个大型水库，位于河北省磁县和河南省安阳县交界处。该库于 1959 年动工，1960 年拦洪，1961 年蓄水。因三年困难时期严重的粮食短缺，该水库的修建曾被迫停工，三年困难时期结束后复工，至 1970 年正式建成。该库为均质土坝，最大坝高 53 米，水库总库容 13 亿立方米，控制流域面积 18100 平方公里。

以上所举为海河流域中几个知名水库的修建状况。为适应"大跃进"的形势，这些水库工程大多前期工程薄弱，施工仓促，采用了边勘测、边设计、边施工的方法，后人称之为"三边"工程。由于施工期限短，经常赶进度，"放卫星"，造成很多质量问题，尾工拖得比较长。在 1965 年至 1980 年大规模"根治海河"运动期间，这些水库大部分进行了续建与扩建，详见第三章。

除了这些已经建成的水库工程外，"由于人力物力不足，开工后又停建的大中型水库有建屏、七亩、青年、娄里、张坊、障城、安格（各）庄及紫荆关等。有的工程因勘测不细，底码不清，不得不半途下马；有的因资金困难，难以维持。这些工程，有的停工后经过进一步做工作，隔一段时间后又进行续建的，如安格（各）庄水库。有的则因种种原因，至今也未再继续兴建的。"① 由于开工前没有实施有效的论证和进行充分的前期准备，在水库的建

① 《海河志》编纂委员会编：《海河志》（第 1 卷），中国水利水电出版社 1997 年版，第 416 页。

设方面造成了一定的浪费。

在"以蓄为主"的指导方针下，除了山区水库工程外，这一时期还搞了一些平原蓄水工程。由于措施不当，这些工程大多引起周边地区严重的盐碱化，不得不退淀还田，只有少量工程能够使用。

"大跃进"期间除水库工程实施较多外，同时也进行了一些河道工程，如1958 年春卫运河的扩大治理，由河北省邢台、沧州和山东聊城专区、四女寺工程处组织 21.86 万人，对部分河段进行深挖，裁弯，展堤，大部分按原堤线进行加高培厚。① 当年 6 月汛前完成。山东省在鲁北海河流域开始实施了河网化工程，各地开挖河道，在徒骇河、马颊河和四女寺减河上建节制闸，以支援农业抗旱灌溉。② 为解决黑龙港地区沥水无出路的状况，1960 年河北省组织开挖了南排水河，"建成以来，年年都发挥了一定作用，但流域范围太大，标准太低。"③ 由于境内的所有骨干河道均未整治，仅个别工程难以解决黑龙港地区的排水问题。

由于河北省占有了海河流域的大部分面积，所以在海河流域的治理上，河北省是绝对的主要力量。"大跃进"时期，河北省委在"大干一冬一春，基本根治海河"的号召下，成立了"根治海河"委员会办公室并建立了宣传小组，进行广泛的宣传。这一时期对海河流域的治理虽然取得了不少成绩，但是，由于"左"倾思想的影响，治理中出现了盲目蛮干、高指标、瞎指挥等现象，对水利建设规范置若罔闻，很多工程疏于严格的论证，打乱正常的基建程序，仓促上马，出现大量"三边"工程，甚至有时出现"倒三边"现象。所谓"倒三边"，就是按照领导意图先行施工再进行设计，设计迁就既成事实，勘测应付设计等现象，完全违背了基建规律。因此有的工程出现严重的质量问题，造成人力物力的巨大浪费和损失。由此可见，水利工作必须要严格按照客观规律办事，要尊重科学，遵循自然规律和经济规律，注重经济

---

① 河北省地方志编纂委员会：《河北省志·水利志》，河北人民出版社 1995 年版，第 146 页。

② 《海河志》编纂委员会编：《海河志·大事记》，中国水利水电出版社 1995 年版，第 115 页。

③ 河北省根治海河指挥部：《关于今冬明春工作安排的报告》（1965 年 8 月 15 日），中共河北省委党史研究室编：《河北省根治海河运动》，中共党史出版社 2008 年版，第 219 页。

效果，这是深刻的教训。

但从另一个角度来看，"大跃进"期间对海河流域的大规模治理活动依然有很重要的价值。在当时艰苦的条件下，党和国家领导广大民众移山造海，兴修了大量的水利工程。即使以后这些工程还需要不断地进行改进，但毕竟为后期的治理打下了基础。这时的水利建设以前所未有的速度发展，即使一些质量上有缺陷的工程，也在之后的大水灾中发挥了相当大的作用，减少了水灾的破坏性影响，增大了灌溉面积，兴利除害作用明显。这是新中国成立后党和政府领导民众在水利建设方面做出的巨大贡献，并已经被1963年海河流域抗击特大洪水的实践证明了的。

"大跃进"时期的水利建设者同样主要来自农民工，这些群众性施工队伍多数来自受益地区的社队，大型工程中劳力安排有困难的，则需要非受益社队予以支援。由于此时"一大二公"的人民公社制度开始建立，使水利工程在劳动力的调配方面具有了更加明显的优势，为统一集中兴修水利工程创造了极为有利的条件。在民工的组织方面，这一时期开始实施军事化编制，出现了民工团、营、连、排、班等组织，加强了民工的组织纪律性。在民工的报酬方面，一度实施过工资制度，如1959年河北省规定，"凡参加大型水库建设的民工，每天标准工资为0.70元左右。"[1] 但是由于当时经济困难，很多民工回忆根本挣不到钱，连吃饱饭的最低要求也难以满足。[2]

这一时期的施工工具也有了一定改革，"广大民工放下土篮、抬筐。代以斗车、胶轮车，劳动强度大为减轻，效率加倍提高。"从现在来看，虽然进步幅度有限，但施工工具的些许改进还是促进了工程的进度。

新中国成立初期以及"大跃进"期间，虽然以河北省为主的海河流域相关省市在海河治理上实施了大量工程，但是这些工程的修建除了使局部地区的洪涝灾害得到初步控制以外，并未从根本上改变洪涝灾害损失严重的整体状况，主要原因在于"工程标准低，抗灾能力差，远不能抵御较大洪水的袭

---

① 河北省水利厅水利志编辑办公室：《河北省水利志》，河北人民出版社1996年版，第814页。
② 笔者在河北省盐山县千童镇孙庄村采访泊桂枝的记录（2012年8月16日）。泊桂枝，男，1938年生，曾参与岳城水库的修建。

击。从建国到一九六四年全省平均每年仍淹地两千万亩左右,造成我省农业生产低而不稳,年年吃统销粮"①。从河北省的总结来看,灾害状况依然严重,极大阻碍了这一地区农业生产的进步,而1963年爆发的特大水灾也成为一根导火索,促使党和国家下决心对海河流域实施全面治理。

二、"63.8"特大洪水

1963年8月,海河流域南系爆发了有历史记录以来的最大洪水。此次特大洪水是由海河上游的大暴雨所引发的。当年进入8月份后,海河南系突降大暴雨,从河南安阳开始,暴雨中心逐渐北移,依次进入河北邯郸、邢台、石家庄、保定境内,持续到北京、张家口、承德减弱。这种自南向北的大暴雨出现三次流动的进程。降雨从8月1日一直持续到10日,降水量的95%集中于2日至7日的6天之内,在太行山东麓形成一条南北长440公里、东西宽90公里的降雨带,此次降雨的特点是强度大,范围广,持续时间长。整个暴雨过程在河北省境内形成两个暴雨中心,南部中心位于滏阳河流域的内丘县獐么,最大3日降水量为1457毫米,最大7日降水量达2050毫米;北部中心位于大清河流域的顺平县司仓,最大3日降雨量1130毫米,易县七裕最大7日降雨量达1329毫米。②据统计,这次暴雨在海河流域共降水577亿立方米,相当于1939年的2倍多,1956年的1.9倍。③达到了有水文记录以来的最大值。

大暴雨促使各河水位迅速上涨,形成特大洪水。由于海河流域的地势西高东低,洪水奔流而下。以邢台境内的七里河和沙河为例,七里河最大为100个流量,8月4日上午竟达2400个流量,沙河历史上洪水最大为2200个流

---

① 《团结起来,夺取根治海河的更大胜利——迎接毛主席"一定要根治海河"光辉题词十周年宣传提纲》(1972年),河北省档案馆藏,档案号919-3-67-1。

② 常汉林、陈玉林:《河北省"96.8"与"63.8"洪水的对比与反思》,《河北水利水电技术》1998年第3期。

③ 《海河史简编》编写组:《海河史简编》,水利电力出版社1977年版,第138页。

量，这次竟达 6000 个流量以上。① 由于雨量特别大，造成上游山区洪水迅速下泄，海河流域漳河、滹沱河等多条河流堤防溃决，平地行洪，水深数尺，很多城市被洪水围困，冀中冀南地区一片汪洋。据河北省邯郸地区 5 日统计，"京广铁路以东，'东风'干渠以西，漳河以北普遍积水，近千个村镇被水围困。"② 仅滹沱河北大堤在 6 日深夜和 7 日凌晨三处决口，分别在深泽县彭赵庄、安平县刘门口和杨各庄，"三处口门总宽 1000 多米，流量 3000 多立米/秒，直奔文安洼。"③ 海河流域中南部的南运、子牙和大清河系都形成特大洪峰，随着洪水的下泄，京广铁路多处被洪水冲毁，海河中下游低洼地带和天津市面临巨大威胁。

在大水灾面前，新中国成立后兴修的水利工程起到了明显的蓄洪和滞洪作用。1963 年的洪水径流总量达到 1939 年的 2 倍，1939 年洪水冲进天津市区，市区 80% 被淹，最深处达 2.4 米。④ 而 1963 年，不但上游水库拦蓄了大量洪水，新中国成立后修筑的一些河道疏浚工程也起到了很大的排水作用。以四女寺减河（即漳卫新河）为例，经过 1955 年的疏浚复堤和 1957 年的扩大治理，"1963 年汛期，四女寺减河分泄流量 1170 立方米每秒，效益显著。"⑤ 加上各地民众在党中央和相关省市的领导下奋力抗洪、团结一心、多措并举，终于确保了天津市和津浦铁路的安全。

大水灾给河北省造成了巨大的损失。具体统计数字为：水灾造成 5 座中型水库失事，330 座小型水库垮坝，南运河、子牙河、大清河三大水系主要河道决口 2396 处，支流河道决口 4489 处，滏阳河 350 公里全部漫溢。冀中冀南农田大部被淹，邯郸、邢台、石家庄、保定、衡水、沧州、天津 7 个地区的

---

① 《邢台地区广大干部群众奋勇抗洪抢险向特大洪水展开顽强斗争》，《河北日报》1963 年 8 月 8 日，第 2 版。

② 《广大干部群众齐心协力奋起抗灾》，《河北日报》1963 年 8 月 6 日，第 1 版。

③ 王明山：《1963 年洪水的形成和灾害》，《文安文史资料》第 7 辑，政协文安县委员会学习文史委员会 1999 年编印，第 3 页。

④ 黄治安：《战胜灾害，根治海河》，《天津和平文史资料选辑》第 5 辑，政协天津市和平区委员会文史资料委员会 1995 年编印，第 197 页。

⑤ 河北省地方志编纂委员会：《河北省志·水利志》，河北人民出版社 1995 年版，第 148 页。

101 个县受灾，进水县城 32 座，被水包围 33 座。邯郸、邢台、保定三市市内水深 2—3 米，以上三市及石家庄 88% 的工矿企业停产。农村地区同样损失惨重，河北全省受灾村庄 22740 个，其中水淹 13124 个，2545 个村庄全部荡毁，倒塌房屋 1265 万间。受灾面积 317.1 万公顷，成灾 249.3 万公顷。受灾人口达 2200 万，死亡 5030 人，受伤 42700 人。在大水灾中，交通、通讯设施受损严重，京广、石德、石太铁路被冲毁 822 处，全长 116.4 公里，冲毁桥涵 209 座，其中大桥 12 座。通讯线路毁损 959.7 公里。公路被冲毁淹没 6700 公里，冲毁公路桥 112 座。7 个地区的公路交通几乎全部停顿。[1] 京广铁路因水灾中断运输 27 天。[2] 这场洪水给河北省带来的直接经济损失 59.3 亿元，间接损失 13.1 亿元。[3]

更加具体的统计数据以邯郸地区为例，"全区 369 个公社，受灾 359 个，受灾大队 4793 个，人口 370 多万，冲毁、淹没耕地 729 万多亩，占总播种面积 80% 以上，倒塌房屋 196 万多间，死伤人口、牲畜数以万计。'洪水猛兽'使灾区人民深感切肤之痛。整个平原地区一片汪洋，一般水深 1—2 米，低洼处丈余。"[4] 如此严重的灾情实属罕见。在 1963 年的大洪水中，黑龙港地区淹地 700 余万亩，马颊河流域也局部受淹。[5]

除河北省遭受巨大损失外，河南省与山东省北部及北京市都局部受灾[6]。虽然新中国成立后的一系列治理起了一定拦蓄洪水的作用，但由于治理标准比较低，还是无法经受住较大洪水的袭击，未能从根本上解除水患的威胁。大水灾暴露了海河治理上的很多缺点，尤其是"对开辟洪沥入海河道和解决

---

① 常汉林、陈玉林：《河北省"96.8"与"63.8"洪水的对比与反思》，《河北水利水电技术》1998 年第 3 期。

② 王瑞芳：《当代中国水利史（1949—2011）》，中国社会科学出版社 2014 年版，第 431 页。

③ 《河北省根治海河运动大事记》，中共河北省委党史研究室编：《河北省根治海河运动》，中共党史出版社 2008 年版，第 137 页。

④ 翁文彬：《邯郸根治海河十五年》，中共河北省委党史研究室编：《热血铸辉煌——海河壮举忆当年》（上），中共党史出版社 2008 年版，第 144 页。

⑤ 水电部：《漳卫河中下游治理规划说明》（1971 年），山东省档案馆藏，档案号 A121-03-26-14。

⑥ 当时天津市是河北省省会，损失计入河北省内。

平原阻水问题注意不够，仍无力控制特大洪水和沥涝灾害"①。因此，必须加强海河流域的继续治理。"事实证明，中下游的治标工程不能抗御严重的洪涝灾害，上、中、下游的全面治理势在必行。"②

1963年大水灾的惨痛教训使人们认识到，要想从根本上解决海河流域的灾害问题，必须在综合治理上下功夫，尤其是入海尾闾的开辟即解决排水问题成为重中之重。海河流域必须实施长期的综合治理规划，多种措施联合起作用，才能真正解决水灾危害问题。1963年大水灾后，在党和国家的领导下，海河流域的民众积极应对，逐渐修复遭受破坏的堤防，时间主要集中在1963年冬和1964年春。1964年冬和1965年春，河北省根据刘少奇主席指示的"上蓄、中疏、下排"的治水方针，做出了近期以排为主，以除涝治碱为重点的安排，在涝碱最重的运河以东，大清河以南，黑龙港流域和唐山地区滨海地段，进行了宣惠河、江江河、南大排水河、黑龙港西支疏浚，白洋淀开卡和漳河卫运河复堤等26项大中型水利建设骨干工程。与此同时，综合治理的规划工作正在紧张进行，此后不久，大规模轰轰烈烈的"根治海河"群众性治水运动逐渐展开。

三、"一定要根治海河"

1963年8月海河流域遭受的大水灾是新中国成立以来该流域遭受的一次最严重的灾害。大水灾发生后，其巨大的破坏性令人触目惊心，中央非常重视海河流域的灾情。在这次抗洪救灾中，经过各级部门的联合调度与指挥，虽全力保住了天津市和津浦铁路的安全，但是在牺牲河北省大量良田进行分洪的基础上实现的，"洪水淹没天津市以南、津浦路以东大片土地，工农业损失严重，但当时泄水尾闾只有海河和独流减河，积水迟迟不能排除，月余后水势才渐消失。"③ 大水灾的惨痛教训给人们敲响警钟，海河不治，始终会成

---

① 《根治海河首批工程做到多快好省》，《人民日报》1965年7月5日，第2版。
② 郑德明：《沧桑巨变——河北水利建设四十年》，《海河流域水利建设四十年》（1949—1989），水利部海河水利委员会1989年版，第5页。
③ 吕元平：《对海河流域某些大型水库的回顾与展望》，《海河水利》1984年第3期。

为流域人民的心腹大患，不但农业生产无法保证，而且城市、工业和交通运输业都要面临严重威胁，海河流域的全面治理已刻不容缓。1963 年 9 月 25 日，河北省提出《河北省今后 15 年至 20 年治洪规划初步设想》，下最大决心要彻底根治河北水患，提出："经过 15 至 20 年的努力，达到完全能够抵御像 1963 年的甚至比 1963 年更大一些的洪水，以彻底改变河北省洪水为患的局面，为社会主义事业奠定坚实的基础。"①

同时，全面、彻底治理海河也已成为中央领导人的共识。灾情发生后的 8 个月内，毛泽东主席曾 4 次到河北，向河北省委及灾区地委的负责干部了解灾情，询问救灾工作的进展。他被河北省的水灾之严峻所触动，"毛主席一年一年地计算河北的年景：从 1949 年到 1963 年 15 年间，3 年大灾，5 年中灾，3 年丰收，4 年中收，受灾率分占一半多，心情显得十分沉重。"② 救人民于苦难，解除海河流域自然灾害成为当务之急。河北省委一边对抗洪工作进行总结，一边积极研究海河治理规划。在听取河北省领导人对抗洪救灾的报告时，毛主席对河北省省长刘子厚、河北省委书记闫达开说："你们都是河北人，你们就是要把河北的灾救出来，要把水切实的治起来。"③

1963 年 11 月 17 日，毛泽东为河北省抗洪展览题词："一定要根治海河"。"一定"二字，表达了党和国家对海河治理的决心，同时也在一定程度上体现了毛泽东的"人定胜天"思想。这种思想是中国共产党领导中国革命和建设的产物，此号召蕴含的含义是：民众要像对待外来势力入侵那样，在面对自然灾害时应具有不妥协的战斗姿态。历史发展到今天，随着人们对自然界认识水平的提高，我们更多地强调人与自然和谐相处，这句号召虽带有明显的时代特色，但不能简单地把毛泽东的"人定胜天"思想理解为人和自然环境的对立关系。从毛泽东对待人与自然的态度和一些实际行动看，在新中国成

---

① 《河北省根治海河运动大事记》，中共河北省委党史研究室编：《河北省根治海河运动》，中共党史出版社 2008 年版，第 137 页。

② 柯延：《一代天骄：毛泽东的历程——一个伟人和他的辉煌时代》，解放军文艺出版社 1996 年版，第 278 页。

③ 戴哲夫、张延晋、顿维礼：《毛主席关心河北水利建设》，《文史精华》1994 年第 3 期。

立后建立水坝、"除四害"等一些涉及生态环境的决策上，他还是采取了一些较为审慎的态度。毛泽东在新中国成立后水利问题中的一些言论，主要基于多年领导中国革命斗争所获得的经验和勇气。"更多的是以个人魅力影响舆论，领导群众，从而让洪水太平的良好意图。"① 他的这种态度坚决的标示性话语，对激发民众的干劲有很大的促进作用。

　　新中国成立后，在江河治理上，毛泽东主席多次发出过指示并题词。1951 年，他为淮河治理题词："一定要把淮河修好"。1958 年为治理黄河题词："要把黄河的事情办好"。1963 年为海河流域书写的"一定要根治海河"是他再次为江河治理题词。由于政治体制的原因和当时毛泽东的崇高威望，这些题词对各大江河的治理起了巨大的推动作用。"一定要根治海河"不仅成为海河治理 15 年中的一面鲜明旗帜，而且在很大程度上成为海河工程的一把"保护伞"。"根治海河"工程能在"文化大革命"中有条不紊地进行，没有受到太大的冲击和影响，与毛主席的题词有着密切的关系。另外，其他党和国家领导人也对海河流域的救灾和治理工作给予了高度重视。国家主席刘少奇多次听取河北省抗洪救灾的汇报；周恩来总理始终关心和领导救灾工作和"根治海河"工程，多次听取汇报并作出具体的指示；李先念副总理曾亲自到受灾最严重的衡水地区访问，为灾民解决实际问题，并参与了"根治海河"工程的领导工作。"根治海河"工程之所以发展为一项轰轰烈烈的群众运动并

---

① 吴绮雯：《论毛泽东"人定胜天"的环境思想》，《涪陵师范学院学报》2006 年第 5 期。

持续数年,很大程度上源于中央对海河流域灾情的重视与毛泽东主席发出号召的积极作用。

大水灾的巨大损失令人痛心,也促使河北省及党中央下定决心必须对海河实施全面综合治理。无疑,1963年大水灾成为"根治海河"运动的导火索,但中央以及海河流域各省市在海河治理上有着综合的考虑。

首先,改变海河流域的生产面貌,促进粮食生产。

海河流域中下游平原地区,人口密集,除一些低洼地带盐碱化比较严重外,大多数地区土地肥沃,有发展农业的潜力。但是由于海河流域降水的不稳定,经常成灾,尤其是地跨邯郸、邢台、衡水、沧州、天津各区的黑龙港地区,由于古河道纵横,形成很多封闭性洼地,洪沥水无出路,严重影响了农业生产。据河北省统计,新中国成立后至1965年的16年中,除1952年、1957年、1958年三年丰收外,以洪涝灾害为主的年份有9年,共减产粮食248亿斤,从1953年到1964年的12年中,国家共给河北省调进粮食170亿斤。① 由于灾情频繁,河北省粮食无法自给,要经常吃国家的返销粮,对国家工业建设的支持力度大大减小。在当时国家整体上缺粮、尚不能解决民众生活问题的大背景下,解决粮食问题是个大问题。因此,"面对严重的洪涝灾害所造成的巨大损失,省委认为,要发展河北的工农业生产,必须制服洪水,把毁坏千百万人民劳动成果的水害变为水利。"② 从农业发展的长远利益来看,必须努力改变海河流域中下游长期受灾的农业生产现状,才有利于国家整个的经济规划,有利于促进粮食生产的进步。

其次,保障北京、天津两个重要城市与各铁路干线的安全。

对北京市危害最大的是永定河。由于北京长时期为首都,历届政府都非常重视永定河的治理,新中国成立后除修建了永定河上游的官厅水库以拦蓄洪水外,又加固了永定河三家店至卢沟桥的左堤,治理标准已经提高到能够抵御历史上最大的洪水,所以北京市的洪水威胁相对减小。此时,海河流域

---

① 《十五年根治海河的初步总结》(1980年),河北省档案馆藏,档案号1047-1-754-7。

② 林铁:《你们一定要把河北的洪水制服》,中共河北省委党史研究室编:《热血铸辉煌——海河壮举忆当年》(上),中共党史出版社2008年版,第73页。

中面临水灾威胁最严重的是天津。天津是我国重要的工业城市，位置临海，地势低洼，海河干流流经市区。由于处在海河流域"五河下梢"，历史上经常处在水患的威胁下，有多次城市进水几个月、平地行船的历史。新中国成立后，国家将工业发展列为重点产业，天津市的地位越发重要，水淹天津会给国家经济发展造成更为严重的损失。因此，确保天津市的安全是必须重点考虑的问题。在 1963 年大水灾中，中央与河北省在权衡利弊的基础上，用洼地滞洪的方法，尽全力保住了天津市免遭水患，但却是以牺牲河北省的广大农村为代价的。天津经常遭受洪水威胁的原因是入海口集中于海河干流所造成，因此确保天津市的安全必须改变各河流汇集天津入海的局面，这就必须加大海河流域治理力度，增辟新的入海通道，实施大规模的分洪工程。在交通运输方面，海河流域的位置也极为重要，当时横贯南北的两条重要铁路干线京广铁路和津浦铁路都从该流域通过。在 1963 年大水灾中，京广铁路多处被破坏，致使铁路中断交通达二十多天，损失巨大。虽经河北省的奋力抢救，津浦铁路没有被破坏，但也受到了严重的威胁。铁路干线承载着重要的运输任务，是国民经济发展的重要保障，因此也必须改变经常受到水患威胁的局面。所以从保障交通安全这一角度讲，海河流域的治理同样刻不容缓。

最后，海河流域有着极其重要的战略地位。海河流域地处华北平原，祖国首都北京市和重要工业城市天津市都处在海河流域范围内，这一区域内还有相当数量的油田，所以战略位置非常重要。20 世纪 60 年代，由于我国和周边国家尤其是和苏联的关系一度紧张，战争威胁一直存在，国家不得不进行战备方面的一些考虑，保障海河流域不致因发生水灾而出现问题，这对治河决策的形成也有一定的推动作用。因此，在河北省"三五"期间治水总要求中明确提出："辟河保库，以排为主，洪沥兼治，保卫天津，保卫津浦路，保护油田，争取丰收，准备战争。"[①] 这是对当时治河目标的精确诠释。

新中国成立最初的 16 年当中，海河流域发生洪涝灾害的年份达到 9 年之

---

① 中共河北省委：《关于河北省在"三五"期间根治海河重点工程的报告》（1965 年 5 月 25日），中共河北省委党史研究室编：《河北省根治海河运动》，中共党史出版社 2008 年版，第 212 页。

多，灾情的发生不仅阻碍了该流域农业的发展，而且由于灾害频发，京广、津浦、京山、石德等重要铁路的安全经常受到洪水的威胁，不尽快解决，铁路的安全运输无法得到保障。在1963年的特大洪水和1964年的平原沥涝中也发现了一些比较严重的问题，如有些地方存在着阻水工程，妨碍洪沥水的下泄。虽然新中国成立以来的水利建设在1963年的大洪水中发挥了很大的作用，但也应该看到，如果还是局部性地治理，洪来抗洪，涝来除涝，头痛医头，脚痛医脚，还是无法从根本上解决问题。于是在总结过去经验的基础上，制定一个全面规划、综合治理的方针，真正在"根治"上下功夫，是海河流域治理的正确方向。

这样，在毛泽东主席"一定要根治海河"的号召下，各部门联合行动，精心组织规划，一场轰轰烈烈的群众性治水运动展开了。

第二章 "根治海河"运动的展开

海河流域特殊的自然地理条件以及人为原因导致该流域经常发生自然灾害,虽然新中国成立前的历朝政府都进行了一些治理,但治理措施是零星的、片断的。新中国成立后,由于党和国家对水利工作的重视,海河流域的治理开始从恢复堤防为主的局部性治理逐渐向全流域统筹规划的根本性治理转变。1957年,河北省首次提出了"根治海河"的口号,"大跃进"期间在海河流域上游修建了大量水库,成为全面"根治海河"的前奏。1963年大水灾后,在毛泽东主席"一定要根治海河"的号召下,大规模"根治海河"运动拉开了序幕。

第一节 "根治海河"运动的准备

一、规划设计工作

"根治海河"的规划设计工作是有一定前期基础的,从前面的论述中能够看到,自民国以来,水利部门就开始编订海河流域各河系的治理规划。新中国成立初期,海河流域各省逐渐开始制定有关治理规划。河北省规划过大清河、子牙河等工程,河南省规划过徒骇河,山东省就徒骇河、马颊河流域也进行了大量的实地勘测工作。1957年,水利部北京勘测设计院编制的《海河流域规划(草案)》出台,当时河北省已经明确提出要"根治海河",1958年海河流域上游水库的建设就是"根治海河"的一部分。虽然在治理过程中尚有很多缺点，并未真正按照规划的要求实施，但在时隔七八年后，全面系统"根治海河"的决定确定下来之后，前期的工作依然有非常重要的参考价值，这一时期海河流域的规划设计工作是在大量前期工作的基础上不断进行修订完成的，尤其是在 1957 年《海河流域规划（草案）》的基础上，针对 1963 年大洪水和 1964 年的平原沥涝中所获得的水文资料，对前期规划进行调整修订和补充，提出了更加适合流域特点的新规划。

海河流域的规划是在水电部的直接领导下完成的。1963 年 8 月的大水灾过后，水电部一直会同河北省进行洪水及灾害的调查以及水库失事问题的调查。1964 年，中央决定成立水电部海河勘测设计院，部署海河流域的治理规划的编制工作。海河设计院于同年 9 月提出了《海河流域轮廓规划意见》，并决定进一步编制海河流域的防洪规划以及综合治理规划。1965 年开始的黑龙港流域排水工程由河北省负责设计，水利部海河设计院协助完成，并报水电部审批。

在确定整体治理方向之后，海河流域规划一直在根据实际情况进行不断调整，具体如何实行则由地方政府和国务院、水电部会商后定夺。时任国家主席刘少奇指示，治理工作要按照"上蓄、中疏、下排"的方针制定，为海河治理指出了正确方向。[①] 按照规划，首先对上游水库进行续建、扩建、加固，根据新的水文资料，扩大蓄水能力，提高防洪标准。在 1963 年的特大洪水中，新中国成立以来修建的各种大中型水库的确发挥了很大的蓄滞洪水的作用。毋庸置疑，如果没有这些水库的拦蓄，灾害造成的损失还会大大升级。但也应该看到，由于设计标准低，以及施工中存在一些严重的质量问题，很多水库还需要进行大规模改造，才能抵御特大洪水。因此，在"根治海河"期间，原有水库的扩建、加固以及新建水库是海河上游的主要工程。中疏是疏通中游河道，加宽河床、加固大堤，裁弯取直，排除阻水障碍，以便使洪水顺畅下泄。下排则是在流域下游增辟新的入海口，改变各

----

① 刘洪升：《根治海河取得成就原因探析》，《农业考古》2010 年第 6 期。

大河系集中天津入海的局面。这样不但可以减轻洪水对天津市的威胁，而且可以改变海河中下游地区一些低洼地带的面貌，使洪沥水安全下泄，减轻灾害的影响。

可见，上述整体规划体现了上、中、下游综合治理的思想，是符合海河流域状况的。为此，海河流域的主要省份河北省制定了"三五"期间的"根治海河"重点工程具体规划，"本着全面规划、综合治理、分期安排、打歼灭战的精神，近期以排为主（包括中游以疏为主和滞洪），重点解决子牙河、黑龙港河与大清河系的洪沥入海出路。……上游山区，除大搞植树造林、水土保持外，对现有水库泄洪能力小、标准低，不能适应战备要求的，重点进行巩固提高。"①

1965年大规模"根治海河"运动开始，海河设计院一方面与河北省水利厅一道进行现场设计，一方面加紧开展对整个流域的规划设计的编制工作。1966年4月，《海河流域防洪规划（草案）》出台，这次规划主要依据"63.8"大水灾的水文资料，对之前的流域规划进行了修订，由当时的水电部海河勘测设计院提出。其方针任务是："上蓄、中疏、下排、适当地滞；节流开源，保持水土，辟河建库，并尽可能考虑到下一步统一规划，综合治理的要求。近期以排为主，排滞兼施，洪涝兼治，集中力量在中下游打歼灭战。山区普遍开展水土保持，巩固、建成现有水库。保证丰收，保卫京津，保卫交通干线。"② 把洪水治理标准提高到海河南系按1963年大洪水、海河北系按1939年大洪水的标准，两项标准均是参照有水文记录以来该流域的最大洪水数据。针对第一次规划实施的不足之处，此次规划在对上游已成水库进行续建、配套和加固的同时，把工程重点放在中下游河道的治理上，尤其是入海尾闾的开辟是这一时期工程中的重点，即首先解决洪沥水出路。根据海河上大下小，下游排水能力不足，入海尾闾不畅的特点，采取自下而上的治理，首先打通入海口，逐步建立防洪除涝体系。

---

① 中共河北省委：《关于河北省在"三五"期间根治海河重点工程的报告》（1965年5月25日），中共河北省委党史研究室编：《河北省根治海河运动》，中共党史出版社2008年版，第212页。

② 柯礼丹：《海河流域规划——流域开发治理的基本依据》，《水利规划》1994年第1期。

在具体工程的安排上，海河治理采取了"大会战"的方式进行分期治理，即在吸收"大跃进"期间水利建设成绩和经验的基础上得出的，"1958 年以来，我们在许多地方分散兵力，全面出击，虽然摆开了很多战场，但是完全拿下来的很少。"① 这是有前车之鉴的，"过去水利建设中由于缺乏全面规划，不同程度地存在着战线长、摊子多、兵力分散等缺点，造成大量的'半拉子'工程，甚至搞了些瞎工程。"② 为此，在 1964 年的全国水利工作会议上，钱正英副部长明确提出了"集中力量打歼灭战"的原则，她认为："每个水利问题的解决，往往牵扯的面很广，有的还要从枢纽工程直到田间工程全部配套齐全，才能基本解决这一地区的水利问题。这就需要相当的人力、物力、财力和时间。因此必须有计划地分别轻重缓急，根据需要与可能，分期分批地进行水利建设。另一方面，很多水利工程，还需要和洪水抢时间。如果不抓紧有利时机，跑在洪水前面，就不但不能受益，反会受害。因此，我们必须执行主席关于集中优势兵力打歼灭战的战略思想，各个歼灭敌人，各个解决水利问题，求得全歼和速决。"③ 因此。可以看出"集中力量打歼灭战"已成为当时水利建设中的一个基本组织原则。具体到海河流域来说，各项工程需要在夏季雨水集中时发挥作用，所以上级认识到："大规模的防洪除涝工程，只有利用冬春季节修建，才能当年汛期生效，这是水利工程的特点。如果汛期不能生效，即使推迟时间很短，也等于推迟一年。因此，要打歼灭战，就要一鼓作气、一气呵成的战略部署。"④ 打歼灭战需要集中力量，必须采取大协作、"大会战"的组织方式，根据水害的轻重缓急依次治理，这样才能够做到速战速决，不留尾工，使工程当年生效。

另外，打歼灭战也是由当时的生产力水平决定的。新中国成立初期，我

---

① 钱正英：《全国水利会议总结提纲》，《历次全国水利会议报告文件 1958—1978》，《当代中国的水利事业》编辑部编印，第 267 页。

② 刘洪升：《河北省根治海河运动综述》，河北省政协文史资料委员会编：《再现根治海河》，河北人民出版社 2009 年版，第 21 页。

③ 钱正英：《全国水利会议总结提纲》，《历次全国水利会议报告文件 1958—1978》，《当代中国的水利事业》编辑部编印，第 267 页。

④ 《河北省黑龙港地区排水工程总结》（1966 年），河北省档案馆藏，档案号 1047 - 1 - 196 - 2。

国工业落后，在实施大型工程时，尚无法提供足够的机械设备进行机械化施工。而且国家经济困难，也无力保证机械化施工所产生的各项消耗。因此在水利工程上，依然主要靠人工，即组织大量的劳动力，用铁锹、小车等简陋工具来完成挖河筑堤的任务。人工劳动的效率是比较低的，据当时经常参加挖河的民工回忆，一般情况下，一个民工平均一天挖、推五六立方米的土，多的能达到 10 立方米以上。如此数目对于庞大的工程量来说显然是微不足道的。因此只能增加民工的绝对数量，才能保证工程按期完成。因此，海河"大会战"是由当时技术、生产力水平的状况所决定的。

按照河北省的总结，运用毛泽东主席关于"集中优势兵力，各个歼灭敌人"的战略思想主要体现在三个方面："一是在布局上，一个河系一个河系地打歼灭战，打一片，成一片，吃掉一条线，改造一大片；二是在时间上打歼灭战，当年施工，当年受益，在进展不平衡时，工程后期组织互相支援协作，保证一个冬春完成，不跨汛期，即使需要两个战役完成的，每个战役也要有每个战役的效益；三是在工程上打歼灭战，竣工时达到'六成'高标准，工完帐清，不留尾巴，不留'后遗症'，做到国家、当地社队、施工县（团）三满意。"[①] 从整个工程的实施来看，确是依据这几个方面的要求来安排实施工程的。由于海河流域大部分在河北省境内，河北省承担了"根治海河"的绝大部分工程，所以"根治海河"的实施原则与顺序均以河北省为主，其他省市在水电部和国务院的统一安排下进行共同治理。从实施的效果看，"根治海河"前十年的工程对这几项原则贯彻得比较好，后期工程施工中，由于组织管理不善等原因，有所懈怠。但这一原则适应了当时的实际情况，可以说是比较成功的。

由于"集中力量打歼灭战"，各河系需要逐一治理、分期完成。"根治海河"的规划大体是按时任国家主席刘少奇所确定的时间，以 20 年为期。刘少奇曾指示"根治海河"的主要省份河北省，"全省人民团结起来，努力奋斗，

① 河北省根治海河指挥部：《依靠群众，发动群众，大打人民战争，认真落实毛主席"一定要根治海河"的伟大号召》（1971 年 11 月 17 日），河北省档案馆藏，档案号 1047 – 1 –220 – 13。

决心以二十年左右的时间，分期分批地把河北水利建设好。"① "根治海河"运动开始后不久，"文化大革命"爆发，刘少奇成为首要的批判对象。在以后对"根治海河"运动的宣传中，故意淡化掉他对该工程的推动和促进作用，认为其所走的"反革命修正路线"干扰和破坏了海河治理的进行，"后来就批刘的'少慢差费'，有人说他故意和毛主席的'多快好省'对着干，说用二十年时间，这是故意给人们泄劲，是想让群众多受几年罪。"② 还把当时受到批判的一系列思想和做法如"专家治水""物质刺激""土方挂帅"等强加到他身上，这是当时特殊历史背景下政治宣传的特色。而事实情况是，刘少奇对海河工程有不少正确的指导性意见，他对海河治理的时间估计也基本符合实际情况，对推动"根治海河"工程的实施是有一定贡献的。

在此总体规划的基础上，各级领导部门又对分期实施的工程进行具体规划与安排，如1967年提出《漳卫河流域防洪规划》，原则为："蓄泄兼筹，洪、涝、旱综合治理，达到'遇旱有水、遇涝排水'。当前突出的是洪水出路太小。从长远来看，主要问题是灌溉水源不足。为此，要尽量控制地表水，大力开发地下水，远景还需要从外流域调水。"③ 水电部对漳卫河流域的规划代表了整个海河流域的状况，这是海河流域长期综合治理的必由之路。另外，具体到每一个工程，都进行了比较详尽的规划设计工作，如1978年通过了《卫河干流治理工程扩大初步设计》等。

二、领导机构的建立

"根治海河"工程是在国家水利电力部的参与下进行的国家级水利工程。在党中央和国务院的领导下，海河流域主要省市分别成立相应的"根治海河"指挥部，以此作为工程的领导机构。参加"根治海河"工程的有河北、山东、

---

① 河北省根治海河指挥部：《响应毛主席的号召，全省人民动员起来，积极投入根治海河的伟大战斗！》（1965年9月），中共河北省委党史研究室编：《河北省根治海河运动》，中共党史出版社2008年版，第235页。

② 《根治海河运动》，杨学新主编：《根治海河运动口述史》，人民出版社2014年版，第47页。

③ 水电部：《漳卫河中下游治理规划说明》（1971年），山东省档案馆藏，档案号A121-03-26-14。

河南、北京和天津五省市。在"根治海河"运动刚刚开始时，天津市还是河北省的省会，后来由于行政区划的调整，1967 年 1 月天津市成为直辖市，原天津专区的一部分县市仍归河北省所有，名字仍为天津专区（后于 1973 年改称廊坊专区），一部分划为天津市的所属的区县。以下首先对"根治海河"的主要力量——河北省的组织机构状况进行重点说明。

毛泽东主席发出"一定要根治海河"的号召后，河北省积极开展了海河治理的准备工作。1964 年 8 月 12 日，河北省人民委员会党组向河北省委提出申请，要求在省水利建设委员会下设立"根治海河"办公室，并拟定初步的机构设置和领导人员名单。10 月 16 日，河北省委办公厅回复，同意成立"根治海河"办公室，机构设置和编制按人委的意见设立。10 月 23 日，河北省人民委员会下发通知，正式设立"根治海河"办公室，办公室主任由谢辉兼任，副主任由傅积意、杨乃俊担任。办公室下设秘书处、规划处和施工处，暂定编制 56 人，从已确定的增加水利厅的一百名事业编制中解决。① 办公室的主要职责为抓好治理海河的规划工作和各项施工准备工作，为 1965 年秋后动工创造条件。"根治海河"办公室的设立，使"根治海河"工作有了专门的领导机构。当时办公室主任谢辉是河北省副省长兼省水利厅厅长，由省里主管水利的领导牵头，对于海河治理工作有很强的推动作用。这样，"根治海河"工作逐步有序开展起来。

1965 年 6 月，中共中央和国务院做出指示："为了加强对工程的领导，同意由河北省成立根治海河指挥部，水电部派员参加。"② 河北省当即在沧县兴济镇召开筹备会。7 月 1 日，河北省"根治海河"指挥部正式成立，由时任中共河北省委书记处书记、副省长的闫达开任总指挥，水电部副部长王英奇、河北省副省长谢辉、河北省委农村工作部长丁廷馨、天津市副市长王培仁共同任副总指挥。由省委主要领导亲自挂帅，为协调各部门的关系打下了良好

---

① 河北省人民委员会：《关于成立根治海河办公室的通知》（1964 年 10 月 23 日），河北省档案馆藏，档案号 907 - 7 - 14 - 8。

② 《中共中央、国务院关于"三五"期间根治海河重点工程的指示》（1965 年 6 月 26 日），《党的文献》1997 年第 2 期。

的基础。指挥部下设政治部、办公室和后勤部等，天津专区专员崔涛任政治部主任，谢辉任办公室主任，省财贸办公室副主任韩振凯为后勤部部长，具体领导各项工作，由谢辉负责指挥部的日常工作。同时，建立中共河北省"根治海河"指挥部委员会，由闫达开任书记，谢辉、丁廷馨、崔涛任副书记，常委10人，委员7人。① 从单独设立一套专门的领导机构和对领导力量的配备来看，中央和河北省对"根治海河"这项大型水利工程给予了高度重视。此次改制，表明从中央到地方对"根治海河"重视程度的进一步加强，不但领导机构由办公室升格为指挥部，而且省"根治海河"指挥部配备了更强大的领导班子。

这样，"根治海河"领导机构从河北省水利厅领导下脱离，成为专门领导"根治海河"工程的机构，与水利厅并行。河北省与水电部共同组成河北省"根治海河"指挥部后，统一领导"根治海河"工程的进行，河北省负责组织管理工作，水电部负责技术工作。在河北省"根治海河"指挥部之下，分别成立区和县各级"根治海河"指挥部门，工程任务的确定、补助款物的划拨以及劳动力的动员组织都是由各级"根治海河"指挥部门层层分派来完成的。

河北省"根治海河"指挥部成立后，各专区的"根治海河"指挥部也相继成立，均由各专署副专员兼任"根治海河"指挥部指挥长。

表2-1　河北省下辖各专署首任"根治海河"指挥部指挥长名单

"根治海河"指挥部职务	姓名	原职务
天津专署"根治海河"指挥部指挥长	张子明	天津专署副专员
石家庄专署"根治海河"指挥部指挥长	陈永义	石家庄专署副专员
邢台专署"根治海河"指挥部指挥长	王金海	邢台专署副专员
衡水专署"根治海河"指挥部指挥长	曹仲元	衡水专署副专员
邯郸专署"根治海河"指挥部指挥长	常直	邯郸专署副专员
沧州专署"根治海河"指挥部指挥长	王清	沧州专署副专员
保定专署"根治海河"指挥部指挥长	魏可忠	保定专署副专员

资料来源：董一林：《人类减灾的壮举——根治海河》，《文史精华》2010年增刊1、2合刊。

① 《河北省委关于建立根治海河工程指挥部领导机构的通知》（1965年11月18日），中共河北省委党史研究室编：《河北省根治海河运动》，中共党史出版社2008年版，第259页。

从表 2－1 中可以看出，最初参加"根治海河"工程的 7 个专区都由各专署的副专员兼任"根治海河"指挥部指挥长。专区以下各县"根治海河"指挥部随即纷纷成立。县海河指挥部又叫县海河民兵团或县海河民工团，领导一律称团长或政委，"各县明确由一名副县长或副书记任团长或政委。"① 可见，"根治海河"工程自省到县，都是由主要领导兼任工程的最高领导职务，不但体现了各级部门对"根治海河"工作的重视，同时为开展具体工作搭建了很好的平台。

"根治海河"指挥部下设各部门各司其职，工程处负责工程质量与进度，包括质控队、测量队、机器碾压队和施工员。政治部负责政治动员、政治宣传，工地上安装着广播喇叭，每天播放国家时事、工程进展和典型事迹。后勤处负责粮食供给、资金结账、工棚物料、煤炭供应等事项。

省"根治海河"指挥部设立后，河北省仍设有水利局，二者有不同的管辖范围。按照省委确定的分工，"省海河指挥部负责全省水利建设的规划及大型骨干工程的勘测、设计、计划安排、施工力量的组织、施工管理、设备、材料、生活物资的组织供应等工作。省水利局负责中小型水利基建、农田水利、机井建设，以及水利工程的管理、防汛等。"② 各专区、县的海河指挥部与水利部门都是并列结构。之后，两个水利部门并存了 15 年的时间，"根治海河"工作一直有独立的领导机构，这对"根治海河"工程的顺利进行有着重要的保障作用。由于工作任务繁重，河北省"根治海河"指挥部工作人员一度达到 270 人左右。

总体来讲，在"根治海河"的十几年中，两个机构分工合作，各有侧重。关于"根治海河"骨干工程的配套工作，最初由河北省"根治海河"指挥部一并来抓。后来由于骨干工程任务繁重，1967 年 5 月 1 日起省"根治海河"指挥部将黑龙港流域配套工程交由省水利局负责领导，按农田水利来组织管理。河北省"根治海河"指挥部专事海河流域骨干工程的治理。但骨干工程

---

① 《根治海河运动》，杨学新主编：《根治海河运动口述史》，人民出版社 2014 年版，第 45 页。
② 《关于水利机构设置问题的报告》（1979 年 6 月 28 日），河北省档案馆藏，档案号 1047－1－33－5。

能否发挥应有的作用，与配套工程有非常密切的关系，因此，河北省"根治海河"指挥部对于配套工程的工作，一度是予以高度重视的。

在一个省内部，设立两个并行的管理水利的机构和班子毕竟有重复设置之嫌，有些工作需要双方协商才能解决，对工作开展也有不利的一面。因此，将两机构合并的声音一直存在。1975年，将河北省水利局和河北省"根治海河"指挥部合并呼声高涨，河北省委先后征求了省水利局党委和省"根治海河"指挥部党委的意见。"他们认为两个单位虽然都是从事我省水利建设的机构，但承担的任务不同，尤其是第二个十年根治海河规划任务还很重，合并成一个机构来抓，对完成任务不利，当前以不合并为好。"① 后经河北省农办党委研究，同意水利局、海河指挥部党委的意见，两机构暂不合并。至于具体工作存在的问题，两单位可通过协商加以解决。此议没有获得通过，主要源于当时对"根治海河"工作，河北省还是比较重视的。

1979年，河北省农办再次起草《关于水利机构调整的意见》，要求将"根治海河"指挥部与水利厅进行合并，此议等于取消"根治海河"的专门机构。中共河北省"根治海河"指挥部党组提交《关于水利机构设置问题的报告》，对要求合并的提议进行了反驳，报告认为，第一，从"根治海河"的任务看，"目前根治海河的任务不是已经完成的差不多了，今后的任务更加艰巨，单独设立根治海河指挥部有利于全面完成根治海河任务。"因此，"根治海河"仍需继续加强，如对黑龙港地区按照三日降雨不成灾的标准进行扩大治理，对中上游河道和中游洼淀进行治理，搞好十几座大中型水库的加固处理以及继续修建水库和开展南水北调工程等。这样，"根治海河"的工程量很大，组织全省性"大会战"的任务依然非常艰巨，如果对机构进行合并，必然削弱对"根治海河"工作的领导，河北省的"根治海河"工作将会受到很大损失。第二，认为"根治海河"指挥部和水利局分工明确，多年来工作各有侧重，相互协作配合，效果很好，虽然河北省的水利工作存在一些薄弱环

---

① 河北省农办党委：《关于省海河指挥部和水利局是否合并的问题情况报告》（1975年5月6日），河北省档案馆藏，档案号925-1-266-3。

节，但并非"二龙治水"造成。第三，"根治海河"指挥部是由中央、省委决定建立，单独领导"根治海河"任务，在任务繁重的情况下，此种做法非常必要，并以其他省市的经验来证明，合并机构会带来新的问题，不利于海河治理。"天津市中间一度把海河指挥部和水利局合在一起，经过几年的实践，感到问题很大，去年（1978年）又正式分开了。"① 第四，认为"根治海河"是一项复杂的工程，需要处理上下左右、四面八方各地域、各部门的关系，所以领导力量必须加强，认为"文革"前由省委领导亲自挂帅的做法是非常值得提倡的，并建议各地、县也要有一位党委负责人兼任海河指挥部一把手，充实业务骨干，保持领导班子与骨干力量相对稳定，并把各级海河指挥部列入同级的正式编制，由省、地主管海河工作的负责人组成海河党委，负责组织领导"根治海河"的日常工作，直接对省委负责。该报告的宗旨："海河指挥部与水利局不仅不应合并，海河指挥部还应在现有基础上充实加强。"②

从该报告阐述的理由来看，应该有很大的合理性。"根治海河"运动持续了十几年的时间，完成了大量工程，取得了一定成绩，这与"根治海河"指挥部门强有力的领导是分不开的。但是说达到"根治"的效果，自然是不尽如人意的。限于人力物力等客观条件的限制，工程是按照"先受益、后提高"的原则来施工的，这就决定了多数工程标准不高，依然不能满足抵御较大灾害的要求，所以继续加强治理、提高标准依然势在必行。报告还针对"根治海河"过程中存在的一些问题提出了一些加强与改进的意见，触及了工作中的一些实质性问题，改进建议有着较强的针对性。

但是河北省"根治海河"指挥部的报告并没有真正阻止两个水利机构的合并。一年以后，即1980年7月9日，经河北省省委研究确定，河北省人民政府正式发布了成立河北省水利厅的通知，将省水利局与省"根治海河"指

---

① 《关于水利机构设置问题的报告》（1979年6月28日），河北省档案馆藏，档案号1047-1-33-5。
② 《关于水利机构设置问题的报告》（1979年6月28日），河北省档案馆藏，档案号1047-1-33-5。

挥部合并，成立河北省水利厅，并要求各地、市、县也将相应的水利局（科）与"根治海河"指挥部合并，目的是加强对全省水利工作的统一领导，省"根治海河"指挥部的名称暂时保留。

两机构合并后，省"根治海河"指挥部仍然正常开展了之前的工作，自8月4日至8日，在天津市召开了海河骨干河道工程会议，会议总结了春季工程的情况，对河道土方工程的投资包干办法进行了讨论，并对粮食按标工包干、建筑物工程任务的实施、移民迁建以及机械化施工等问题进行了专题讨论。在讨论到各级"根治海河"指挥部与水利局合并问题时，"大家还一致认为水利合并机构，并不意味着根治海河差不多了，海河干部没事可干了，恰恰相反，根治海河的任务还很大，我们的担子还是很重的，那种想不干，或认为根治海河任务不大的思想是毫无根据的，也是错误的。"① 从上述表述可以看出，河北省"根治海河"指挥部为"根治海河"工程的继续进行做出了相应的努力。作为成立十几年的专事领导"根治海河"工程的机构来说，他们对海河治理的认识也是正确的，"根治海河"虽然取得一定成绩，但离"根治"目标还相去甚远，工程依然遗留很多问题，且按原计划的二十年治理时间也没有达到，所以河北省"根治海河"指挥部希望为海河的治理继续努力。

由此看出，就河北省来说，"根治海河"的领导班子是比较强的，尤其是在"文革"前，一直由省里的主要领导兼职"根治海河"指挥部的工作，体现了上级对该项工作的高度重视。虽然一直存在两个水利机构的争论，但单独的"根治海河"指挥部几乎存在了整个"根治海河"时期，这对领导"根治海河"工程的进行是非常有利的。但我们也应该看到，由于"根治海河"指挥部主要负责工程建设，水利厅负责工程管理，而当时对海河工程本身比较重视，从中央到地方更多地关心做了多少工程，对水利厅的管理环节相对比较忽视，致使"根治海河"工程的最终效益出现折扣，这与分属不同的机

---

① 《海河骨干河道工程工作座谈会议纪要》（1980年8月14日），河北省档案馆藏，档案号1047-1-937-24。

构管理不无关系，当然，与当时整个水利建设"重工程轻管理"的大环境也有关系。

山东省和天津市也成立了相应的"根治海河"机构。1965 年 11 月，山东省设立鲁北水利工程指挥部，1968 年 10 月正式改名为山东省鲁北"根治海河"指挥部，设政治部、办公室、生产办公室、工程组、财供组，专门领导鲁北海河流域的治理工程。1972 年 4 月，山东省鲁北"根治海河"指挥部改称山东省"根治海河"指挥部。1978 年以后，山东省"根治海河"指挥部被列为山东省水利厅下属单位。1983 年 7 月，山东省"根治海河"指挥部改称山东省海河流域治理指挥部。天津市脱离河北省成为直辖市后，在 1968 年将天津市"根治海河"指挥部定编，专事领导天津境内的"根治海河"工程。在"根治海河"运动中，河南省和北京市也进行了一些相应的治理，但因工程量相对较小，未设立单独的指挥部门，由当地相关水利部门领导。部分属于海河流域的山西、内蒙古和辽宁等省（区）因主要处于海河上游，未参加统一的"根治海河"工程。

三、序幕：宣惠河治理

沧州地区的宣惠河治理，被河北省委誉为"依靠群众治水的卓越范例"①，宣惠河治理是河北省"根治海河"投资规划受挫后的一次实验，这一工程直接影响了大规模"根治海河"运动中的出工政策和民工的组织管理工作。

毛泽东主席发出"一定要根治海河"的号召后，各相关部门便开始了海河治理的筹备工作。首先是根据以往的灾情对海河流域治理提出治理方案。"根治海河"工程是由国务院和水电部直接领导的大型水利工程，涉及以河北省为主的多个省、区、市，骨干河道已列为国家工程，在传统的江河治理中，国家工程需要国家来投资兴办。于是，设计人员按照新中国成立以来的惯例，

---

① 《阎国钧同志在全区根治海河先进集体、先进个人代表会议上的讲话》（1979 年 8 月 27 日），盐山县档案馆藏，档案号 1978—1980 长期 4。

用国家全部投资的方式进行了设计。黑龙港工程的设计工作在 1964 年上半年基本完成，不包括支流河道在内，需要投资 3 亿多元。这一规划报送中央审批时，因投资数额较大，遭到了中央的批评，认为河北省治水工作没有认真贯彻自力更生精神。[①] 当时在依靠谁来治水的问题上，存在着两种思想、两种认识："一种是，眼睛向上，伸手要钱，依赖国家；一种是，眼睛向下，自力更生，奋发图强。"[②] 河北省便被归入第一类。面对中央的批评，1964 年 8 月，河北省水利厅向河北省委递交了检查报告，并在全省水利系统开展了以"是依靠群众治水，还是单纯依赖国家"为题的大讨论，此次大讨论可以视为对中央态度的一次宣传，"批判了眼睛向上，躺在国家怀里的错误思想"，"总结建国十五年来水利建设经验，对采用什么办法办水利，怎样才能做到多快好省"[③] 等问题进行了重点分析。在当时的年代，进行这样的大讨论无疑相当于自我批评，结果必然是与中央保持高度一致。之后治水规划的导向逐渐向自力更生方向转移，由国家治理开始向"依靠群众、自力更生、勤俭办水利"方向转变。于是，当年秋冬实施的宣惠河治理工程便成为河北省大规模"根治海河"运动的一个实验场。

宣惠河是沧州专区南部南运河以东的一条主要排水河道，起自山东省德州市，流经河北省吴桥、东光、南皮、孟村、盐山、海兴等 6 个县入海，全长 165 公里，流域面积 3000 平方公里，耕地 270 万亩。该河由于在历史上受黄河改道的影响，地形非常复杂，河道淤塞，排水不畅，经常形成涝灾。1957 年进行的四女寺减河治理占用了宣惠河入海口后，使该河灾情更加严重。由于泄水不畅，不但涝灾增多，而且造成了大面积土地盐碱化，严重影响了当地居民的生产生活。1963 年大水灾时，海河上游来水凶猛，洪水主要通过干流排泄，对该地区影响还不是特别严重。1964 年，河北省中南部降下

---

① 《河北省根治海河运动大事记》，中共河北省委党史研究室编：《河北省根治海河运动》，中共党史出版社 2008 年版，第 138 页。

② 河北省根治海河指挥部：《响应毛主席的号召，全省人民动员起来，积极投入根治海河的伟大战斗！》（1965 年 9 月），中共河北省委党史研究室编：《河北省根治海河运动》，中共党史出版社 2008 年版，第 236 页。

③ 《水利建设的革命》，《人民日报》1965 年 7 月 5 日，第 2 版。

大暴雨，宣惠河排水不畅的矛盾凸显，形成严重的平原沥涝，流域内淹地高达 200 万亩，土地盐碱化不断扩大，由几十万亩扩大到 130 万亩。[①] 为降低该流域的灾害，宣惠河治理成为亟待解决的问题。

由于一直以来灾害比较严重，宣惠河治理曾有过比较详尽的规划。1962年的宣惠河治理规划，"是一个全部由国家投资的规划，这个规划没有被批准。"[②] 最重要的资金问题解决不了，该河治理被搁置，一直拖着没有动工。1963 年海河流域大水灾后，在地方政府的领导下，1964 年春，"宣惠河流域的吴桥、东光等县的广大群众，不甘于年年受灾的状况，便自己动手，在宣惠河上游挖了一百多万立方米土方，使当年极其严重的内涝灾害有所减轻。这给水利部门很大启发。他们认识到：必须把治水思想放在依靠群众、贯彻自力更生的基点上来，全部依赖国家治水的思想和做法是极其错误的。"[③]

在国家对河北省的规划设计不满的状况下，河北省也准备在宣惠河治理上探索新的解决方法。为了压缩投资，省里要求对宣惠河的治理规划进行大幅度修改。随后，设计人员深入现场，进行调查研究，重新规划设计，将以前设计中的"旧桥一律废弃，全部新建高标准钢筋混凝土桥"，改成"比较符合实际情况和比较符合多快好省要求的设计方案"。具体做法是：将桥梁按主要用途分类，汽车和拖拉机桥仍为钢筋混凝土桥，但改用速度快、造价低的井柱建桥法施工；大车桥和人行便桥则采用碌碡桥（当地一种石桥）进行改造。群众说："国家的钱也要省一分是一分，碌碡桥我们自己修修补补就行了，为啥偏要拆掉它，叫国家花钱建新桥呢。"[④] 这样工程投资大大压缩。为了使工程设计符合客观实际，设计组还积极听取干部和群众的意见。"当他们在南皮县凤翔、董村一带测量时，社员说：你们光管大河道，不管小河岔（汊），几年泥沙就把大河道淤塞了，等于白挖。他们实地勘察证明，社员的

---

① 《一定要根治海河——河北省十年来根治海河主要工程简介》，河北省纪念毛主席"一定要根治海河"题词十周年筹备办公室 1973 年 6 月编印，第 35 页。

② 《宣惠河疏浚工程充分体现大寨精神》，《人民日报》1965 年 10 月 16 日，第 1 版。

③ 《宣惠河疏浚工程充分体现大寨精神》，《人民日报》1965 年 10 月 16 日，第 1 版。

④ 《一个新的设计的诞生》，《河北日报》1965 年 4 月 19 日，第 3 版。

意见是对的。"① 但是,如果同时治理支流,工程量会大大增加,也需要加大投资,条件不允许。最终通过和基层干部群众协商,决定在不增加国家投资的情况下将干流河道和支流河道分开共同治理,即在上级组织实施干流治理的同时,要求当地社队出工对支流河道进行配合治理。

在施工政策方面,沧州地委根据"少花钱,多挖土,快开工,早受益"的原则,"把干流工程的工资改为半义务性质,支流工程一律民办公助,一般桥涵工程,由国家补助材料,群众自办,这样一来,虽然增加了土方,但整个投资比原来规划指标节省三分之二。"②

1964年11月1日,宣惠河疏浚工程开工,当年冬工由沧州专区6个县出动民工7.8万人,第二年春工出工6.3万人。在具体的施工中,体现了处处节省的精神,如按照规划,为民工搭建简单工棚需要300万元,投资很大。"民工们便自带材料和铺草,搭起了省钱实惠的窝棚,或者靠河坡挖窑洞歇宿。仅此一项,就为国家节省开支二百万元。"③ 施工初期由于河内积水较深,工地上排水机械不敷使用,民工没有等着上级从外地调运机械,而是自己回生产队运来排水机械,有的则是在当地借用。成千上万的水车、水泵、水戽等机具一起使用,用了十来天就将积水排净,保证了正常施工。在施工中,民工们还发明了一些新的方法,比如在治流沙中采用了缓坡蝶形开挖,比桩柳护岸的方法节省了大量木材;在运土中采用了扒旧堤运土,虽然增加了土方工程量,但可使运土距离缩短50米,可少用工69万个,总算起来,反而节省投资25万元。④

在民工的组织管理方面,采用了政治化、军事化的方法。在民工动员阶段,引导农民回忆水灾带来的苦难,唤起大家治河的积极性。施工中大学毛主席著作,以《愚公移山》等比较具有针对性的篇章为主。所有民工队都建立了学习辅导站,要求干部参加劳动,与民工坚持"三同",即同吃、同住、

---

① 《水利建设的革命》,《人民日报》1965年7月5日,第2版。
② 《宣惠河疏浚工程实现多快好省》,《河北日报》1965年3月9日,第1版。
③ 《宣惠河疏浚工程充分体现大寨精神》,《人民日报》1965年10月16日,第1版。
④ 《宣惠河疏浚工程实现多快好省》,《河北日报》1965年3月9日,第1版。

同劳动。在民工组织上继续沿用"大跃进"时期的做法，进行军事化编制，将民工组成营、连、排、班等，加强管理。结合当时毛泽东主席提出的向解放军学习的号召，要求民工大学解放军，加强组织性、纪律性，遵守"三大纪律八项注意"，与当地民众搞好关系。另外，在施工中大力开展了群众性的比、学、赶、帮、超竞赛活动，分别开展了"四好连队""五好个人"的评比竞赛活动，培养典型、广树标兵，用先进模范的示范作用推动施工的顺利进行。

宣惠河工程于1965年5月20日竣工。该河的疏浚不仅有利于排水治涝，也为这一地区的农田灌溉打下基础。"宣惠河疏浚工程完成后，一九六五年，这个地区的农业生产就发生了普遍增产的显著变化。这个初战的胜利，大大鼓舞了河北人民根治海河的信心。"①

宣惠河治理成效突出，被河北省树为自力更生、勤俭治水的典范。通过宣惠河的治理实践，上级领导部门总结道："在水利建设中，不仅是小型工程要充分发动群众，坚持自力更生；就是必须由国家补助和投资的工程，也必须充分发动群众，发扬他们自力更生的革命精神，凡能自己克服的困难，就坚决自己克服，凡能节约下来的投资，就一文钱也不多用。"② 以后无论是在大型水利工程还是在小型农田水利建设方面，发扬大寨精神，自力更生、勤俭治水成为主流，这一宗旨贯穿了"根治海河"运动的绝大部分时期，直至"农业学大寨"运动的衰落。

宣惠河疏浚工程是在毛主席提出"一定要根治海河"号召后海河流域实施的较大工程中的一个，由于依靠了集体和农民的力量并处处厉行节约，正好符合中央的精神，"为根治海河树立了一面红旗"③，被称为"是高举毛泽东思想红旗、发扬革命精神、大搞群众运动的胜利，是坚持人的因素第一的胜利，是真正贯彻执行群众路线的胜利"④。宣惠河施工中的一些经验和具体

① 《我省三年来根治海河获得辉煌成就》，《天津日报》1966年11月20日，第3版。
② 《依靠群众治水的范例》，《河北日报》1965年3月9日，第1版。
③ 《我省三年来根治海河获得辉煌成就》，《天津日报》1966年11月20日，第3版。
④ 《水利建设的革命》，《人民日报》1965年7月5日，第2版。

方法直接被之后开展的"根治海河"运动所采用，成为大规模"根治海河"运动的序幕和实验。

第二节 "根治海河"运动的进程

"根治海河"运动的历程通常以1973年为界划分为两个阶段。1973年是毛泽东主席发出"一定要根治海河"号召十周年，为了向主席号召十周年献礼，"中央要求海河骨干工程要在主席批示十周年时基本上搞完"①。从整个进程看，1973年以前"根治海河"骨干工程基本上完工，1973年以后的任务主要是工程的续建和扩建。

一、1973年前河道工程概况

1973年以前海河流域的河道工程以骨干工程为主，指扩挖旧有骨干河道和开辟新河。扩挖旧河指扩挖、疏通原有河道，增强排水能力。河道工程涉及海河五大水系全部，采用了依次治理的方式。河北省首先治理了漳卫河系和子牙河系之间的黑龙港流域的骨干河道，然后是子牙河系，以后分别和天津市、北京市、山东省合作，依次治理了大清河系、永定河系、北运河系与漳卫河系。治理北运河系与漳卫河系时采用了南北两线同时施工。山东省与河南省、河北省共同治理了徒骇河和马颊河。在施工中采取统一规划、统一组织、统一安排、分区治理的方法，统一调集劳动力进行"大会战"，以便做一项成一项，使工程尽快发挥作用。

开辟新河在"根治海河"中是较为庞大的工程。新河即通常所说的减河。即开辟新的入海通道，减轻海河干流的排水压力，绕开天津市在其他地方入海。"根治海河"前十年的工程中开辟或扩建的新河有子牙新河、滏阳新河、

---

① 《国务院海河工程汇报会议汇报提纲》（1971年7月27日），山东省档案馆藏，档案号A121-03-26-8。

永定新河、漳卫新河、潮白新河和德惠新河等，治理了独流减河、马厂减河和捷地减河等，使各河系都有了单独的入海通道。现以时间为序分述各项重大的工程。

（一）1965 年冬至 1966 年春，黑龙港排水工程

"根治海河"的第一个战役是黑龙港地区的排水工程。黑龙港流域位于河北省的中南部，包括邯郸、邢台东部和衡水、沧州的大部以及天津专区（今天津市和廊坊地区）南部的一部分。流域四周为漳河、卫运河、滏阳河、子牙河等河道围绕，内部地形复杂，有黄河、漳河、滹沱河等河流故道，沙丘岗坡起伏，形成许多蝶形洼地，河道淤塞严重，沥水无出路，经常是大雨大灾、小雨小灾，十年九涝，是历史上形成的低洼易涝地区，土地盐碱化非常严重。"这一地区的耕地占全省的三分之一，人口占四分之一，但产量却不及五分之一。"① 一直以来多灾低产，是河北省的主要缺粮地区，广大农民过着非常艰苦的生活。

历史上对黑龙港地区的些许治理多少只能起到一些治标的作用，尤其是新中国成立后实施的一些工程还是有作用的，如南排河的开挖，使流域内有了一条直接入海的排水通道。但是，由于流域面积大，工程标准又比较低，受益范围有限，不能彻底解决这一地区的涝灾。自 1962 年开始，河北省就着手勘测制定黑龙港地区的除涝规划方案，治理方案相对比较成熟。同时，在 1963 年的大洪水和 1964 年平原地区的严重沥涝中，黑龙港流域受灾极为严重，促使党和国家下定决心首先对黑龙港流域进行全面治理。1965 年，中央、华北局和河北省委决定，把黑龙港地区作为"根治海河"工程的第一个战役，自 1965 年冬至 1966 年春进行黑龙港流域歼灭战，利用"大会战"的方式做到一个冬春全部完成骨干河道的扩挖疏浚，使工程尽快产生效益，以解除该地区的洪涝灾害，改变该地区的农业生产面貌。

该工程从 1965 年冬开始，河北省动员了近 50 万民工参与，在滏阳河和

---

① 河北省根治海河指挥部：《依靠群众，发动群众，大打人民战争，认真落实毛主席"一定要根治海河"的伟大号召》（1971 年 11 月 17 日），河北省档案馆藏，档案号 1047-1-220-13。

南运河之间的广大地区，工地绵延达数百里，至 1966 年 5 月 30 日彻底竣工，共完成了老漳河、滏东排河、联接渠、索泸河、老沙河、老盐河、清凉江、江江河、南排河等 9 条骨干河道的开挖和疏浚，总土方达 139 亿立方米，总泄水能力 1122 立方米每秒。"完成了原规划需要两个五年计划才能完成的工程。"①

（二）1966 年冬至 1968 年春，子牙河系防洪工程

1966 年冬至 1967 年春，河北省开始"根治海河"的第二个战役——子牙新河的开挖。该河西起献县，经河间、青县与沧县，在兴济镇穿过运河，至天津市北大港新、老马棚口间入海，全长 143 公里，是平地开挖的大型排洪河道，目的是解决子牙河系没有单独入海口的问题。在开挖行洪河道的同时并行开挖了一条排沥河道，即北排河，"子牙新河每秒可下泄 9000 立方米的洪水，排洪能力比治理前提高了 10 倍多；北排河每秒下泄 110 立方米的沥水。"② 这样，排洪排沥能力大大提高。子牙新河就是自清代以来曾多次规划过的献县减河，从前述论述中可以看到，子牙河开辟入海通道之议早已有之，尤其民国以来，在《子牙河治本计划》中详细提出了开挖减河的计划，但一直未能真正实施。"根治海河"运动中，重点安排了开辟子牙入海尾闾的问题，在以前所列规划的三条路线之间选择了其中最适宜的一条路线，河北省动员了 30 多万民工一个冬春全部完成。子牙新河完成后，子牙河一般不再负担主要泄洪任务，只作为供水、航运、排水及相机泄洪之用。③ 之后，在 1967 年冬至 1968 年春开挖滏阳新河，从新河县艾辛庄至献县全长 134 公里，每秒下泄 3300 立方米洪水，比治理前的排洪能力提高了 10 倍多，减轻了滏阳河排水压力，并与子牙新河对接。同时进行的还有子牙河系北澧河、留垒河、北围堤工程以及滹沱河北堤加固、南堤后展工程。治理后的滹沱河与滏

① 《河北省根治海河运动大事记》，中共河北省委党史研究室编：《河北省根治海河运动》，中共党史出版社 2008 年版，第 150 页。

② 张延晋：《根治海河概览》，河北省政协文史资料委员会编：《再现根治海河》，河北人民出版社 2009 年版，第 33 页。

③ 《河北省根治海河工程资料汇编（1963—1973）》，河北省根治海河指挥部 1973 年编印，第 81 页。

阳河洪水可经子牙新河直接入海，"不再漫淹行洪，为改善涝洼地耕种创造了条件。"① 这样，子牙河系的排水问题得到基本解决。

（三）1968 年冬至 1970 年春，大清河系工程

1968 年冬，"根治海河"工程任务中心转移到大清河流域。"根治海河"指挥部也由衡水搬至天津杨柳青。当年冬至 1969 年春的任务为加深加宽独流减河。独流减河是新中国成立初开辟的大清河入海通道，经过实践证明标准偏低，在本次"根治海河"任务中需要继续扩挖。来自河北省邯郸、邢台、石家庄、衡水、沧州、保定、天津 7 个地区以及包括天津市在内的 85 个县、市近 30 万民工参加了"大会战"。其中天津市出工 1 万人左右，多数民工来自河北省。独流减河长 70 公里，扩挖后泄洪能力提高到 3200 立方米/秒，比治理前提高了两倍多。同时加固了北大港围堤、疏浚马圈引河，不仅扩大了大清河系的入海通道，同时也保障了大港油田的安全。1969 年冬至 1970 年春，治理大清河南北支，扩挖疏通枣林庄分洪道、百草洼与赵王新河，堵闭老赵王河，提高了白洋淀的泄洪能力，加快排水速度，保证了千里堤的安全。

（四）1970 年冬至 1971 年春，永定河系工程

永定河系的工程重点为开辟永定河的直接入海通道，在 1970 年冬至 1971 年春开挖了永定新河，目标是分泄永定河洪水，使永定河水不再进入天津市的海河干流，而是通过开挖的新河在天津北部北塘直接入海。该河从天津市屈家店起，全长 63 公里，河宽平均 500 米，利用原有的洼淀平地开挖。因河道原址是洼淀沼泽，附近人烟稀少，是"根治海河"运动中条件最为艰苦的工程。此时天津市已经从河北省分出，成为中央直辖市，如此庞大的工程只靠天津市的人力是无法完成的，所以仍然采取了与河北省联合施工的方法。开挖永定新河的民工主要来自河北省。具体安排是：由河北省负责挖河筑堤，天津市负责桥梁、涵洞等建筑物施工和移民迁建。因施工地点在天津市境内，

① 张延晋：《根治海河概览》，河北省政协文史资料委员会编：《再现根治海河》，河北人民出版社 2009 年版，第 34 页。

由天津市负责河北省 20 多万民工的后勤供应。永定新河的开挖，解除了永定河洪水对天津市和京山铁路①的威胁。与永定新河同时进行的还有北京排污河工程，由北京市和河北省共同出工完成。该河承泄龙凤河流域的沥水及北京市污水，结束了北京市排放的污水污染海河的历史，北京排污河与永定新河连接，通过永定新河直接入海。

（五）1971 年冬至 1973 年春，漳卫河系与北四河同时施工

这里的北四河指永定新河、北运河、潮白河与蓟运河。1971 年冬至 1972 年春，河北省采取了南、北两线施工，分别与天津市和山东省合作。北线由石家庄、天津、保定、唐山四个地区出工 20 万人，完成挖掘潮白新河、青龙湾改道段全部工程及蓟运河建筑物工程；南线由邯郸、邢台、衡水、沧州四个地区出工 16.5 万人与山东省并肩作战，开始治理漳卫河系，完成漳卫新河工程。

漳卫新河是漳卫南运河系的主要工程，目标是分泄漳河、卫河洪水，减少其注入南运河的水量，从而减轻中下游排水压力，使洪水在山东与河北交界处直接入海。漳卫新河是在原四女寺减河的基础上进行扩建。"根治海河"期间对此重新设计，在四女寺减河的基础上，在减河上段增辟一段岔河，整个河道"以加深河槽为主，适当调整堤距，加高培修堤防。由四女寺至山东海丰入海，长 130 公里，是冀、鲁二省界河。"②并改名漳卫新河。该河设计流量达到 3500 立方米/秒，是 1963 年大洪水时的 1170 立方米/秒的流量的 3 倍。漳卫新河的治理集中在 1971 年冬至 1972 年春和 1972 年冬。之后，又分别对险工段进行了返修，至 1976 年完工。1972 年，沧州地区在参加省里统一组织的漳卫新河施工的同时，交河、沧县两个县团 16700 人参加了捷地减河治理工程。

1972 年冬河北省依然是南北两线同时施工。邯郸、邢台、石家庄、保定、

---

① 京山铁路，又称京榆铁路，是指中国一条由北京经丰台、廊坊、天津、唐山至河北省山海关的一段铁路的旧称。参照 http://baike.baidu.com/view/1832175.htm。

② 马念刚：《壮举铸丰碑——根治海河十四年成就》，河北省政协文史资料委员会编：《再现根治海河》，河北人民出版社 2009 年版，第 132 页。

衡水、沧州、天津、唐山8个地区76个县（市）组成的28.9万治河大军战斗在北四河、漳卫河的工地上。北线继续治理北四河，参加施工的民工为14.9万人，主要工程为蓟运河、引沟入潮、潮白河吴村闸下复堤、青龙湾减河疏浚和北运河输水等工程。南线上，河北省14万民工与山东省20万民工协同作战，疏浚卫运河和漳卫新河。① 北京市5万民工参加治理北运河工程，天津市继续承担北四河海口段机挖工程任务。1972年冬冀鲁京津共出工总人数达到50万。

卫运河同样是河北、山东两省的界河，上游连接漳河和卫河，两河在秤钩湾合流后称卫运河，一直到四女寺，四女寺以下称南运河。卫运河在四女寺与南运河和漳卫新河连接。卫运河承泄上游漳、卫两河的来水，合计4000立方米/秒，河道需要加以扩大才能满足排水需要。在设计中曾经比较退堤、挖河和另辟分洪道等不同措施，最后采用展堤结合挖河、适当抬高水位的方案。②

"根治海河"前十年的河道治理中，主要以大型的骨干工程为主，在河道工程上，基本以一个冬春为一个周期，完成一项大型工程，做到当年施工，当年受益。至1972年冬，共开挖、疏浚中下游骨干河道31条，增辟了入海口，排洪入海能力从治理前的4620立方米/秒，扩大到24680立方米/秒，相当于治理前的5.4倍，相当于新中国成立前的9倍多。排沥入海能力，从治理前的414立方米/秒，扩大到2134立方米/秒，相当于治理前的5.2倍，相当于新中国成立初期的十几倍。③ 如此成就的取得，使该流域的抗灾能力比起治理前有了显著的提高，除去特大型灾害，普通的洪涝灾害基本能够解决，同时增强了天津市和津浦铁路（后成为京沪铁路）、京山铁路的防洪安全。

河道工程中最显著的成效是为海河五大水系开辟了单独的入海通道，自

---

① 《我省北四河、漳卫新河工程全面开工》，《河北日报》1972年11月6日，第1版。

② 水电部：《漳卫河中下游治理规划说明》（1971年），山东省档案馆藏，档案号A121-03-26-14。

③ 河北省革命委员会：《关于海河治理情况汇报提纲》（1972年11月24日），河北省档案馆藏，档案号1047-1-228-5。

南向北依次是：漳卫南运河系从漳卫新河直接入海，子牙河系由子牙新河单独入海，大清河系由独流减河单独入海；永定河系由永定新河单独入海；潮白北运河系由潮白新河至北塘汇入永定新河入海。这些入海尾闾的新挖和扩挖，改变了海河流域上大下小，尾闾不畅的局面，并使各河绕开天津单独入海，使天津市遭受洪灾的威胁大大减轻。从这一点上，海河流域治理的目标基本达成。

黄河以北的徒骇河、马颊河流域也在海河流域的范围内，上游包括河南省的濮阳、清丰、南乐和河北省的大名等4县的部分地区，中下游在山东省境内。该流域同样是联合治理。1965年4月，河南省组织了豫北查勘组，用了一个月的时间重点查勘了濮阳、清丰、南乐三个县境内的徒骇河、马颊河干支流的治理工作，完成了《豫北查勘关于徒骇、马颊河地区的报告》，1966年冬，河南省组织濮、清、南三县正式治理马颊河干流，1967年6月下旬完工。此次工程中，国家给河南省投资241万元，完成土方近500万立方米，建筑物60座。之后，濮阳县进行了部分清淤工作，三县联合做了些尾工及植林护岸等，使马颊河干流排涝能力达到三年一遇，可少淹地25万亩，改良盐碱地22万亩，年增产粮食2570万斤。[①] 1967年冬，三县又联合疏浚了主要支流朱龙河。1964年，河南省与山东省达成范县协议，共同治理徒骇河，标准统一、同时施工，大清河以上归河南、大清河以下归山东。1964年冬至1965年春完成土方32万立方米。1969年冬继续治理，大清河以上达到底宽21—25米，大清河以下底宽25—27米，河渠均深4米，边坡1:3，与所承担的排水任务基本适应。[②]

山东省的徒骇、马颊河流域总面积28500平方公里，耕地2700万亩，大部分属于山东省的聊城、德州和惠民（今滨州）三个地区。因山东省占据了该流域的绝大部分，徒骇、马颊河流域的治理大部分是由山东省完成的。该流域旱、涝、碱灾害严重，农业生产水平低而不稳。因灾害频发，新中国成

① 河南省水利史志编辑室：《河南省1949—1982年海河流域水利事业大事记》，1985年编印，第40页。

② 河南省水利史志编辑室：《河南省1949—1982年海河流域水利事业大事记》，1985年编印，第44页。

立后的 20 年有 12 年吃统销粮。为改变徒骇、马颊河的农业生产面貌，1963
年至 1965 年山东省曾进行过初步治理，共投资 1.35 亿元。但由于治理标准
低，在 1964 年的平原涝灾中仍然损失严重。1966 年，新修订的《海河流域防
洪规划（草案）》确定该地区按 1964 年雨型进一步扩大治理，国家安排投资
2.3 亿元，其中山东省 2.24 亿元。至 1970 年底，除马颊河上游外，其他骨干
河道都已达到 1964 年雨型的排水标准。① 山东省自 1965 年至 1970 年在徒骇
河和马颊河流域"治理全长 905.6 公里，完成土方 4.62 亿立方米，建筑物
1284 座"②。1968 年 10 月，德惠新河工程开挖，自平原县王凤楼村起，东流
经陵县、临邑、商河、乐陵、庆云等县，至无棣县东王城汇马颊河入海，全
长 188 公里，流域面积 3248 平方公里。上中游从王凤楼到庆云段由德州地区
出工，下游自任桥以下为原马颊河，另辟新线，由德州、惠民两地区出工，
统一按 1964 年雨型标准开挖或疏浚，至 1970 年汛前完成。"德惠新河的开
挖，解决了徒骇、马颊河之间 3000 多平方公里面积的排水出路，对减轻洪涝
灾害和改良盐碱地有显著作用。"③

　　1972 年 4 月，河南省对马颊河上游进行了第二期治理，加深加宽河槽，
河底宽约 4.2—5 米，河深 4.2—5 米，除涝标准由三年一遇提高到 1964 年雨
型标准。④ 由安阳地区统一组织濮阳、清丰、南乐三县同时进行治理。

　　"根治海河"运动前十年的工作是做得比较好的，在这十年当中，虽然绝大
部分时间处在"文化大革命"时期，但是由于党和国家的重视，民众对治理海
河比较拥护，各级组织管理机关的规划和管理工作做得比较到位等，使"根治
海河"组织工作井井有条，先治理哪条河系、后治理哪条河系，安排比较合理。
虽然工作中仍存在一些不足，但总体来看，还是取得了比较显著的成绩，所投

---

① 《关于徒骇、马颊河工程》（1971 年 8 月 1 日），山东省档案馆藏，档案号 A121 - 03 - 26 -
14。

② 王清志：《鲁北水利建设成绩辉煌》，《海河流域水利建设四十年》（1949—1989），水利部海
河水利委员会 1989 年编印，第 23 页。

③ 山东水利史志编辑室：《山东水利大事记》，山东科学技术出版社 1989 年版，第 211 页。

④ 河南省水利史志编辑室：《河南省 1949—1982 年海河流域水利事业大事记》，1985 年编印，
第 47 页。

入资金取得不错的经济效果,是值得肯定的,也受到了民众的拥护和支持。

二、1973 年后河道工程概况

从 1973 年冬季工程开始,"根治海河"工程进入第二个十年。"河北省有关部门认真总结了第一个十年根治海河的经验,制订出根治海河第二个十年规划和措施,在继续完成海河水系中下游扩建和扫尾工程的同时,又开始了海河水系中上游及滦河的全面治理。"① 从具体工程的安排来看,主要以提高标准为主。前十年的治理是以"先通后畅"为施工原则,许多工程标准偏低,后十年工程重点放在提高标准上,并把治理重点逐渐向海河上游转移,这是工程的最初目标。但在具体实施中,由于多种原因,治理上以续建和扩建等提高标准的工程为主,上游工程进行比较少,只涉及了滹沱河中上游、永定河中上游以及卫河等几个较大河流。

1973 年冬至 1974 年春,河北省与山东省继续治理卫运河。河北省邯郸、邢台和衡水 3 个地区 31 个县出工 11.68 万人,与山东省聊城、德州 2 个地区 16 个县的 15.5 万人完成卫运河水下土方工程的开挖。治理后卫运河每秒可下泄洪水 4000 立方米,下泄沥水 1100 立方米,比治理前提高了 3 倍多。同时进行的工程还有北运河除涝治碱、白洋淀综合治理工程、宣惠河中下游整治以及滹沱河中上游整治工程等。经过治理,这些河流和洼淀的防洪除涝标准都有了一定程度的提高。

1974 年冬至 1975 年春,河北省实施了宣惠河扩建工程以及沙河、陡河、龙河、永定河等的疏浚工程。这些工程大多属于一些续建和扩建工程。

1975 年冬至 1976 年春,河道工程包括漳卫新河大堤返工及清凉江排涝蓄水工程等,治理后,"每秒可排泄沥水 500 多立方米,比治理前提高了 4 倍。同时,河道内建蓄水闸,结合洼淀、坑塘,一次可蓄水 1.2 亿立方米,为抗

---

① 《全面落实毛主席"一定要根治海河"指示》,《天津日报》1974 年 11 月 22 日,第 1 版。

旱增产创造了条件。"① 春工基本在 5 月底完成。

1976 年冬至 1977 年春，"根治海河"工程增加了临时任务，即唐山震毁水利工程修复。1976 年 7 月 28 日，河北省唐山地区发生强烈地震，水利设施在地震中遭到严重破坏。为了使震毁的水利工程能够得到及时修复，河北省决定调集海河民工进行集中会战，原定按部就班的"根治海河"任务发生变化，支唐修复大型震毁水利工程成为"根治海河"的工作重心。全省 20 多万民工在"一方有难八方支援"精神的指导下，按照"根治海河"运动的模式，支援唐山，对震毁的陡河、滦河、还乡河、输水干渠以及滦乐入海路等水利工程进行了修复工作。支唐工程的要求也是一个冬春为周期，目的是在 1977 年汛期到来前把受地震损坏的工程修复完工。经过努力，原定任务基本完成，在汛期及时发挥了作用，使洪沥水安全下泄，保证了沿河人民生命财产安全和工农业生产的恢复和发展。

1977 年夏，海河流域遭遇了自 1963 年以后的最大暴雨，所产生的洪涝灾害虽远小于 1963 年，但在实践中暴露出前期工程的一些缺陷。沧州地区的经验总结为：现有工程"一是除涝抗洪的标准低，二是各河入海口不畅通，三是配套工程跟不上"②。在之后的工程安排中，重点放在对现有问题的逐步改进上。因此，"根治海河"后期工程并未按原定计划大规模治理上游河道，而是把重心放在续建与扩建上。如北排河扩建工程，"上次开挖，只能通过一百秒立米（立方米/秒），实践证明排涝标准太低。今年这条河高水位持续半个月，影响了沿岸沥水汇入，并造成青县段南埝漫溢，这是个严重的教训。同时，因河槽既浅又窄，只能排，不能蓄，一遇旱年无水灌溉。这次扩建，要把河槽展宽到一百米，河深挖到地面以下六至七米，修好建筑物，把排水能力提高到五百秒立米（立方米/秒），达到三日降雨二百五十毫米不淹地。河

---

① 张延晋：《根治海河概览》，河北省政协文史资料委员会编：《再现根治海河》，河北人民出版社 2009 年版，第 34 页。

② 《陈公甫同志在一九七七年全区根治海河秋工动员会议上的讲话》（1977 年 9 月 28 日），盐山县档案馆藏，档案号 1977 年长期 3。

道蓄水一次可达五千万立米，能浇二十万亩地。"① 由以上数据可以看出，如果达到设计标准，北排河的排水能力将增加五倍，并能够蓄水以满足旱年灌溉需要，这对减轻灾害、除涝抗旱都将起到较大的作用。但是由于投资、管理等诸多原因的限制，北排河的扩建持续了好几年，从1977年冬开始动工，到1980年春才结束，且未能达到预期标准。

1977年冬至1980年春，河道工程主要包括卫河、北排河以及黑龙港地区二期治理工程（包括港河本支、老漳河、老沙河、清凉江、滏东排河等较大支流的疏浚）。1977年冬至1978年春，根据河北省"根治海河"指挥部的安排，仅沧州地区就有四个施工战场，一是与廊坊地区会战北排河，沧州地区任丘、河间、肃宁、交河、吴桥、东光、南皮、盐山、孟村、青县10个县出工2万人。由于投资限制，只做12公里的工程；二是黄骅、沧县、南大港农场，进行廖家洼干渠工程；三是滏阳新河遗留工程，由献县出工2000人；四是漳卫新河下中王险工，由海兴县出工。另外，南皮和孟村还要承担大浪淀蓄水工程建筑物施工。② 从沧州地区的施工安排看出，"根治海河"工程后期的安排是非常散的，北排河是主战场，相对规模大些。其他几项工程规模较小，重在处理尾工、险工和大型配套建设。其他省市和地区的状况大体相当，这些工程与"根治海河"初期的大型骨干工程会战从规模和组织方式上已经有很大的差别。

1977年12月，国务院向冀、鲁、豫三省发出了治理卫河的指示。卫河工程自1978年冬季开工，"三省共动员民工37万人，1980年汛前基本完成。"③河北省安排邯郸、邢台和石家庄三个地区出工，山东省由聊城地区出工，河南省则由安阳地区出工。

1979年冬工，河北省分配给沧州地区的任务为两部分，一是扩挖北排河

① 《陈公甫同志在一九七七年全区根治海河秋工动员会议上的讲话》（1977年9月28日），盐山县档案馆藏，档案号1977年长期3。
② 《陈公甫同志在一九七七年全区根治海河秋工动员会议上的讲话》（1977年9月28日），盐山县档案馆藏，档案号1977年长期3。
③ 河北省地方志编纂委员会编：《河北省志·水利志》，河北人民出版社1995年版，第147页。

下段，总长 21 公里，由南皮、黄骅、海兴、盐山、东光、沧县、任丘、肃宁、河间 9 个县出民工 35000 人参加施工；另一个是扩挖滏东排河，总长 8 公里，由交河、孟村、献县、吴桥 4 个县出民工 11000 人参加施工。① 截至 1980 年 7 月下旬，北排河、滏东排河和卫河三条骨干河道，"除了卫河有极个别县团因同当地的纠纷未解决甩下了部分土方任务外，其余均已全部按计划要求完成。"②

"根治海河"中的骨干工程除徒骇河和马颊河主要由河南省和山东省完成外，其他骨干河道工程大多由河北省或河北省与其他省市合作完成，如山东省与河北省合作完成漳卫新河、卫运河工程；天津市与河北省共同完成独流减河、永定新河、潮白新河等工程；北京市与河北省共同完成北京排污河工程；河南省、山东省与河北省共同完成卫河工程；等等，在这些工程中，除卫河工程是 1978 年至 1980 年期间完成的外，其他工程都是在"根治海河"前十年完成的。河流治理必须正确处理好上下游、左右岸的关系，必须打破地域界限，共同协作才能完成既定目标，以地域为界将无法实现综合治理目标，"根治海河"运动中在这一点上实施效果是比较好的。由于有国务院和水电部的统一领导，虽然各省市间在具体工程的安排次序上曾存在一定的分歧，地方上也曾发生过一些纠纷，但在上级的协调下，各相关省市均能识大体、顾大局，不计较一时的得失，尤其是河北省，在天津市成为直辖市后依然承担了天津市境内相关工程的出工，保证了工程的顺利施工，这为以后的京、津、冀协同发展树立了典范。

三、建筑物工程与水库工程

"根治海河"期间，河道工程是规模最大、占用劳动力最多的工程。除此之外，还有建筑物工程和水库工程，其施工特点与河道工程有一定的区别。

---

① 《王春祥同志在根治海河施工动员会议上的讲话》（1979 年 10 月 25 日），盐山县档案馆藏，档案号 1978－1980 长期 4。

② 《海河骨干河道工程工作座谈会议纪要》（1980 年 8 月 14 日），河北省档案馆藏，档案号 1047－1－937－24。

（一）建筑物工程

建筑物主要指河道上的桥梁、闸涵等。建筑物施工的技术性要求高，非普通民工所能掌握，因此建筑物工程以国家委派的专业施工队伍为主，尤其是大型桥梁工程由水利部门和交通部门合作，由交通部门来完成施工任务。建筑物工程中所需要的土工，由"根治海河"指挥部门从农村劳动力中统一安排，从事一些辅助性劳动。少量小型的工程也有农村民工自身完成的。至1973年统计，仅河北省参与的"根治海河"骨干工程和支流配套工程中，共修建桥梁、闸涵等建筑物五万多座。[①]

"根治海河"过程中，由于河道新建、扩建项目多，不但新河上需要修建相当数量的建筑物即桥梁、涵洞及节制闸等，而且原有河道上的建筑物大多需要重新设计与修建。为了不影响当地群众的生产生活，不与河道工程相互干扰，很多建筑物工程需要提前施工，才能达到"河成、路成和桥成"的标准。每年需要修建的桥梁闸涵达到上百座，时间紧、任务重，如果单纯依靠国家的专业队伍来修建的话，按照当时的实际条件是无法做到的。为了解决施工力量的不足，在专业队伍发挥骨干作用的基础上，强调培养亦工亦农的、群众性的水利建设队伍。这样，在一些操作简单、群众易于掌握的施工技术上，如井柱法、土胎模板建桥等，由少量技术工人进行指导，让县社出工自行修建。"几年来，就是依靠群众，土法上马，用井柱法修建了上千座桥梁。洋河水库溢洪工程、良王庄扬水站工程等，工程规模都不小，就是以县为主，依靠民技工，边学、边干、边武装来完成的。"[②] 这样做不但弥补了专业施工队伍的不足，使工程尽快发生效益，也逐渐培养了一批水利建设中的重要施工力量。但是，如此施工需要加强领导，方能确保工程质量。建筑物工程所需材料多，国家投资大，一旦疏于领导，造成严重的质量问题，则会给国家造成非常严重的损失。

"根治海河"时期修建的建筑物工程是喜忧参半的，一方面修建了一些质量好、效益高的优质工程，如子牙新河的穿运工程，采用了平交和立交相结

---

① 《我省人民奋战十年取得根治海河伟大胜利》，《河北日报》1973年11月16日，第1版。

② 河北省根治海河指挥部：《依靠群众，发动群众，大打人民战争，认真落实毛主席"一定要根治海河"的伟大号召》（1971年11月17日），河北省档案馆藏，档案号1047-1-220-13。

合的新型设计，既节省了开支，又减少了工程量。但同时又由于处于"文化大革命"时期，批判"专家治水"，不尊重知识、忽视客观规律，过分强调依靠群众的创造性，也建造了很多质量不过关的工程。尤其是中小型工程，由于上级领导不力，过多强调"土方上马，土洋结合，以土为主"①，再加上没有及时配备专业的指导人员，造成了极其严重的浪费。现以两座蓄水闸的修建为例来说明。

蔡寨、牛寨是清凉江与老沙河间的两座蓄水闸，蔡寨闸远景将是南水北调引江干渠的交叉枢纽，所以是非常重要的建筑物，由于这两座闸处于沙质河床的老沙河下游，闸位、闸型的选择、基础的勘探、工程的设计是相当复杂的，而在当时修建时，"却不仅没有认真细致研究，反而不顾技术干部的一再反对，仍主观的确定为混凝土板折叠式浮体闸，甚至提出失败了，宁可交学费，也要修建这种闸，并确定由地区负责设计，设计不审查，自行施工，结果蔡寨闸，过一次水即淤沙厚两米多，清淤后又淤，闸门根本起不来，蓄不了水；牛寨闸单宽流量达 14.62 秒（立方米/秒），有跌差、流速大、闸下冲刷严重，经一再翻修加固后，可以勉强蓄些水，但根本问题还未解决。"② 在建筑物工程上，存在着一些工程质量不过关和浪费现象，主要根源在于当时所处的时代环境。

（二）水库工程

在对中下游河道集中治理的同时，上游水库的遗留问题也着手开始解决，以扩大防洪保坝标准，增加库容。自新中国成立后开始，海河流域陆续修建水库，"大跃进"期间的水库建设更是获得突飞猛进的发展。但是由于技术水平限制以及指导思想上的错误，造成了很多水库库容不能满足需要、出现病险库等，在1963年大水灾中暴露出许多问题。"根治海河"期间的水库工程，绝大多数是对以前的水库进行续建和扩建，另外也新建了一些重要的水库。水库工程为常年施工，区别于河道工程的季节性。水库工程所需劳力主要由水库所在地区安排，从这一点上，也不同于河道工程的大型会战。

---

① 河北省根治海河指挥部：《依靠群众，发动群众，大打人民战争，认真落实毛主席"一定要根治海河"的伟大号召》（1971年11月17日），河北省档案馆藏，档案号1047-1-220-13。
② 《十五年根治海河的初步总结》（1980年），河北省档案馆藏，档案号1047-1-754-7。

最先开始续建和治理的是岳城水库和黄壁庄水库。岳城水库自1958年开始修建以来，遗留尾工过多，"根治海河"期间继续修建。该库由水电部负责施工，至1970年基本完工。黄壁庄水库由河北省负责施工。自1966年起，水电部黄壁庄工程局和石家庄地区海河指挥部组织技工和民工对该库的大坝和非常溢洪道进行了加固。1969年，白河上游的云州水库开始动工修建，至1972年完工。从1971年开始修建邢台地区南澧河上的朱庄水库。1970年，开始扩建滏阳河干流上的东武仕水库，将1959年建成时0.64亿立方米的中型水库扩建为库容1.52亿立方米的大型水库。1973年前，主要由河北省施工的水库续建和扩建工程还有岗南、洋河、陡河、庙宫、友谊、安各庄、西大洋、王快、横山岭、临城等。

表2-2 "根治海河"运动期间河北省对既有水库的续建扩建情况

水库	所在河流	开工	竣工	施工概况
岗南	滹沱河	1958.3	1962.1	1966—1969年续建，1978年增建非常溢洪道
黄壁庄	滹沱河	1958.10	1963.6	1965—1969年副坝加高，增建非常溢洪道
临城	泜河	1958.8	1960.12	1970—1971年完成大坝加高，第一、第二溢洪道，1975年增建第三（非常）溢洪道
东武仕	滏阳河	1958.1	1959.6	1970年大坝加高5.7米，增建泄洪洞，1975—1976年增建临时溢洪道
安各庄	中易水河	1958.6	1960.6	1970—1972年续建
龙门	漕河	1958.2	1960.6	1966年、1970—1971年修（续）建溢洪堰，1974—1977年改建主坝
西大洋	唐河	1958.7	1960.2	1970年主副坝加高5.2米，新建溢洪道、输水洞
王快	沙河	1958.6	1960.6	1969—1972年续建，1978—1981年加固上游坝坡，1975—1977年坝基防渗
口头	郜河	1958.5	1964.10	1970—1978年扩建
横山岭	磁河	1958.7	1960.5	1970—1973年续建
友谊	东洋河	1958.9	1964.11	1970—1971年输水洞加固
邱庄	还乡河	1958.9	1960.8	1968年增建溢洪道，1977年扩建加固
庙宫	伊逊河	1959.11	1962.7	1969—1971年续建，1976—1978年加固
洋河	洋河	1959.11	1961.7	1969—1971年建溢洪道，1977—1979年震后修复
陡河	陡河	1955.11	1956.11	1970年扩建，1976—1977年震后修复

资料来源：河北省水利厅水利志编辑办公室：《河北省水利志》，河北人民出版社1996年版，第108—110页。

由表 2 - 2 可以看出，"根治海河"期间河北省续建和扩建的水库绝大部分修建于"大跃进"期间。通过对既有的十几座大型水库进行的续建和扩建工程，提高了防洪标准，增加了库容。至 1973 年统计，"防洪保坝标准由不足百年一遇提高到五百年到千年一遇，地上水可灌溉一千多万亩地，发挥了防洪、灌溉效益。"①

除了上述水库工程外，1973 年和 1975 年开始动工修建滦河上的潘家口水库和大黑汀水库，这两座水库建成后通过引滦入津和引滦入唐等工程给天津市和唐山市供水，为支持城市发展发挥了巨大作用，效益明显。当时滦河治理也被归为"根治海河"工程，两座水库完工后由水利部海委负责统一管理，滦河也被纳入广义的海河流域范围。

总之，建筑物工程和水库工程虽不像河道工程那样声势浩大，但也取得了比较突出的成就。按照"根治海河"前十年的总结，在完成大量河道工程的同时，"在河渠上新建了六万多座桥、闸和涵洞。这些工程的完成，使海河中下游初步形成了河渠纵横、排灌结合的水利系统，排洪入海能力比一九六三年提高了五倍多，比解放前提高了十倍多。同时，还扩建和新建了一批水库，使海河流域的大中型水库达到八十多座，小型水库一千五百多座，万亩以上灌区发展到二百七十一处。"② 大量河道工程、建筑物工程和水库工程的完成，增强了海河流域的防灾减灾能力。

第三节　"根治海河"工程的特点

自 1965 年正式开工至 1980 年基本结束，"根治海河"运动持续了十几年时间，期间完成了大量工程。"十年来，海河流域各省、市依靠群众，对子牙河、大清河、永定河、北运河、南运河等五大河系和徒骇河、马颊河等骨干

---

① 《我省人民奋战十年取得根治海河伟大胜利》，《河北日报》1973 年 11 月 16 日，第 1 版。

② 《冀鲁京津人民团结协作奋战十年根治海河获巨大胜利》，《河北日报》1973 年 11 月 17 日，第 2 版。

河道，普遍进行了治理"。① 可以说，"根治海河"工程在很大程度上达到了海河治理的目标。

在"根治海河"工程的顺序安排上，依照工程的轻重缓急，在河道治理上采取了先下后上、先通后畅、先受益后提高的原则，把长远建设与当年受益相结合。具体到工程的安排上有如下特点：

（一）采用了最新的技术和数据

新中国成立后，我国高度重视水利建设，具体到海河流域，水利工程建设已经有比较突出的进展，但是由于技术上的原因，多数标准偏低，无法解决根本问题。1963 年大水灾后，在毛泽东主席"一定要根治海河"的号召和国务院与水电部的统一领导和规划设计下，采用了最新的技术成果与水文数据对海河工程进行了重新规划设计。"根治海河"工程是按照有水文数据测量以来的最高值设计的，以便能真正起到"根治"的目的。海河流域南系依据 1963 年雨型设计，海河流域北系按照 1939 年雨型设计，黄河以北的冀、鲁、豫平原按照 1964 年雨型设计。也就是说，按照设计标准，子牙河系和大清河系的中下游可以防御 1963 年的特大洪水，永定新河可以使该河有记录的最大洪水即 1939 年那样的水量不再威胁天津市及京山铁路的安全，黄河以北的冀、鲁、豫大部分平原地区可解决普通涝灾。② 这样，各地实施的工程在理论上都能在洪涝灾害方面起到最大的作用，以免除该流域人民多年所遭遇的水灾之苦。

"根治海河"工程中，充分发挥了广大干部、技术人员、工人、民工及群众的积极性，在水利工程的勘测、规划、设计和施工方面，有很多新的发明和创造，采用了一些新型的设计，推动了水利建设事业的进步。有的项目还得到了国家颁发的相关奖项。其中子牙河系治理是"根治海河"的一项重点工程，子牙新河与北排河、滏阳新河与滏东排河都是两河两堤，即将排洪河道挖出的土筑新河的左堤，将排河挖出的土筑新河右堤，排河右侧不筑堤，

_____

① 《根治海河十年，山河面貌大变》，《人民日报》1973 年 11 月 17 日，第 1 版。
② 水利电力部：《关于今冬明春根治海河骨干工程安排的报告》（1971 年 7 月），山东省档案馆藏，档案号 A121－04－7－7。

以便当地沥水汇入。"做到排水河通，防洪堤成。"① 真正达到了"挖河不见土，筑堤不见坑。"两堤间有两公里宽的滩地，大汛时行洪，平时仍可种植作物。此种两河两堤的设计方案既保证了灾年排洪，又使平常年份不致浪费过多的土地资源，是设计上的一大亮点，深受沿河百姓欢迎。两河两堤的设计还做到了洪沥分流，洪水从筑堤的新河直接入海，沥水流入不筑堤的排河，不但分泄了子牙河的洪水，减轻了天津市的水灾威胁，而且使长期以来沥水无出路的问题得以解决。子牙新河与南运河之间的穿运枢纽工程，采用了"半立交半平交"的设计，子牙新河深水河槽部分与南运河立交，滩地部分与南运河平交。水量小时只利用深水河槽，子牙新河与南运河互不干扰，水量大需要滩地行洪时扒开南运河河堤宣泄洪水。这样既能解决排洪问题，又减少了施工难度，节省了投资。此设计更是本工程的一大亮点，被评为全国水电系统优秀设计。

（二）兼顾了农业增产的需求

在骨干工程的施工顺序上，优先安排了黑龙港除涝工程，原因为：首先，黑龙港地区是历年来受灾严重的地区，在1963年大水灾和1964年平原沥涝中损失严重。其次，该区粮食生产一直无法满足自身需要，经常吃调进粮，农业生产水平较低而且不稳定。据统计，当时黑龙港地区的粮食平均亩产，丰收年也就是一百几十斤，灾年也就是四五十斤，有时颗粒无收，粮食无法自给，每年都靠国家救济过日子。1963年特大洪水、1964年特大沥水均调入粮食8亿斤，即使收成较好的1955年、1957年亦调入粮食2亿斤以上。因此，治理黑龙港确是解决河北省粮食自给的一项关键措施。② 水利工程投入大，首先要考虑的是效益问题，在增大排水能力的基础上，黑龙港工程最能改变当地农业生产面貌，"黑龙港流域有3000万亩耕地，经常受涝灾。救灾牵扯了各级领导很大的精力。1964年全省筹借救灾款8000

---

① 《治水史上谱新篇——记河北省人民治理海河的伟大斗争》，《天津日报》1970年11月18日，第2版。

② 河北省根治海河指挥部：《关于今冬明春工作安排的报告》（1965年8月15日），中共河北省委党史研究室编：《河北省根治海河运动》，中共党史出版社2008年版，第219页。

万元,如果把救灾款用来搞水利建设,可以搞几个万亩高产稳产田。我们每年向中央要的粮食,除了供应城市外,绝大部分分配在黑龙港流域。因此,黑龙港的问题就不是一个局部问题,而是一个关系全省、全国的全局问题”。①因此河北省“根治海河”指挥部在向农民宣传根治黑龙港河歼灭战的意义时指出,打好黑龙港战役不仅可以丰富骨干河流治理的经验,锻炼队伍,迎接以后更大、更复杂的工程,“还有比这个更重要的是,先搞了黑龙港河,就可以当年见效,多打粮食,这样,我们就更加有力量根治海河。”②治理海河,最终的目的是兴利除害,改变黑龙港地区的面貌,应该是兴利效果最为明显的安排。

具体到每个河系,减灾增产的目标也同样明确。以漳卫河系的治理为例,在工程安排上依次是先下游、后中游、再上游。先是漳卫新河的拓宽,再是卫运河治理,直到1978年至1980年才安排了卫河工程。从这一点看,提高中下游排水能力,减轻灾害的破坏性影响,保证农业发展是“根治海河”工程的重点,因此首先加大中游排水能力和开辟下游入海通道,在此基础上考虑抗旱和兴利除害。这是在海河流域特点的基础上安排的施工方式,先解决中下游排水不畅问题,再依次扩大治理范围。这一指导思想将短期目标与长远目标结合,最大限度地发挥了治理效益。

(三)注重保护城市的安全

“根治海河”工程在防灾减灾方面做出了重要安排,对农业的发展无疑是有利的。但水利工程牵扯整个区域的发展,必须考虑多方面因素。鉴于城市的重要性,做出了很多有利于城市的规划。首先,开辟各河系单独入海通道的措施,就是解决洪水集中天津市海河干流入海的局面,减轻天津市被淹的危险。例如,1968年冬至1969年春加深加宽大清河系的独流减河工程,“这一工程全部完工以后,等于在天津市南面又加了一道屏障,除了可以根除大

---

① 《关于黑龙港工程的几个问题》(1965年),河北省档案馆藏,档案号855 – 7 – 797 – 3。

② 河北省根治海河指挥部:《响应毛主席的号召,全省人民动员起来,积极投入根治海河的伟大战斗!》(1965年9月),中共河北省委党史研究室编:《河北省根治海河运动》,中共党史出版社2008年版,第235页。

清河流域的水患灾害和保证津浦铁路安全以外，进一步保证了天津市四百万人民生命财产的安全。"① 至 1971 年，先后完成的子牙河、大清河、永定河等治理工程，在天津市周围形成了强大的防洪体系，洪水对天津市的压力已大大减轻，"来自南、西、北三方面大的洪水可以分别通过子牙新河、独流减河、永定新河入海，泄洪能力由原来的每秒二千六百立米提高到每秒一万九千多立米，减轻了洪水对海河的压力。"② 通过上述报道可以看出，"根治海河"工程最重要的目的之一就是解除天津市经常被水围困的局面。

除了新辟入海通道减轻天津市的泄洪压力外，在各干流的堤防规划上也做出了特殊安排。如漳卫南运河系的治理中，在加固漳河、卫运河和漳卫新河的堤防时，将三河左堤作为主堤，同时将漳河左堤高于右堤 1 米，以防止洪水北窜，形成了海河南系保卫京津的第一道防洪屏障。此做法可以理解为：当各河流超标准行洪时，洪水首先会在南岸出现漫溢，以确保北岸的相对安全。漳卫南运河系以北为子牙河系，在该河系治理过程中也同样将滹沱河北大堤、子牙新河北堤高于南堤 1 米，成为保卫京津的第二道防洪屏障。在大清河的治理中，加固了千里堤，形成直接保卫京津和华北平原防洪安全的海河南系第三道防洪屏障。③ 由此可见，在海河流域的治理中，保障北京、天津的防洪安全一直是被列为重点来抓的。

（四）体现全面综合治理理念

新中国成立后，正值海河流域的丰水期，洪涝灾害频发，尤其是"63.8"大水灾损失惨重，"根治海河"的直接导火索是水灾，由此决定了施工重在防洪，这是一条贯穿 15 年大规模治理工作的一条主线。大水灾的惨痛教训使党和国家认识到，不彻底解决海河流域的问题，不但人民的生命财产及农业上会遭受重大的损失，工业、城市以及交通运输业都会受到严重影响。因

---

① 《河北省根治大清河工程今冬施工取得伟大胜利》，《天津日报》1968 年 11 月 15 日，第 2 版。
② 《劳动群众创造世界的凯歌——纪念毛主席"一定要根治海河"题词八周年》，《天津日报》1971 年 11 月 17 日，第 2 版。
③ 河北省防汛抗旱指挥部办公室：《治海河今昔巨变，重科学力保平安》，《河北水利》2003 年第 11 期。

此"根治海河"工程必须以排水为第一要务,所以国家制定了"近期以排为主"的方针,是符合当时海河流域的实际状况的。

但是,大洪水的出现毕竟有一定的概率。由于海河流域特殊的气候和地形特点,决定了该流域在夏季易受洪涝灾害的威胁,但从全年的气候和河流的径流量来看,人均水资源非常低,是一个缺水地区。尤其是春季,降雨量稀少,缺水是比较严重的。即使是容易出现洪涝灾害的夏季,各年份之间的降水也相差悬殊,丰水年份能够成灾,而缺水年份则易形成严重干旱,如不进行灌溉,作物难以有好的收成。因此在关注排水、减轻洪涝灾害的同时不能不考虑到抗旱灌溉方面的需要,即在有利于排水的情况下还要兼顾蓄水,做到既能排又能灌。"根治海河"工程开始后,海河流域的气候发生了不同于新中国成立初期的特点,降雨量减少,干旱逐渐成为影响该地区发展的主要威胁,于是"根治海河"运动又采取了毛泽东主席"遇旱有水、遇涝排水"的号召作为治理的目标与方向。

此种综合治理的理念在工程刚刚开始的黑龙港工程中就已经出现,黑龙港地区贯彻了洪、涝、旱、碱综合治理。这一地区由于地势低洼,行洪河道多为地上河,所以不仅洪水易漫堤,而且沥水无出路,大雨大灾、小雨小灾,十年九涝。为了改变这种状况,在治理工程中不仅采取了洪涝分家,单独开辟排沥河道的措施,而且在骨干工程中,还采用了挖窄深河槽与建蓄水闸的方法。

窄深河槽:具体做法是在河床中单独开挖宽2米、深1米的子河槽,以便兼顾蓄水与排碱。这种河道设计是治河中的一大突破。在传统的河流治理中,河道一般采用"浅碟子"式的设计,不仅占用耕地多,且不利于排碱与蓄水。黑龙港工程中,设计人员多方听取了当地群众的意见,创造出了窄深河槽的新形式。与传统的"浅碟子"式河道相比,窄深河槽的设计有两大优势:一是在水量小的时期可集中水流,满足灌溉用水;二则可以降低地下水位,有利于排碱,改善耕地土质,增加产量。"过去排涝,很少考虑到治碱,而这次根治海河,把所有的河槽一律由宽而浅改为窄而深,既排地上水,又排地下水,收到了碱随水去,水泄碱消的效果,使盐碱地迅速得到有效的改造。"① 河槽尽量挖深,不仅更有利于排水,有条件的地方还可以蓄水抗旱。虽然"根治海河"最初的出发点是排水,减轻洪涝灾害对海河流域的巨大破坏,但在治理工程中并没有仅从这一单一目的去治理,而是综合考虑了海河流域的整体发展需要,此种做法得到了民众的普遍欢迎。窄深河槽的设计打破了常规,有多方面的利处,但在施工中并没有因此改变施工的难度。民工们在实践中摸索出,只要搞好排水,挖深河并不比挖浅河费力,反而由于断面缩小,运距缩短,更加节省人力物力的投入。此种设计是一项适合当地情况的创新。

建蓄水闸:建水闸是拦蓄河水的常用方法。在黑龙港工程中,排水除涝是工程的主要目的,但结合本地特点,在蓄水方面也有了比较充分的考虑。如各河道在开挖了深水子槽的基础上,"试建了十五座简易灌溉闸,既有利于排咸,又有利于抗旱。"② 当水量小时,放下水闸,可以抬高水位,满足灌溉需要,减少水资源的浪费。当河水流量大时,提起水闸,让河水快速下泄,奔流入海,减少灾害的发生。山东省的治理中也采用了类似的方法。至1971年,山东省徒骇河、马颊河和德惠新河的骨干工程结束,"基本上解决了1964年雨型(一个月降雨300毫米)的涝灾问题。在河道上搞了31座闸,可蓄水五亿方。"③ 在漳卫新河工程中,兴建了"吴桥、袁桥、王家营盘、辛集等7座拦河闸,供两省沿岸蓄水抗旱之用"④。对此群众是这样评价的:"这回挖河,既解除了洪涝灾害,也治了碱。天旱了,河道是个大长井,可以提水抗旱。河滩成了丰产地,垫起了台田,栽上了树木,真是既除害又兴利。照这

---

① 《治水史上谱新篇——记河北省人民治理海河的伟大斗争》,《天津日报》1970年11月18日,第2版。

② 《河北省黑龙港地区排水工程总结》(1966年),河北省档案馆藏,档案号1047-1-196-2。

③ 《国务院海河工程汇报会议汇报提纲》(1971年7月27日),山东省档案馆藏,档案号A121-03-26-8。

④ 马念刚:《壮举铸丰碑——根治海河十四年成就》,河北省政协文史资料委员会编:《再现根治海河》,河北人民出版社2009年版,第132页。

样治水，没个治不好。"① 由此看出沿河百姓对这种多元化的设计规划是非常满意的。此种治理方式可以减少洪涝灾害与旱灾对农业生产的破坏性影响，是综合治理海河流域的典型表现。

在"根治海河"的规划中，明确了"近期以排为主"的原则，所以前期工程更侧重排水，由于自1965年后海河流域降水减少，干旱问题比较突出，后期则加强了工程的蓄水作用，如在河北省报送的1976年的工程安排意见中，时任水利部部长钱正英批示："同意清凉江按三日降雨量250毫米标准扩挖，并明确以蓄水为主，结合提高除涝标准。"② 明确反映了这一时期需要重点解决的实际问题。

1973年11月17日是毛泽东发出"一定要根治海河"号召十周年纪念日，在16日的《河北日报》上，发表了《我省人民奋战十年取得根治海河伟大胜利》的文章，对河北省十年来的"根治海河"运动成绩进行了总结。

> 根治海河的十年，是全面治理、综合规划，用毛主席的哲学思想指导水利建设的十年。十年来，我省各地党组织按照毛主席的指示，深入实际、调查研究，不断总结群众的治水经验，周密地考虑洪、涝、旱、碱各种灾害之间的关系，坚持排水与灌溉、治水与改土、蓄水与治碱相结合的原则，因地制宜、综合治理，山区搞林、梯、坝，平原搞园田化，洼地搞台、排、改、灌、林、路，实现深渠河网化，使水利建设更好地为农业增产服务。在全面规划指导下，各地还根据农业生产的需要和人力物力的可能，采取了分别轻重缓急，分批分期治理和集中力量打歼灭战的方法，治理一条线，改造一大片。在开挖骨干河道的时候，很多地方实现了河成、堤成、桥成、树成、地成，收到了良好的效果。③

客观地分析，"根治海河"工程的确是按照这样的原则进行治理的，在以

---

① 《河北省黑龙港地区排水工程总结》(1966年)，河北省档案馆藏，档案号1047-1-196-2。

② 河北省根治海河指挥部：《关于钱正英部长几点意见的报告》(1975年5月29日)，河北省档案馆藏，档案号1047-1-294-7。

③ 《我省人民奋战十年取得根治海河伟大胜利》，《河北日报》1973年11月16日，第3版。

上所列这些综合治理的项目中，有的方面实施得比较好，有的方面实施得差一些，比如"六成"标准有明显的前紧后松现象；配套工程的工程量大，各地实施的程度不一，大多数地方达不到较高标准，治理效果与最初的规划有一定的出入。但从治理的指导思想上来看，始终有综合治理这根弦，比过去治理中的"头痛医头、脚痛医脚"的做法有很大进步。这次大规模的治理工作对改变海河流域的面貌有很大的促进作用。

第三章 "根治海河"运动的政策

毛泽东在1948年曾经说过：政策和策略是党的生命①。在领导中国革命和建设的过程中，他非常注重党的各项政策和策略。在新中国成立后实施大型水利工程时，制定怎样的政策很大程度上决定着工程的成败。至人民公社时期，国家对水利工程的政策采取了三级工程、三种办法，即："骨干工程，实行集体出工，小型工具和工棚物料自带，国家给予适当补助；较大支流配套工程，主要是民办，只给少量的补助；沟渠配套工程是社队自办。"② "根治海河"工程贯彻了上述政策。我们所论及的主要是"根治海河"的骨干工程。在骨干工程治理中，国家充分依托了人民公社体制，在劳动力组织及经济支持方面，农村集体承担了相当重要的责任。

第一节 出工政策

在"根治海河"骨干工程中，国家对工程实施投资包干，所投资金用于工程中的物料耗费，以及对民工生活、机械器具进行必要的补助，民工用粮列入整体统购统销计划。海河流域主要省市设立相应的"根治海河"指挥部

---

① 《关于情况的通报》（1948年3月20日），《毛泽东选集》第四卷，人民出版社1991年版，第1296页。

② 河北省根治海河指挥部：《依靠群众，发动群众，大打人民战争，认真落实毛主席"一定要根治海河"的伟大号召》（1971年11月17日），河北省档案馆藏，档案号1047-1-220-13。

门，所需工作人员由相关单位借调，工资、福利等一律由原工作单位负担，形成了各部门全力支持"根治海河"工程的局面。参加工程施工的劳动力以群众性施工队伍为主，主要来自海河流域所在社队的农民及部分流域外的劳动力。少量专业化队伍用于技术水平要求比较高的建筑物施工上。在调集农村劳动力上，国家制定的出工政策为："生产队集体出工、义务劳动、国家管饭，不计工资。"① 各省的出工政策大同小异。因河北省占据了海河流域的大部分，是"根治海河"运动中的主要力量，其他省市的政策多以河北省的政策作为参照。

一、"生产队集体出工，义务劳动，国家管饭，不计工资"

新中国成立后，随着土地改革的完成，在国家的引导下，农村开始在农业方面逐步实现合作化、集体化经营。由于劳动力组织上的便利，在这一时期，水利建设获得了较快的发展，"大跃进"时期更是掀起了水利建设的高潮。20世纪60年代初，党和国家开始对"大跃进"时期生产建设上暴露的一些问题进行调整，在进行了一系列的调查研究之后，对人民公社时期"一大二公"的做法进行了反思与纠偏。1962年，"三级所有，队为基础"的人民公社体制正式确立，在这一体制中，生产队成为最基本的核算单位，"根治海河"运动中所需劳动力的组织，就是逐级下放到生产队，由基层生产队负责组织起来的。对于农村基层社队来讲，"根治海河"的出工名额是国家指派给基层集体的任务，是必须要完成的。

我国集体化时期，国家通过政社合一的体制加强了对乡村的控制，在经历了新中国成立以来的集体化进程后，农民已从自由发展的个体劳动者变成集体制度束缚下的社员。在这种体制下，农民的劳动主要由生产队集体来安排和支配，这为整合乡村力量，大规模从事水利建设创造了有利的条件。无疑，集体劳动使农民的劳动不再是一盘散沙式的状态，个人没有多少自主活动的空间，个人的生存和集体紧密联系在一起。在当时的体制下，个人离开

---

① 《根治海河几项具体政策问答》（1967年），河北省档案馆藏，档案号1047-1-199-2。

集体几乎是无法生存下去的。因此，个人的生活、劳动都由集体统一安排和支配，这就使生产队在组织民工方面有了相当大的便利条件。有学者指出："人民公社政社合一的集权模式和以生产队为基础的集体经济提供了动员广大农民所必需的政治、经济和文化资源。"①

集体化在水利建设上的优势已被当时的中央领导人敏锐地察觉到。早在新中国成立初期，毛泽东就认识到了这一问题，他曾经指出："在合作化的基础之上，群众有很大的力量。几千年不能解决的普通的水灾、旱灾问题，可能在几年之内获得解决。"② 现在看来，如此说法把灾害防治的复杂性和艰巨性估计得还是过于简单的，但无可否认，新中国成立后三十年依靠集体化时期强有力的人力资源组织优势，在水利建设上取得的成就的确是巨大的。

"生产队集体出工"就是由人民公社时期的基层单位生产队提供劳动力。当时，组织到海河施工的劳动力是各级组织必须完成的任务，各农村社队都有集体出工的义务，"凡在生产队参加农副业生产的18至45周岁（初期曾到50周岁——笔者注）的身体健康的男性社员，按工期轮流出工。"③ 整个"根治海河"运动从1963年毛泽东发出号召，1964年沧州地区宣惠河工程进行实验，自1965年秋冬正式开始实施各区"大会战"甚至跨省市"大会战"，这种大规模的群众运动直至1980年春基本结束，几乎比较完整地经历了所谓的"小"人民公社时期。"根治海河"运动的组织、动员和实施成为反映人民公社时期社会状况的一个缩影。

"义务劳动，不计工资"，说明农村集体出工属于义务性质，是没有劳动报酬的，区别于新中国成立初期的以工代赈与"大跃进"时期曾经实行过的工资制度，实际上就是由农村集体提供免费的劳动力。著名学者黄宗智曾指出，集体化为新的水利建设提供了实际上免费的劳动力。④ 应该说，这是集体

① 罗兴佐：《论新中国农田水利政策的变迁》，《探索与争鸣》2011年第8期。
② 《建国以来毛泽东文稿》第5册，中央文献出版社1991年版，第499页。
③ 《回忆南宫县根治海河——李凡军访谈录》，中共河北省委党史研究室编：《热血铸辉煌——海河壮举忆当年》（上），中共党史出版社2008年版，第176页。
④ ［美］黄宗智：《长江三角洲小农家庭与乡村发展》，中华书局2000年版，第235页。

化时期的优势所在，当时水利建设上取得的突出成就与生产集体提供免费的义务劳动力有密切关系。"国家管饭"是"根治海河"初期解决出工人员吃饭问题的政策，因为当时国家实行粮食统购统销制度，粮食不能自由流通买卖，解决如此众多的施工人员的生活问题需要由国家统一安排，购粮款从国家补助的生活费中来解决，被称为"国家管饭"。因为"根治海河"期间的粮食政策变动比较频繁，特将粮食政策在第二节中单列论述。

上述政策说明，"根治海河"工程中所需的劳动力，是各地生产队无偿提供的义务工，没有任何劳动报酬，甚至连铁锨、小车等简单工具都由出工生产队或由出工农民自带。国家只负责工程所需材料的投入和粮食、工具等的些许补助。以河北省为例，每期工程任务确定后，先由省"根治海河"指挥部根据工程量确定总的出工人数，然后分配各地区出工名额，再通过地区－县－公社－生产大队－生产队逐级分配任务，最后把具体名额落实到生产队。由于此时生产队实行集体劳动，由生产队长负责所需民工的组织动员工作。一般情况下，生产队长会按照本队社员的个人身体状况和家庭情况物色合适人选，多选择那些体格强壮和家庭劳动力多的适龄劳力，经相互协商，征得个人和家庭的同意后确定出工人员。在海河出工期间，生产队要给出工者正常记工分，所记分值与在队劳动社员相同或略高，这样便使出工者可以和在队劳动的社员一样参与生产队的年终分配。也就是说，相当于由出工的生产队集体来承担治河民工的劳动报酬。当时，"根治海河"不仅是一项生产任务，而且是作为一项政治任务来抓的，指定的出工人数是必须要保证的，即使动员工作出现困难，基层生产队也要想方设法保证出工名额。由此可以看出，此种出工政策是上级对生产队集体进行行政指派和生产队引导农民自愿出工的结合。这样，人民公社体制在劳动力组织方面显示出明显的优势，确保了"大会战"所需民工的调集。

自1965年秋至1980年春进行的大规模的"根治海河"工程，人们习惯称其为"根治海河"运动。运动型治理在新中国成立后是极为突出的一种治理方式，也是具有中国特色的社会治理方式。何为"群众运动"？通常认为，在中国共产党的领导下，只要带有明显的政治色彩，需要大规模动员民众参加的活动都被称之为"群众运动"。冯仕政先生对"群众运动"进行了研究,认为"群众运动"其实是"国家运动",所谓"国家运动",是指国家各级部门和政府为了完成特定政治、经济或其他任务而发起和组织的所有运动。不仅包括政治性很强的运动,例如"反右""文革"等;而且也包括生产性运动,如"爱国卫生运动""安全生产大整顿"等。从规模上,既包括由中央发起的全国性运动,也包括由某个部门或地方政府发起的部门性运动或地方性运动。① 在对"国家运动"进行界定和分析后,他进一步指出:"尽管在日常生活中'国家运动'也被称为'群众运动'或'社会运动',但显然,这些运动既不是群众在运动,也不是社会在运动,而是国家在运动,群众和社会不过是被运动的对象而已。"② 从以上对"根治海河"运动的分析,我们可以看出,"根治海河"运动应该属于部门性、地方性的生产性运动。被称为"群众运动"的"根治海河"运动,的确是在党和国家的领导下,由中央的水利部门和海河流域相关省市为了特定的水利建设任务在运动,群众只是被运动的对象而已。

"根治海河"是一项十分浩大的工程,需要投入巨大的人力、物力和财力。针对当时国家经济还十分困难的情况,国家在治理海河的劳动力组织上实施了"生产队集体出工,义务劳动,国家管饭,不计工资"的出工政策,将保证海河出工确定为农村社队必须要完成的任务,由生产队集体提供所需劳动力,这是符合当时的社会状况的。在"根治海河"运动中,从农村基层来看,生产队为海河治理出工属于无偿提供劳动力。因此,大规模"根治海河"运动能够维持15年并取得较为可观的成就,在于人民公社体制的保证和意识形态的强大力量。从劳动力组织这个角度来看,"根治海河"工程是在人民公社体制下,利用了超经济的行政力量,在农村和农民做出了巨大贡献的基础上取得的。此时,经济规律让位给行政上的强力。这种治理方式虽有它的优势,但弊端也是非常明显的,这将在以后的论述中论及。客观上来讲,

---

① 冯仕政:《中国国家运动的形成与变异:基于整体的整体性解释》,《开放时代》2011年第1期。

② 冯仕政:《中国国家运动的形成与变异:基于整体的整体性解释》,《开放时代》2011年第1期。

在当时经济困难的时代，此种方法不失为一种十分有效的方法。否则，如果单纯依靠国家的力量来进行水利建设，而国家财政力量达不到，水利建设只能推迟，大规模"根治海河"的成绩将无法取得。

在集体化体制下，组织民工有着其他时代无法比拟的便利条件，因此国家利用了这一优势，组织农民完成了大量的水利建设工程，其中"根治海河"就是一个比较典型的例子。20世纪80年代后，随着集体化时期结束，家庭联产承包责任制开始实行之后，以个体劳动为主的小农经济再度复苏，国家也从此失去了人力组织上的便利，再加上没有为水利建设建立起长期且合理的集资方式，水利建设上的困境便很快出现。可以说，如今我国所依赖的水利建设成就很大程度上是在集体化时期完成的。在生产力水平比较低下的状况下，水利建设取得的成就是与强有力的劳动力组织方式与生产集体提供的保障分不开的。

二、出工补助

"根治海河"工程实施期间，除粮食补助外，对工具、其他各种费用的出工补助具有相对的稳定性，现对"根治海河"运动开始后国家制定的补助政策进行梳理，以展现国家在水利工程中的投入状况。

需要说明的是，海河工地的各项补助数额有多个依据，有标工、人数、距离、时间等，按计算的方便程度灵活运用。其中使用最多的是标工，标工即标准工，即由上级按照正常施工标准规定的一个劳动力每天需要完成的平均工作量。

（一）工具补助

海河治理所需工具均由出工生产队或社员自带，包括铁锨、小车、排水机械、炊事用具、工棚物料等，国家给予一定补助。"根治海河"期间各项补助标准在维持基本恒定的情况下有少量变化。

在1965年刚刚开工的黑龙港除涝工程中，小车和小型工具的修理折旧补助费按每标工0.07元补助。[①] 由国家按总标工量划拨，包干使用。到1966年

---

① 参见河北省根治海河指挥部《关于黑龙港除涝工程各项补助办法》（1965年9月14日），中共河北省委党史研究室编：《河北省根治海河运动》，中共党史出版社2008年版，第244页。

1月,此项补助费增加到0.1元。① 自1967年下半年开始,逐渐变为小车、铁锹及垫道板等工具的修理折旧费,按纯土工计算,每个标工国家补助0.15元。② 从数额的变化可见,对施工工具的补助不断增加。补助费用连续三年持续上涨说明最初所定标准偏低,之后根据实际情况进行了调整。

民工的住宿,以尽量借住当地民房为原则。必须搭工棚的,物料一律自带,按住工棚的人数,每人进场一次性补助2.5元,1.3个标工,包括搭伙房费用在内。住民房者,每期工程每人补助伙房棚灶物料费0.4元,0.2个标工。铺草由社队或民工自带,铺草费每人进场一次性补助,初期为0.2元,后来增加到0.3元。

工地食堂的炊具,尽量利用社队现有的,或借用社员的,国家按照出工人数补助,在"根治海河"初期每人每期补助0.3元③,后来改为补助炊具折旧费0.5元。由伙食单位统一掌握使用。

工棚和伙房的照明,国家补助灯油费。黑龙港工程中每百人每月按10元补助。自子牙新河工程起更为细化,秋冬季每百人每月17元,春夏季每百人每月14元包干使用。④ 后来改为秋冬季每百人每月30元;春夏季每百人每月22元。如果有电灯设备的,只发灯泡费,每百人每月1元。此项补助也有适量上涨。

宣传工作用的文具,国家也有补助,每工期每人0.2元。

(二)生活费补助

生活费补助用于民工的伙食,用来购买统销粮和蔬菜肉食,解决民工在工地上的生活问题。此项补助标准同样是按照完成的标工计算,具体数额在

① 中共河北省根治海河指挥部政治部、河北省根治海河指挥部办公室:《根治海河政策问答》(1966年1月10日),中共河北省委党史研究室编:《河北省根治海河运动》,中共党史出版社2008年版,第261页。

② 参见河北省根治海河指挥部《关于根治海河工程有关政策规定问题的初步意见(讨论稿)》(1967年7月15日),中共河北省委党史研究室编:《河北省根治海河运动》,中共党史出版社2008年版,第301页。

③ 参见河北省根治海河指挥部《关于黑龙港除涝工程各项补助办法》(1965年9月14日),中共河北省委党史研究室编:《河北省根治海河运动》,中共党史出版社2008年版,第244页。

④ 参见河北省根治海河指挥部《子牙新河工程各项财务补助标准》(1966年9月13日),中共河北省委党史研究室编:《河北省根治海河运动》,中共党史出版社2008年版,第287页。

工程前期和后期有所变化。在黑龙港除涝工程中，施工的骨干排水河道共9条，其中南排水河和滏东排河每标工补助0.5元，其他7条河流每标工补助0.4元。① 自1966年下半年子牙新河工程开始，确定为每个标工补助生活费0.45元。② 这一标准实施时间较长，延续十几年的时间。至1979年冬，改为每完成一个标准工补助生活费0.7元。③

（三）路费补助

在"根治海河"运动期间，绝大多数民工为远距离施工。自民工离开家乡出发开始，到施工地的进场和自工地回家的退场均计算在内，所需路费由国家补助。以河北省为例，民工进退场中步行的以距离为标准，坐火车的以时间为标准，都规定了比较详细的补助政策。

在1965年开始的黑龙港工程中，仅规定了民工进退场中的生活费补助标准，即不足30华里不补助；30华里至60华里，补助0.2元；满60华里者，每人补助0.4元。④ 但在1967年修订的补助办法中，不仅将步行者与坐火车者分开，而且生活费补助有所提高，并详细规定了粮食补助标准。

表3-1 民工进退场中对步行者的补助

步行（华里）	折合天数（天）	补助生活费（元）	补助粮食（斤）
<30	0	0	0
30—60	0.5	0.3	1
≥60	1	0.6	2

---

① 参见河北省根治海河指挥部《关于黑龙港除涝工程各项补助办法》（1965年9月14日），中共河北省委党史研究室编：《河北省根治海河运动》，中共党史出版社2008年版，第242页。

② 参见河北省根治海河指挥部《子牙新河工程各项财务补助标准》（1966年9月13日），中共河北省委党史研究室编：《河北省根治海河运动》，中共党史出版社2008年版，第286页。

③ 参见河北省人民政府《河北省人民政府批转省根治海河指挥部关于根治海河出工中存在问题及解决意见的报告》（1980年3月17日），中共河北省委党史研究室编：《河北省根治海河运动》，中共党史出版社2008年版，第491页。

④ 参见河北省根治海河指挥部《关于黑龙港除涝工程各项补助办法》（1965年9月14日），中共河北省委党史研究室编：《河北省根治海河运动》，中共党史出版社2008年版，第244页。

表 3 – 2 民工进退场中对坐火车者的补助

坐火车（小时）	补助生活费（元）	补助粮食（斤）
< 4	0	0
4—6	0.3	1
≥6	0.6	2

资料来源：《根治海河几项具体政策问答》（1967 年），河北省档案馆藏，档案号 1047 – 1 – 199 – 2。

从表 3 – 1、表 3 – 2 可以看出，补助分两部分，一种是按现金计算的生活费，一种是粮食。在当时的情况下，粮食不能自由买卖，凡是涉及人力的地方都必须保障劳动力的生活问题，所以粮食补助是当时国家统购统销制度下的一个特殊现象。

（四）风雨停工补助

海河工地施工为露天作业，如果遇到雨雪等特殊天气则无法施工。通常情况下，民工的生活补助是按完成的标工量来补助粮食和生活费，在不能正常施工的情况下，必须保障民工的生活，为此国家规定了相应的补助标准。因风雨停工在 5 小时以上者，按整日计算，每人每天补助 0.35 元；停工 2 小时以上不足 5 小时者，按半日计算，补助 0.175 元，所做工程仍按实作工程量发生活补助费；停工 2 小时以下者，由施工单位酌情予以补助。[1] 后来改为因刮风下雨停工一整天的，每人按 1 个标工补助；停工半天的，折半补助。

（五）病休补助

在工地生病负伤的民工，经医生诊断需要休息治疗的，在休息治疗期间每人每天照发一个标工的粮、款补助。如需住院治疗的，住院伙食费由本人自理。该项费用如超过一个标工生活补助费标准时，超出部分由本人自理，确有困难者，由施工单位酌情予以补助。[2] 此项规定多年未变。

---

[1] 参见河北省根治海河指挥部《关于黑龙港除涝工程各项补助办法》（1965 年 9 月 14 日），中共河北省委党史研究室编：《河北省根治海河运动》，中共党史出版社 2008 年版，第 243 页。

[2] 参见河北省根治海河指挥部《关于黑龙港除涝工程各项补助办法》（1965 年 9 月 14 日），中共河北省委党史研究室编：《河北省根治海河运动》，中共党史出版社 2008 年版，第 243 页。

（六）运费

黑龙港工程时规定，民工进退场时，为装运炊具，每百人可补助一辆大车的运费，满60华里者，往返补助2.5元（包括生活补助及牲口饲料补助）。到子牙新河时更加细化，满60华里补助改为2元，满30华里不足60华里者，每车补助1元，不足30华里者不补助。①

以上各项补助费用都是由国家按照标准总量发给，由区、县海河指挥部统一掌握，完工后进行结算。通过以上的补助方式可以看出，在出工补助方面国家采用了工程包干的方式。由于工程量是固定的，国家补助的粮款总量也是固定的，这种方式对提高工效、各地灵活掌握施工进度有一定的积极作用，在很大程度上有利于激发民工的积极性，同时也成为促使工地劳动强度高、加班加点现象形成的一个主要原因。

从以上补助项目来看，工具、炊具都是由出工单位自带，海河工程没有设置专项资金单独购置，国家给的些许补助款只是用于施工工具的折旧和磨损，充分体现了依靠集体力量、自力更生的原则。无疑，此种方法可以节省大量资金，但也造成了一些问题，因很多生产队无力购置器具，只能因陋就简，携带的各种炊具或生活用具都是社员临时拼凑的闲置用具，甚至发生过将拌过农药的器具用作炊具而发生中毒的现象。1965年秋，"根治海河"工程刚刚开工，因出现民工中毒现象，各地对所带炊事用具进行了大检查。据沧州、衡水、石家庄、邯郸、邢台5个专区不完成统计，检查出盛过各种农药的炊事用具265件，其中大锅47口，口袋140条，水桶38个，大盆29个，簸箩11个。②之后，各地对于炊事用具加强了管理。由于补助费的分发掌握在各施工连手中，也有的施工单位没有按规定分发有关补助费，而是进行逐年积累，用于购置炊具或施工工具，建立海河仓库，专门用于"根治海河"工程的施工，属于对国家政策的灵活掌握，这在"根治海河"后期成为减轻社队负担的典

---

① 参见河北省根治海河指挥部《子牙新河工程各项财务补助标准》（1966年9月13日），中共河北省委党史研究室编：《河北省根治海河运动》，中共党史出版社2008年版，第288页。

② 参见河北省根治海河指挥部《给专、县指挥员一封信》（1965年10月），河北省档案馆藏，档案号1047-1-196-12。

型来推广,其中沧州地区任丘县的北汉连队便是一个比较知名的典型。

从补助数量上看,补助标准变化不大,有的项目少量增加,基本比较稳定。虽然人民公社时期我国经济发展进步比较缓慢,但毕竟十几年中还是有所发展的,物价水平也有一定程度的提高。到"根治海河"运动后期,补助不敷需要的情况非常严重,致使各地出工生产队的负担越来越严重。1979年6月,河北省水利局局长张子明在全国水利会议上汇报了海河骨干工程民工补助标准偏低的问题,"建议把全省统一安排劳力季节性出工的每个标工的补助提高至九角(其中八角给民工本人,一角补助机械拉坡),其他补助(如工具折旧补贴、工棚和炊具等)也需适当提高,常年出工的,每标工补助一元二角八分(相当于一级工工资),使生产队基本上不贴钱。"①

在变更补贴政策的呼声下,自1979年冬,海河工地的补助标准适当上调,生活费补助标准由原来的每个工日补助0.45元提高到0.7元,其他补助也有少量提高。但由于补助费提高有限,仅能满足民工的基本生活需要,不会有任何剩余,改变后的政策仍不具备吸引力,"海河民工要额外补助的情况仍较普遍,社队反映负担仍很重。"② 这种状况都是由补助标准偏低所造成。

无疑,"根治海河"是利国利民的事业,但是由于国家补助相对偏少,无法满足施工需要,不足部分一直由出工单位自行解决,造成"根治海河"后期生产队负担严重、农村牺牲过大,一定程度上影响了农村的正常发展。

第二节 粮食政策

"根治海河"工程多方面涉及粮食问题,如民工用粮、管理后勤人员用粮、迁建补助粮等。由于当时粮食不能自由买卖,凡是需要动用人力的地方

① 全国水利会议简报:《海河民工补助标准要求适当提高》(1979年6月11日),河北省档案馆藏,档案号1047-1-399-6。
② 《关于一九七九年根治海河工作的简要总结》(1980年1月28日),中共河北省委党史研究室编:《河北省根治海河运动》,中共党史出版社2008年版,第484页。

在补助钱款的同时都要进行一定的粮食指标补助，以解决所用人力的吃饭问题。在一定程度上，粮食还发挥着今日货币的职能，成为劳动报酬的一部分。在"根治海河"运动的十几年中，海河工地的粮食补助政策出现了几次较大变动。粮食政策的改变对民工的施工积极性和"根治海河"工程的顺利施工有着至关重要的影响，同时反映了20世纪六七十年代国家的整体粮食状况及国家对粮食分配的基本原则。现以民工用粮为例来进一步剖析当时的粮食补助政策。

一、"国家管饭"与自带口粮指标

1965年冬，河北省"根治海河"工程正式开工，之后每年都利用春、冬农闲季节进行河道治理工程，水库工程则常年施工。上述已经提到，国家最初确定的出工政策是"生产队集体出工，义务劳动，国家管饭，不计工资"。"国家管饭"的具体实施办法是：国家按照民工完成的工程量给予粮食和生活费补助，最初的补助标准是："生活费每个标工是四角，有的是五角。粮食二斤（指的是贸易粮）。民工不带口粮指标，多劳多得。"①

根据当时的政策，按标工分配粮款扣去伙食费，结余全部发到个人手中，这一政策有利于提高民工的劳动积极性。1965年冬黑龙港工地上的保定市民工团，因工效高，提前完成了施工任务，结算后共余款11374元，粮28868斤，平均每人得款7.1元，粮18斤。② 这种"多劳多得、多劳多吃、节约归己"的政策受到民工欢迎。此项政策执行了一个冬春，即1965年冬至1966年春的黑龙港工程。

1966年冬，子牙新河工程开工，粮食政策有了小变化，"每个标工仍按二

---

① 中共河北省根治海河指挥部政治部、河北省根治海河指挥部办公室：《根治海河政策问答》（1966年1月10日），中共河北省委党史研究室编：《河北省根治海河运动》，中共党史出版社2008年版，第260页。

② 保定市根治海河指挥部：《关于工完帐清工作的情况汇报》（1965年11月25日），河北省档案馆藏，档案号1047-1-169-2。

斤补助，超标工的以吃饱为原则，每天超过三斤时，多余部分，给钱不给粮。"① 从这些细微的变化可以看出，在政策的大方向没有改变的前提下，对粮食的控制有所加强。

粮食政策中的重大改变出现在 1967 年春。在这一期工程中，上级明确提出民工要自带口粮指标。"我们认为过去参加根治海河的民兵不带口粮是不对的，造成很多问题。因此，今春规定挖河民兵自带口粮指标，国家补助标准每个标工仍按二斤补助，如超过一点五个标工者，最高补到三斤，不足部分由自带口粮解决。"② 这里所指的不带口粮指标到底造成了什么问题，文中并没有特别说明，但据笔者分析，应该与三个因素有关：第一，"根治海河"初期工地大量增人。黑龙港工程开始后，出现了不按计划出工的现象，各专区由于种种原因，突破上级规定的民工人数限制，大量增加民工数量，不但影响了后方生产，也给海河工地的施工和管理造成了很大麻烦。增人现象的原因是复杂的，这里暂不做具体分析。但大量增人毕竟给出一个信号，当时民工是比较好动员的，这与"国家管饭"政策有很大关系。第二，督促后进施工单位提高工效。各施工单位工效相差悬殊，多数施工单位通过提高工效，能够解决吃饭问题，甚至有所剩余。但有的施工单位工效低，出现粮食不足的情况，国家无意再增加补助，准备采取民工自带口粮指标的政策督促后进者提高工效。第三，与当时的政治背景有关。"根治海河"工程刚刚开工不久，"文化大革命"爆发，"左"倾思想再次抬头，提倡为革命治河，反对"粮食挂帅""物质刺激"，甚至把此上升到两个阶级、两条路线的斗争上来。再加上当时适值国家倡导"农业学大寨"，让民工自带口粮，以此体现"自力更生、勤俭治水"，迎合政治斗争的需要。

但是政策的改变必然会引起民众的反对。按照新中国成立后不久确立的原则，"凡属各大河流的重要工程及治本工程，经费由中央负担；凡属各省地

---

① 中共河北省委：《关于黑龙港工程完成情况及今冬明春工程安排的请示报告》（1966 年 7 月 11 日），中共河北省委党史研究室编：《河北省根治海河运动》，中共党史出版社 2008 年版，第 280 页。
② 河北省根治海河指挥部：《关于子牙新河春季工程开工情况的报告》（1967 年 3 月 19 日），中共河北省委党史研究室编：《河北省根治海河运动》，中共党史出版社 2008 年版，第 296 页。

方性的水利事业，尽量由省级经费开支"①，之后逐渐形成大型水利工程由国家负责兴修，小型农田水利由受益地区自办，国家适当给予补助的政策。这一政策已经得到农民的普遍认可。"根治海河"属于国家领导的大型骨干工程，参与民工人数众多，受益地区与非受益地区同时出工。对多数参加治河的民工来说，"根治海河"与本地经济发展没有特别直接的关系，并不像农民参加小型农田水利那样有强烈的息息相关之感。而且远距离出工，野外作业，生活艰苦，劳动强度高。如再自带口粮指标，对民工的吸引力便大大降低。所以从政策一开始改变，便出现很多反对之声，"致使各地有些意见，来信来访的较多。"② 政策的执行出现一定的阻力。因此在 1967 年春季施工中，虽名义上倡导民工自带口粮指标，但在执行中并不严格，"今春子牙新河民工口粮问题，仍按原规定民工每完成一个标工，国家补助贸易粮二斤，完成一个标工以上每天补粮在三斤以内的，节约归己，超过三斤的不再补发，对于有的地区粮食不够吃问题，应首先做好政治思想工作和组织工作，以提高工效去解决，如经过努力，所得粮食确不够吃的，可由民工自带本人口粮指标。"③从上述表述可以看出，只要完成的标工补助粮能够满足生活需要，就不必动用自带的口粮指标。当年冬季滏阳新河和滹沱河工程中，国家的补助政策依然按照春季的方法补助。由此看出，虽然此时已明确提出民工要自带口粮指标，但只是作为标工补助不足时的一个补充，并未严格执行，因此 1967 年可以说是一个过渡时期。

但此时正处于"文化大革命"时期，在席卷全国的"夺权"风暴中，政治形势一片混乱，河北省领导层也受到极大的冲击，省委书记林铁、副省长兼省"根治海河"指挥部副总指挥谢辉受到批斗，海河工地实行的政策也成为他们受到攻击的罪名之一，尤其不带口粮指标的政策，被视为"物质刺激"

---

① 傅作义：《各解放区水利联席会议的总结报告》，《历次全国水利会议报告文件 1949—1957》，《当代中国的水利事业》编辑部编印，第 22 页。

② 河北省根治海河指挥部：《关于子牙新河春季工程开工情况的报告》（1967 年 3 月 19 日），中共河北省委党史研究室编：《河北省根治海河运动》，中共党史出版社 2008 年版，第 297 页。

③ 河北省根治海河指挥部、河北省粮食厅：《关于子牙新河民工口粮问题的通知》（1967 年 4 月 4 日），河北省档案馆藏，档案号 1047 - 1 - 808 - 68。

"修正主义黑货"等受到批判。他们被认为是"反对突出政治，无视中央政策，提出不带口粮指标，说什么'国家管饭，多劳多得，节约归己'"。认为"国家管饭，不带口粮指标"政策执行的结果，"不仅浪费了国家的粮食，更严重的是向农民灌输了资本主义思想，妄想把农民引向资本主义道路。"① 这样，"根治海河"早期的粮食政策受到批判，被上纲上线，背负上沉重的政治压力。在这种不正常的政治氛围中，基层社会虽有反对之声，但无法从根本上扭转政策的方向。于是，在对"国家管饭"政策一浪高过一浪的批判声中，从1968年春季工程开始严格实行民工按自己留粮标准带足口粮，差额由国家补助的办法。也就是说，从此以后，民工所带口粮指标不再是标工粮的"补充"，而是成为"前提"。

自带口粮指标问题直接关系民工的动员。口粮原指军队中按人发放的粮食，后来泛指每个人日常生活所需要的粮食。在人民公社时期，口粮数一般难以满足农民的生活需要，在当时农业不发达的河北省更加严重。据河北省的统计，即使到了1977年，还有近1/10的生产队年人均口粮在150公斤以下。② 也就是说还有相当一部分老百姓人均口粮每日不足8两，可见农民生活之艰苦。因此，"根治海河"早期的"国家管饭"政策，不带口粮指标，能使出河民工为家中省下一个主要劳动力的口粮，以缓解妻儿老小在吃饭问题上的困难，因此成为激励民工参加治河的主要动力。笔者采访到的民工中，绝大多数指出到海河出工是为了解决生活困难。现年72岁的孙秀峰老人是河北省盐山县千童镇孙庄村的一位普通村民，"根治海河"期间曾参加了十年的工程，几乎每个冬春都出工，将近二十期。谈及当年挖河的苦累，老人依然心有余悸。在被问及是否自愿上河时，他的回答道出了当时的矛盾心理："那时候挑河，在我那个思想里，你说不愿意去不？还愿意去，为吗呢？孩子们

---

① 河北省粮食厅：《关于改进海河民工口粮补助办法的意见》（1967年12月26日），河北省档案馆藏，档案号997-4-144-24。

② 张同乐主编：《河北经济史》第5卷，人民出版社2003年版，第214—215页。

多，不够吃的，起码咱去一个小伙子，省下吃的了，还多挣点工分。"① 可见，由于当时农民生活困难，"国家管饭"政策对他们是有一定吸引力的。因此，不难理解自带口粮指标的政策执行以后，民工的动员工作开始出现困难。

动员民工的具体工作由基层生产队来完成。无疑，自带口粮指标政策会极大地加大动员工作的难度。在动员工作的困境面前，生产队主动承担了责任，绝大多数生产队把出河民工的口粮负担包下来，由生产队为民工代交，仅有少量穷队实在无法负担这些口粮指标的才会按政策执行，这种做法无疑加重了生产队的负担。对于如此结果，上级领导部门似乎早有预料，在刚刚提出民工自带口粮指标的政策中就指出，"所得粮食确不够吃的，可由民工自带本人口粮指标，但不准动用生产队集体粮食。"② 但是，面对农民的消极态度，这种指示没有起到应有的作用。

自1968年严格实行民工自带口粮指标后，由于政策缺乏动力机制，在实行过程中困难重重，即使有生产队支持，带口粮阻力依然很大。在1970年河北省"根治海河"指挥部的一份总结中提到："民工自带口粮指标，历年带不齐。"③ 但在1970年以后，由于按标工补助改为按人定量，已不能通过提高工效得到充足的粮食，口粮指标占到一天粮食供应量的1/3左右，已经不可或缺，所以自带口粮指标政策得到更加严格的执行。1973年及1978年更改的粮食补助方法均严格包括自带口粮指标在内。

对于民众"既然国家管饭，为什么还要自带口粮指标"的疑问，上级是这样解释的："口粮指标是根据国家政策，每一个人都有一份定量，咱们到海河出工，也应带着，但是，由于工地活重吃的多，只吃自己口粮是不够的，所以国家给予粮款补助，这就是国家管饭了。"④ 因为此种表述方式影响到新

---

① 笔者在河北省盐山县千童镇孙庄村采访孙秀峰的记录（2012年8月15日）。孙秀峰，男，1940年生，曾参与子牙新河、独流减河、卫运河和漳卫新河等多期工程。

② 河北省根治海河指挥部、河北省粮食厅：《关于子牙新河民工口粮问题的通知》（1967年4月7日），河北省档案馆藏，档案号1047-1-808-68。

③ 河北省根治海河指挥部：《关于今春海河工地粮食节约工作的总结报告》（1970年7月15日），河北省档案馆藏，档案号1047-1-812-25。

④ 《根治海河几项具体政策问答》（1967年），河北省档案馆藏，档案号1047-1-199-2。

政策的推行,之后"国家管饭"在文件中不再提起。1968年的文件中表述为:"民工自带口粮指标,国家给予一定的粮款补助。"① 到"根治海河"运动后期直接改成:"生产队集体出工,义务劳动,国家只发伙食补助,不计工资。"②

1968年,河北省"根治海河"指挥部到鲁北、皖北参观兄弟省、市的水利工作,发现"两省工地实行民工义务劳动,带生产队工具,自带口粮指标,国家给予补助,鲁北民工劳动一个工日,国家补助粮食一斤八两,安徽新汴河工地民工劳动一个工日,灾区补助粮食一斤,非灾区补助半斤,煤炭供应不足,他们就发动群众自行解决一部分烧柴"③。从以上政策可以看出,这一时期各地的水利政策基本是一致的,"根治海河"工程中的补助政策在当时的大型水利工程中具有一定的代表性。

"文化大革命"时期,"根治海河"工程虽然坚持施工,但"文革"造成的思想上的混乱对海河工地的冲击还是显而易见的,主要表现在政策的改变上,当时认为:"水利建设战线上一直存在着两条路线的斗争,一条是毛主席的无产阶级革命路线,就是要按照林副主席的教导,突出无产阶级政治,用毛泽东思想挂帅,一条是突出工程,搞土方挂帅,物质刺激的资产阶级反动路线。"④ 在这种精神指引下,"根治海河"运动初期较为合理的政策逐渐偏离轨道。

二、粮食补助政策的演变

在河北省"根治海河"工程中,对民工的粮食补助方法经历了按标工补助、按人定量和按标工补助三个阶段。补助数量不尽相同,具体为:

---

① 《河北省根治海河三年总结(1965—1968)》(1968年8月),中共河北省委党史研究室编:《河北省根治海河运动》,中共党史出版社2008年版,第322页。

② 《高汉章同志在河北省根治海河先进集体先进个人代表会议上的讲话》(1979年9月10日),河北省档案馆藏,档案号1047-1-367-10。

③ 河北省根治海河指挥部:《关于参观鲁北皖北水利建设情况的报告》(1968年),河北省档案馆藏,档案号1047-1-214-1。

④ 鲁北根治海河施工领导小组:《关于一九六八年春季海河治理工程土方施工总结》(1968年),河北省档案馆藏,档案号1047-1-214-2。

第一阶段①：1965年冬至1969年冬，按标工补助粮食，每完成一个标工，国家补助2斤粮食。

在第一部分的论述中能够看出，该政策实行之初，民工不带口粮指标。自1968年春，开始严格执行民工自带口粮指标，粮食补助的具体方法有所变化。"挖河筑堤的重劳动民工，每人每天国家给予差额补助粮食（贸易粮同）二斤；建筑物和其他工程相应减少。粮食节余全部上交国家。"② 根据河北省革委会指示，民工所带口粮数量，"余粮队每人每天带九两，缺粮队带八两"。③ 这样基本上把民工一天的粮食消费水平确定下来，达到一天2.8斤左右。两年中，民工吃粮基本是按这个标准。这时国家依然是按照标工补助粮食总量，由于工地上盛行加班加点，民工基本能达到一个标工以上，因此由"根治海河"指挥部门控制的粮食总量还是较为宽松的，民工吃饱饭基本不成问题。

第二阶段：1970年春至1978年春，改变按标工补助粮食的方法，变为按人定量。这一个阶段又分两个时期。

第一时期为1970年春至1973年春，海河粮食供应标准改为河道民工带足本人口粮每人每日补助到2.5斤（成品粮④），水库、建筑物民工，每人每日带足本人口粮补助到2.2斤。⑤

---

① 需要特别说明的是，上述"国家管饭"与自带口粮指标政策的争论主要发生在第一阶段，因为围绕这一政策的斗争较为激烈，政策的改变对治河影响较大，所以作为一个问题单列。此处为展示海河工地粮食政策演变的完整性，简略提及，尽量避免与前一部分重复。

② 河北省粮食厅：《关于改进海河民工口粮补助办法的意见》（1967年12月26日），河北省档案馆藏，档案号997-4-144-24。

③ 河北省根治海河指挥部：《海河工地粮油供应管理意见》（1969年9月28日），河北省档案馆藏，档案号1047-1-811-17。

④ 成品粮指原粮经过加工脱去皮壳或磨成粉状的粮食，如大米、小米、面粉等。贸易粮则指国家粮食部门在计算粮食收购、销售、调拨、库存时统一规定使用的粮食品类的统称。在计算中，稻谷、谷子应折合为大米和小米计算；各种面粉、玉米粉应折合成小麦和玉米计算，其他品种一般均按原粮计算。海河工地的粮食补助1970年以前按贸易粮计算，1970年后用成品粮计算。各粮食品种贸易粮对成品粮的折合率不同，以海河工地常吃的粮食为例，一般100斤玉米折合95斤玉米面，100斤高粱折合90斤高粱面，100斤小麦折合85斤面粉，小米则无须折合，标准相同。2.5斤的量比起之前要求的2.7—2.8斤有所减少，但涉及成品粮和贸易粮的换算问题，减少幅度应该不大。

⑤ 《海河粮食供应标准及管理暂行办法》（1970年3月5日），河北省档案馆藏，档案号1047-1-812-20。

政策的改变与国家政治形势有关。20世纪60年代，我国周边局势不稳定，尤其是和苏联的关系一度紧张，为此，毛泽东提出"备战、备荒、为人民"的口号，强调适应战备需要，计划用粮、节约用粮。1969年中苏边境爆发的冲突更使两国再次濒临战争的边缘，于是全国性的节粮运动开展起来。毛泽东在60年代初粮食大匮乏时期的一些指示再度成为节粮运动的最高指导，如："节约粮食问题。要十分抓紧，按人定量，忙时多吃，闲时少吃，忙时吃干，闲时半干半稀，杂以番薯、青菜、萝卜、瓜豆、芋头之类。此事要十分抓紧。"该指示以毛主席语录的形式在全国广泛传诵。

在此形势下，河北省于1970年3月在安次县（今廊坊市安次区）召开了改革海河粮食供应会议，制定了新的粮食补助政策。新政策是严格按照毛主席指示改变的，一个突出的特征，就是将以前推行的按标工补助改为按人定量。之前，因为国家是按标工来划拨粮食，总量由"根治海河"指挥部门控制，海河工地的吃粮问题有一定的活动余地。但是新政策出台后，河道民工严格控制在每人每天2.5斤。其他方面可行性不大，海河工地是时间集中的高强度体力劳动，除了极特殊的雨雪天气，没有什么忙闲之分；对粮菜混吃的问题，工地上的蔬菜正常供应都比较困难，更不用说大量供应，所以也不可能做到。因此海河工地的节约粮食政策主要表现为严格的按人定量，不管完成多少工程量，都严格按照吃饭定量供应粮食，不能超过。新的供应办法还采取了按不同工种区别补助的方法。在此之前，河道民工与水库民工的补助是相同的，1968年虽提过除挖河筑堤民工外其他工种补助标准适当降低，但没有真正执行。新的补助标准对劳动强度高的河道民工补助稍高，水库民工每人每日补助2.2斤，比河道民工减少0.3斤。对民技工、修鞋及理发人员、脱产干部等都规定了不同的补助标准，比之前的供应均有所降低，以达到节约粮食的目的。

新标准实施的效果如何呢？以实行的第一期工程1970年春天计算："总的耗粮水平超过了规定指标（全省平均实吃2.64斤），个别地区耗粮水平比去年还高。"① 粮食补助出现缺口。河北省"根治海河"指挥部多次向上级打报告说明情况，但该项补助政策一直执行到1973年春。

第二阶段，1973年冬至1978年春，河道民工补助改为每月定量71斤，即平均每人每天不足2.37斤。补助水平再次下降。

粮食补助再次缩减是由国家粮食供应紧张的形势所迫。从1971年开始，全国粮食供应再次趋于紧张，销售加大，购销出现严重不平衡。到1972年下半年，粮食销售越来越失去控制，粮食收支缺口越来越大。② 12月10日，由毛泽东亲自批示"照办"的国务院《关于粮食问题的报告》下发，即1972年中央44号文件。该文件分析了当时粮食形势，主旨为严格粮食销售与管理。1973年1月1日，《人民日报》《红旗》杂志和《解放军报》联合刊发元旦社论，毛泽东主席发出了"深挖洞、广积粮、不称霸"的号召，进一步要求节约粮食、储备粮食。

遵照毛主席的教导和贯彻1972年中央44号文件精神，1973年上半年，河北省粮食局对粮食问题进行整顿，以缩小购销矛盾。要求"海河等水利民工用粮和各项奖励粮，要打紧安排，严格供应手续堵塞漏洞"③。5月8日，省粮食局对沧州、保定地区的粮食局下发通知，指示正在进行的白洋淀综合治理工程，"民工在每天吃粮二斤半指标内，要求每人每天节约一两粮食，在工期结束的同时必须把节约下来的粮食按人数计算如数交回粮食部门。"④ 以此来减少海河春工的粮食供应量。在发出指示的同时，进一步减少海河工地粮食供应的方法在紧张酝酿中。此通知发布仅仅一周以后，河北省粮食局向省财贸民政办公室提交了关于削减海河工地粮食供应的报告，所定补助标准大大降低，"河道（主、干线）民工由原来吃粮二斤半降为：带足本人口粮每

---

① 河北省根治海河指挥部：《关于今春海河工地粮食节约工作的总结报告》（1970年7月15日），河北省档案馆藏，档案号1047-1-812-25。

② 赵发生主编：《当代中国的粮食工作》，中国社会科学出版社1988年版，第144页。

③ 中共河北省粮食局委员会：《关于传达学习中共中央44号文件的情况报告》（1973年1月17日），河北省档案馆藏，档案号997-8-27-1。

④ 河北省革命委员会粮食局：《关于下达一九七三年上半年白洋淀综合治理工程用粮指标等问题的通知》（1973年5月8日），河北省档案馆藏，档案号1047-1-823-2。

人每天补助到二斤。……水库（大、中型）、建筑物民工由原来吃粮二斤二两降为：带足本人口粮每人每天补助到一斤八两。"① 其他民技工、业余文艺宣传队以及民工进退场途中补助都相应降低。

对河北省粮食局关于削减海河民工补助标准的提案，省委要求相关单位进行讨论。7月，省"根治海河"指挥部向省农办提交了对削减民工粮食补助意见的书面报告，对海河工地历年来的粮食消耗水平进行了分析，指出1970年的补助标准已经偏少，已没有压缩补助的空间。在综合考虑各方意见的基础上，河北省委最终决定海河粮食补助标准依然采用按人定量的方法，河道民工每人每月71斤，平均每天不足2.37斤，水库民工维持每天2.2斤。从最终确定的标准看，相当于把粮食局与"根治海河"指挥部的意见进行了折中。由于补助再次缩减，粮食缺口加大。

由此可见，从1970年开始，国家的粮食补助已无法满足民工的生活需要，而海河工地是重体力劳动，民工"天天需日行百里，负重万斤"②，没有足够的粮食供应，工程是难以进行的。而当时"根治海河"不仅是一项生产任务，同样也是一项政治任务，上级分派的任务是必须要完成的。因此，工地的粮食缺口只能由施工单位自行解决。从1970年开始，大量由后方生产队提供的粮食被运往海河工地，以弥补粮食补助不足产生的缺口。仅据1972年冬季不完全统计，各地共带现粮121万多斤。③ 1973年后所带后方粮数量则更大。之后，各级"根治海河"指挥部门曾多次请示改回1970年的补助标准，但由于国家粮食供需矛盾没有很好地得到解决，上级对此始终没有回应。

第三阶段，自1978年冬工开始，回到按标工补助，每完成一个标工国家补助粮食1.2斤。

此次改变粮食补助政策是针对按人定量办法的弊端提出的。一方面，"实

---

① 河北省革命委员会粮食局：《关于削减海河民工粮食补助标准的请示》（1973年5月15日），河北省档案馆藏，档案号997-8-29-23。

② 河北省廊坊地区行政公署：《关于海河民工社队负担的调查报告》（1979年12月19日），河北省档案馆藏，档案号1047-1-357-5。

③ 河北省根治海河指挥部：《关于对省粮食局"削减海河民工粮食补助标准请示"的意见报告》（1973年7月16日），河北省档案馆藏，档案号997-8-45-41。

行按人定量的办法，基本上是干多干少一个样，干快干慢一个样，存在着平均主义的弊病，不利于调动广大民工大干社会主义的积极性。"① 由于海河施工主要依靠民工的体力劳动，工效高者和工效低者耗粮水平相差很大，如民工所说，"大干必须多吃"，适合体力劳动的一般规律。但是按人定量的办法，不分工效高低，统统每人日供粮2.37斤，显然是不合理的，出现了工效越高亏粮越多的怪现象。以饶阳县南善连队的总结看，"吃粮以在工地人天计算，每天每人2.36斤，实吃粮数为2.7斤左右。而且工效越高，工期越短，民工劳动强度越大，吃粮越高，亏损越大。"② 按人定量的方法与"根治海河"早期按标工补助的办法相比，缺乏激励机制，犯了人民公社制度中固有的平均主义弊病。另一方面，出现了虚报冒领粮食的现象。因为工地上粮食紧张，既然粮食供应按人头来计算，"有些县团和连队为了追求在统计数字上不超过规定的粮食指标，采取了虚报在场人口，不正当手法，多领粮食"③，各地海河指挥部开展了各种思想政治工作，并对一些地方县团进行重点抽查人数，但一直没有彻底解决这一问题。另外，对于粮食供应不足导致的带后方粮的现象，也被列为改变供应方法的原因之一。

新标准由河北省"根治海河"指挥部制定并报请省委批准后，从1978年冬工开始实行。这一政策最大的变化就是由按人定量改回按标工补助，这样堵塞了虚报冒领粮食的现象，也为提高工效、早日完工增加了一些激励机制，但补助标准依然是偏低的，一个标工补助1.2斤的标准比起"根治海河"早期的2斤大大降低。政策的制定者是这样测算的，以每个民工每天达到1.5个标工计算，加上民工自带的口粮，一天能吃到2.65斤，这样基本满足生活

① 河北省根治海河指挥部：《关于改变海河骨干工程土石方施工的民工粮食供应办法的请示》（1978年5月24日），中共河北省委党史研究室编：《河北省根治海河运动》，中共党史出版社2008年版，第452页。

② 饶阳县团：《南善连队是怎样减轻生产队负担的》（1979年8月20日），河北省档案馆藏，档案号1047-1-357-6。

③ 河北省根治海河指挥部：《关于改变海河骨干工程土石方施工的民工粮食供应办法的请示》（1978年5月24日），中共河北省委党史研究室编：《河北省根治海河运动》，中共党史出版社2008年版，第453页。

需要。但是 1.5 个标工是否是一个适宜的标准？多数单位是否能达到这个标准呢？据衡水地区的调查，1978 年工效最高的衡水县每人每天平均完成 1.45 个标工，[1] 按此计算吃粮水平依然比较低，与工地上人均 2.8 斤的吃粮水平仍然有一定的距离。另外新标准依然把自带口粮指标核算在内，可见，对于粮食补助政策的调整并未从根本上解决海河工地粮食不够吃的问题，也无法避免带后方粮的现象。

三、粮食补助政策的反思

通过以上对"根治海河"工地粮食政策的反思，可以看出海河工地的粮食政策有以下几个明显特征：

首先，对民工用粮严格控制，不准回流农村。大型水利工程中的民工用粮来自国家的统销，是计划配给。从超标工部分的粮食分配来看，从黑龙港工程中的"多劳多得，节约归己"的方法，到子牙新河工程中"超标工所得三斤以内节约归己，超过三斤的，只给超标工应得的补助费，不再补助粮食"，再到 1968 年以后的"工程结束后，有结余粮食的，要全部上交粮站，不得带回"。可以看出，上级对粮食控制日趋严格，从对待粮食结余的这几次小的政策调整来看，上级对粮食的态度非常明确，所补助粮食仅限于满足工地需要，不允许回流农村。应该说，最初的"多劳多得，节约归己"方法的主旨是增加激励机制，因为每标工补助二斤粮食根本无法满足重体力劳动的需要，而且"黑龙港河土方工程的标工是在宣惠河计算标工的基础上增加了百分之二十，大家原以为达到一个标工是不大容易的"[2]。时任河北省副省长谢辉在后来的讲话中也提到："开始我们总担心达不到标工，吃不饱。"[3] 如

① 《关于对海河民工用粮调查情况的汇报》（1978 年 8 月 28 日），河北省档案馆藏，档案号 1047-1-835-4。

② 中共河北省委：《关于黑龙港河工程开工情况的报告》（1965 年 11 月 5 日），中共河北省委党史研究室编：《河北省根治海河运动》，中共党史出版社 2008 年版，第 256 页。

③ 《谢辉副省长在衡水地区各行各业支援海河后勤工作经验交流会议上发言纪要》（1965 年 11 月 24 日），河北省档案馆藏，档案号 1047-1-806-49。

果民工一天不能完成一个标工或仅能完成一个标工的话，吃饭还是成问题的，所以鼓励民工通过提高工效来获得充足的粮食。这一政策取得了很好的效果，但并未延续下去，一是因为国家对粮食控制严格，本意并不想把粮食作为劳动报酬回流农村；二是"文革"开始后对"物质刺激"的批判，突出政治、突出思想，忽略人的正常物质追求，即使对工程进展有利也是不允许的。

其次，对民工用粮的政策再次凸显了粮食供给的重心在城镇。1973年对民工用粮指标的削减，是在明确"粮食多销主要在城市"[①] 的情况下，依然要"使民工正确认识粮食形势，正确对待这一问题，大家都来'补窟窿'。"[②] 有学者研究指出，统购统销制度从根本上是一项城乡不平等的偏向性制度设计。[③] 对城乡推行不同的粮食政策是造成三年困难时期农村饥荒比城镇严重的一个重要因素。[④] 在这里，我们暂不谈"购"，但在"销"的问题上，能够看出这种根本的"制度性"特征所决定的事实：一旦粮食出现不足，确保城市供给是重点。从省"根治海河"指挥部屡次向上打报告的情况可以看出，海河工地粮食供给不足、带后方粮严重的情况上级并非不知晓，而这些意见被束之高阁的原因在于粮食供给的重心在何处的问题。而整个20世纪70年代，粮食问题都没有得到很好的解决，严重的社队负担现象的出现是必然结果。因此，集体化时期，虽然国家对水利建设给予了高度重视，但一旦粮食短缺，牺牲的依然是农村的利益，根源在于统购统销制度甚至于整个国家的施政重心使然。

再次，对民工用粮的调整都是自上而下、从全局出发的。受当时国家政治氛围及粮食供需整体状况的影响，从"国家管饭"政策的改变到粮食补助方法、补助数量的变化都与政治背景和国家的整体需要紧密联系，自带口粮指标政策的出台以及1970年、1973年补助方法和补助数量的调整无不如此。1978年的唯一一次工地本身问题的调整，是因为工地上出现了严重的不合理

① 中共河北省粮食局委员会：《关于传达学习中共中央44号文件的情况报告》（1973年1月17日），河北省档案馆藏，档案号997-8-27-1。
② 河北省革命委员会粮食局：《关于削减海河民工粮食补助标准的请示》（1973年5月15日），河北省档案馆藏，档案号997-8-29-23。
③ 葛玲：《政策演进中的统购统销制度特征分析》，《湛江师范学院学报》2008年第5期。
④ 辛逸、葛玲：《三年困难时期城乡饥荒差异的粮食政策分析》，《中共党史研究》2008年第3期。

现象和作弊行为，也是从上级执行政策的角度考虑的，且打破这一怪圈还是"在不增加海河粮食供应总指标的前提下"[①]。自粮食政策改变开始，各级海河部门和群众多次提交报告和写信提出意见，但一直未被采纳，甚至再次被上纲上线，冠以"两条路线的斗争"[②]。河北省"根治海河"指挥部对粮食消费状况能及时向上反馈，一再反对削减，并在实施的过程中屡次要求变革，可以说做出了大量努力。如1974年的一份给省革委会农办、财办的报告中提到："一九七〇年执行每人每天补助到二斤半的规定以来，全省河道民工吃粮水平一直没有低于二斤半，一般都在二斤五六两，我们意见仍恢复人日二斤半的补助标准，按工期包干，由我部统一掌握，节余上交的办法，如果标准定的过低，则会促使带后方粮，去冬今春这种情况屡有出现。"[③] 并列举了大量带后方粮的例子。可以看出，补助数量的缩减是在上下级沟通较为顺畅的条件下完成的，上级对海河工地的粮食状况是了然于胸的，但是为了响应号召、整体完成减少粮食供销的任务，基层的呼声并未改变上级部门的初衷。因此，粮食补助政策的变化是以上级的需要为出发点，以行政强力来推行的。产生这种现象的原因，与政治体制和"文革"时期过高的政治压力有关。既然重在完成上级任务，民工用粮缩减到近乎苛刻甚至无法满足需要，以至于出现严重的带后方粮的现象，也在情理之中了。在行政命令下，"根治海河"很大程度上成为一项政治工程，政策的调整不仅仅是工地实际需求，关键在于国家的大局，而由于国家对基层社会的高度控制力，粮食补助的不足逐渐由基层生产队来填补。

另外，以水利民工用粮问题的调整为视角，也可以窥见20世纪六七十年代我国粮食供需的紧张局面。"根治海河"运动绝大部分时间处于"文化大革

---

① 河北省根治海河指挥部：《关于改变海河骨干工程土石方施工的民工粮食供应办法的请示》（1978年5月24日），中共河北省委党史研究室编：《河北省根治海河运动》，中共党史出版社2008年版，第453页。

② 河北省根治海河指挥部：《关于今春海河工地粮食节约工作的总结报告》（1970年7月15日），河北省档案馆藏，档案号1047－1－812－25。

③ 河北省根治海河指挥部：《关于海河民工粮食补助标准和供应红粮比例问题的报告》（1974年9月10日），河北省档案馆藏，档案号1047－1－824－24。

命"期间，而在这段时间内，"虽然多种积极因素的综合作用使中国的粮食总产量有缓慢的提高，但人口的增加却使人均粮食产量提高得并不多。这就是说，'文革'十年中缺粮的阴影仍然挥之不去。"① 虽然节约粮食是必要的，但在政治高压下，方式是僵化的，尤其是按人定量的方法，并不符合工地的实际，无论从方便管理还是提高劳动效率考察，远比不上早期的按标工补助，出现了工效越高越亏粮的奖懒罚勤现象，但是因为要执行毛主席的号召，这一毫无激励作用的粮食政策实施了八年之久，并非大家看不到政策的弊端，而是由于当时的时代条件和制度环境使其无法得到及时改进。所以，仅从水利建设的角度，可以看出这一时期政治干预与意识形态的力量无处不在。

从"根治海河"工程中民工用粮问题的探讨，我们可以看到，海河工地的粮食政策一直不断发生变化，从"国家管饭"到民工自带口粮指标，从按标工补助到按人定量再到按标工补助，以及粮食补助数量上的一再缩减，成为反映当时政治背景和粮食状况的晴雨表。但另一个让人费解的现象是，在笔者采访当年治河民工的过程中，民工们除对粮食搭配的品种有比较直接的感受外，当问及粮食补助政策时，大家一概的反应是没有变化，"国家管饭""吃饭管饱"是他们通常的回答。表面上，好似政策的文本层面与执行层面出现了差异。合理的解释应该是："根治海河"运动持续了15年，进行了30期工程，每个民工参与的次数毕竟有限，除非处在政策改变的关节点上，一般民众对政策变化没有明显体会。在最初政策推行受阻后，各级干部便习惯性地依照惯例从事，不再做无谓的努力，而由生产队来贴补粮食也被视为理所当然。文件中一贯强调的"政治宣传""思想工作"到了基层也差不多销声匿迹，这就造成很多民工连"自带口粮指标"这种说法都没听说过。在这种上下互动的博弈中，基层社队的压力是巨大的。对他们来说，上级政策是必须要执行的，民工的需要也要满足，"自带口粮"，民工难以组织动员；粮食不足或红粮增多，影响施工任务的完成。在这种情况下，集体便利用自身掌

① 邹华斌：《毛泽东"备战、备荒、为人民"方针中的粮食观及其影响》，《党史研究与教学》2011年第4期。

控的粮食资源帮助工地解决了诸多粮食问题。

　　工地上节约粮食主要通过压缩供给来实现,那么工地上是否有浪费粮食的现象呢?这是一个比较难以界定的问题。应该说,在对民工的走访中,笔者个人感觉浪费现象会非常少。"根治海河"运动进行期间,我国正处于经济困难、粮食供应比较紧张的时期,从海河粮食政策的调整上能够反映出当时的粮食状况,国家供应的粮食在很长的一段时间内根本是不够吃的,需要地方社队的不断支持。在这种情况下,基本没有什么浪费的余地。再者,河工主要来自农民,在当时的条件下,农村的生活状况比较艰苦,多数地方的农民无法达到温饱水平,能够吃饱饭并为家中节约点粮食是很多农民参加治河的主要动力。所以,生活在如此艰苦环境下的农民,浪费粮食的可能性非常小,他们对粮食的感情是在长期的缺粮环境中培养起来的。对于他们来说,节约几乎成了一种习惯,所以很少有人舍得去浪费粮食,即使在可以敞开肚皮吃饱的情况下也是如此。少量浪费粮食的现象多数出在"根治海河"的最后几年。

　　但是,没有被随意浪费的粮食并不等于粮食不流失。也就是说,当时的民工几乎没有把食物随便扔掉的现象,但食物也有转移的状况,严格来说,这就是所谓的浪费了。粮食流失主要通过两个渠道,一是海河工地有一些讨饭的。这些讨饭的是来自不同地方的贫苦者,以沿河百姓居多。在20世纪六七十年代,由于食物不足,经常有人尤其是老人孩子外出讨饭的情况,农闲时期尤多,以此来缓解生活困难。而当时的海河工地就成为乞讨者经常光顾的地方。由于海河工地是高强度的体力劳动,即使在粮食供应困难时期,上级部门也会想方设法尽可能保障民工的生活需要,以保证施工的正常进行。所以笔者发现了一个现象,海河工地粮食多次调整,供应量在降低,但民工本人并没有明显的感觉,就是因为当时尽量保证民工能够吃饱,保证工程顺利进行。当然社队压力逐渐加大是事实,但对于普通的劳动者来说,他们没有特别切身的体验。由于是集体出粮,很多农民并不是很关心。再者,当时生产队的收支也不向普通社员公开,很多农民并不了解国家补助的内情。总之,在民工能够吃饱的情况下,稍有剩余可能会随手送给来工地讨饭的人。因此,乞丐成为海河工地上比较常见的人,可能是因为在这里讨饭相对比较容易。① 漳卫新河施工时，沿河村庄中的孩子便经常去工地要饭，而且"每天去要饭的伴儿不少"②。这是粮食流失的主要渠道。另外，还有一部分粮食是与沿河群众打交道的过程中流失的，尤其是在借住民房的情况下。因为当时农村的条件大多非常困难，经常会有民工为了和房东搞好关系私带点干粮送给房东。③ 由此可以看出，海河工地上的粮食流失现象还是有的。但是此种情况到"根治海河"后期明显减少，原因之一是农村生活条件的改善。同时，很多地方也改革了合伙吃饭的方法，堵塞了粮食浪费的漏洞。

第三节　占地移民政策

一、河道占地移民政策

"根治海河"工程中的河道施工以拓宽河道增加排水量和增辟新的入海通道为主。河道施工必然会占用大量耕地，有的耕地因为河道的重新规划会被永久占用，有的则是因为弃土、施工等原因临时占用。占用耕地以及损坏耕地上的青苗等经济作物或果树的，国家都给予一定的补偿。同时，在这两种河道治理方式中，还会遇到原有村庄被规划入内或妨碍施工的情况。按照新的规划设计方案进行挖河筑堤工程，就会有一些村庄全部迁移或部分社员的房子要迁移重建。以卫运河为例，治理前的堤距是极不规则的，新的治理规

---

① 采访中，曾听一位老人讲起，一位民工因为家里孩子多，吃饭困难，出工时带上自己一个七八岁的儿子去工地讨饭。孩子最初不敢去，同村的民工匀给孩子吃。后来敢去了，不仅自己能够吃饱，还积攒了一麻袋干粮，后来这个民工用这些干粮换了些粮食，在收工时带回老家。

② 李宝春：《童年时期根治海河的印记》，杨学新主编：《根治海河运动口述史》，人民出版社2014年版，第380页。

③ 笔者在河北省盐山县职教中心小区采访吕玉堂的记录（2012年8月12日）。吕玉堂，男，1937年生，曾在1968年冬1969年春治理大清河工程中担任过海兴县朱王连队的带工干部。

划中的展堤宽度为 700 米至 1000 米，沿河一些村庄被规划在河道范围内。①
由此产生了移民迁建问题。

在河道移民工作中，为了不影响工程进行和尽量节省资金和劳力，各地
要求"该迁的力争早迁，可迁可不迁的坚决不迁"②。对于需要迁移的村庄民
房，河北省规定的迁村建房原则是："迁建工作应本着自力更生，勤俭建国，
依靠集体为主，国家帮助为辅的精神进行。在有利生产，方便群众生活的原
则下就地安置。"③

骨干河道的移民，需要全村迁出的，以村为单位集体搬迁。因为河道占
地有限，一般迁出一二里，远的三四里。新村多选择地势较高的闲散次地，
占地面积上平均每户不超过五分地（包括公用房和街道在内），按照"打得
紧、住得下"的原则进行安排。由滩地迁出的村庄，原村址还田，新村占地
不再补偿。新村占用外村土地的一般采用互换的办法解决，必须购买土地的，
购买款在本次占用耕地的补偿款中解决。

迁建工作需要动用一定数量的劳动力，上级指挥部门规定："迁建所需劳
力，由生产队或生产大队（村）集体出工解决，因迁建任务大，生产大队
（村）范围不能解决时，由公社统一解决。有迁建任务的社队，根据任务大
小，少出或不出海河民工。"④ 劳动力的安排上充分发挥了集体的力量，并以
公社为单位适当协调劳动力的安排。

对骨干工程中占压的土地、果树和房屋等，国家均适量予以补助，关于
补助标准，部分经历了与民众的互动过程才得以确定。如 1965 年黑龙港工程
中，在解决滏东排河迁建问题时规定，关于生产井，"每眼省规定 90 元，群
众有意见。经详细试算，打一眼普通井一般需料（砖 3000 块，苇把 200 斤，

---

① 水电部：《漳卫河中下游治理规划说明》（1971 年），山东省档案馆藏，档案号 A121 – 03 –
26 – 14。

② 《一九六八年春季徒骇河、马颊河施工会议纪要》（1968 年 1 月 25 日），山东省档案馆藏，档
案号 A047 – 21 – 30 – 6。

③ 河北省根治海河指挥部：《关于占地、迁建工作试行办法》（1966 年 9 月），河北省档案馆藏，
档案号 1047 – 1 – 196 – 2。

④ 河北省水利厅水利志编辑办公室：《河北省水利志》，河北人民出版社 1996 年版，第 884 页。

木盘 0.09 立方木材，钉 1 斤，绳 1 斤），折款约 135 元，也需补些工。"① 从上述请示看出，省里最初制定的标准偏低，与实际损失相差较大。迁建补偿标准总体偏低，基本稳定后的补助标准如下：

（一）工程占地赔偿

挖河筑堤永久占压的耕地，根据土质好坏每亩补偿不超过 30 元，平均补偿不超过 25 元。临时借土占地的，根据借土的多少和占压时间的长短酌情补偿，在《关于治理骨干河道迁建试行办法》中有比较详细的规定。迁坟补偿，一般每个补偿 5 元。占压树木的，一般树木不做补偿，占压直径 6 公分以上的果树则有比较详细的规定，枣树平均每棵补偿不超过 5 元，梨树平均每棵不超过 8 元。占压苗圃的，除耕地按国家占地补偿标准执行外，同时根据实际情况补偿树苗损失，最高平均每亩不超过 20 元。占压青苗的，除土地补偿外，每亩补偿种子、肥料款 4—8 元。

（二）房屋补偿

社员和生产队集体房屋根据房屋质量进行补偿，一般砖房平均每间不超过 75 元，土坯房每间不超过 55 元，每间房屋补助粮食指标 80 斤，只拆不建的每间补助粮食指标 40 斤，新建房屋需要垫地基者多补 20 斤，发放购粮款。国家企事业单位、机关、学校的迁建补偿一般高于社员迁建标准的 30%，最高不超过 50%。社员的猪圈、厕所、门楼、院墙一般不另行补助。而且特别强调："建房充分利用旧料，不足部分就地取材，自筹解决。"②

由此看出，在移民占地补偿问题上同样体现了节俭的原则。另外，在房屋补偿条款中均有一项粮食补助，因为拆旧房、盖新房和垫地基等都需要动用劳动力，集体化时期国家一直实行统购统销政策，农村粮食紧张，农民没有余粮，市场上又不能自由买卖，所以只要动用人工的地方都要补助粮食指标。

以上补偿办法实施到 1979 年，因群众普遍反映补偿标准偏低，河北省

---

① 河北省衡水专区根治海河指挥部：《关于几项迁建项目补助标准的请示》（1965 年 11 月 4 日），河北省档案馆藏，档案号 1047 - 1 - 170 - 18。

② 河北省水利厅水利志编辑办公室：《河北省水利志》，河北人民出版社 1996 年版，第 884 页。

"根治海河"指挥部又对这一标准进行了修改,修改后的标准有所提高。但是不久,大规模"根治海河"运动结束。而1978年下半年实施的卫河工程涉及冀、鲁、豫三省,是按照水电部十三局拟定的治理补助标准执行的,以占地和房屋补偿为例,永久堤压、河占的土地每亩平均补助150元,社员房屋和生产队房屋每间平均补助130元。[1] 补助标准比河北省执行了十几年的标准大大提高,以满足移民实际生活的需要,通过对比,能够反映出在"根治海河"大部分时间中,河北省执行的移民迁建补助标准是偏低的。

总结1964年到1980年河北省"根治海河"工程中河道施工部分所涉及的占地及移民迁建统计,见表3-3。

表3-3 1964—1980年河北省"根治海河"河道工程中的占地移民统计表

工程	永久占地(亩)	临时占地(亩)	占压青苗经济作物(亩)	占压果树(棵)	涉及村庄(个)	移民(户)(人)	拆迁房屋(间)	移民经费(万元)
宣惠河治理工程	14437		5442	4628	44	111 524	924	95.61
黑龙港一期治理	49786	23877	19962	119521	127	699 3493	4420	325.29
子牙新河工程	62036	9800	1471	26916	109(全迁57)	10341 56921	51854	423.84
滏阳新河工程	25735	3242	2741	36664	106(全迁64)	10557 40234	66756	868
滹沱河堤加固后展	17593	21206	8470	14343	39(全迁30)	7076 30007	31250	400.6
子牙河系工程[2]	17518	559	4325	954			95	72.13
独流减河工程	6740	300			15	821 3416	3326	48.94
大清河南北支工程	27394	9076	2532	6508	26(全迁18)	6233 29971	28952	224.8

---

[1] 参见河北省水利厅水利志编辑办公室《河北省水利志》,河北人民出版社1996年版,第886页。

[2] 包括北澧河、留垒河、北围堤工程,1967年冬至1968年春施工。

续表

工程	永久占地（亩）	临时占地（亩）	占压青苗经济作物（亩）	占压果树（棵）	涉及村庄（个）	移民（户）（人）	拆迁房屋（间）	移民经费（万元）
永定新河工程	8477	4001	2857	1605		1 4	20	36
潮白河系治理	50012	1104	32261	8216	30（全迁5）	1773 8582	12025	323.95
北运河系治理	11597	19819	132	6465	3	137 723	1236.5	106.71
蓟运河治理	13538	6776	2481	2275	11（全迁1）	645 3376	6395	193.75
南运河复堤工程	29	2795	1053	145	14	201 992	1075	17.94
漳卫新河工程	18387	41162	66878	24344	51（全迁8）	1413 8306	8165	423.66
卫运河治理工程①	22295	43874	27032	43735	70（全迁10）	40932 0088	26849	1088.58
唐山震毁工程修复	30980	6387	12188	2413			7931	242.06
南拒马河及白沟河	1039	4608	5716	5141	5（全迁1）	397 1764	3680	45.84
黑龙港二期治理	46414	64343	37646	357766		1507 7149	12382	1022.21
卫河治理工程②	11010	61500	5628	88353	73（全迁19）	4482 22374	30750	1537.4
总计	435017	324429	238815	749992	723（全迁213）	50487 237924	298085.5	7497.31

资料来源：河北省水利厅水利志编辑办公室：《河北省水利志》，河北人民出版社 1996 年版，第 869—871 页。

① 1972 年至 1974 年进行卫运河治理，由河北和山东两省共同完成，此处统计数字仅限于河北省境内。

② 1978 年冬开始进行卫河治理，1980 年秋基本完成。由河北、河南、山东三省共同完成。在河北省境内河道长 53.2 公里，其中大名县境内 45.1 公里，魏县境内 8.1 公里。涉及 12 个公社，大名县 10 个，魏县 2 个。此处统计仅限于河北省境内。

从表 3 - 3 看出,仅河北省"根治海河"工程中就产生了大量的工程占地与移民迁建问题。按照补偿标准,国家在这一方面的投入是一个相当可观的数字。同时,大量移民在照顾国家水利规划大局的条件下也做出了牺牲。因此,水利工程投入大,影响面广,需要做好充分、合理的规划工作。

"根治海河"工程既要考虑解决洪涝灾害,又要兼顾民众生活,尽可能少占良田、少迁村庄。在工程设计中,设计人员既要保证水利工程发挥尽可能大的作用,又要节约人力物力,尽量选择最为省时省力的方案,最大限度地使农民少受影响,节约国家投资。子牙新河的路线选择就体现了这一原则。

子牙河是海河流域中一条较大的河流,它的流域面积广,洪水威胁大,历年来造成的危害很大,开辟新的入海通道是筹划已久的。这一新的河道在何处开辟?以前曾有酝酿已久的规划方案。具体路线是:由原子牙河上口为起点,向东经过沧州以南,穿过南运河与京沪铁路,一直东流入海。后来,工程规划设计人员沿着这条线路详细勘察,发现所经之处土质较好,农作物产量高,果树多,村庄稠密。如果按原计划开挖这条河道,大概需要占去 3 万多亩良田,砍掉 1.3 万亩果树,迁移 82 个村庄。[①] 于是工程规划设计人员决定继续搞实地调查,寻找能够减少损失的解决方案。他们不辞辛劳,进行了艰苦的勘测,并不断向当地群众请教。经过多次反复研究与比较,最终敲定了新的方案。新方案所经之处多是洼大村稀、土质盐碱的地方,新河选择这一线路,不仅顺应了河水流向,而且可以少占良田,少迁移村庄。确定好线路之后,设计人员对这条 140 公里的新河具体如何开挖展开调研。群众反映:"河一定要挖,可是大洪水十年八年不一定来一次,咱们挖的河最好是既能排泄大洪水,又要少占地。"[②] 群众的愿望打开了设计人员的思路,他们与群众共同研究,最终提出了"两河两堤,洪涝兼治"的设计方案。具体实施办法是:将新河河道总宽设计为 2 至 3 公里,在最北侧挖一道宽 20 米的深槽,

---

① 《海河巨变》编写组:《海河巨变》,人民出版社 1973 年版,第 25 页。
② 《海河巨变》编写组:《海河巨变》,人民出版社 1973 年版,第 25 页。

用来排泄一般年份的洪水，用挖河道深槽的土筑新河的北堤；[①] 深槽南岸留出大约 2 公里宽的滩地，在滩地南面筑南堤，两个大堤之间可以承泄特大洪水，这就是新开挖的子牙新河。紧靠新河南边再挖一条排沥河道，即北排河，用挖这条河道的土筑起子牙新河的南堤，排河南面不筑堤，以方便沥水汇入。这样，就形成了"两河两堤，洪沥分流"的格局。子牙新河的滩地，在一般洪水年份，完全不影响耕种，又可引水灌溉，保种保收。大水年份，用以行洪淤土，改善土质。北排河南岸的沥水也有了出路。因此，在这条河流的设计上，充分体现了少占地、少迁村，并能充分发挥新河作用的原则。

在河道移民迁建工作中，河北省"根治海河"指挥部专门设有迁建小组，领导迁建工作的进行。迁建工作涉及对所迁移的农民进行补偿和劳力占用问题，"占地、迁村、搬房、挪坟、砍树、压井，按照国家规定给予适当补助。拆房、盖房、搬家所需要的劳力由生产队、生产大队、公社统一安排。"[②] 迁建工作需要提前通知当地居民并由当地社队进行具体安排。

具体的移民迁建工作以子牙新河经过的河间段为例。迁建工作是在河北省"根治海河"指挥部迁建小组的直接领导下进行的，同时，沧州地区"根治海河"指挥部设有迁建办公室，河间县"根治海河"指挥部也设有迁建办公室。在省迁建小组的领导下，地区和县迁建办公室联合承办，对迁建工作进行具体领导。按照规划路线，河间段有 16 个自然村需要拆迁。子牙新河工程是从 1966 年 10 月开始动工的，"为了保证子牙新河开挖工程按时施工，1965 年秋开始迁建，到 1966 年春，除西羊庄一个村因故未迁外，马保洼等 15 个村迁建完毕。总计迁建 1896 户，8332 人，共迁建房屋 9481 间，国家补助

---

① 传统的河道治理一般利用挖河之土筑河道两侧的堤防，如筑堤需要的土方不够，还会单独在河道两侧取土；如果筑堤土过多，便会占压耕地。而子牙新河的设计改为挖新河之土筑北堤，挖排河之土筑南堤。真正实现了"挖河不见土，筑堤不见坑"，这是设计上的一个亮点。

② 河北省根治海河指挥部：《响应毛主席的号召，全省人民动员起来，积极投入根治海河的伟大战斗！》（1965 年 9 月），中共河北省委党史研究室编：《河北省根治海河运动》，中共党史出版社 2008 年版，第 239 页。

迁建费 142.83 万元，粮食 75.85 万斤。"① 该县的迁建工作是比较顺利的，善后工作安排得也比较好。在上级领导部门的协调下，其他沿河不迁村庄的民众，有的腾出房屋供移民迁建期间暂时居住，有的为其代养牲口，还有的义务为迁建村出工出车、打坯、盖房和运送建房物料，为尽快完成迁建工作做出了贡献。在当时的年代，民众团结互助的气氛较为浓厚，在政治宣传工作比较到位的情况下，大多数群众较为配合，迁建工作的进行大多是比较顺利的。

为了海河治理工作能够顺利进行，许多沿河居民离开了自己的原居住地重建家园。河北省"根治海河"指挥部要求："有迁建任务的社队，干部和社员都要树立全局观点，本着小利服从大利、目前利益服从长远利益、局部利益服从整体利益的精神，发扬共产主义风格，为集体、为人民、为国家着想，积极做好迁建工作。"② 在迁建过程中，多数民众比较配合河流的治理工作。在当时的思想教育下，民众大多服从上级的指挥，为了整体利益牺牲个人利益，很少出现为了补助问题与上级对抗的情况发生。衡水专区武邑县城关公社祥村大队的社员李振兴说过："不能光看个人利益，得听党的话，从全局着眼，挖了河，不涝不碱了才能多打粮食，改变贫困面貌。"③ 农民用最朴素的话语表达了他们对海河治理的拥护与支持。

二、水库占地移民政策

在"根治海河"运动进行期间，河道工程占据了施工的绝对比重。同时，上游水库也在加强整治，除了处理以前的工程遗留问题，对病险库进行维修

---

①　吴贵领：《河间人民根治海河纪实》，河北省政协文史资料委员会编：《再现根治海河》，河北人民出版社 2009 年版，第 196 页。

②　河北省根治海河指挥部：《响应毛主席的号召，全省人民动员起来，积极投入根治海河的伟大战斗！》（1965 年 9 月），中共河北省委党史研究室编：《河北省根治海河运动》，中共党史出版社 2008 年版，第 239 页。

③　河北省根治海河指挥部：《响应毛主席的号召，全省人民动员起来，积极投入根治海河的伟大战斗！》（1965 年 9 月），中共河北省委党史研究室编：《河北省根治海河运动》，中共党史出版社 2008 年版，第 239 页。

与加固外，还有少量水库是新建的，如1969年动工的云州水库、1971年动工兴建的朱庄水库等。

关于水库移民工作，"根治海河"运动期间以继续完成1963年以前修建的14座大型水库的移民搬迁遗留问题为主，还开展了少量新建和扩建水库的移民迁建问题。

海河流域的大型水库，绝大部分是1958年至1963年动工建设的。由于受"大跃进"思想影响，水库移民迁建工作也是按照"多快好省"的原则进行的。当时受"左"倾思潮的影响，水利工程基本都是"三边"工程，即边勘测、边设计、边施工，移民工作自然不可能做到提前筹划，对移民安置也是简单了事。虽然自1958年以来国家及河北省对水库移民工作提出了基本要求，即在移民搬迁后，总体生活水平不能低于搬迁前的生活水平，但是这一标准实际上没有被真正重视。因为水库移民原所在位置多是背山面水、土地肥沃的地方，生产生活水平大多高于当地的平均水平。为了兴建水库的整体需要，库区居民服从整体利益离开居住地进行迁移。而移民安排多数是后靠，因水库占去了大量土地，库区附近移民密集，人均土地大量减少，甚至无法满足生产生活需要，造成移民生活困难，与之前生活水平比相差甚远，成为水库移民工作中最大的难题。据河北省统计，到1965年4月，生产条件不能满足需要的水库移民有8万人，其中有2万多人需要重迁。①

以保定地区为例，该区所辖西大洋、安各庄水库均于1960年建成，在防洪兴利方面起过一定积极作用，但由于防洪标准低，工程不配套，在"根治海河"工程开始后分别进行了扩建与加固。1969年12月，保定地区就西大洋、安各庄水库扩建后的移民生活问题向省里的报告中指出："原建水库时的移民村庄，除少量外迁外，大都是靠上高迁的，这些村庄目前一般年洪水安全问题都不大，但耕地很少，一般为0.4—0.5亩，尤其蓄水位提高以后，生活存在很大问题，我们除做好政治思想工作外，计划帮助他们逐步改变生产

---

① 河北省水利厅水利志编辑办公室：《河北省水利志》，河北人民出版社1996年版，第878页。

方式，或适当再外迁一部，望省给予支持。"① 农民主要依靠土地生活，耕地减少了，必然使农民的生活出现困难，这是移民搬迁中最现实的问题。

关于水库移民的政策，现以"根治海河"运动期间动工修建的朱庄水库的情况为例来说明。

水库移民安置的政策采用了"自力更生为主，国家帮助为辅"的原则，从这一点看水库移民政策与河道移民政策是相同的。这里的自力更生是指依靠集体的力量，由集体统一安排，来解决移民迁建中的规划、建房、搬迁及劳动力安排问题。库区需要迁移的村庄以生产大队、生产队为单位，选择新址另建新村，集体搬迁，进行统一安置。

关于移民迁居地的选择。朱庄水库中的移民迁建原则依然是采取"能后靠的就后靠，不能后靠的就远迁（在县内）"②。也就是采取就近后靠和远迁两种方式。远迁的移民大部分安排在县城附近，以保证库区移民的生活条件。但是在实际工作中，由于受传统观念的影响，很多农民不愿远离故土，只能将其中已经确定远迁的一部分人重新进行安排，执意不愿远迁的1464人安排了后靠。结果造成了后靠的移民人数过多，人均土地过少的情况。为了解决这些库区移民的生活困难，到1986年时，又对其中一部分人再次安排了远迁。

对水库修建中的占地、迁房问题，国家给予相应的补偿，补偿标准如下：

占地补偿：库区占压耕地按2年产量折款，每亩土地补偿175元。库区淹没后，库区居民以每人平均不超过1.5亩（包括村基地在内）的土地进行调剂，由县里统一解决，征地款在国家补偿的土地款中解决。临时占压的耕地，影响一季收入的，按每亩不超过15元进行补偿。占压或淹没的直径大于6公分的果树，每棵补偿4—10元。坟墓每个补偿5元，苇田每亩补偿70元。占压的苗圃，除按标准补偿耕地外，每亩另外补偿20元。占压青苗的，除按标准补偿耕地外，每亩补偿种子、肥料款8元。

---

① 保定地区革命委员会：《关于西大洋、安各庄水库扫尾工程意见的报告》（1969年12月4日），河北省档案馆藏，档案号919-1-299-19。

② 河北省水利厅水利志编辑办公室：《河北省水利志》，河北人民出版社1996年版，第879页。

房屋补偿：房屋补偿按照原房屋的材质与迁居的距离两方面标准来确定。社员或集体的砖、瓦、灰顶房，属于后靠的每间补偿不超过110元，远迁20华里以外的每间补偿不超过130元。后靠的土坯房每间补偿不超过85元，远迁20华里以外的每间补偿不超过100元。以上所有迁建的房屋每间补助购粮指标130斤。另外，社员或集体的猪圈、厕所、厨房、院墙等设施，每户平均补助15元，由集体统一掌握使用。与河道移民中的补偿标准比较，水库移民的补偿标准稍高一些。

"根治海河"期间重点解决的是东武仕水库、云州水库、朱庄水库、潘家口水库和大黑汀水库的移民工作。除东武仕水库是在1970年由中型水库扩建为大型水库外，其他水库都是新建水库，这几座水库的移民迁建情况见表3－4。

表3－4　1964—1980年河北省"根治海河"期间重点进行的水库移民迁建工作统计表①

水库名称	移民迁建			淹房	淹地	建移民村	建房	移民经费
	村庄	户数	人口	（间）	（间）	（个）	（间）	（元）
云州水库	2	293	1215	1039	3633	2	1039	200000
东武仕水库	20	3562	15950	33518	19373	21	13493	4404000
朱庄水库	20	2024	8451	15486	6354	30	11922	10150000
大黑汀水库	24	4057	15542	10758	20018	38	10758	47073000
潘家口水库	47	7330	35312	19469	33914	58	19469	121981000
总计	113	17266	76470	80270	83292	149	56681	183808000

资料来源：河北省水利厅水利志编辑办公室：《河北省水利志》，河北人民出版社1996年版，第867页。

上述表格所列数字仅是这一时期水库移民的不完全统计数字。从水库移民的补偿政策中，同样能够看到国家为修建水库、安置库区居民的生活进行了大量投入，用于对库区居民生活进行安置，对淹没的土地进行补偿。原库

① 说明：本表所列为"根治海河"运动期间河北省重点完成的水库移民工作，因水库移民工作比较复杂，这一期间还完成一些"大跃进"期间修建水库遗留的一些移民问题及扩建时产生的少量移民问题，此不一一列出。这几个水库移民工作主要是1964年至1980年进行的，少量延至1986年搬迁工作才基本结束。

区居民为了统一规划水利工程，牺牲了自己的家园，离开故乡重新生活，为了大局做出牺牲。这一时期的情况是：即使国家进行了大量的投入，依然难以保障移民的生活问题。

针对移民工作中出现的问题，1980年，中央在研究了三十年的水利工作经验的基础上，提出要在吸取以前工作经验的基础上，改善水库移民安置办法。"今后移民安置要首先做好计划，找好安置地点，解决好生产、生活上的问题，使移民安置后不低于原来的生活水平。安置计划要同移民见面，经费要落实到社队和基层迁移单位，要落实到户，防止层层克扣。"①

我国人多地少，水利工程占地问题需要合理规划，否则将影响水库的修建和蓄水坝的合理高程，移民迁建工作是水库修建中的关键问题。

水利工程投入大，影响面广，移民工作繁重，需要进行认真研究、统筹解决。从河道、水库的占地移民政策及河北省"根治海河"期间总体移民情况能够看出，国家的政策是在充分依靠集体力量的基础上制定的，目的是尽可能"自力更生"，减轻国家负担。虽然后期有所调整，但无论是河道移民还是水库移民的总体补偿水平都不高。尤其是水库移民数量大，居住地比较集中，生活困难的状况相对比较严重。同时，由于"大跃进"期间工程规划仓促，移民问题没有得到很好的解决，留下大量遗留问题，这一时期移民因生活困难等上访的情况比较多。河道移民虽比水库移民分散，在迁居地的选择上容易些。但由于工程量大、涉及面广，总的来看移民数量也是比较大的。"根治海河"时期产生的河道和水库移民问题，再加上需要处理1958—1963年的水库移民遗留问题，在占地和移民问题的解决上国家投入了大量的资金和精力。从这里我们不但能再次看到国家在水利建设中的投入状况，而且能够看到国家在协调水利建设各种关系中的重要作用。另外，从这一时期的经验能够看出，水利工程的科学性和合理规划问题仍然是水利建设需要首要考虑的前提条件，这一工作做不好，不但浪费国家的巨额资金，还会影响到大

---

① 水利部：《关于三十年来水利工作的基本经验和今后意见的报告》（1980年10月6日），河北省档案馆藏，档案号 1047－1－442－1。

量民众的生产生活，带来一些不必要的麻烦。因此，水利工程需要合理规划、慎重行事，应在处理好人民群众生产生活问题的基础上争取更大的效益，在政策上以及实际工作中真正处理好国家、集体和个人三者的关系。

从上述"根治海河"运动中国家相关政策的分析能够看出，国家对"根治海河"工程投入巨大，除了建筑物的投资由国家负担外，还要对出工农民进行生活补助（包括生活费和粮食指标）、补助工具折旧费等多项费用，同时对工程占地与移民迁建进行相应的补偿和补助。在"根治海河"工程中，国家的付出是相当可观的，在此种大型水利工程中，也唯有国家的介入并承担大量的投入，工程才有可能完成。因此从对政策的剖析可以看出，国家在大型水利工程中的重要作用是不可替代的。

第四章 "根治海河"运动的舆论 动员与组织管理

舆论动员和组织管理工作是"根治海河"运动取得一定成就的关键因素之一。在"根治海河"工程进行期间，对民工的组织动员与管理工作烙上深深的政治烙印。可以说，新中国成立后相当长的一段时间内，"政治化"成为开展多项工作的助推器，水利事业同样如此。在"根治海河"运动中，从治河民工的发动到工地上的日常管理，始终贯彻了政治先行的原则，包括宣传动员、政治学习、评比竞赛、树立模范典型等方式。水利"政治化"的组织管理方式在当时的社会状况下发挥了极其重要的作用。

第一节 舆论动员

一、治河民工的发动

在中国共产党的历史上，发动群众成为一种动员模式，也是一种政治文化。新中国成立后的各项工作，经常以发动群众的方式来完成，作为一项需要大量民众参与的水利工程，1963 年以后的海河治理也同样采取了群众运动的方式来组织。民工动员工作采取了广泛发动群众的方式。

动员民工是较为广泛的社会动员，主要针对海河流域内的基层农民。所谓的社会动员，是指有目的地引导社会成员积极参与重大社会活动的过程。

具体到海河民工的动员，就是广泛发动农民积极报名参加海河治理。据学者研究，社会动员具有四个明显的特征。一是具有广泛的参与性，指作为社会机体最基本的构成分子即社会成员必定是广泛或较为广泛地参与重大的社会活动。二是有一定程度的兴奋性，即社会动员从整体上呈现出一定的兴奋性。三是目的性，即社会成员是为了实现特定的目标而形成的一种社会群体性的行为。四是秩序性，正常的社会动员是有组织、有秩序地进行，而不是杂乱无章、失去控制地进行。① 从上述社会动员的定义与特征看，"根治海河"运动完全符合上述社会动员标准，是党和国家为了海河治理工作广泛发动群众参加施工的过程。在海河治理期间，农村社队每年都要调派一定比例的劳动力去参与治理，由于治理时间长，很多适龄青壮年劳动力有参与"根治海河"劳动的经历。作为响应毛主席号召的带有一定政治色彩的治理活动，无疑"根治海河"的动员过程具有明显的兴奋性、目的性和秩序性，而且在当时的社会背景下，政治色彩是极为浓厚的。

在政治思想工作方面，中国共产党在革命战争年代积累了相当丰富的经验，在发动群众、动员民众的积极性方面是比较成功的。新中国成立以后，党和国家始终非常重视思想动员工作。同时，新中国成立后政治运动风起云涌，强调政治，加强思想宣传一直在不断得到提倡。"根治海河"运动中，上级要求必须做好充分的思想动员工作，向农村广大社队开展宣传工作，使他们深刻认识到"根治海河"的重要意义，获得群众的理解与支持，自觉自愿出工。

在动员民工的过程中，中央和相关各级政府要求大力宣传毛主席"一定要根治海河"的光辉指示，做到家喻户晓，深入人心。每期工程开始前，各级领导部门都要召开专门会议，层层布置任务，并要求做好民工的思想动员工作，要联系实际，宣传形势，调动起广大群众为革命治水的积极性。现以1965年秋黑龙港工程开工前的组织动员工作为例来说明。

---

① 吴忠民：《重现发现社会动员》，《理论前沿》2003年第21期。

（一）开展广泛深入的宣传活动

就黑龙港工程开工前的民工发动和组织工作意见看，当时的宣传工作主要围绕以下几个问题展开。首先，宣传"根治海河"以及工程实施后对改变农业生产面貌的重大意义，宣传国家的大力支援以及毛主席的亲切关怀。其次，宣传学习大寨精神，自力更生，艰苦奋斗，不依靠国家，河北的水要河北人民自己治理。农民出工挖河、治水，是自己解放自己的革命行动。再次，宣传整个工程的规划、动工时间以及民工的生活补贴和在生产队的记工办法，使出工的农民和留队的农民都能做到心中有数。上级要求宣传工作要广泛深入、家喻户晓、人人皆知。

（二）采用回忆对比的方法

在宣传动员期间，上级部门要求基层单位组织广大群众特别是贫下中农，回忆旧社会遭灾以后破产度荒、卖儿卖女、家破人亡的悲惨生活，对照新社会党和政府无微不至的关怀与兄弟地区的大力支援，以此提高他们的阶级觉悟和社会主义觉悟，激发他们对旧社会的仇恨和对新社会的热爱。在回忆对比之前，要求各地要充分准备，深入调查，选好典型。通过回忆对比方式，在提高觉悟的基础上，因势利导，把群众的热情引导到积极参加"根治海河"工程上来，营造参加"根治海河"光荣的氛围，掀起一个人人争出工争报名的热潮。

（三）做好民工家属的思想工作

虽然"根治海河"是海河流域人民多年的愿望与迫切要求，民众总体上比较拥护。但具体到民工家属，由于自己的亲人要在较长时间内离家外出参加重体力劳动，总会有一些人存有这样或那样的思想顾虑或实际问题。上级要求各出工社队不要忽视这些问题，必须具体耐心地做好家属的工作。对民工和家属的一些具体困难，要逐人逐条落实解决办法，所有问题必须在民工出工前得到解决。①

---

① 参见河北省根治海河指挥部《关于印发民工入场前的思想发动和组织工作的意见的通知》（1965 年 9 月 2 日），河北省档案馆藏，档案号 1047 - 1 - 113 - 1。

在前述民工的组织动员工作中，除了宣传"根治海河"的重大意义、治河政策与具体工程的介绍以及解决家属的后顾之忧工作外，回忆对比成为激发群众治河的一种重要手段。诉苦，讲家史，今昔对比，曾是中共在土改运动中动员农民的常用方式，对激发民众的积极性起到了很大的作用。在"根治海河"运动的过程中，此种动员方式再次被广泛采用，各地通过回忆对比的方式促使民众认识海河治理的重要性和必要性，积极出工治河。关于回忆对比的方法，现采用河北省藁城县小果庄"铁姑娘排"出工前路梅珍奶奶和公社领导的一段话来举例说明：

> 可不能忘旧社会的水灾苦啊！一九一七年，大雨下了七天七夜，木道沟也冲开了口子，咱果庄这一带房倒屋塌，灶火坑里都是水，正赶上生梅珍她大姑，上炕没几天，大水来了，房子倒了，不用说吃饭，连个蔽身的地方都没有。没办法，我抱着孩子到地主家的高房上去躲躲，可是那狼心狗肺的臭地主，立逼着把俺赶下来，说是怕把他房子压塌了。唉，那是什么世道啊！
>
> 一九六三年又闹水灾，可是，有毛主席和党中央的关怀，遇灾不受罪，咱们吃了全国十四个省阶级兄弟送来的粮食，心里光觉着对不起毛主席。一定把海河治好，咱要给国家拿贡献，为支援中国革命和世界革命出力。①

上述两段话被诠释为贫下中农的嘱托以及公社领导的期望。通过今昔对比的方法，"使她们胸中的烈火烧得更旺了，坚定地表示：为了落实毛主席的'一定要根治海河'的伟大指示，是刀山，我们敢闯，是火海，也要踏平烈焰去出航。"② 作为刊载在重要报刊上的宣传报道，在具体话语上或许有作者的刻意修饰成分，但此种动员方式应该是普遍的。在各地的动员工作中，多地

---

① 《英姿飒爽战海河——记藁城县根治海河施工团小果庄连"铁姑娘排"》，《河北日报》1971年11月30日，第4版。
② 《英姿飒爽战海河——记藁城县根治海河施工团小果庄连"铁姑娘排"》，《河北日报》1971年11月30日，第4版。

采用了这种回忆对比的方法,来唤起民众参加"根治海河"的积极性。

在"根治海河"期间的各种宣传材料中,一直有几个典型被不断反复宣传,其中最常见的有两个,一是穆宗新带着母亲交给的"破篮子"上工地的故事;二是张秀芝大娘动员儿子上工地的故事。两个典型的共同特点,首先是由长辈向晚辈讲家史,讲述海河流域的灾害曾经给家庭带来的苦难;其次是对新政权的认同,回忆旧社会在灾害治理上的无所作为与层层盘剥,新中国在救灾减灾方面的积极行动;再次就是响应毛主席"一定要根治海河"的号召,积极报名参加"根治海河"工程。动员方式和程序基本一致。

此种宣传动员方式是"根治海河"运动期间动员民工的基本方法,在十几年的海河治理中具有比较广泛的代表性。但是上级的要求必须得到基层的积极响应并付诸实施才能产生明显的效果,在贯彻执行的过程中,还需看基层执行者的重视程度。从档案资料和对当年民工的采访能够看出,在实际执行中,各地具体落实的程度有着较大的差异。作为一项水利工程,"根治海河"根本不具备土改运动那样的重要性和广泛性,无法给农村带来翻天覆地的变化,对农村的冲击当然也没有那么大,所以在具体工作中出现了相当不同的状况。

"根治海河"的宣传工作呈现出非常复杂的面相。从入场前的宣传动员工作看,工作的深入程度参差不齐。由于涉及区域广泛,上级无法设置专门的宣传机构直接深入基层进行宣传,因此对党和国家政策、"根治海河"意义等的宣传工作也和分配治河任务一道,经层层传达,最后落到了基层干部头上,基层干部尤其是生产队干部是与农民直接接触者,他们的工作方法决定了动员工作的成效。虽然新中国成立后思想政治工作范围的广泛使党的基层组织发挥了更加重要的作用,但由于基层干部水平良莠不齐且每个人对宣传工作的重视程度认识不同,因此,宣传工作出现了千差万别的状况。有些地方的基层干部对此工作重视程度高,认真进行了宣传,有的专门召开会议,讲解"根治海河"的意义,使"根治海河"的任务及政策等家喻户晓,群众了解"根治海河"的基本状况;而有的地方仅为简单解释,并没有很大的声势,马虎了事,生产队干部通过个别谈话来确定出工者;甚至还有的地方直接告诉农民去哪里挖河，需要几个人等，至于为什么去，是怎样的工程等，农民心里并不十分清楚。如天津专区宝坻县曾批评过霍各庄公社东霍各庄大队的做法，指出："公社党委对根治海河会议曾几次作了传达布（部）署，但该队干部对群众只简单的说了说应该出几个人，去那（哪）里挖河，怎么行军，带着什么工具和物资等。广大群众根本就没弄清为什么要出远工，为谁去挖河？怎么个挖法？因此，没有一个人去报名。"① 为了尽快完成动员民工的任务，有的干部干脆以许诺补助的方式来解决问题。据1965年天津专区宁河县对板桥公社张子铺生产大队的调查，"入场前民工思想动员工作，作的不深不细，从分析看，干部作艰苦的细致工作不够，有许愿现象。贫协主任董春江对民工说：'你们去吧，那里好着呢！修鞋、理发不花钱，还发工资，工地还准备了不少棉鞋，每双才2角钱'。"② 民工在不了解实情的情况下出了工，致使进场后思想不稳定，有上当受骗的感觉，存在埋怨情绪。1962年"三级所有，队为基础"的人民公社体制确立以后，生产队成为基本核算单位，农村基层干部掌握了生产队集体财产的支配权，为了使动员工作容易些，还有些干部直接许诺给出河民工多补助钱款，这样就降低了思想动员工作的难度。从这一点上来看，农村负担的出现不完全是因为国家补助低的问题，有些是地方基层干部为了自身工作方便而采取的主动行为，这与当时的集体化体制有密切的关系。

在动员宣传的内容上，除"根治海河"的意义外，还要结合时事，与当时的现实相联系。如1968年春季正处于"文化大革命"的盛期，在林彪等人的领导下开展了"三忠于"群众运动，即无限忠于毛主席、无限忠于毛泽东思想、无限忠于毛主席的革命路线。具体到海河工地，"把为革命挖河提高到多挖一锨土，就是向毛主席多献一份忠心的高度，把破私立公改造世界观，提高到忠于毛主席革命路线的高度，把工地变成了锤炼忠心的战场，进一步

---

① 河北省天津专区根治海河指挥部：《批转宝坻县关于解决霍各庄公社东霍各庄大队出工"钱字当头"问题的报告》（1965年9月19日），河北省档案馆藏，档案号1047－1－112－7。

② 宁河县根治海河指挥部：《关于对板桥公社张子铺生产大队购置开支情况的调查报告》（1965年12月8日），河北省档案馆藏，档案号1047－1－112－36。

认识到无限忠于毛主席是贫下中农的根本立场。"① 将所有的工作都和政治思想相联系。到了"根治海河"运动后期,十一届三中全会召开,"一些县和公社在发动群众出工治河的时候,深入宣传三中全会精神,大讲根治海河与实现四个现代化的关系,表彰根治海河劳动模范的先进事迹。"②

当时,"根治海河"是上级指派给农村社队的任务,是以政治而非经济手段带动的,为了激发民众的积极性,必须大力进行政治宣传,密切结合实际,才能达到动员农民参加海河治理的目的。

二、政治挂帅:贯穿始终的思想政治工作

"根治海河"运动进行期间,由于绝大部分时间处于"文革"时期,强调思想、突出政治是当时普遍的社会氛围。在海河工地上,始终极其重视干部与民工的思想工作。在新中国成立后相当长的时间内,"政治挂帅是日常生活'政治化'的典型体现。"③

海河治理工程被视为一场战役,且突出强调不仅是一场生产仗,还是一场政治仗。强调人的作用,强调"人的因素第一"。当时领导者这样认为:"决定工程胜败的因素,不是设备的好坏,不是投资、物料的多少,而是人,是人的精神面貌,是人的阶级觉悟。"④ 结合多年革命斗争的经验,上级相信依靠政治思想工作,提高人的无产阶级觉悟,就能把精神力量化作物质力量。基于这种认识,在海河治理工程中一再强调政治思想工作自然是情理之中了。

在开始进行民工动员时,政治思想工作便已开展。"在民工进场前,动员

---

① 鲁北根治海河施工领导小组:《关于一九六八年春季海河治理工程土方施工总结》(1968年),河北省档案馆藏,档案号1047-1-214-2。

② 《阎国钧同志在全区根治海河先进集体、先进个人代表会议上的讲话》(1979年8月27日),盐山县档案馆藏,档案号1978-1980长期4。

③ 葛玲:《二十世纪五十年代后期皖西北河网化运动研究——以临泉县为例的初步考察》,《中共党史研究》2013年第10期。

④ 《河北省黑龙港地区排水工程总结》(1966年),河北省档案馆藏,档案号1047-1-196-2。

组织民工队伍时，层层举办学习班，进行政治动员，首先从思想上做好准备。"① 进入工地以后，对政治思想工作的要求则更高。工地上各级指挥机构，都建立了学习毛主席著作的领导组织，由专人来负责学习，并推选学习辅导员。从时间上来讲，要求政治思想工作贯穿始终。"进场先进校，开工先开课。"这是整个"根治海河"运动期间统一要求的。当然从实践的程度来说，不同时期政治思想工作的松紧程度略有差异。

民工的政治思想工作一般是这样进行的。"每期工程的第一堂课就是阶级教育、路线教育课，普遍开展'两忆三查'活动，请老贫农忆旧社会阶级压迫苦，忆千百年来洪涝灾害苦，坚定广大指战员根治海河的决心。"② 如清河县民工一连是施工中的模范典型，他们在每期工程坚持上好三堂课，即毛主席"一定要根治海河"指示伟大意义教育课，阶级教育、路线教育课，光荣传统课。③

关于政治思想内容，首先学习毛主席著作。"在施工期间，认真读马、列的书，认真学习毛主席著作，用唯物辩证法武装广大治河民工的头脑。我们还狠抓了大学解放军，严格执行三大纪律八项注意，使民工队伍既是战斗队，又是工作队，又是宣传队。"④ 学习解放军的活动则迎合了当时毛泽东提出的向军队学习的号召，海河民工又采用了军事化组织，因此普遍要求民工在纪律上、作风上按军队指战员的标准来要求自己。

民工学习的毛主席著作以"老三篇"为主，即《为人民服务》《纪念白求恩》和《愚公移山》，毛泽东的这三篇著作写于抗日战争时期，主要提倡三种精神，即全心全意为人民服务的精神、白求恩的国际主义精神以及愚公不

① 河北省根治海河指挥部：《依靠群众，发动群众，大打人民战争，认真落实毛主席"一定要根治海河"的伟大号召》（1971年11月17日），河北省档案馆藏，档案号1047-1-220-13。

② 河北省根治海河指挥部：《依靠群众，发动群众，大打人民战争，认真落实毛主席"一定要根治海河"的伟大号召》（1971年11月17日），河北省档案馆藏，档案号1047-1-220-13。

③ 参见河北省根治海河指挥部《依靠群众，发动群众，大打人民战争，认真落实毛主席"一定要根治海河"的伟大号召》（1971年11月17日），河北省档案馆藏，档案号1047-1-220-13。

④ 河北省根治海河指挥部：《依靠群众，发动群众，大打人民战争，认真落实毛主席"一定要根治海河"的伟大号召》（1971年11月17日），河北省档案馆藏，档案号1047-1-220-13。

怕困难和每天挖山不止的精神。这三篇著作是毛泽东著作中的经典,在革命和建设时期对中国共产党和人民群众都有一定的教育作用,在对海河民工的思想教育中也起过积极作用。

政治学习中需要针对民工的实际状况。有干部总结出,提高针对性是思想教育能够取得成效的关键。工地上民工的思想起伏是有一定规律的:在开工之初,常出现生活不习惯,怕苦怕累的思想倾向;施工顺利的时候,又容易麻痹轻敌、盲目乐观;遇到困难时,极易产生畏难情绪、怀疑动摇;施工后期,则容易急于求成、草率收兵。针对这种思想特点,藁城县城关公社民工连指导员李喜珠摸索出了"五带五学五结合"的方法,即"带着怕苦的问题,学习《中国社会各阶级的分析》,结合进行回忆对比;带着怕累的问题,学习《为人民服务》,结合学习王杰日记;带着纪律松弛的问题,学习《反对自由主义》,结合《三大纪律八项注意》;带着想家的问题,学习《纪念白求恩》,结合讲解放军南征北战的英雄事迹;带着畏难情绪,学习《愚公移山》,结合学习《大寨之路》、《南滚龙沟人制服穷山恶水》。"① 这种方法是根据施工中发生的种种实际问题,结合学习相应的经典著作与典型事例,收到了较好的效果,李喜珠也被树为活学活用毛主席著作的典范。

在每个施工阶段,从干部、群众的现实思想出发,出现问题有针对性的学习,是具有一定效果的。除了学习毛主席著作外,还有针对性的学习一些英雄模范的事迹,并联系当时时事问题。宁河、武清、三河在黑龙港工程入场时遇到了风雪天,在长途行军中,为了鼓舞士气,组织民工学习焦裕禄,民工们被焦裕禄在大风沙中查风口、探流沙,在暴雨中观测洪水的事迹所感动,迎难而进,战胜风雪顺利按时到达工地。

客观上说,"老三篇"所提倡的精神是符合海河工地的具体情况的,如果真正用心去学习"老三篇",把其化为激励海河民工的动力,是能够成为有效促进工程进行动力的。但是,"文革"时期的学习多数情况下走向了一种极端,把毛主席著作视为解决一切问题的法宝,而且出现格式化倾向。1966 年

---

① 《河北省黑龙港地区排水工程总结》(1966 年),河北省档案馆藏,档案号 1047 - 1 - 196 - 2。

9月18日，林彪在《关于把学习毛主席著作提高到一个新阶段的指示》中强调："要把老三篇作为座右铭来学。学了就要用，搞好思想革命化。"与此同时，林彪又进一步提出学习毛泽东著作要"走捷径""背警句"。由于当时林彪地位显要，其指示被大肆宣传，这种学习也走向了比较偏激的一面。和此时的政治运动相呼应，海河工地上普遍存在过分强调思想、读语录、背警句等现象，政治学习无疑逐渐流于一种形式。

再就是联系实际进行今昔对比。在革命战争年代和土地改革运动中，诉苦一直是中共常用的思想教育方法，也是政治运动的常用手段。通过回忆旧社会的苦难，来对比新社会的幸福，激发民众对党和国家政权的强烈认同感，以提高思想认识，调动民众的积极性，更好地配合党和国家政权的工作。海河工地上，诉苦也是常用的一种思想教育方法。即引导民众回忆海河灾害给人民带来的苦难，以调动其"根治海河"的决心。民工到达工地后，"不少单位还请'四老'（老干部、老党员、老贫农、老革命军人），讲村史，讲家史，讲革命斗争史，诉阶级压迫之害，诉洪沥灾害之苦，讲根治海河的重大意义。"① 通过这种宣传活动，激起了民工共鸣、提高了治河积极性。

在实践过程中，这种思想政治教育的确起到了一定的积极作用。在黑龙港工地上，保定市民工团提前完成任务，工程质量良好，成为黑龙港工地上的一面红旗。该团到达工地后，首先给民工上了一堂思想政治课，"请驻地贫协主席讲当地的阶级斗争史，诉旧社会遭灾以后的苦难。当讲到旧社会受灾后，黑龙港地区的劳动人民，家破人亡，妻离子散的悲惨情景时，许多人流下了眼泪。"② 这种现身说法的思想政治教育，激起了民工对当地饱受水灾之苦的民众的同情、对鼓舞民工干劲有一定的推动作用。

其次是结合当时政治形势进行政治教育。对民工进行时事教育也是政治学习的一项重要内容，这一项配合了当时的政治斗争需要。自"根治海河"运动开始以来，政治风云变幻，海河工地上紧跟中央政治斗争的形势对民工

---

① 《河北省黑龙港地区排水工程总结》（1966年），河北省档案馆藏，档案号1047－1－196－2。
② 《河北省黑龙港地区排水工程总结》（1966年），河北省档案馆藏，档案号1047－1－196－2。

广泛进行思想政治教育,先后开展了"批林批孔"、批判"四人帮"等活动,甚至把"支持越南人民的抗美救国斗争"以及"支援世界人民的革命斗争"[①]的教育也深入到了海河工地。现举 1974 年的例子来说明,当时在政治夜校里,民工们除了要学习马列著作和毛主席著作外,"批判林彪反革命的修正主义路线及其资产阶级军事路线,批判孔孟之道,并且研究水利战线上儒法两家斗争史,为现实的阶级斗争服务。"[②]且不论林彪是否走的修正主义路线和资产阶级军事路线,也不论水利战线上是否真的有儒法两家的斗争,但最后"为现实的阶级斗争服务"的确是落到了政治思想工作的实处,这是"文革"时期政治思想工作的常态。

再次就是联合工地实际。如 1975 年的学习内容中加入了"为革命治河,坚决抵制物质刺激"的内容,要求出河民工不吃"双份粮"[③]。这是由于 20世纪 70 年代后,民工在出工时额外要补助、口粮指标由生产队代交这一现象越来越严重,给出工生产队造成了非常沉重的额外经济负担,由此而增加的政治思想内容。

在政治思想工作的方法上,主要通过办学习班、贴标语口号和广播来实现。

(一)办学习班

学习班是政治学习的主要方式。每个县团、每期工程学习的具体方式不尽相同,关于民工政治学习的状况,以 1967 年子牙新河工地上海兴县团的一个连队的民工回忆为例:

> 我们工地上每天在中午吃饭和下午中间休息的时候还要学习《毛主席语录》,由连队的指导员给读《毛主席语录》。工地上专门挖出了一溜溜的沟子,培出一溜高一溜低的土辘子,相当于课桌和凳子。学习的时候,每个人都有固定的座位,每个人都要手拿《毛主席语录》跟着学习,

---

① 《响应毛主席伟大号召,一定要根治海河》,《天津日报》1966 年 11 月 19 日,第 3 版。
② 《本市治理海河工程继续加紧进行》,《天津日报》1974 年 11 月 17 日,第 1 版。
③ 参见河北省根治海河指挥部《关于今冬海、滦河工程开工情况的报告》(1975 年 10 月 22日),河北省档案馆藏,档案号 1047 - 1 - 294 - 2。

谁也不能落后。其实休息的时候还真不如干活的时候轻省，因为干活的时候，可以根据自己的情况自由活动，而学习《毛主席语录》的时候，要坐得端正，不能走神，更别说自由活动了。①

1968年1月，山东省在济南召开鲁北海河工程春季施工会议，因当时正处于"文化大革命"高潮时期，会议的第一项主要议题就是搞好工地的政治工作，要求各施工单位把活学活用毛主席著作放在一切工作的首位，努力办好毛泽东思想学习班，学习的主要内容包括"毛主席的一系列最新指示，'老五篇'和元旦社论，最根本的目的是破'私'立'公'，改造世界观，最基本的方法是活学活用，进行正面教育。通过大办毛泽东思想学习班，把水利建设工地办成红彤彤的毛泽东思想大学校"②。在当时的政治氛围下，作为人员集中的水利工地必然要深受影响。当然，与其他地方不同的是，水利工地的施工任务繁重，政治学习活动的时间比较有限，当时"文化大革命"对水利建设最大的影响是"抓革命，促生产"。

在1968年春鲁北"根治海河"工地上，"各团办各种类型的学习班少者三、四期，多者七、八期，据不完全统计，仅团、营、连共办了14460期次，参加学习的民兵、干部共201100余人次。"③ 1972年的漳卫新河工地上，河北省邢台地区统计，"团、连办大批判专栏205个，写批判文章15000篇，召开连以上大中型批判会505次。""开工后，地区工地党委首先对学习做了部署，民工每天坚持学习一小时，认真读马列的书，认真读毛主席著作。"④

从表面上，这些数字是客观的，暂不论这种总结概括是否有应付上级检

---

① 张洪义口述：《三上海河》，杨学新主编：《根治海河运动口述史》，人民出版社2014年版，第189页。

② 《一九六八年春季徒骇河、马颊河施工会议纪要》（1968年1月25日），山东省档案馆藏，档案号A047－21－30－6。

③ 德州地区根治海河指挥部：《关于一九六八年春季治理徒骇河工程政治工作情况汇报》（1968年），河北省档案馆藏，档案号1047－1－214－3。

④ 河北省邢台地区革命委员会根治海河指挥部：《关于七二年根治漳卫新河工程工作总结》（1972年），河北省档案馆藏，档案号1047－1－242－1。

查的虚假成分，但政治学习班到底能起到多大的作用是值得商榷的。当时农民中能读书识字者寥寥无几，尤其是"根治海河"运动前期，有点文化的民工毕竟只是少数。这样，学习班怎样能够取得令人满意的效果，更多的需要联系实际。政治学习的氛围很大程度上还要取决于当时的政治环境，在上级要求严格时便抓得紧，要求放松的时候就有应付现象，而且海河工地上的很多学习班内容枯燥，流于形式。

（二）贴标语

在"文化大革命"时期，"根治海河"工地上红旗招展，到处贴满了毛主席语录和宣传标语，营造出一种火热的政治气氛。据参加者回忆，"随着'文化大革命'的进展，从河道到大堤，遍插红旗和大标语，毛主席题写的'一定要根治海河'7个大字处处可见，光彩夺目。各连队驻地都有画着毛主席肖像的大影壁，工棚内、小车上都贴着毛主席像和毛主席语录，每天搞'三首先'：出工前'请示'、收工后'汇报'、晚上'天天读''红宝书'，对照毛主席的教导，还要'斗私批修'、'过电影'。"① 由此可见，海河工地上的政治色彩可谓十分浓重。

（三）广播

广播也是当时政治思想工作的最常用方法，当时各县团部都设有广播站，除转播中央电台的新闻外，还设有自办节目，内容为经验介绍、先进典型、工程概况、团部决定等。稿件由各连队政工员投稿或政工组采写。当时各连队都设政工员，为专职人员，受连队和县团政工组双重领导。如此设置足见对政治思想工作的重视程度。

宣传工作要求贯彻工程始终，但以三个阶段最为突出，一是每期工程开工前，在动员民工出工之时；二是每年的毛主席题词周年纪念日，即每年的11月17日；三是每次竣工退场总结的时候，都要求掀起一个群众性的宣传高潮，宣传"根治海河"的伟大意义和所取得的巨大成就。上级还要求，"在宣

---

① 阎大根：《冀州人民根治海河施工纪实》，河北省政协文史资料委员会编：《再现根治海河》，河北人民出版社2009年版，第190页。

传动员过程中，要紧密结合进行阶级教育、路线教育，组织广大贫下中农，通过典型事例，开展新旧社会和海河今昔的忆比活动。忆旧社会阶级压迫、民族压迫之苦，比毛主席领导翻身得解放的甜；忆解放前海河洪涝灾之苦，比毛主席领导治河保丰收的甜。"①山东省庆云县在1968年的"根治海河"工地上，"整个工期以营连为单位，召开了大小型忆苦思甜会二百六十多次。"②当时一个县团的规模大概包括十个连队左右，这样平均每个连队召开26次。一个工期平均90天左右，平均每3天就要召开一次，可见此类活动频率之高。阶级教育、路线教育几乎已成了这一时期思想工作的常态。而且还要求"民工退场后，坚持做到'退场不退学，停工不停课'"③。

如今看来，这种学习打上了非常强烈的时代特色，尤其是阶级斗争教育，走上了比较极端化的道路。但我们不得不承认，这种思想政治工作在当时是起了很大作用的。在那个激情燃烧的岁月里，民众对毛主席有着极其深厚的感情，把毛主席视为神来崇拜。政治学习活动对振奋精神、鼓舞人心、战胜困难起过很大的推动作用。徐水漕河连副连长回忆：

> 对民工的管理也是很重要的一项工作。每个工地几乎可达上万人，虽说都积极响应国家的号召，但人一多，就很容易出事，再加上当时娱乐活动又很少，难免有个别民工打架闹事。我在连队里威信比较高，民工们都比较拥护我。遇到调皮捣蛋的民工，我就用毛主席思想来教育他。在那个政治高于一切的年代，这一措施能收到很好的效果。④

治河初期，固安县独流连队民工，开工就遇上一米多深的苇根层，施工

① 河北省根治海河指挥部：《依靠群众，发动群众，大打人民战争，认真落实毛主席"一定要根治海河"的伟大号召》（1971年11月17日），河北省档案馆藏，档案号1047－1－220－13。

② 鲁北根治海河施工领导小组：《关于一九六八年春季海河治理工程土方施工总结》（1968年），河北省档案馆藏，档案号1047－1－214－2。

③ 河北省根治海河指挥部：《依靠群众，发动群众，大打人民战争，认真落实毛主席"一定要根治海河"的伟大号召》（1971年11月17日），河北省档案馆藏，档案号1047－1－220－13。

④ 连文祥：《追忆"钢铁第一连"》，河北省政协文史资料委员会编：《再现根治海河》，河北人民出版社2009年版，第241页。

难、进度慢。在学习了《愚公移山》以后，民工们说："愚公能搬山，我们就能把苇根剜。"① 于是，他们下定决心要战胜困难，经过艰苦的努力，终于战胜了苇根层，提前完成了任务。

但是整体来看，政治思想工作和民工动员工作一样，并没有做得如宣传中的那样频繁和始终如一地贯彻执行。在对治河民工的采访中，民工们的普遍记忆是每天在马不停蹄地劳动，只有少量的休息时间。由于工程任务重，政治思想工作并没有太多的时间去做，多数就是在工地上贴些标语、立些毛主席语录的牌子以应付上级的检查，这是工地上的习惯做法。在1968年冬至1969年春的大清河治理中，据当时的带工干部回忆，曾有一段时间要求工地上必须每天学习一个小时，但是因为民工多为没有文化的农民，每天的劳动又非常劳累，在学习中大多数人打盹、睡觉，实际上没有什么实际效果，过了一段时间后，基本上不了了之。最关键的原因是"都舍不得那一个小时的时间，能干不少活"②。当然，在当时是没有人敢公开叫停政治学习的，大家心照不宣，把工作重点尽量转移到工程上。但"突出政治"是海河工地一直以来延续的特色，尤其是"文革"结束前。

"文革"结束之后，政治工作有所放松，但惯性依然持续。在1976年冬至1977年春的支唐修复震毁工程中，政治思想的主要内容是："树立全国一盘棋的思想，开展忆苦思甜活动，提倡'一不怕苦、二不怕死'的大无畏精神，及时总结先进事迹，表扬好人好事，批评歪风邪气，严明纪律等等。从进场拉练到安全退场，人到哪里，思想工作跟到哪里。"③ 总之，思想政治工作贯穿了每一期工程的始终，贯穿了整个"根治海河"运动的始终，只是学习的时间与投入的精力在不同时期有些许差异而已。

---

① 河北省天津专区根治海河指挥部：《关于黑龙港排水工程施工情况的汇报》（1966年5月7日），河北省档案馆藏，档案号1047-1-194-1。

② 笔者在河北省盐山县职教中心采访吕玉堂的记录（2012年8月12日）。吕玉堂，男，1937年生，1968年冬至1969年春为海兴县朱王公社带工干部。

③ 秦天寿：《我在"海河"当政工》，《文安文史资料》第9辑，政协文安县委员会学习文史委员会2003年编印，第75页。

三、树样板：典型引路

树立典型是中共在组织工作中一个成功方法。在新中国成立后的水利战线上，由于突出政治，经常进行评比竞赛等活动，也同样出现了典型的塑造。从"根治海河"运动刚刚开始，物色、挑选先进典型的工作就开始启动。水利工作也和其他的群众运动一样，首先树立样板，先进典型引路。

自"根治海河"运动开始，上级就对政治思想工作提出了一些具体要求，其中，四好连队、五好民兵评选活动是经常开展的，这主要是学习了部队的经验。另外，还有多种创优评比活动。在众多的典型中，最为有名的，莫过于"大车王"穆宗新和海河工地"小老虎"班。现对典型的出现、经历进行梳理，以展现当时在群众运动中经常采用的这种树立典型方法的特点。

海河工地最著名的典型是"大车王"穆宗新。"根治海河"工地上，穆宗新是个尽人皆知的名字。他是来自衡水地区阜城县漫河公社漫河大队的社员，出生于1939年，早年曾参与"引黄济渭"工程和岳城水库施工，自1965年大规模治理海河开始就参加了"根治海河"工程。"工程进行初期，他每天推土二十方以上，连续两天推土都达到二十五方。"① 1966年参加秋季挖河施工时，衡水地区组织推土擂台赛，由各县推举一名"推车大王"参加，穆宗新一天推土20.03方，运土距离500米，获得第一名。据当时人的测算，20方土，按一方3000斤计算，就是60000斤，用大卡车也要运六七趟。由于他成绩突出，成为远近闻名的"推车大王"。与穆宗新同时出名的还有他的"破篮子"的故事，据报道："这只破篮子记载着穆宗新的血泪家史，也记载着海河在旧社会给人们带来的苦难。解放前有一年，暴雨成灾，河水漫了堤，庄稼淹没，房屋倒塌。正在这生死关头，地主把当长工的穆宗新的爹解雇了，又霸占了他家仅有的一亩坟场地。他爹气瞎了双眼，提着这只破篮子，带着全家三口，流浪他乡，沿街乞讨。一九六五年秋天，穆宗新的娘听到要根治

---

① 《治河为革命——记黑龙港排水工程工地民工的动人事迹》，《河北日报》1965年12月26日，第2版。

海河,在村上第一个给穆宗新报了名,并让他带着这只破篮子上了工地。"①
在动员组织群众方面,中共常用的方法为回忆苦难家史,进行今昔对比,以
增强群众对新政权的感情,参与轰轰烈烈的群众运动。穆宗新的经历非常符
合自革命战争年代以来中共政权树立典型的标准,因此很快被树为典型,当
年他被评为省级劳动模范,其带着"破篮子"上海河的故事也被广为传颂。
因为树立典型带动后进的需要,之后,穆宗新离开了所在连队到了河北省
"根治海河"总指挥部,跟着谢辉副省长,专门到各县进度较慢的挖河工段做
推车表演。1969年,他"作为全省30万海河民工的代表"出席了北京部队
学习毛主席著作代表会;1970年12月5日,穆宗新以一名特殊工农兵学员的
身份被保送到华北电力学院学习。

　　另一个著名典型是河北省海河战线上的突出标兵——大城县"小老虎"
班。"小老虎"班是来自大城县大广安公社大语辞安村的一个民工班。1965
年秋,他们参加了"根治海河"的第一个战役——黑龙港工程,任务是扩挖
老盐河。当时这个民工班由11人组成,全部是20岁左右的年轻人,"有的是
刚出校门的初中、高小毕业生。初干活,气力小,又没技术,推起装满土的
小车,摇摇晃晃,一天不知扣多少次车,被人叫做'小老扣'。"② 工程一度
落后。后来大广安民工连召开了青年民工思想动员会,会上不但讲了"根治
海河"的意义,还开展了忆苦活动,请老战士讲战争年代的艰苦生活,号召
大家继承红军爬雪山、过草地的光荣传统,发扬一不怕苦、二不怕死的革命
精神,战胜工地上所遇到的困难。思想政治工作给了大家鼓舞,该班发扬了
年轻人不肯认输的精神,决定不仅要赶上施工进度,还要争取拿第一,提前
完成任务。在班长张德林的带领下,全班人你追我赶,很快后进变先进。大
广安民工连负责人杜毅斌等人看到他们生龙活虎的劳动场面,夸奖他们:"他
们一个个像小老虎一样。"后来连部为了树立典型,将该班命名为"小老虎"
班。大城县团还将他们劳动的场面拍成幻灯片,在全县工地放映。这样,"小

---

① 《当代愚公战海河》,《河北日报》1973年11月17日,第2版。
② 《海河工地上的"小老虎"班》,《人民日报》1973年12月3日,第3版。

老虎"班逐渐成为典型，工作中自然也不再可能懈怠。他们在这期工程中第一个完成了任务，工程结束后，该班班长张德林参加了河北省"根治海河"指挥部召开的表彰会，"他们的事迹受到了海河工地总指挥、副省长谢辉的高度赞扬。从此，小老虎班出了名。"① 以后。"小老虎"班成为海河工地上的一个突出标兵，一直保持着优异的成绩，并在各项工作中起模范带头作用。1973 年毛主席发出"一定要根治海河"号召 10 周年，对"小老虎"班的报道是这样的："闻名海河工地的大城县'小老虎'班，人人实干，个个争先，日推万斤土，日行百里路，不喊累，不叫苦，九个冬春，期期参加治河，期期抢挑重担，期期提前完成任务。"②

典型是评比竞赛的产物，是水利战线"政治化"的一个表现，典型的作用为树标杆、促后进。在当时突出思想、突出政治的年代，被树为典型是无上光荣的事情，但是典型在树立之后，为了保持形象则需要承受比常人更大的压力和付出更大的辛苦。每到关键时刻，典型总要首先起到模范带头作用，典型的光环背后，他们付出了超出常人的代价。

据"推车大王"穆宗新回忆，他表演推车的地方一般是各县施工进度较慢的河段。为了鼓舞士气，他需要"推着一车车岗尖岗尖的泥土快走，用一定时间，看从河床中推到了大堤上多少土"。在各地的推车表演中，为达到促后进的作用，穆宗新始终要保持推车的高纪录。他回忆说，有一次，他推着几百斤重的小车，"从 1∶3 的堤坡往上推，坡很陡，快到堤顶时，'接坡的'不用劲往上拉了。你想，好几百斤重的一车土，我就拼命撑住，要不往后一退，好几百斤重的车就从我头顶上翻过去了。"因为高强度的劳动，穆宗新的身体也受到了影响，后来他在接受采访时说："我得经常喝点儿酒，因为左小腿经常疼，这是当年推车落下的毛病。"③ 典型的经历让穆宗新有了不同寻常

---

① 李印刚：《海河工地"小老虎"》，河北省政协文史资料委员会编：《再现根治海河》，河北人民出版社 2009 年版，第 230 页。

② 《我省人民奋战十年取得根治海河伟大胜利》，《河北日报》1973 年 11 月 16 日，第 1 版。

③ 刘英奇：《拜访治河英雄穆宗新记》，河北省政协文史资料委员会编：《再现根治海河》，河北人民出版社 2009 年版，第 226—227 页。

的人生历程,也使他的人生几经沉浮。

"小老虎"班也同样背负上沉重的压力。1968年秋的独流减河工地上,大城县所在的位置位于渤海岸边。在一个风雨交加的夜晚发生了海啸,海水冲破海挡冲入工地,在抢堵决口的过程中,"小老虎"班成员冒着生命危险带头跳入齐腰深的水中,和其他连队一起排除了险情,保证了工地的正常施工。在施工过程中,他们又遇到了权村连队"大力士"班的挑战,双方鏖战十天不分胜负,为了保持优势,"一天,夜幕降临后,劳累一天的大力士班民工躺在工棚睡着了,而小老虎班在张德林带领下挥掀返回工地,他们借着月光,抖擞精神,大干了一夜,平均每人挖出了7方土。这样,小老虎班将大力士班甩在了后面。"① 从这些报道的背后,我们能够看出典型所背负的压力,他们同样是血肉之躯,同样需要劳动后的休息,但为了保持住荣誉,付出的辛苦比常人要多得多。

同样在独流减河工地上,由于受"文化大革命"影响,保定地区没有按时完成任务,大城县团在退场后不久又接到上级通知,要求他们重返工地支援保定地区施工,"开始的任务是10天。完工后,上级又给了10天的任务,当时正是麦收前后,骄阳似火,民工们头顶烈日,顽强奋战,第二个10天的任务刚刚完成,上级要求,还要转战10天。"在这种情况下,民工们难免出现怨气和思想波动,纷纷要求回家换人。这样,县团急需稳定民工情绪,在县团召开的全县民工思想动员会上,"小老虎"班再次被推到前台稳定军心、鼓舞士气。动员会上,张德林代表"小老虎"班发言,"为了保证汛期行洪,再有几个10天的任务,我们也保证完成。"② 他们在全县民工面前表决心,振奋精神、鼓舞干劲,这就是典型在关键时刻所起的作用。

1971年春,在河北省"根治海河"指挥部的提议下,大城县委、县革委把"小老虎"班所在的大广安公社连队改为"小老虎"连,由张德林任指导

---

① 李印刚:《海河工地"小老虎"》,河北省政协文史资料委员会编:《再现根治海河》,河北人民出版社2009年版,第230页。

② 李印刚:《海河工地"小老虎"》,河北省政协文史资料委员会编:《再现根治海河》,河北人民出版社2009年版,第231页。

员、杜毅斌任连长。上级对他们提出了更高的要求。首先，要求他们必须加强连队的思想政治工作。始终把学习马列主义、毛泽东思想放在首位，把进行党的基本路线教育作为培养革命队伍的基础课，并开办了政治夜校，坚持"进场先进校、开工先开课"。同时要求利用休息时间读报纸，让民工们了解当时的政治形势。在思想教育方面，坚持以表扬先进为主，继续开展了评思想、比贡献、选模范、树标兵等活动，把各项积极因素充分调动起来，使整个连队保持旺盛的斗志。其次，进一步加强"小老虎"连的军事化程度。要求每次入场和退场时的队列必须整齐。行军时队伍前边要高举"小老虎"连的大旗，各排都打着自己的排旗，依次行走、井然有序，走和停都用军号指挥。要求连队政工干部拿着小喇叭边行军边数快板，朗诵长征诗，利用路上的时间做宣传工作。沿途住宿在当地的学校。临走时要把教室打扫得干干净净、将桌椅摆放得整整齐齐，还要在黑板上写上感谢的话，做到了"行军红一线，驻地红一片"①。

从"小老虎"班到"小老虎"连的改造，完全是由于上级塑造典型的需要。改造后的"小老虎"连，处处要按照一个典型的标准要求自己，时时起到模范带头作用，他们已经成为全省海河战线上的一面旗帜，所以不容有丝毫的懈怠。

"小老虎"连成立后，在苦干实干的同时，还提出新的口号，即"一个连队完成任务是一个坑，全线完成任务才是一条河"。因此他们不但自己要苦干实干提前完成任务，还要经常帮助兄弟连队，承担起施工、帮工、进行宣传等多重任务。自参加"根治海河"工程以来，他们期期提前完成任务，但没有一次提前退过场，而是积极帮助其他施工单位。在清凉江工地上，他们自己提前完成任务后，帮工天数达到 21 天，创造了帮工时间的最高纪录。

他们在施工中还要积极配合各地来参观者，始终保持旺盛的干劲。在

---

① 李印刚：《海河工地"小老虎"》，河北省政协文史资料委员会编：《再现根治海河》，河北人民出版社 2009 年版，第 231 页。

1973 年的蓟运河工地上，经常有中央领导和长江、黄河及淮河三大流域的治理工作指挥部的成员来施工现场参观学习，各大报纸如《人民日报》《人民画报》《解放军画报》《天津日报》《河北日报》等报社的记者，以及广播电台及电视台的记者都云集到"小老虎"连工地进行采访。报纸、电台和电视台纷纷报道该连的事迹，在全国水利战线上掀起学习"小老虎"连的热潮。这样，"小老虎"连的知名度大大提高。当然，成为典型也给"小老虎"连的正常施工造成了不小的影响。为了达到树立典型广泛宣传的目的，中央新闻电影制片厂拍摄了反映"根治海河"事迹的大型纪录片《海河战歌》，影片中的很多镜头都是"小老虎"连配合完成的。"为了配合拍好这部纪录片，该连的施工耽误了一个多星期。很多人担心地说：'这一次，连工程进度一定得落后。'可张德林、杜毅斌等早就下了决心：电影一定要拍好，工程也要提前完成。结果，经过全连民工的艰苦奋战，仍然提前完成了任务。"①

为了表彰典型，1973 年秋，张德林升任大城县团政委，1974 年春又调到河北省"根治海河"指挥部担任副总指挥，达到副厅级。他的升迁是当时干部选任中的一种常见方式，同时表明上级对待典型的态度，以起到激励与示范作用，而连队的其他民工依然在自己的岗位上辛勤劳动。为了维护典型的形象，在张德林调离该连后，其他连队负责人带领"小老虎"连继续奋战，在以后的几期工程中依然出色地完成了施工任务。

如果说典型的塑造有着偶然的成分，但典型形象的维护的确需要付出比常人更加辛苦的努力。这是当时的一种工作方法，也是特殊年代水利"政治化"的产物。

---

① 李印刚：《海河工地"小老虎"》，河北省政协文史资料委员会编：《再现根治海河》，河北人民出版社 2009 年版，第 233 页。

第二节　施工管理

一、施工中的技术进步

在"根治海河"施工中，多数采用的仍是比较原始化的生产工具和设备。由于新中国成立后我国重工业的发展水平依然有限，机械化水平低，所以在施工中只能依靠最原始的人力，用简单的生产工具来实施挖河筑堤的施工任务。但是，即使是简单的工具，还是比之前有了一定程度的进步。

在新中国成立初期的河流治理中，主要依靠人力劳动，"用铁锹开挖，用人工挑抬土篮土筐运输，用夯、碾压实，到50年代后期，运土逐渐发展为轴承化的单胶轮和双胶轮车。"① 到了20世纪60年代后，"海河工地逐渐都改成了有帮的手推车、小推车，而且改为胶皮轱辘，过去挑两筐土才几十斤重，现在推一车土200斤左右，再加上多跑路多运土，提高工效两倍多。还有挖河排水，由原来人工淘，小水泵吸，改为成套的机械排水泵。有的国家工程队还使用挖土机挖河、喷泥船清淤等。至于各种水利建筑物工程的施工，由于大部分都是国家工程队承建，采用新技术、新工具就更多些。"② 个别的河道河段，"如马颊河下游疏浚、滏东排河联接渠、卫河清淤、海口清淤等，相继采用了机械化联合作业。"③ 在筑堤中，后期普遍采用了用拖拉机带羊足碾进行碾压的方法。这说明在基本以人力施工为主的情况下，施工手段和方法还是有了一定程度的进步。

民工在施工中创造出很多宝贵的经验，并得到了上级领导的肯定和支持。在施工技术的改进方面，自"根治海河"工程一开始就担任河北省"根治海

---

① 《海河志》编纂委员会编：《海河志》（第3卷），中国水利水电出版社1999年版，第400页。
② 董一林、王克非：《根治海河十四春秋》，河北省政协文史资料委员会编：《再现根治海河》，河北人民出版社2009年版，第115页。
③ 《海河志》编纂委员会编：《海河志》（第3卷），中国水利水电出版社1999年版，第400页。

河"指挥部副总指挥的河北省副省长谢辉,就是一个特别重视技术改进的领导人。他经常深入施工现场调查研究,集中群众智慧,鼓励技术创造,还一度率领工程技术人员到外省去参观学习,在河道工程规划设计和施工方面,做出了一系列重大决策,推动了施工技术的进步。

(一)科学施工方法的改进

一些科学的施工方法是在实践中由民工根据实际需要而创造的。如大城县民工团创造的"开大蹚,放缓坡,阶梯式,一手清"的施工方法,将施工人员分散安排,解决了河道施工中人多拥挤造成的窝工现象。最有名的科学施工方法的创造者当属河北省清河县民工侯臣明。侯臣明是多年参加"根治海河"工程的"老海河",治河十年中,他为工地创造的科学施工方法达12项之多,被称为"智多星",如"台阶道,分开层,二马分鬃人字形,斜面取土一手清",这种施工方法便于开挖垄沟排水,做到干场作业,不但节省了垫道板,还有利于晾晒湿土,便于筑堤。此种方法有效地提高了工效,缩短了工期。他为设计施工方案,跑了很多路,费了很大心血。在施工中,"侯臣明动脑筋,想办法,利用工余时间,把自己的身高、臂长、步距都量上尺寸,从指尖到胳肢窝,从脚底到头顶,算记上几个变化的尺码。他凭着这种'活尺子',在工地上一站,就知道挖了多少土,还有多少土,够不够用来筑堤。"① 减少了很多测量的时间,提高了工效。

1974年春北运河工地上,海河指挥部发动群众,大搞科学施工。安次县团为战胜流沙,群策群力,创造出"大锅锥打柳编井排水"的办法,降低了水位,既降低了劳动强度又加快了施工进度。不少县团、连队经过反复实践,掌握了地下水回渗量规律,合理地设置了排水机械,并总结出"小油门、开慢速、常流水"的排水法,以适应地下水的回渗量。在电源不足的情况下,采取机械设备大小有机结合、机电结合的办法,控制地下水位在工作面5公寸以下。在流沙的开挖上,还创造出"浅挖、勤挖、宽挖","湿了流、干了飞、不干不湿正好推"以及"甩大蹚、放缓破、拉短坡、拉硬坡"等科学施

---

① 《当代愚公战海河》,《河北日报》1973年11月17日,第2版。

工方法。① 这些施工方法的改进对加快施工进度、提高工程质量起了很大的促进作用。

（二）小型机械的发明使用

在"根治海河"的施工中，还发明使用了一些小型机械，提高了施工效率。

首先是滑车。"滑车拉坡"法是"根治海河"工地上最早使用的一项新技术，是由沧州地区盐山县团发明的。1965年秋冬的黑龙港工程中，盐山县团的施工任务为扩挖南排河。在正式开工前一个半月，该县工程科便进场开始施工准备工作。当时县团指挥部驻地沧县穆官屯村附近正在修桥，在修桥结束清理桥下土方时，由于河坡陡、河槽深，施工人员向上推土非常费力。工程科人员便由此想到即将开始的河道施工将会面临同样的问题，即在施工进入挖深槽阶段后，爬坡越来越高，人工拉坡会越来越困难，工效也会逐渐降低。如何解决这一问题呢？于是，他们开始动脑筋想办法，利用物理学原理发明了"滑车拉坡"法，在材料的选用上几度更换，经过五轮试验，"在盐山民工要正式开工的时候试验取得成功，于是在盐山工地上进行大规模推广，提高工效三到四倍以上。"② 沧州专区海河指挥部对盐山县的创新给予了表扬，并组织其他县团来参观学习。由于该法简单实用且效果显著，滑车拉坡技术逐渐得以推广，不但使整个"根治海河"工程受益，还推广到全国其他治河工地。

其次是爬坡机。滑车拉坡减轻了推车的困难，提高了工效，但是依然采用人工方式。为了减轻人工劳动强度，在"根治海河"工程进行中，有的县团在机械拉坡方面又进行了创新并取得了成功。1975年冬工中，河北省开始推广黄骅、束鹿县团实施拉坡机械化的经验，省"根治海河"指挥部先后召开两次施工现场会，对爬坡机加以推广。要求各地"不断批判因循守旧、固

① 《廊坊地区革委会根治海河指挥部关于北运河工程联合检查情况报告》（1974年），河北省档案馆藏，档案号1047-1-875-23。

② 刘玉琢口述：《风雨海河十七年》，杨学新主编：《根治海河运动口述史》，人民出版社2014年版，第54页。

步自封和等靠要、贪大求洋的思想，坚持自力更生、艰苦奋斗的革命精神、因陋就简，修旧利废，土方上马、土洋结合，先普及后提高"。在上级的指示下，各施工单位利用所能利用的条件，加快了普及爬坡机的工作，使机械化程度大大提高，"仅清凉江工地的拉坡机就已发展到一千一百多台"①。

爬坡机的出现马上显示出明显的优越性：首先，减轻了民工的劳动强度。爬坡机出现以前，工地上主要采用滑车或人工拉坡，人力拉坡耗费体力大，对拉坡者和推车者的体能要求都比较高。滑车虽有改进，但依然靠人力。机械拉坡推广后，极大地减轻了推车者的劳动强度。其次，提高了工效，加快了施工进度。机械拉坡推广后，不但减轻了民工的劳动强度，而且节约了人手，使原来用于拉坡的人可以投入到其他工种中，节约了劳动力。据1975年冬的统计，爬坡机的采用提高了工效30%左右，② 是一个很大的技术进步。

在施工中，民工们还不断探索提高工效的方法。滑车和爬坡机发明后，干部和民工们一直认为机械的使用既减轻劳动强度又加快施工速度。但是后来在实践中发现，这一结论并不完全正确，减轻劳动强度是大家所公认的，但有时并不能真正加快施工进度。在1979年扩挖北排河的工地上，沧州地区盐山县团的干部和民工就这一现象进行了多次实验，后来得出了一个重要的结论："挖深在2.5米以上，使用拉坡机、滑车是影响施工进度的。在这个深度留坡道人拉埝，工程进度是最快的，但如果深2.5米以下，人拉埝就不行了，就必须用拉坡机、滑车才能加快工程进度。"③ 通过如此不断实践，民工们摸索出一些有效的施工方法，不盲目使用机械，而是根据工程情况灵活运用各种方法，在施工中取得了较好的效果。

另外，在"根治海河"工程中，各地县团在劳动中及时总结经验，及时推广一些先进的组织管理方法。这些经验既包括技术创造也包括民工及时总结的

---

① 河北省根治海河指挥部：《关于一九七五年冬工情况的报告》（1976年1月27日），河北省档案馆藏，档案号1047-1-294-3。

② 河北省根治海河指挥部：《关于一九七五年冬工情况的报告》（1976年1月27日），河北省档案馆藏，档案号1047-1-294-3。

③ 盐山县根治海河指挥部：《关于扩挖北排河第一战役情况的汇报》（1979年11月3日），盐山县档案馆藏，档案号1979-1980长期8。

节省体力和提高效率的施工方法。盐山县总结了民工挖土和推车如何合理分配的问题，即自供自推和有供有推孰快孰慢的问题。实践证明，自供自推比有供有推速度要快，"自供自推劳动姿势常变化，轻松的感觉特明显，小车前沉后沉心里清，推起车来好掌握。有供有推劳动姿势少变化，供锨的腰酸手又疼，推车别扭又感觉累，供推协调难，工程速度必定慢。"① 于是，盐山县及时提倡推广了自供自推的经验，提高了施工速度。这些虽比不上大的技术创造，但对提高工效也起到了比较明显的作用。上述例子说明在组织管理中，尊重群众的劳动经验，顺应劳动规律，对加快工程建设有很好的促进作用，关键是作为组织管理者是否能够发现这些实践中的创造，并及时总结推广这些经验。

二、施工中的"包干负责"制

组织管理是工程顺利进行的关键因素。人民公社时期集体劳动最大的缺陷之一是劳动效率低，"但在集体制度的框架内，农民们确也想了许多提高生产效率的办法，这些办法的基本点可以归结为一个字'包'。'包'字埋下了农村革命的伏笔。"② 据研究人民公社史的专家分析，当时的农田水利中普遍采用了"包工"的办法，"包工到班是临时性的包工办法。……包工到班的做法当时普遍为农村干部们接受，在安排农田水利建设的时候，在需要争时间、抢季节的时刻，干部们首先想到的是'分班'。"③ 这一有效的施工管理方法在"根治海河"运动中被广泛采用。

从"根治海河"运动一开始，在河道工程中就采用了土方工程包干负责的方法。由省"根治海河"指挥部根据土方量的情况，将工程进行划分，分配到有出工任务的地区，各地区再将任务分配到县，县再分配到各公社。"采取分段

---

① 盐山县革命委员会海河指挥部：《关于开挖北排河工程的总结报告》（1980年4月17日），盐山县档案馆藏，档案号1979-1980长期8。
② 张乐天：《告别理想：人民公社制度研究》，上海人民出版社2005年版，第76—77页。
③ 张乐天：《告别理想：人民公社制度研究》，上海人民出版社2005年版，第77页。

承担、包干负责的办法。"① 这对调动民工劳动积极性起到了很大的作用。

在黑龙港工程中,"在财务管理方面,实行分级管理,包干负责,包干粮款。"② 因为每个标工所补助的粮款是恒定的,加快施工进度就意味着可以获得更多的补助。所以,自"根治海河"工程一开始,很多地方为了获得更多的粮款,自动加快了施工速度。如临城县在开挖滏东排河的工程中,"指挥部将工程分段包到了各公社连队,落实到人,卡死责任,要求按时按质完成任务。"③ 由于该县工程进度快、质量高,获得国家补助的粮款数额也比较多,民工可以分些钱,"全县民工还自动支援了广宗、新河两县粮食4万公斤。"④

1966年冬,子牙新河工程开工。11月7日,河北省"根治海河"指挥部印发了《子牙新河土方工程今冬明春包干计划》,指出:"今冬明春河道土方工程实行按专区分段,包干负责,包任务、包时间、包质量、包粮、包款,一包到底。"⑤ 在包干的基础上,要求各专区"精打细算、严格控制、不准超出、节余上缴"。

在以后的海河施工中,在很长时间内基本上延续了此种方法。采取"统一领导,分级管理,以地区为主,实行包任务、包工期、包质量、包粮款的包干负责办法"⑥。各专区为了管理上的便利,继续向下分包任务,将上级分配的任务层层分解,按工程量和劳动力比例包给各县团,各县团再分包给连队,连队分包到排或班,分包到班排的任务几乎落实到个人。这样无形中给民工施加了压力。据参加治河的民工介绍,他们当时的土方任务分到排以后,

---

① 董光鉴:《参加海河治理工作的几点体会》,河北省政协文史资料委员会编:《再现根治海河》,河北人民出版社2009年版,第416页。

② 《河北省黑龙港地区排水工程总结》(1966年),河北省档案馆藏,档案号1047-1-196-2。

③ 《滏阳河畔竞风流——陈喜保访谈录》,中共河北省委党史研究室编:《热血铸辉煌——海河壮举忆当年》(上),中共党史出版社2008年版,第181页。

④ 《滏阳河畔竞风流——陈喜保访谈录》,中共河北省委党史研究室编:《热血铸辉煌——海河壮举忆当年》(上),中共党史出版社2008年版,第183页。

⑤ 《河北省根治海河运动大事记》,中共河北省委党史研究室编:《河北省根治海河运动》,中共党史出版社2008年版,第153页。

⑥ 河北省根治海河指挥部:《依靠群众,发动群众,大打人民战争,认真落实毛主席"一定要根治海河"的伟大号召》(1971年11月17日),河北省档案馆藏,档案号1047-1-220-13。

因为施工中需要合作，排以内的民工可以自由组合编班，人数不固定。在自由组合后，排长便按照每个小单位的人数多少分配任务，这样会出现一些体质弱的民工无人要的状况，那些无人愿与合作的民工只能自己单独劳动。① 按民工的施工经验，工地上越慢越吃亏，因为河道越挖越深，施工快的单位容易把土坑挖成倒梯形，无形当中加大了施工慢的相邻者的土方数。因此为了抢进度，加班加点干活是常有的事。海河工地上没有出现过类似于后方生产队劳动中的"大呼隆""磨洋工"现象，应该与采用"包干负责"的方法有密切关系。

有民工这样回忆："改革开放后在城乡兴起的承包责任制，那时在海河工地已经普遍推行。总指挥部把土方分包到各县团，县团按人均土方量包干到连，连里再包干到班；每方土计一个工，一个工按 4 毛钱给予补助。施工进度不求整齐划一，但必须在规定的统一时间完成。"②

除却政治因素的作用外，"包干负责"的做法很大程度上促进了工地上加班加点风气的形成。由于按标工分配粮款，多完成标工便可多得粮款。标工即根据工程的具体情况确定的每人每天的工作量。按照国家政策，每完成一个标工国家补助标工款 4—5 角，粮食 2 斤。也就是说，每个民工每天消费粮食定在 2 斤。2 斤是否是个适宜的标准？根据以后海河工地的情况，民工消费粮食每人每天达 2.8 斤左右，可见，标准是偏低的。但这一政策的关键是，民工所得粮款与其所完成的工程量直接挂钩，因为标工量是提前测算好的，所以按标工补助粮食类似于包干性质。只要加快施工进度，缩短施工时间，便可使粮款充足，甚至有所剩余。因此海河工地上加班加点风气的形成，应该与该政策有直接的关系。自"根治海河"工程一开始，在政策的导向方面就给工程的进行注入了激励机制。临城县团在黑龙港工程中是先进团，"为了赶工程进度，民工们常常是比太阳起来的早，比太阳收工晚，早晨 5 点钟就

---

① 笔者在河北省高碑店市东盛办事处龙堂村采访李振江的记录（2012 年 2 月 12 日）。李振江，男，1949 年生，曾参与开挖永定新河和治理白洋淀工程。

② 袁树峰：《我的海河民工经历》，《文史精华》2009 年第 1 期。

开始了工作,晚上八九点钟才回来。有一次收工时已经到了晚上十点多钟。"①

随着"文化大革命"的到来,这一做法被看作"物质刺激""土方挂帅"而受到批判,首先取消了粮食节余由民工带回的做法;其后,推行民工自带口粮指标;由于全国性粮食紧张局面的出现,在1970年开始实行按人定量的粮食补助方法,粮食包干不再实行,这一做法的激励作用也随之消失。但在其他各项补助中,依然采取包干的方法。

"根治海河"后期,农村的"包产"实验逐渐兴起,这一方式同样影响了海河工地。1978年,按标工补助的方法重新实行。同时,为了激励民工的生产积极性,各地社队在给民工记工分问题上也开始实行改革,有的地方实施了"包干记工"的方法,即按规定天数记工,提前完成不少记,延长时间不多记,这对鼓励民工加快施工进度起到了很好的促进作用。如沧州地区盐山县在1980年春工中确定了60天完成任务的目标,民工和生产队实行工分包干,工期延长或缩短都记60天的工分。在这种状况下,很明显工期越短对民工来说是越有利的,民工的情绪出现了高涨的局面,"所以出现了早起晚归,连部吹哨休息收工不灵,出现了收工不齐、上工不齐、休息不齐、伙房开饭不齐,有的班已经吃饱但有的班在工地还没回来。所有的连队休息就不管了,让班里自己掌握。因民工干劲足了,县团从去冬到今春从来没有追赶过一次连队的工程进度。没有一个连进度慢,而是民工自己管自己,本班管本班,有的班、连,县团演电影都不来看。"②

海河工地上的一些具体工作也采用了包工的办法,如盐山县孟店连队做公共的坡道尾工,"就拿出三十元钱包给一个班做,要出标准,达到标准给款三十元,达不到就不给。这样连队干部既省心少浪费工、又保住工程质量。"③

---

① 《滏阳河畔竞风流——陈喜保访谈录》,中共河北省委党史研究室编:《热血铸辉煌——海河壮举忆当年》(上),中共党史出版社2008年版,第182页。

② 盐山县革命委员会海河指挥部:《关于开挖北排河工程的总结报告》(1980年4月17日),盐山县档案馆藏,档案号1979-1980长期8。

③ 盐山县革命委员会海河指挥部:《关于开挖北排河工程的总结报告》(1980年4月17日),盐山县档案馆藏,档案号1979-1980长期8。

以上方法实则离不开一个"包"字，随着国家政治环境的逐渐宽松，指挥人员认识到经济规律的作用，逐渐正视这种现象，并顺应民众的意愿，采取改革管理方式的方法，既调动了民工的积极性，减轻了干部的工作难度，又保证了工程能尽快保质保量的完成。

标工款的分配开始采用多劳多得的办法。由于工地上开始打破平均主义的局面，实施了"评工记分"，依此来作为分配标工款的依据，不再实行每个人均分。盐山县在北排河中的具体分配是这样的："根据全班人员共有多少分，用分除本班的标工款，一分应得多少款再去乘每个民工所挣的分数，就得出每个民工应得的标工款，这样干得好的挣的分多，就得的标工款多，一个班内所有人员，干了同样天数的活，但每个所得标工款不是一样的，体现了多劳多得。"①

为了这种"承包"性质的做法更好地发挥作用，有的地方试行了班内划分作业组的做法，这是盐山县23个连队基本公认的一条好经验，尤其是大班更适合划分作业组。连队总结经验后认为："混着干一般速度慢，主要是人员多班长不好掌握，有偷懒的人不能及时发觉。而另一个原因，班大人多而心不齐，造成工程速度慢。而划分工作组，人员较少，便于掌握，对偷懒的人能及时发现，使其不敢偷懒。而且还有个组和组比赛的问题。所以很自然地就形成了人少心齐。"②

为了适应施工管理方式的变化，上级试图制定相应的办法进行规范。1979年，河北省"根治海河"指挥部制定的《河道土方工程投资包干的试行办法》出台，并经省领导同意，在"根治海河"工程中试行，投资包干主要包括四项内容，即包任务、包工期、包质量和包投资，也就是把相应的施工任务、施工时间、质量要求、投资数额提前确定后，包给施工单位，要求施工单位按照计划完成。

---

① 盐山县根治海河指挥部：《关于扩挖北排河任务的总结报告》(1979年11月22日)，盐山县档案馆藏，档案号1979-1980长期8。
② 盐山县革命委员会海河指挥部：《关于开挖北排河工程的总结报告》(1980年4月17日)，盐山县档案馆藏，档案号1979-1980长期8。

1. 包任务：根据批准的设计，由省海河指挥部，组织省海河设计院，地区海河指挥部进行土探、调查、测量、计算等落实工作，在核实的基础上由省海河指挥部下达任务，包括河道土方工程量、用工及投资等，如果发生计划有重大变更或设计与施工现场情况有变化，包干任务可以进行调整。

2. 包工期：要按着省规定施工工期按时完工，不得推迟交工日期。

3. 包质量：要按着设计施工要求进行施工，经过验收，确保工程达到质量要求。

4. 包投资：根据省确定计划出工人数，按施工定额和各项费用开支标准，由地区海河指挥部编制施工预算，报经省海河指挥部审核批准，下达给地区海河指挥部，进行投资包干（不包括不可预见费）。任务变更时，投资额相应进行调整。①

投资包干试行办法的出台标志着对"文革"期间所执行的方针政策的反思，从对政治思想的强调逐渐转移到重视经济规律、调动民工的积极性方面来。

"根治海河"运动持续十几年的时间，可以说差不多比较完整地经历了整个人民公社时期，"根治海河"工地也是人民公社体制十几年发展历程的一个缩影。为什么在海河工地后期出现那么多政策上的变化，根源在于整个社会环境。在此时的农村中，改革公社体制的实验正在轰轰烈烈的进行。1979年至1980年，体制的变革已是"山雨欲来风满楼"。农村的实验和局部变革已经非常明显地在海河工地得以体现。农村的"包产"实验以及打破平均主义的做法在海河工地演变为"包干记工"以及"评工记分"等，这些方法上的变革对农民产生的激励作用是完全一样的。

总之，海河工地的"包干负责"制是比较高效的组织管理方法，顺应了民意，提高了工程效率，在具体的实施中虽然有波折，主要由于社会环境使然，其实施效果正从另一个角度说明了20世纪80年代初农村改革的必然性。

---

① 河北省根治海河指挥部：《关于试行河道土方工程投资包干试行办法的通知》（1980年3月6日），中共河北省委党史研究室编：《河北省根治海河运动》，中共党史出版社2008年版，第487页。

三、施工中的领导力量

"根治海河"运动早期，由于党和国家对"根治海河"工程非常重视，在各级指挥部中配备了比较强的领导力量。虽然各级领导多为兼职，但由于上级重视，都把"根治海河"工程作为重点任务来抓。1973年，在毛泽东主席发出"一定要根治海河"号召十周年之际，海河流域的骨干工程基本完成。在之后的治理中，国家对于"根治海河"的领导有所松懈，再加上一直重视和倡导海河治理工作的党和国家领导人相继离世，致使上级对这些工程的重视程度逐渐降低。在以行政力量带动，把水利工程当作政治任务来完成的时代，上级重视程度的降低不可避免地造成了领导班子的削弱，干群关系也随着社会风气的转化发生了变化。

（一）领导班子问题

随着"根治海河"工程的进行，领导班子弱的问题也逐渐成为"根治海河"管理中的一个突出问题。海河工程中的领导者多为兼职，各指挥部借调了相关单位的人员组成了领导队伍，曾经在治理中发挥过一定的优势。在早期的海河工程中，各部门相互配合、分工协作，水利局包工程，公安处包保卫，卫生局包医疗，司令部包政工，商业、粮食局包供应、财务。各部门都有一名副局级干部上河，由领导带队，工作上非常便捷。后来，随着治河氛围的淡化，局长们都回机关不再上河，剩下一般干部，且干部数量越来越少。为了弥补工作人员的不足，只好从民工中抽调一些人到指挥部协助工作，特别是各县海河指挥部抽调的民工能占到干部总数的50%。海河干部的工资也转到海河，由财政开支，人员固定，这样做有一定的好处，但工作起来非常不便。"就供应问题来说，互相扯皮，若有业务部门的领导、一般干部编制、工资都在业务部门，问题好办、又好解决。过去一个局只有两三个局长，现在有七、八、十来个局长，拿出个局长来参加治河有什么问题呢？工地上流传着一种说法'只要当了领导干部，就有了架势，不再上河沿啦。'各业务部门别说局长,就是一般工作人员,海河干部民工是见不到的。"① 从上述材料可以看出,随着治河气氛的逐渐淡化,海河工程的领导管理与早期出现了很大的不同。在计划经济下,需要各部门的密切配合,方能更好地完成任务。由于领导班子的弱化,工作开展越来越不便是不争的事实。

基层海河班子问题则一直比较严重,因为人员来自各条战线,其成员之前互不隶属,为了"根治海河"的任务走到一起,这些人时聚时散,春秋两季上海河,中间回原单位工作,他们的编制与工资发放都在原单位。这种临时单位有利有弊,利处在于海河工地需要多部门合作,这些人员来自不同的业务部门,便于发挥各自的作用,使海河工地的工作运转比较高效。但是也有很明显的弊端,就是如何使人员形成合力,并让这些干部真正把海河工作重视起来,而非临时应付差事的问题。文安县"根治海河"指挥部曾自嘲戏称为"零二八三"(零儿八散)部队,"人员来自各单位,有的同志在'文化大革命'中受了'冲击',多少带点儿'情绪',集中起来不易,把大家合成一股儿劲圆满完成任务更难。"② 这种状况在领导力量强的时候都是不容易解决的。

而随着"根治海河"工程的进展,上级重视程度的淡化逐渐使基层领导班子更加削弱,表现为县团没有固定的班子,公社一级更是频繁换将,缺乏坚强的领导核心。由于人员调换较多,一些干部思想不稳定,对准备工作有很大影响。1980年春治理卫河时,石家庄地区晋县自1979年冬季开始做准备工作,根据省委要求加强各级海河领导骨干的指示,晋县计划派一名县委副书记、一名县武装部副部长带队;各公社则由本地武装部长带队,大队由民兵连长带班。于是按以上人员准备了一冬,实现了组织、物料、民工三落实,准备工作基本在春节前全部完成。可是春节刚过,县委书记工作有变动,公社武装部长、大队民兵连长要训练。这样一变,将原准备好的各级组织全部

---

① 张永录:《关于一些基层干部和群众对根治海河的意见与反映》(1975年3月31日),河北省档案馆藏,档案号1047-1-294-8。

② 狄绍青:《风餐露宿整八年——忆老团长王恩泽同志》,河北省政协文史资料委员会编:《再现根治海河》,河北人民出版社2009年版,第235页。

打乱，只得重新调换人员。由于时间紧迫，人员配备不好，说来是准备了一冬，实际形成了忙乱进场，仓促上阵。① 这种状况在"根治海河"运动后期具有比较普遍的代表性。"根治海河"施工持续了十余年的时间，各地工作普遍出现了比较严重的懈怠状况。

1979年，沧州地委书记、行署专员阎国钧在地区"根治海河"先进分子代表大会上的讲话中指出："前几年，出工治河，县里是副县长带工，公社是副社长带工，干部、党团员有一定的比例数。同时，宣传工作开展的广泛深入，家庭缺乏劳力的民工，零星活有人照管，民工走后没有后顾之忧。近几年来，情况不同了，首先是县、社海河班子的力量削弱了。……有些县、社党委由于对根治海河工作重视不够，对海河领导力量的配备就不强。"② 对于这些变化，参加"根治海河"的干部、民工有着切身的体会，他们认为："上级对根治海河的劲头越来越小了，河工的生产、生活物资安排越来越不好了，生产队搭粮、款、物越来越多了，省、地领导解决问题越来越不及时了。"③

对于基层海河班子来说，频繁更换带工干部是"根治海河"运动后期一个非常严重的问题，造成临时干部对人员不熟悉，工程技术不懂，组织管理上出现困难。有的县团没有固定编制，到出工时临时从各部门抽调一部分干部组成县"根治海河"指挥部，有的县团虽然定编，但人员少，上河也得从各部门抽调一些干部。有些连队没有专职干部负责，带工干部每年更换，连队其他成员也是临时凑，"动工聚，竣工散，凑凑合合代（带）个班，谁也没有长期思想，这种临时班子，缺乏组织观念，业务生熟（疏），互不了解，形不成一个坚强的战斗集体，使施工中很多需待急切解决的问题得不到解决，

---

① 《卫河工地晋县团王玉丰给河北省委的信》（1980年3月3日），河北省档案馆藏，档案号1047－1－405－5。

② 《阎国钧同志在全区根治海河先进集体、先进个人代表会议上的讲话》（1979年8月27日），盐山县档案馆藏，档案号1978－1980长期4。

③ 张永录：《关于一些基层干部和群众对根治海河的意见和反映》（1975年3月31日），河北省档案馆藏，档案号1047－1－297－8。

影响着施工中的大治快上。"① "根治海河"后期在领导力量上的确比初期削弱多了。"不少的县团主要负责同志不是县委代（带）队出征，多数是一般的科局长，有些连队的指导员是一般干部，碰到问题，犹犹豫豫，不能果断决策，使施工受到一定的影响和损失……对地、县、公社的海河领导班子，省委要订出章程，统一固定编织（制），逐级确定，调整、充实主要力量，要恢复到根治海河初期那样。"② 这是基层单位根据事实状况提出的建议，频繁换将是"根治海河"运动后期一个比较普遍的现象。有少量地方有相对比较固定的班子，如沧县纸房头连队和黄骅县周青庄连，这是两个先进连队，"连队的干部都是非脱产干部，在海河工作六七年、七八年了。"③ 这些干部对工作熟悉，经验丰富，领导起来比较得心应手。这两个例子正好从另一个角度说明了固定领导班子的重要性。

到了"根治海河"运动后期，这些临时的领导岗位在大家的眼里逐渐变了色彩，"地、县、社做治海河工作的干部，有的说，到这个部门来的，除了犯错误的，就是哪也不要的。使这个部门成了变相的'收养所'、'劳改队'。人们不把治河看作光荣的任务，却看成是倒霉的差事。因此，有的干部想干一天算一天，挣碗饭吃就行了。有的则'身在曹营心在汉'，总盼着有一天调离这个部门。"④ 这样，一些没有合适岗位的人员被临时派去领导治理海河，有了适宜的岗位就尽快调走，所以很多带工者并没有长期安心带工的准备。这种状况不仅使我们能够看出领导力量弱化的严重程度，而且深切体会到，能把海河治理工作真正做好已经相当困难了。

各地、县海河指挥部反映，十几年编制不固定，机构"临时摊"，干部不

---

① 阜城县根治海河指挥部：《对大治海河的几项建议》（1978年12月8日），河北省档案馆藏，档案号1047－1－405－1。

② 阜城县根治海河指挥部：《对大治海河的几项建议》（1978年12月8日），河北省档案馆藏，档案号1047－1－405－1。

③ 河北省海河指挥部工作组：《关于民工向社队要粮款物问题（沧州地区调查材料）》（1979年11月19日），河北省档案馆藏，档案号1047－1－357－1。

④ 河北省广播事业局办公室：《广播简报：海河工程、平调严重》（1980年6月13日），河北省档案馆藏，档案号1047－1－419－4。

稳定。有的回到县连个办公的地方都没有。干部的生活福利没人管。公社的带工干部也是经常更换。海河干部调动频繁，不能积累经验，不利于增强事业心，不利于改进领导、做好工作。各县一致要求把海河指挥部列入县级行政编制。按照省委对海河领导班子"只准加强，不准削弱"的指示精神。建议地、县党委对各级海河指挥部机构的编制和干部问题认真加以解决。①

　　对于领导班子频繁更换对工程造成的影响，各地曾多次提出改正意见，如当时的新城县（即今高碑店市）就此问题向该县革委会提出改进意见，认为应该从三个方面加强海河建设，首先需要保持公社海河带工干部的稳定性。在当时来说，海河工作每年春冬两季出工，在相当长的一段时间内是比较固定的，不是临时任务，具有长期性质，需要每个公社有一名党委负责人分管海河工作，并固定1—2名能胜任的脱产干部为公社海河带工干部，担任民工连指导员。其次，选拔固定公社海河连部领导班子。公社除固定脱产干部外，再由基层干部或老海河模范、老民工中选拔能胜任工作的连长、会计、管理员、施工员2—4人，专抓海河工作，做好出工准备、施工以及完工后的各项工作。最后，巩固发展公社所有的海河集体事业。加强工具、机械的积累，由海河班子统一管理，争取不再向出工生产大队和生产队要工具。② 这些新建议反映了当时基层班子存在的实际问题，并提出了较为切实可行的建议，得到了县革委会的首肯。如果得到批准并认真推行的话，对加强基层"根治海河"工作将有较大的作用。但是由于此时自上而下对"根治海河"工程重视程度下降，很多建议与指示均停留在口头上，没有落到实处。即使得到上级的批示，也没有多少基层单位真正去认真对待这一问题，因此这些提议基本成为呼吁。"根治海河"运动后期，领导班子不固定成为削弱治河力量的一大因素。

---

　　① 《关于召开全省大型水利工程冬工总结春工动员会议的报告》（1977年2月1日），河北省档案馆藏，档案号1047－1－366－8。
　　② 新城县革委会根治海河指挥部：《关于加强海河建设的请示》（1977年6月10日），高碑店市档案馆藏，档案号34－2－13－27。

（二）干群关系问题

在组织管理工作中，干群关系是顺利开展工作的一个关键因素之一。1966年2月，中共河北省"根治海河"指挥部政治部专门下发了《河北省根治海河工地干部爱民工十项要求》①，用正式文件的形式对干部行为进行规范，以正确引导和处理海河工地上的干群关系。总体来看，干群关系在"根治海河"前期是好的，这不仅与上级对此项工作的重视有关，还与当时的整个社会风气有关。当时连部以上干部是脱产的，基层干部都要和民工一样参加劳动，如班长等职务只是小集体的组织者，与民工同吃同住同劳动。一般干部不搞特殊化，不直接催工，有需要改进的地方通过班长来传达。结合当时的政治斗争，"许多单位把坚持干部参加集体生产劳动作为反修防修、限制资产阶级法权的大事来抓，因而自觉性高，劳动的天数多、出力大。许多干部由于坚持在干中指挥，与群众保持了密切的联系，做到了解情况及时了，总结推广先进经验及时了，解决问题及时了，有力地促进了革命和施工生产的发展。"②

海河工地有句俗话："连看连，铺看铺，民工看干部。"在人员密集的工地上，相互之间的影响非常之大，而作为带工干部的一言一行也直接影响到民工施工的积极性。

到了"根治海河"运动后期，干部特殊化的风气开始蔓延，尤其是吃喝风的兴起，"严重地破坏了干群关系，造成了指挥不灵，直接影响了情绪，削弱了民工的干劲，影响了工程的进度。"③

1979年，沧州地区盐山县在扩挖北排河的工程总结中写道："讲起来干部是人民的公仆，但做起来就当了人民的主人或者是人民的老爷。有的说对民

---

① 参见中共河北省根治海河指挥部政治部《河北省海河工地干部爱民工十项要求》（1962年2月），中共河北省委党史研究室编：《河北省根治海河运动》，中共党史出版社2008年版，第263－264页。

② 河北省根治海河指挥部：《关于一九七五年冬工情况的报告》（1976年1月27日），河北省档案馆藏，档案号1047－1－294－3。

③ 盐山县根治海河指挥部：《关于扩挖北排河任务的总结报告》（1979年11月22日），盐山县档案馆藏，档案号1979－1980长期8。

工没有狠心是不行的，有的说带民工不瞪起眼珠子不威住他们是不行的，有的说带河工没有后老婆心，不和他们动硬的这个工你就带不了。"① 通过上述材料能够看出，"根治海河"后期干部和民工之间的关系并不是很融洽，这和"根治海河"早期的状况有了比较大的差异。上述总结中还提到，有的带工干部把权力当特权，搞特殊化谋取自己的私利，在生活上多吃多占，在作风上非常恶劣，出现打骂民工的现象。更有甚者，在当年春季北排河施工中，有个别干部私自捆绑了7个民工，违法乱纪，侵犯人权，严重破坏了干群关系。干部的恶劣作风使其失去了民心，造成了指挥不灵，工程上不去。虽说这只是个案，但由此我们依然看出，如此状况在"根治海河"运动早期是不可能出现的，也代表了这一时期社会风气的转变。

为此，上级在发现问题后，对干部作风问题开始进行整顿，要求从县团到连队都自觉转变作风搞好干群关系。盐山县对干部作风整顿的效果是明显的，干部主动帮助民工解决各种生活上的问题，曾有民工感动得对其他民工们说："今年连干部真拿咱们当人啦，咱们再不好好干，可算真没点人肠子。"② 从这些例子，反而让我们看到施工过程中干群关系的常态。可以说，"根治海河"运动后期，工地上的问题逐渐增多。其中，干部特殊化、干群关系恶化便是其中的一个表现。

干群关系恶化的一个直接后果是影响了民工施工的积极性。有些干部对待民工态度恶劣，又利用特权多吃多占，民工们看在眼里，难免有意见，即使敢怒而不敢言，也会用消极的方式进行抵制。多数工地都有这样的经验，凡是干群关系差的连队，工程进度就不容易赶上去。很明显，民工在用无声的抗拒表达自己的不满，这就是所谓"弱者的武器"。沧州地区盐山县在重点抓了干部作风之后总结的经验便是："由于干部作风的转变，干群之间的阶级感情浓厚了，团、连干部的工作指挥灵了，民工的干劲足了。县团、连队常

---

① 盐山县根治海河指挥部：《关于扩挖北排河任务的总结报告》（1979 年 11 月 22 日），盐山县档案馆藏，档案号 1979 – 1980 长期 8。

② 盐山县根治海河指挥部：《关于扩挖北排河任务的总结报告》（1979 年 11 月 22 日），盐山县档案馆藏，档案号 1979 – 1980 长期 8。

不干工作的干部现在也积极的干起来了。使全团上下、干部民工出现了一个团结战斗的跃进局面。"①

四、"勤俭治水"的悖论：施工管理中的问题

"根治海河"工程开始时，我国正处于"大跃进"结束后的调整时期，所作出的决定较为理性。无论从上级的指导思想，还是在具体的实际效果方面，都是比较好的。从中央的一些指导思想来说，能够看到问题的根本，在一些关键问题上作出了很多重要的指示。1965 年 3 月 24 日，时任国务院副总理李先念就"根治海河"中的问题给河北省领导人的信中，特别指示在一些关键工程中"要动员技术人员，依靠群众反复想一想"。在领导管理方面，"一定要掌握：劲头要大，但绝不能蛮干，再不要瞎指挥。遇事还是与群众商量办。"② 从这些指示精神中，能够看出很好地吸收和借鉴了"大跃进"时期水利建设中的经验教训，说明中央已经清楚地认识到了以前工作中存在的问题，并努力在以后的工作中避免。在"文革"前的一段时间内，整个形势是比较好的。

1965 年第一期工程结束后，为了及时掌握"根治海河"工程对农村社队的影响，河北省"根治海河"指挥部要求各专区组织干部深入社队进行政策调查，并了解工完账清工作的执行情况以及落实下一期即 1966 年春工的出工人数，组织工作做得非常细致，而且非常及时。据沧州地区的调查，"民工回队以后，大部社队都开了不同形式的欢迎会，据了解南皮县做得最好，大部分是以大队为单位开了欢迎会，王寺公社是全公社在罗四拨（即原出发集合地点）开了欢迎大会，社队干部代表和民工、社员代表作了大会发言，相互

---

① 盐山县根治海河指挥部：《关于扩挖北排河任务的总结报告》（1979 年 11 月 22 日），盐山县档案馆藏，档案号 1979 - 1980 长期 8。

② 李先念：《给闫达开同志的一封信》（1965 年 3 月 24 日），河北省档案馆藏，档案号 855 - 8 - 3383 - 9。

有很大鼓舞。"①这种做法营造了治河光荣的气氛，并对"根治海河"工程是一个有力的宣传，有利于下一期"根治海河"工作的组织。

1966年第一期工程后，"为了节省工棚费的开支，和拆搭用工，有十个县的工棚6105间，伙房518间没有拆除。"这些工棚可以留待第二期工程时继续使用，除一部分县把工棚交给当地生产队看管外，多数县指挥部都留下部分干部和民工住在工地看管，这样只需少量费用便可解决问题。此种方法节省了人工和开支，是群众勤俭治水的一项有效措施。

"根治海河"运动前十年，在国家的组织领导上比较得力。虽然处于"文化大革命"时期，但由于海河治理是项利国利民的事业，以及毛主席题词"一定要根治海河"的巨大推动作用，再加上国务院，尤其是周恩来总理对"根治海河"工作的高度重视，使"根治海河"工程在全国混乱的状态下依然正常开展，组织工作做得有条不紊，并取得了良好的业绩。1971年春季，河北省委根据国务院的指示和水电部三月德州会议的精神，提前对当年冬季和1972年春季工程做了具体安排，"确定石、津、保、唐四个地区出工廿万人，完成开挖潮白新河、青龙湾改道段全部工程及蓟运河建筑物工程，土方工程量共五千六百万立米；邯、邢、衡、沧四个地区出工十六万五千人与山东省并肩作战，完成漳卫新河工程，土方工程量三千八百万立米。"②任务详细明确，并于五月上旬在永定新河施工现场向8个地区的指挥部做了部署，使各地区明确下一期任务，以便春工结束后提前做好冬工的准备工作。有的地区革委会的主要负责人，亲自带领有关县负责人，几次到新分配的工段现场进行具体安排，工作非常积极主动。"为了减少今冬明春工程土方与建筑物干扰，河北省已垫拨一百万元，安排漳卫新河的建筑物备料及沿河迁建村的移民安置部署。并进行了测量定线、修路打井、工棚物料转移、后勤供应安

---

① 沧州专区根治海河指挥部办公室：《关于民工退场后各县活动情况》（1966年1月5日），河北省档案馆藏，档案号1047－1－194－1。

② 《根治海河工程今冬明春任务安排座谈会简报第一期》（1971年7月12日），山东省档案馆藏，档案号A121－04－07－8。

排等工作,准备迎接今冬明春海河大军进场开工。"① 如此精心的准备工作,为工程的正式开工铺垫了道路,打好了基础。但是,这种状况在1973年后却悄然发生了变化。

(一)规划滞后造成的浪费

1973年后,由于海河骨干工程基本完成,地方的松懈情绪逐渐滋长。在中央层面,一直关心"根治海河"工程的周恩来总理病重,已无暇顾及工程进展,相关部门对该工程的重视程度也有所下降,以至于河北省在1973年至1975年两次报送第二个十年规划而始终不见下文。没有一个得到上级审查批准的统一规划,地方盲目乱干也是情理之中的事情。1973年以后所实施的工程,"缺乏一个完整的指导思想,没有一个整体安排,有的不是因为客观的需要进行水利建设,而是为了施工队伍不散摊而安排工程项目,这样工程的目的性就不会很明确,效益也含混,甚至带有一定的盲目性。所以一年的工程完成后,不知第二年应该做什么,有的在施工队伍进场以后,由于项目还未定下来,而再行退场的,甚至几进几出,劳民伤财。"② 这与1973年前的组织状况形成强烈反差。于是,"勤俭治水"的背后,越来越多的拖沓浪费现象陆续出现。

同时,组织管理工作中也存在着违背自然规律、经济规律的倾向,更多的使用行政手段,较少考虑技术条件。如1978年冬开始的卫河工程,"由于河道工程没有完全确定下来,有的地区没有出工,冬春两期工程需要今年春季一并完成。"③ 因工程没有一个长期规划,在组织管理上与"根治海河"运动前期相差甚远。1979年冬,类似一幕基本重演。该年11月,石家庄地区下发通知,"因工程任务定的太晚,今冬我区不再进场,明年春季两期工程一期完成。"④ 而两期工程一期完的做法,人为使施工时间缩短,为了按时完成任

---

① 《根治海河工程今冬明春任务安排座谈会简报第一期》(1971年7月12日),山东省档案馆藏,档案号A121-04-07-8。

② 《十五年根治海河的初步总结》(1980年),河北省档案馆藏,档案号1047-1-754-7。

③ 河北省革命委员会:《关于认真搞好今春根治海河工程的通知》(1979年2月5日),河北省档案馆藏,档案号919-4-229-4。

④ 石家庄行政公署根治海河指挥部:《关于切实做好春工准备工作的通知》(1979年11月23日),藁城市档案馆藏,档案号61-2-97-56。

务，相应的出工人数和工具必然要增加，机械上得多，人员密度大。这样就会大量挤占后方的劳力和工具，不仅影响后方生产，而且增加工棚物料、炊具等的供给，并增加海河工地后勤供应包括生活物资和工程物资供应的难度。即使这样，该地区依然对各施工县团提出高要求，在开工动员大会上，地区海河指挥部领导号召："地委领导要求我们，不仅要按质、按量全面完成施工任务，而且工期要提前，在三个地区会战中带个好头。这就更加加重了我们的担子。"① 如此做法，对施工单位造成很大的压力。

由于"根治海河"运动后期缺乏整体规划，临时确定的工程较多，造成非常严重的设计与施工脱节问题，很多工程边设计边施工，又出现了类似于"大跃进"时期的"三边"工程。

在 1979 年冬扩挖北排河的工地上，"省地海河施工中期改变原施工设计，增加登高、运距，加大了施工任务，影响民工情绪。"② 而类似这样的问题在"根治海河"运动后期屡见不鲜。由此可以看出，由于河道治理没有充分的前期规划，任务经常变更，不但影响施工质量，也影响了民工的劳动积极性，而且造成了极大的浪费。

工程规划设计问题，其重要性是不言自明的，中央以前对此问题曾不断提醒，"大工程部、省、市都要抓规划。重要设计不抓不行，老检讨不行。领导同志要过问，不懂要向人家学习，向各种人学习。搞建设要与科研结合起来，搞大工程，地质跟不上不行，特别是水库、水利工程。完全不讲科学不行，一动手就不是一万、两万人，而是千军万马。过去有些水闸，一年过去了又要扩建，南方北方都有这个情况，原来认为可以了，过了两年又不行了，结果花多了钱浪费了物资。现在河北省搞的不错，要总结经验。"③ 从上述总结看，河北省一度因为"根治海河"工程的组织、管理得力受到中央的表扬，

---

① 《紧张动员起来，大干五十天，全面完成卫河二期施工任务——赵英忠副专员在卫河工程开工动员会上的讲话》（1980 年 3 月 13 日），藁城县档案馆藏，档案号 61 - 2 - 97 - 56。

② 盐山县根治海河指挥部：《关于扩挖北排河任务的总结报告》（1979 年 11 月 22 日），盐山县档案馆藏，档案号 1979 - 1980 长期 8。

③ 《国务院海河工程汇报会议汇报提纲》（1971 年 7 月 27 日），山东省档案馆藏，档案号 A121 - 03 - 26 - 8。

其他各省市在组织管理与经济政策上也多效仿河北省的做法。① 但随着工程的进展和社会状况的不断变化,从中央层面对此工程的关注越来越少,上级规划定得越来越晚,"根治海河"艰难维持,不仅浪费了国家的投资,而且浪费了农村劳力与资财,这种管理方面的懈怠与失误,应该是一个沉痛的教训。

(二)规划不合理造成的浪费

1973 年前的海河治理,由于骨干工程的重要性,前期工作一直做得比较充分。但以后几年,由于在上述一些方面工作做得不够,甚至有些工程违背客观规律,按想当然办事,有些工程虽花了钱,但效益却体现不出来,如1975 年开始的黑龙港扩建工程,在投资使用方面就有些不够集中,"把一条河分成几段实施,有的由于投资不够,只挖土方不搞建筑物,结果桥梁、蓄水闸附近河底上留有一米多高的土埂子,从而河道形成了大大小小的水柜,上下不适应,效益不能充分发挥,甚至把自上而下的治理,宁可造成损害搬家的错误布置,说成是全省一盘棋,让沧州淹几年。"还有的是计划不周,施工季节安排不合适,造成大量浪费。如献县贾庄桥附近滏阳河开卡,"由于安排在麦收季节抢挖,仅沧州段长 5.6 公里,动用民工 3.9 万人,工期仅十天,投资 94 万元,结果比正常施工条件下多出工 10 倍,多花投资 30 万元。"② 再者就是规划不合理,同样造成很大浪费。如为了抗旱的需要,在排涝河道建蓄水闸问题,在蓄水闸的安排上,有的河道是以县为单位,一个县建一座蓄水闸,如建两座闸完全可以达到的蓄水量,非要以行政区划为单位建三座,这无疑大大增加了投资,造成了不必要的浪费。

还有的工程项目,在没有设计、任务不清、意见不统一的情况下,就抢着上项目,南排河防潮闸就是一个突出的典型。该项目在规划上尚未考虑成熟、没有勘测资料、设计毫无眉目的情况下,就主观确定汛前建成。由于时

---

① 以海河民工的粮食补助为例,其他省市主要参照了河北省的补助标准。参见天津市革委会根治海河防汛指挥部、天津市粮食局革命委员会《关于海河工程粮油补助的通知》(1970 年 8 月 27 日),天津市档案馆藏,档案号 X166 - C - 159 - 6;山东省革命委员会水利局、山东省革命委员会《关于修订淮河、海河流域几项大型水利骨干工程经费开支标准的报告》(1973 年 2 月 1 日),山东省档案馆藏,档案号 A121 - 04 - 31 - 7。

② 《十五年根治海河的初步总结》(1980 年),河北省档案馆藏,档案号 1047 - 1 - 754 - 7。

间紧、任务重，1978年春节刚过，立即组织勘测设计力量进场，并发动沧州运输力量抢运砂石料，"由于省内意见就不统一，虽然领导决心大，行动也很快，但由于可行性太差，结果不得不下马，花了近百万元。结果造成了巨大的浪费没有产生任何的经济效益，连运到了现场的砂石料都成为问题，扔在那里很久不知如何处理。"①

工程随意改动也造成了严重后果。1975年冬的清凉江扩建工程，水电部已经批准了原有的工程设计，但在开工前为了减少工日，临时确定将弃土距从220米变窄到160米。这样，清凉江设计水位发生很大改变，不仅清凉江本身水位普遍提高了5—7公寸，最高的提高了1.12米，而且也影响老沙河水位抬高了四五公寸，一直抬高到后固寨。清凉江上的桥梁已经按T型筒支梁进行了设计，可是在开工前临时变动，在准备把清凉江沿岸办成对外开放的大花园的思想指导下，要求桥梁结构型式多样化，甚至提出T型筒支梁的桥，白给也不要。这种单纯追求形式，不重实效的结果，带来不少后遗症，也造成了很大的浪费。

由于规划不合理，治理效益大为降低。同样在清凉江工程中，自1975年后清凉江开始扩建的除涝工程部分与之前的治理相比，效益就不那么突出了。据统计，"五年中共扩挖了四条骨干河道及过去作为支流的港河本支，共用投资2.05亿元，永久占地59000亩，不仅骨干与支流之间不配套，而且骨干河道之间也不配套，工程完成后，虽也发挥了一定作用，但与第一期治理黑龙港扩挖九条骨干河道，建立了除涝体系，仅用8400万元投资，永久占地30860亩比较起来，其经济效果就很值得研究了。"② 由于规划不合理或不及时造成的浪费现象是比较严重的，"根治海河"前期的那种精心规划、勤俭办水利的精神在逐渐消失。

（三）工程质量问题造成的浪费

在"根治海河"运动中，因为持续时间长，参与民工人数多，存在着重

---

① 《十五年根治海河的初步总结》（1980年），河北省档案馆藏，档案号1047-1-754-7。
② 《十五年根治海河的初步总结》（1980年），河北省档案馆藏，档案号1047-1-754-7。

视工程质量和忽视工程质量同时存在的现象。这与上级的领导管理工作和施工者的责任心及重视程度有密切的关系。

在海河治理中，多数大型的骨干河道工程是非常重视工程质量的，上级要求严格，参与人员有责任心。海河工地上流传着"半截芦根"的故事，是指治理"北四河"工程中，天津市静海县一名叫李宝峰的青年民工在大堤上平土时，发现了一根芦苇根，他小心地往外拔，没想到芦根太长，拔断了。李宝峰没有放弃，他干脆坐在大堤上用手扒，用了很长时间，费了相当大的气力，才把那半截芦根从大堤深处全部挖了出来。他说："千里之堤，溃于蚁穴，半截芦根留在大堤里，就是决口的隐患。"① 从此，这"半截芦根"的故事便在整个海河工地广泛流传，教育广大民工重视工程质量，成为每个民工衡量自己行动的一把尺子。

工程质量是工程效益的关键所在。在河道工程中，挖河的土大部分用来筑堤，对筑堤用土的含水量是有一定要求的，过干或过湿都将影响河堤的坚固程度。施工到河道下方时，由于土壤含水量大，挖出的土不能直接用于筑堤，而是需要进行晾晒，在达到一定的干湿程度时，才能进行筑堤。在施工过程中，"有的施工单位为了赶进度，不加晾晒，即行上堤碾压，以致压哄，做成弹簧堤，甚而有的压出水来，对大堤质量影响很大。"② 上级部门发现后，马上要求进行返工，"对于工程质量，必须保证高标准，不合格的坚决返工，决不马虎。"③ 以后，在遇到不同情况时，均严格按照相关标准施工。1972年冬，河北省南北两线同时施工，"北线工程土质含水量较大，一般都做到了晾晒后再上堤。南线工程土质含水量较少，一般都实行了浸水后再上堤碾压。玉田县民工团对工程质量，严字当头，一丝不苟，及时检查，发现问题抓紧解决，使工程达到高质量、高标准。在南线施工的东光县民工团，采取堤顶

① 《当代愚公战海河》，《河北日报》1973年11月17日，第2版。
② 省指挥部党委、省指挥部：《关于施工中应注意的几个问题的通知》（1966年11月2日），河北省档案馆藏，档案号1047-1-196-23。
③ 省指挥部党委、省指挥部：《关于施工中应注意的几个问题的通知》（1966年11月2日），河北省档案馆藏，档案号1047-1-196-23。

挖沟，由堤内抽水浸堤的方法，提高了土料含水量，保证了碾压质量。目前已经完成的工程，质量普遍较好，符合设计要求。"①

在大部分施工单位对工程质量严格要求的同时，同样也存在部分单位忽视工程质量的问题。"根治海河"开始后，虽然上级不断提醒要避免重犯"大跃进"时期的错误，但由于一些习惯性的思维起作用，不久，1958 年"大跃进"之风又有所抬头。由河北省交通厅公路工程大队第一工程队施工的京大国防路的香城固桥、邱城公路桥及大临河拖拉机桥就出现了严重的质量安全事故，经过河北省"根治海河"指挥部、省委监委、省交通厅公路局、邯专建筑物指挥部、保定市委监委、邯专交通局、邱县交通局组成省、专、市、县联合检查组，对施工的各个环节进行了检查，发现在建桥的施工过程中，不按操作规程施工，任意变更设计，一味追求速度，造成工程质量低劣。发生严重质量事故的香城固大桥的建设单位——河北省一队副队长兼工程师臧延昌在向职工布置任务的动员大会上公开号召："我们是河北省的建桥主力队，给他们（指水利部门）'树个样板'。"要露一手工期就得比别人短，造价就得比别人低，因此一味"求快""求省"，甚至公开提出"赔了老本也要干"②，违背了经济规律。在当时一些人的头脑中，"快"和"省"是成为典型的捷径，是一些领导干部"争名""夺利"的手段，结果给国家造成了巨大的损失。

"根治海河"运动的第二个阶段，工程质量问题更加趋于严重。1975 年在清凉江施工中修建的 11 座闸，全部冲毁倒塌的有 1 座，局部被水冲坏的有 2 座。兴建的 60 座桥中，有 37 座发生了程度不同的质量事故，有 2 座完全被冲毁。③ 1979 年春季，沧州地区黄骅县负责建四座生产桥，"由于建桥的领导干部没有坚强的责任心，把任务放给生产队去完成，又没有技术指导，结果，

① 《我省北四河、漳卫新河工程全面开工》，《河北日报》1972 年 11 月 6 日，第 1 版。
② 省、专、市、县联合检查组：《关于香城固、邱城、大临河三座桥梁质量事故检查的报告》（1966 年 5 月 24 日），河北省档案馆藏，档案号 1047 – 1 – 114 – 9。
③ 《关于搞好工程质量和加强安全施工工作的意见》（1975 年），河北省档案馆藏，档案号 1047 – 1 – 110 – 11。

有三座桥的大梁不合格，砸毁重造，浪费资金几万元，还浪费了很多劳力和物料。"① 工程质量与组织管理状况及各级领导干部的责任心有着密切关系。

在当时国家经济困难的条件下，"根治海河"工程凝结着国家、集体和农民几方面的巨额付出，各方都在精打细算，勤俭治水。在民工的粮食、生活补助都难以满足正常生活的情况下，出现如此严重的浪费着实让人心痛。建筑物工程投资大，技术水平要求高，稍有疏忽，就会造成严重的浪费。在整个海河治理过程中，对大型的建筑大都比较重视，但对一些中小型的建筑物则缺乏应有的关注，出现问题的状况比较多，这一点是深刻的教训。

在1964年的全国水利工作会议上，水利电力部副部长刘澜波在讲话中曾提到："在水利建设中，确保工程质量是最大的节约。如果工程质量不好，那就花了钱也得不到效益，有的甚至还要造成严重损失和毁灭性的灾害。现在就有一些工程，由于质量不好，使我们工作被动，或是一到汛期就提心吊胆。至于非科学地盲目加大保险系数，增加造价，那当然也是不对的。"② 虽然中央对此有了明确的指导思想，但在实际执行中，由于社会环境等各方因素的作用，还是出现了偏离正常轨道的现象。综上所述，要确保工程质量，防止浪费现象的出现，必须首先要抓好规划设计工作，设计不当会造成返工浪费；其次是在施工中的各个环节要狠抓质量，质量不过关同样会造成极其严重的浪费。而上述两方面，则需在增加领导者责任心和加强组织管理的前提下得以实现。

（四）重工程轻管理造成的浪费

重工程轻管理是整个海河工程进行期间存在的一般性问题，也是影响工程成效的大问题。当时衡量政绩的一个标准就是做了多少工程，至于工程完工后后续的管理工作却鲜有人问津。由于管理工作跟不上，使工程难以发挥应有的作用，同样造成浪费。比如关于河道堤防管理问题，各地基层部门对

---

① 《阎国钧同志在全区根治海河先进集体、先进个人代表会议上的讲话》（1979年8月27日），盐山县档案馆藏，档案号1978–1980长期4。

② 刘澜波：《全国水利会议开幕词》，《历次全国水利会议报告文件1958—1978》，《当代中国的水利事业》编辑部编印，第254页。

此提出了很多意见，如阜城县"根治海河"指挥部的报告中指出："只重视治海河，忽视管理海河，这是一个很大的偏差。由于上级没人抓，下级没人管，使已治理的河道淤积严重，降低了排水能力，减少了使用的年限。特别是排沥河道，乱开排水口，泥土大量涌入河道，有的截流挡坝，防汛期沟清不彻底，阻挡排沥。有的沿河大队随便动用堤土，使堤防破坏。行洪河道的大堤没有植树，冲刷严重。桥涵缺乏保护和管理，受到损坏。"① 在指出河道管理中存在的主要问题之后，报告还对如何解决这些问题提出了相应的建议，"首先要从上而下的解决重修轻管的思想，其次要划分河道管理责任段，落实到公社和生产大队，第三要制定河道堤防的管理章程，第四要建立管理机构，上边有人抓，下边有人管，明确责任，订出奖惩，定期检查评比。就会把河道、堤防管好、用好。真正使海河为人民造福万代。"② 以上报告不但指出了"根治海河"中存在的问题，而且提出了切实可行的解决方法，如果引起足够重视的话，应会使这一现象有所改观。只可惜在当时的社会条件下，只重视表面政绩具有体制上的深层原因，"我们一讲水利工作，一搞水利规划和计划，往往热衷于上多少项目，要多少投资，动员多少人，做多少土石方，而不认真地计算经济效果。"③ 这是这一时期的普遍现象，在整个"根治海河"运动期间一直存在。

　　"根治海河"运动后期，对施工的领导是非常涣散的，这是造成出现大量问题的关键。而在制度上，没有为失误者制定相应的问责机制，类似情况再次出现不可避免。水利工程对民众的生活影响大，要重视水文、地质、规划、设计和科研等多方面工作，而不能主观主义瞎指挥。虽然"根治海河"一直坚持了勤俭节约的原则，但其中一些工程由于组织管理不善所造成的浪费也非常惊人，这一点是深刻的教训。

---

① 阜城县根治海河指挥部：《对大治海河的几项建议》（1978年12月8日），河北省档案馆藏，档案号1047－1－405－1。
② 阜城县根治海河指挥部：《对大治海河的几项建议》（1978年12月8日），河北省档案馆藏，档案号1047－1－405－1。
③ 钱正英：《把水利工作的着重点转移到管理上来——在全国水利管理会议上的讲话》（1981年5月12日），高碑店市档案馆藏，档案号34－2－17－20。

第三节 后勤保障

"根治海河"运动进行期间,后勤保障是一项非常繁重的工作,不仅要保证工程物资供应,保障施工进度;而且必须保证生活物资供应,满足庞大的劳动力大军的基本生活需求。当时,仅河道施工现场的民工人数就达几十万人,后勤保障的难度可见一斑。在计划经济体制下,海河工地上需要联合粮食、交通、供销、商业、卫生等各个行业相互协作,共同支援水利施工。通过对"根治海河"工程后勤保障的分析,能够看到计划经济在进行大型水利建设中的利与弊。

一、工程物资供应

新中国成立后相当长的时间内,国家实行计划经济,物资的生产和购销都需要提前报送计划,"根治海河"中建筑工程所需材料需要报送国家计委安排生产。工程物资中,三大材料即钢材、木材和水泥是建筑物施工的主要材料,在水库和建筑物施工中需求量较大。其供应情况直接影响到施工的进度。1973年前的"根治海河"工程,国家重视程度高,对工程物资的供应工作做得比较到位,多数都能够做到提前计划,由国家计委根据各地生产能力提前安排生产。计划经济体制有利于国家集中力量与资源对某一项建设给予重点支持,有利于解决突出问题。

1966年的子牙新河工地上,"一批批的支援物资,从首都,从祖国边疆,从海防前线,从人民公社、工厂、矿山、机关和学校,源源不断地运送到海河工地。北京、上海等地一些工厂以及各地的交通运输部门,优先生产、运送海河工地需要的物资和材料。全省商业、工业、文教、卫生等各部门,像战争时期支援前线一样,支援根治海河工程的建设。所有这些支援,对根治海河起了重要的作用。"① 从以上材料可以看出，"根治海河"工程所需材料是在全国范围内安排生产和调运的，当时国家计划分配是对"根治海河"所需物资的有力保障。另外，由于毛泽东主席"一定要根治海河"号召的强大影响力，在全国范围内，对"根治海河"工程的重视程度比较高，这样有力地确保了工程所需物资供应，是"根治海河"工程能够顺利进行的重要因素之一。

为了解海河工地工程物资供应情况，现将1972年国家对参与"根治海河"工程的各省市的"三材"供应与投资计划列表如下：

表4-1　1972年海河流域投资计划汇总表

省市	投资（万元）	钢材（吨）	木材（立方米）	水泥（吨）
北京	3200	3600	6800	14000
天津	1100	1650	1800	9000
河北	13240	9700	13970	43800
山东	4630	6740	11620	28000
河南	700	200	400	800
合计	22870	21890	34590	95600

材料来源：根据《海河流域一九七二年投资计划汇总表》整理，山东省档案馆藏，档案号A121-04-7-3。

从表4-1可以看出钢材、木材和水泥的供应量都是比较庞大的数字，尤其是河北省，因大部分处于海河流域范围内，所做工程较多，对材料的需求量较大，必须提前进行安排，并需要其他省市协助生产。这些都需要国家提前进行订货，并协调交通运输等部门把材料及时运到工地，以保证工程按时顺利完工。

"根治海河"前期虽然处在"文化大革命"最为混乱的时期，但由于该工程最初源自于毛主席发出的号召，"一定要根治海河"这7个大字无疑成为"根治海河"工程最强有力的推进剂，海河工地的物资供应没有出现问题，多数都做到了由国家计划部门及时安排生产与运输。

---

① 《我省三年来根治海河获得辉煌成就》，《天津日报》1966年11月20日，第3版。

1973 年后,第一个十年的工作告一段落,"根治海河"运动取得了初步成效。之后,相应的物资供应也出现了问题。"根治海河"后期的施工中,因为计划工作跟不上,时常出现材料供应不足问题。以 1975 年冬工为例,"水库及建筑物三大料缺口很大,运输紧张,给施工造成了一定影响。朱庄水库去冬因水泥不足,停工半个多月。清凉江有五座闸和五十三座桥因三大料不足,去冬没有浇筑混凝土。"① 三大材料中,水泥供应尤其紧张。在上述工程中,"大型水库处理工程与河道建筑物工程基本上未拿到,有的有指标没有货,有的连指标还没有。"如此状况影响施工进度在所难免。同时,"建筑物工程的运输力量不足",有材料也无法及时运到施工地点,这些都制约着工程的正常进行。

因为河道工程主要是挖河筑堤,对材料供给的依赖比较小,但供应工作做得不好同样会影响工程进度。在 1975 年冬工中,"河道工程中的柴油、小车零件均不落实,对工程影响较大。"② 柴油用于排水和拉坡等机械,小车零件是在工具维修中必须要使用的。由于海河工地劳动强度高,工具的磨损程度也高,零件供应不足,便无法及时对施工工具进行必要的维护和修理,影响工程的顺利进展。

另外,施工管理上的问题也影响到施工的顺利进行。如在 1975 年冬季工程中,交河县承担 2 个闸、13 座桥的施工任务,投资、物料、运输都有不少困难。"县委指出,学大寨就要学根本,上级给钱要搞,不给钱自己动手也要上。他们动员组织两千辆大车,三十部拖拉机,二十部汽车,打一场运料大会战。现在已运碎石一千三百多吨,砂石料二千五百多吨,给顺利施工创造了有利条件。"③ 以上虽是表扬地方上的主动性以及为施工提供的便利条件,但由此能够看到,此时的后勤保障工作上存在着严重的问题,施工条件的配

---

① 河北省根治海河指挥部:《关于一九七五年冬工情况的报告》(1976 年 1 月 27 日),河北省档案馆藏,档案号 1047 - 1 - 294 - 3。

② 河北省根治海河指挥部:《关于今冬海、滦河工程开工情况的报告》(1975 年 10 月 22 日),河北省档案馆藏,档案号 1047 - 1 - 194 - 2。

③ 河北省根治海河指挥部:《关于今冬海、滦河工程开工情况的报告》(1975 年 10 月 22 日),河北省档案馆藏,档案号 1047 - 1 - 294 - 2。

备跟不上工程的需要，给正常施工造成困难。虽然地方上依靠自己的力量尽力解决了问题，但这无疑增加了地方上的负担。

二、生活物资供应

河北省是"根治海河"运动的主要力量，也是"大会战"搞得最大的，在大型河道骨干工程中，一般都有七八个专区几十万民工同时出工。生活物资供应工作异常繁重。所谓"兵马未动，粮草先行"，粮食是保障施工正常进行的先决条件，在当时计划经济体制下，生活物资供应呈现出与其他时期不同的特点。

从前面的论述中看出，"根治海河"运动最初实行"国家管饭"，国家按照所完成的标工量补助粮食，以保证民工的生活。虽然后来要求民工自带口粮指标，但一般不允许带现粮，而是通过粮站开具兑粮证结转，只有带少量豆面调剂生活一类的事情或补充工地粮食不足的缺口时，才出现直接带现粮的状况，所以相当一大部分的粮食供应是由国家统一调配安排的。工地上的粮食主要来自国家的计划供应。新中国成立后不久，我国在粮食问题上实行了统购统销政策，不允许粮食自由买卖。每年夏秋，农民将收获的粮食按照比例完成国家征购，进行集体提留后，再分配给农民，即农民的口粮。国家征购所得粮食，由国家按计划在城市和各行业间进行分配，其中包括大型的水利工程。"根治海河"工程属于国家领导的大型骨干工程，工地上的粮食补助来源于国家征购，属于统销中销往农村的补助用粮，在供应上有着严格的程序。

由于海河工地上民工数量庞大，为了保证及时供应生活物资，河北省采取了粮油由省列计划，由工程所在地负责供应的方法。每季工程由省粮食局提前下达粮油供应指标，在各地间适当进行调拨、储运，由施工所在地粮站直接供应工地。有条件的地区尽量将粮食直接运到民工食堂。"凡参加施工人员，所需粮油，原则上在那（哪）个地区施工，由那（哪）个地区供应。出工的专、县必须提前将入场时间、上工人数、施工地点、所需粮油数量等，提出正式计划，主动与施工所在地专、县联系。"① 以便当地提前做好供应准备。

由于粮食属于计划供应，工地上的购粮和结算都有严格的手续，一般由出工县造报需粮计划，报至施工所在地的县粮食局审核后，通知工地粮站以连为单位，填发"临时存粮证"。民工食堂购粮时，根据实际完成标工和实有民工人数，经县指挥部审查同意，开具"购粮四联单"作为供粮凭证。为了严格控制所供粮食数量，"粮站也应按每人每天不超过三斤粮食标准进行监督和控制。每月终了进行结算，工期终了进行决算。要做到工程、粮、款三对口。"在以标工结算用粮时，"逐级要按工程包干、分配人数，严格控制。县、营、连必须做到标工、粮款、吃饭三对口，坚持工程十天一验收，十天一结算，一月一清帐，工期完了工完帐清，计算到人，政策兑现。"②

在施工期间，民工的伙食实行粗细粮搭配。"粮食供应品种，根据民工要求，国家库存情况，由省、专统一安排，适当调剂，粗细合理搭配，做到供足供好，一月安排一次。病伤人员，适当酌情增供一部分细粮。"③

蔬菜供应是海河工程后勤保障中的一个难题。因为河道施工集中在冬春两季，蔬菜相对比较缺乏，因此萝卜、白菜是供应工地的主要品种，还要适量供应猪肉、粉条等。由于民工数量多，蔬菜需求量大，"根治海河"早期，一般由省"根治海河"指挥部提前做出安排，要求施工所在地提前种植大白菜等蔬菜，菜价也提前定好。这样不但能够满足民工生活需要，还可以减少运输费用。海河工地的蔬菜采用每斤不超过三分钱的低价供应，多年不变，这是计划经济时代的特色。由于价格太低，亏损大，补贴没有着落，以至于"根治海河"后期这一政策难以实行，民工的蔬菜供应出现更大的问题。

"根治海河"运动早期，对民工的生活物资供应是比较重视的。如1967

---

① 河北省根治海河指挥部：《关于子牙新河工程粮油供应管理办法（草稿）》（1966年7月28日），河北省档案馆藏，档案号1047－1－528－6。

② 河北省根治海河指挥部：《关于子牙新河工程粮油供应管理办法（草稿）》（1966年7月28日），河北省档案馆藏，档案号1047－1－528－6。

③ 河北省根治海河指挥部：《关于子牙新河工程粮油供应管理办法（草稿）》（1966年7月28日），河北省档案馆藏，档案号1047－1－528－6。

年春工中，河北省"根治海河"指挥部对民工吃菜问题提前做出了安排。由于春天是蔬菜供应比较困难的时期，省"根治海河"指挥部根据不同月份提出了相应的方案："民工吃菜按每人每天 1.5 斤安排，分三个时期解决。3 月份由施工所在地去冬储存的鲜菜解决，4 月份由出工地自带干菜解决，5 月份由施工所在地种植早春菜解决。"对需要种植早春菜的地区也是按照需要提前制订计划，省"根治海河"指挥部还要求向种植早春菜地区调拨化肥 25 万斤。[1] 在当时计划经济体制下，由于物资不能自由买卖，与此相关的各方面问题都需考虑周全，统一安排。好在"根治海河"早期对这项工程重视程度高，各个单位和各个部门在省委的统一领导下，都全力支持海河治理。

1967 年冬，"根治海河"第三个战役打响，即滏阳新河的开挖。为了使第二年春季的民工吃菜问题有着落，河北省在衡水专门召开了海河民工蔬菜供应座谈会。根据会议精神，河北省供销社、省"根治海河"指挥部后勤组印发了《关于为海河民工储存鲜菜亏损补贴办法的联合通知》，要求"各施工所在地供销社，负责组织沿河社、队为民工储存明春鲜菜，签订储菜合同，亏损的给予补贴"[2]。

即使这样，仅依靠当地供应依然难以解决海河民工吃菜问题。由于海河工地民工人数庞大，施工地集中，加上春季正是蔬菜缺乏的季节，因此海河春工的蔬菜供应一直比较难完成，对此省"根治海河"指挥部一直做着不懈的努力。在 1969 年春的大清河工地上，1968 年冬季安排的蔬菜只能落实 200 多万斤，除去民工自带，仍有缺口。河北省"根治海河"指挥部要求省里协助解决 300 万斤鲜菜，或 60 万斤干菜，由天津地区组织进货供应。如此大数量的蔬菜缺口，即使有相关部门的支持，能够筹集到足够的数量依然是很困难的，因此海河工地蔬菜供应一般无法达到既定标准。

---

① 《河北省根治海河运动大事记》，中共河北省委党史研究室编：《河北省根治海河运动》，中共党史出版社 2008 年版，第 155 页。

② 《河北省根治海河运动大事记》，中共河北省委党史研究室编：《河北省根治海河运动》，中共党史出版社 2008 年版，第 159 页。

在遇到无菜可供的情况时,的确会出现民工吃不到蔬菜的情况,[①] 不仅影响了民工的身体健康和情绪,而且进而影响到工程的顺利进行。因此,上级粮油部门经常采用安排菜豆供应的方式解决民工的吃菜问题。如4、5月份是鲜菜青黄不接的季节,河北省"根治海河"指挥部为了保证参加海河工程的民工吃到足够数量的菜,会安排一部分粮食菜豆,从5月中旬开始供应,1967年春季按每人每天0.2斤计算。[②] 以后基本每年都有类似情况。再以1975年冬天为例,按20天计算,"每人每天供应菜豆二两。各地有豆的应尽量供应菜豆,没有菜豆的可供应粉条。为了照顾民工吃菜,今年可按每人每天二两粉条计供(即一两豆改供一两粉条。只限今年)。"[③] 所供菜豆用于生豆芽或做成豆腐食用。

从以上所述可见,在当时粮食蔬菜比较匮乏的情况下,国家为了支持海河治理,对粮食与蔬菜的供应尽力做了保障,基本满足了民工的生活需要,保证了工程的进行。另外,计划经济的另一个优势在于用行政性的指令来低价供应,以尽力减少海河工程的开支,从这一方面体现了此种体制的优势。但是,随着经济政策的放开,到"根治海河"后期,开始强调经济规律,行政指令逐渐失灵,生活物资供应出现了更大的困难。"根治海河的最初几年,海河民工所必需的蔬菜、肉食等都能按规定的供应标准价格,由施工所在地区保证供应。但近几年来,各地区由于强调扭亏增盈,都不能按规定的供应标准、价格保证民工的需要,广大民工反映很大。在这种情况下,很多出工的社队,为了保证民工体质搞好生活,促进工程提前完成,在后方乱杀猪宰羊,筹措蔬菜,运送到工地,从而增加了出工社队的经济负担。"[④] 由此看出,

---

① 河北省根治海河指挥部:《关于今冬海、滦河工程开工情况的报告》(1975年10月22日),河北省档案馆藏,档案号1047-1-194-2。

② 《关于供应民工一部分粮食菜豆的请示》(1967年4月16日),河北省档案馆藏,档案号1047-1-198-6。

③ 河北省革命委员会粮食局:《关于下达一九七五年下半年海河、滦河工程用粮指标的通知》(1975年10月15日),河北省档案馆藏,档案号997-7-45-41。

④ 河北省根治海河指挥部:《关于一九七九年下半年海、滦河工程所需主要生活物资和部分生产资料计划的报告》(1979年6月15日),河北省档案馆藏,档案号1047-1-839-15。

"根治海河"后期，各地都强调经济效益，国家供给的食油、蔬菜政策不能兑现。除了后方社队的支持外，依然不足的便在自由市场高价购买，使民工的生活费用大大提高。

1979年，石家庄地区海河指挥部的总结报告称，肉食供应也同样出现问题，虽然期期都有指标，但供应没有保障。因此有的连队便开始向后方要猪要肉。据了解当年春天这种现象就比较严重，由此增加了生产队负担。①

关于煤炭供应问题。煤炭供应上出现的问题基本发生在"根治海河"后期，工地所供煤炭质量较次。因为野外施工，难以正常燃烧，影响到开水的供应和饭菜的质量。各施工单位多次反映，在反映无果的情况下，不少地方不惜大量调集运力与后方进行调换，对工程也有不利影响。

山东省的会战规模较小，主要由鲁北三区即聊城、德州和惠民三个地区参加。山东省的粮食和煤炭供应与河北省略有差别。在生活物资供应上："粮食以出工地区为主，所在地区协助；煤炭及其他生活用品，以施工所在地区为主，出工地区协助。"② 因为所涉及区域较小，所以在安排上比河北省要便捷一些。上级要求各有关地区要紧密配合，相互支持，共同把供应工作搞好。各种物资要保证15—20天的储备。③ 河北省则因会战规模大，出工人数多，出工范围大，在生活物资供应上面临着更大的压力。

当时各项工作多用毛主席的教导作为指示，是为时代特色。关于做好群众的后勤工作，所引指示为："要群众拿出他们的全力放到战线上去吗？那末，就得和群众在一起，就得去发动群众的积极性，就得关心群众的痛痒，就得真心实意地为群众谋利益，解决群众的生产和生活问题，盐的问题，米

---

① 石家庄地区根治海河指挥部：《关于今春治理卫河加重社队经济负担的调查报告》（1979年5月25日），河北省档案馆藏，档案号1047-1-357-11。

② 《一九六八年春季徒骇河、马颊河施工会议纪要》（1968年1月25日），山东省档案馆藏，档案号A047-21-30-6。

③ 《一九六八年春季徒骇河、马颊河施工会议纪要》（1968年1月25日），山东省档案馆藏，档案号A047-21-30-6。

的问题……"① 由以上所述可以看出，"根治海河"早期，虽然生活物资供应仍然存在一定问题，但是基本能够满足民工的生活需要，而到"根治海河"后期，生活物资供应上更加困难。因此，计划经济的优势和弊端都是同样明显的。优势在于保障程度比较高。因为供应量大，"根治海河"早期实行蔬菜提前订购不失为一个行之有效的方法，不仅使蔬菜供应有一定保障，而且在施工当地采用提前定购种植，可以免去大量的运输费用，就地解决民工的生活问题，即使到了市场经济时期也不失为一项成功的经验。但是计划经济的弊端同样明显，因为通过行政手段解决问题，生活物资供应甚至于前述工程物资供应的好坏都在很大程度上取决于上级的重视程度，重视程度高便解决得好，反之走向另一个极端，无法纳入常态化轨道，这与市场经济用经济规律来调控具有完全不同的特点。

---

① 《关心群众生活，注意工作方法》（1934 年 1 月 27 日），《毛泽东选集》第一卷，人民出版社 1991 年版，第 138 页。

第五章　"根治海河"运动与农民

传统研究"重国家、轻农民"，也就是说研究者把更多精力放在解析国家的政策，包括政策制定的背景、内容及实施效果等，而缺乏政策执行过程中曲折历程的展示，缺少民众的体验，即缺乏对底层农民有关政策执行的研究。如今社会史研究的深入使我们认识到这种研究的弊端。"根治海河"运动是集体化时期水利建设中的一项大型工程，与海河流域的农民有着非常密切的关系。农民不仅是"根治海河"的主要劳动力，而且所治河流主要流经农村，农民生活在沿河周围，这种大规模治水运动也无疑直接关系沿河农民的生产生活。因此，本书列专章从整个农民工群体的生产生活状况和沿河农民态度等不同的角度来透视"根治海河"运动对农民的影响。

第一节　民工的群体状况

集体化时期，在上级的组织领导下，农民改变了农闲休息的古老习惯，被广泛组织起来进行水利建设。为了避开农忙和雨季，"根治海河"运动中除水库工程外，大部分河道工程集中在冬春两季出工。① 这样，每年冬春两个季节，海河流域的骨干河道都有数十万的民工在劳作，如果加上各地进行配套

---

① 河道工程中仅有少量工程是夏季出工，如1970年6月山东省组织过鲁北海河会战，将原计划冬季出工的马颊河工程提前。但6月份是农村的麦收季节，如此安排会出现水利建设与农忙相冲突的局面。因此，此种安排比较少。

工程施工的农民，数量更为庞大。

一、民工的地域分布

"根治海河"工程包括了河道工程、水库工程和建筑物工程，除大型建筑物工程配有专业施工队伍来完成外，河道工程和水库工程的劳动力主要来自农民。即使在建筑物工程中，一般也配备一定数量的农民工来协助完成。因此在"根治海河"工程的整个进程中，民工是施工的中坚力量。

由于当时我国工业发展比较落后，在集体化时期的水利工地上，国家无力生产配备足够的机械进行施工，"虽然经过十几年的发展，根治海河施工机械化得到了较大的发展，但与根治海河的任务要求还很不适应，绝大多数的施工机械只能用于水库的建设。"① 再者国家由于经济困难，也没有能力支付机械化施工所产生的大量费用。因此，"根治海河"工程中的河道土方工程主要依靠人工，机械化水平非常低，只有在人工施工有困难的地方，如距离海口部分，才适当安排机械施工。② 由于人力劳动的局限性，要想在短期内取得效益，只能增加民工的绝对数量，因此在"根治海河"中主要采取了"人海战术"，利用数量庞大的施工队伍来加快施工进度。在骨干工程中，每期工程都得组织几十万民工出工。

前已论及，河北省"根治海河"工程采取了有计划、按步骤分期治理的方式，施工安排原则是："河库兼顾，集中力量打歼灭战，当年受益。"③ 采用此种方式的目的，主要考虑的是劳力的分配问题。由于施工条件的限制，要想使工程尽快产生效益，必须采取"集中力量打歼灭战"的方式，所谓的"集中力量"，就是指民工的调配。河北省的"集中力量"，几乎是指调集全

---

① 《海河施工机械化发展情况》（1979年7月6日），河北省档案馆藏，档案号 1047-1-88-4。

② 当时机械施工非常有限，即使海口段也做不到全部由机械施工。少量的机械施工安排在人工比较难以进行的地段。据现有记载，马颊河下游范桥至海口段，蓟运河、永定新河海口、金钟河闸上下等采用的是机械施工。

③ 中共河北省委：《关于河北省在"三五"期间根治海河重点工程的报告》（1965年5月25日），中共河北省委党史研究室编：《河北省根治海河运动》，中共党史出版社2008年版，第212页。

省的力量。当时水库工程由施工地区来安排劳动力，所有海河上游地区几乎都有施工任务。而河道工程采取了"大会战"的方式，所调集劳力包含了当时十个专区中的八个，除了路途遥远的张家口与承德地区没有出工外，其他地区全部参加了海河"大会战"，自南向北依次为邯郸、邢台、衡水、石家庄、沧州、保定、天津（后改为廊坊）和唐山（当时包括秦皇岛在内）。但在水库工程中张家口和承德两个地区都参与了施工。所以就河北省来说，"根治海河"工程是全省人民共同参加的工程。

在河北省完成的"根治海河"工程中，使用人力最多的是河道工程，扩挖中下游河道和开辟入海尾闾是"根治海河"工程中的重点。由于河道工程土方量大，季节性强，一般安排在冬春两季施工，即每年冬季10、11、12月。每年春季3、4、5月，这样安排的优势有两点：一是避开海河流域的雨季，不致使排水和施工互相干扰；二是考虑冬春两季是农闲时节，如此安排不致因为调出大量农村劳力而对农业生产造成过大的影响。由于打"歼灭战"的需要，仅靠受益地区出工是远远不能满足施工需要的，因此在河道工程中采用了"大会战"的组织模式，受益地区与非受益地区同时出工。下面是"根治海河"运动前期河北省各骨干河道工程劳动力安排情况：

表 5 – 1　1965—1973 年河北省各骨干河道工程劳动力安排状况表

施工年度	参加地区数	县数	出工人数	施工河道	完成土方（万立方米）
1965 年冬 1966 年春	7 6	84 73	495000 465000	黑龙港	15948.24
1966 年冬 1967 年春	7 8	87 84	300000 380000	子牙新河	17346.47
1967 年冬 1968 年春	6 7	77 91	271000 372000	滏阳新河 滹沱河北堤 滹沱河中游河道	14584.36
1968 年冬 1969 年春	87 7	87 87	256000 265000	独流减河 滏阳河复堤	7958.99

续表

施工年度	参加地区数	县数	出工人数	施工河道	完成土方（万立方米）
1969 年冬 1970 年春		59 93	176000 295000	大清河南北支 滹沱河北堤加固 滹沱河南堤	10950.79
1970 年冬 1971 年春	8 8	87 86	330000 341000	永定新河 北京排污河 潮白新河下段 青静黄下段	12529.2
1971 年冬 1972 年春	8 8	88 88	392000 397000	潮白新河 青龙湾下段 青静黄上段 漳卫新河 捷地减河 马颊河	17928.95
1972 年冬 1973 年春	8 8	86 86	289000 290000	北运河输水 引沟入潮 蓟运河 卫运河 青龙湾上段 漳卫河上段 潮白河上段	12041.41

资料来源：《一定要根治海河——河北省十年来根治海河主要工程简介》，河北省纪念毛主席"一定要根治海河"题词十周年筹备办公室 1973 年 6 月编印，第 33—34 页。

从表 5-1 中可以看出，河北省出工人数最多的是黑龙港工程。1965 年冬黑龙港工程中有七个专区出工，除黑龙港流域所涵盖的邯郸、邢台、衡水、沧州、天津五个专区外，加上石家庄专区和保定专区，总出工人数达到 49.5 万。由于施工人员众多，工地上呈现出人山人海、热火朝天的劳动场面。由于出工人数多，不同程度地对农村的农业生产造成了一定影响，因此在"根治海河"第二大工程子牙新河施工中，在黑龙港工程七个出工专区的基础上，增加了唐山专区，以减轻各地的出工压力，在以后的河道工程中，出工范围基本固定在这八个专区。从早期安排的工程看，唐山专区是完全不受益的。

在实际的工程安排中，每一期工程并非都是八个专区同时参加，而是根据任务的大小与距离的远近酌情安排。出工的人数分配上也不是均等的，在适当照顾当地生产的情况下，距离施工地近的地域适当多出工。也就是工程的受益地区出工人数较多，其他非受益地区，也就是离施工地比较远的地方出工人数较少，遵循了集体化时期水利建设上的一般劳力安排原则，即"群众施工队伍的主要劳力来源，是受益地区的社队，非受益地区的社队予以支援"①。即使出工多的地方仍有一定限额，如河北省在安排黑龙港工程中曾规定，各地出工人数最多不超过当地男劳动力的15%②。天津市每年的劳动力安排基本控制在男整劳力的10%以下③。虽有个别地方由于违反上级规定因出工人数多而影响了生产，但毕竟是少数。经过在实践中的不断调整，就整体来看，基本保障了各地农业生产的正常进行。

水库施工由施工地所在地区组织劳动力。"根治海河"中的水库扩建和新建的有岳城、黄壁庄、岗南、王快、朱庄、大黑汀、潘家口、龙门、东武仕、庙宫等水库，分别包括了石家庄地区、保定地区、唐山地区、张家口地区和承德地区，河道工程中没有出工的张家口地区和承德地区均有施工任务。岳城水库因关系冀、鲁、豫三省，由水电部直接领导，所需投资归水电部掌握，年度投资由国家安排，相关各省负责按计划安排劳力与供应地方物资。④

由此可见，从河北省"根治海河"民工的地域分布看，基本涵盖了全省范围，以工程所在地出工人数较多。"根治海河"工程是20世纪六七十年代的一项大工程，由于出工人数多，持续时间又长，当时的适龄劳动力大多有过参加"根治海河"工程的经历。这些农民在"根治海河"工程中，自带口粮指标、自带工棚物料、自带施工工具，不计工资、义务劳动，行程几百里，南征北战。他们到达海河工地后，住工棚，吃大锅饭，日出而作、日落而息。发扬了"百万愚公一条心、天南海北一盘棋"的共产主义大协作精神。

---

① 河北省水利厅水利志编辑办公室：《河北省水利志》，河北人民出版社1996年版，第813页。
② 参见中共河北省委《关于黑龙港河工程开工情况的报告》（1965年11月5日），中共河北省委党史研究室编：《河北省根治海河运动》，中共党史出版社2008年版，第258页。
③ 《关于尽快落实今冬明春根治海河劳力安排的请示报告（1972年12月21日）》，天津市档案馆藏，档案号X166-C-299-1。
④ 中共河北省委：《关于河北省在"三五"期间根治海河重点工程的报告》（1965年5月25日），中共河北省委党史研究室编：《河北省根治海河运动》，中共党史出版社2008年版，第212页。

山东省对海河流域所属的徒骇河和马颊河的治理也采取了"大会战"方式，由两条河流流经的山东北三区即德州、聊城和惠民（今滨州）三个地区出工，集中力量对不同河段进行了治理，在1968年春徒骇河和1973年春漳卫新河的治理中，泰安地区和昌潍地区也协助出了工。1968年冬，五个地区在徒骇河195.2公里的工段上参加治理，共出工34.8万人①，并提出了大干一冬春，全部彻底完成治理的目标。由于"文革"时期的特殊政治环境，当时提出的目标过于激进，不能充分结合实际，徒骇河、马颊河的干流治理至1971年基本完成。

1971年冬至1972年春，山东省在漳卫新河工程中出工10万人（包括河道土方工程8万人，建筑物工程2万人）。分配情况是聊城3.5万人，德州5万人（包括建筑物1.8万人），惠民1.5万人（包括建筑物0.2万人）。② 1973年春，山东省出工29万人继续完成卫运河工程和漳卫新河工程，除鲁北三区继续出工外，再次安排昌潍地区和泰安地区援助出工。在出工安排上，山东省多参照河北省的施工经验，冬季10月初上工，12月底结工。春季3月中旬上工，6月中旬结工。

从"根治海河"多年的施工时间安排看，一般冬季施工时间短，春季施工时间长，主要由气候因素决定。冬季施工中，天气越来越寒冷，一到结冰，便无法正常施工，再加上昼短夜长，施工会受到影响。春季施工时，天气越来越暖和，逐渐昼长夜短，工程相对比较容易完成。虽然工地上规定劳动时间8小时，但是时间紧任务重，大多会超出规定，加班加点也是常事。所以当时的原则是冬季少干，春季多干，特殊年份除外。河北省在1975年冬季施工中，各工地"打破了以往干到'小雪'节就退场的常规，在河道施工中的许多县团一直干到了十二月中、下旬，有些水库一直坚持了冬季施工。"③

---

① 山东省水利史志编辑室：《山东水利大事记》，山东科学技术出版社1989年版，第209页。

② 《漳卫运河、漳卫新河工程安排意见》（1971年8月1日），山东省档案馆藏，档案号A121－03－26－14。

③ 河北省根治海河指挥部：《关于一九七五年冬工情况的报告》（1976年1月27日），河北省档案馆藏，档案号1047－1－294－3。

在各地出工人数的安排上，其他各省市多参照河北省的做法。山东省提到："河北的经验是，每个生产队一般不超过 2 人。"① 当然这仅仅是一个大概的约数，据笔者的调查，出工人数依工程远近有所区别。如河北省盐山县与山东省接壤，紧邻漳卫新河工地，漳卫新河施工时，盐山县旧县公社每个生产队出工差不多达到 5—6 人，远远超过其他工程。② 上级在施工安排方面充分考虑了农业生产与路途远近等各种条件，施工所在地方出工人数较多。

涉及省际边界的一些工程，则由相关省份共同出工。1970 年冬至 1971 年春，河北、天津、北京三省市组织了近 50 万民工，共同完成永定新河、北京排污河和北京东南郊除涝工程及潮白新河的部分工程。1971 年冬至 1972 年春开始的漳卫新河工程由河北省和山东省共同出工，漳卫新河和之后治理的卫运河都是河北、山东的界河，流经河北省的邯郸、邢台、衡水和沧州四个地区和山东省的聊城、德州和惠民三个地区。漳卫新河治理中，河北省采取了南、北两线同时出工，南线施工直接安排上述四个地区，山东省也是安排的北三区。1978 年至 1980 年的卫河治理由河北、河南和山东共同施工。河北省由邯郸、邢台和石家庄三个地区施工，河南省由安阳地区组织九县二市施工，包括安阳、淇县、浚县、滑县、内黄、汤阴、濮阳、清丰、南乐以及安阳、鹤壁两市，民工最多达 19.5 万人。③ 山东省则由聊城地区出工。在民工的具体安排上，充分考虑了民工调用的成本，均以受益地区、就近安排为原则。

涉及省界的施工是在水电部的协调下完成的。在 1971 年冬至 1972 年春漳卫新河工程中，水电部指示河北、山东两省各出工 16.5 万人。河北省按计划做了安排，山东省提出由于徒骇、马颊河的配套和黄河下游的防洪工程需要，山东省只能出工 8 万人，补救的办法是在 1972 年冬至 1973 年春的治理中多出一些劳力，一并完成漳卫新河剩余土方和卫运河工程。水电部批准了山

---

① 《漳卫运河、漳卫新河工程安排意见》（1971 年 8 月 1 日），山东省档案馆藏，档案号 A121 - 03 - 26 - 14。

② 笔者在河北省盐山县千童镇孙庄村采访吕玉良的记录（2012 年 7 月 12 日）。吕玉良，男，1949 年生，曾参与永定新河、漳卫新河和卫运河、宣惠河工程。

③ 河南省水利史志编辑室：《河南省 1949—1982 年海河流域水利事业大事记》，1985 年编印，第 60 页。

东省的方案。

　　具体到一个县的出工情况如何呢？现以河北省衡水地区冀县（今冀州市）为例，"在16年的根治海河中，每次出工4000—5000人，多时达8000人。共转战天津、唐山、静海、清河等15个地方，出工34次，参加工程18个，总出工13.2万人次，挖河长度10.4万米，完成土方1600多万立方米。"① 上述数字代表了当时一个普通县在"根治海河"工程中的出工人数和完成土方的数量。沧州地区盐山县是个大县，据当地带工干部回忆，"根治海河，老百姓可真受了累了。盐山县大，根治海河出的民工多，少的时候每次七八千人，多的时候每次一万二三。"② 可见，出工人数是按照人口比例进行分配的。同时，从前面的表格中看出，1973年前河北省每季工程的出工县数多数都达八十多个。1973年后的状况也类似，只是工程项目多、施工地点分散而已，出工人数没有太大变化。

　　如此广泛的出工范围，自然引起受益与非受益问题的思考。应该看到，在"根治海河"过程中，所调用的农村劳动力大部分是在海河流域范围内，但也有部分劳力是完全不受益的，如当时河北秦皇岛属于唐山地区，虽然所在的滦河流域最终也被纳入海河流域的范围，但"根治海河"工程尤其是早期实施的河道工程与该地相去甚远，与当地的发展可以说没有任何直接关系，但也需要按照上级的安排协助出工，而且也为出工付出不少代价。山东省的泰安地区与昌潍地区都不在海河流域范围内。即使海河流域范围内的民工也并非都受益。因海河流域地域广泛，有的地方离骨干河流相去甚远，无法直接感受到"根治海河"的效益。但在当时的情况下，强调"共产主义大协作"，所有受益地区和不受益地区都必须按照上级的指示出工。在此种安排中，行政力量起了决定作用。当时"根治海河"运动具有很强的政治性，分配给各地的工程任务是必须要完成的。新中国成立后，国家政权以前所未有

---

　　① 文字虫：《忆根治海河》，新华网发展论坛，2012年2月25日，网址：http://forum.home.news.cn/thread/94817635/1.html。

　　② 刘玉琢口述：《风雨海河十七年》，杨学新主编：《根治海河运动口述史》，人民出版社2014年版，第57页。

的程度延伸到乡村，对基层社会的控制力大大增强，为开展大规模水利建设提供了便利条件。

二、民工的身体条件

在"根治海河"河道施工中，由于从事的是挖河筑堤的重体力劳动，对民工的身体素质要求比较高，因此所选民工都有比较严格的标准，这与新中国成立初期大型水利建设中的组织形式是不同的。"根治海河"工程与新中国成立初期的治淮工程有类似之处，工程的起源都是由于流域内发生的大水灾，1950年淮河地区水灾严重，1963年海河流域发生了特大水灾，两次大水灾都损失惨重，国家决定对淮河流域和海河流域进行治理。毛泽东主席为这两次治理工程都题了词。1950年，他为治淮工程题词"一定要把淮河修好"，1963年他又为海河治理题词"一定要根治海河"。这两次工程都是在国家的直接领导下进行的大型水利工程，情况类似，具有一定的可比性。现把"根治海河"运动中的民工条件与新中国成立初期的治淮运动进行比较，以突出"根治海河"期间在民工组织上的特点。

首先，从年龄上，上级规定所选海河民工必须是男性青壮年劳动力。"根治海河"运动初期，民工的年龄控制在18周岁至50岁[1]。后来有所调整，要求民工年龄在18周岁至45周岁之间，这部分劳动力在农村被称为整劳力。按照当时对农村劳动力的划分，45周岁到55周岁的劳动力被称为半劳力，18周岁以下的少年如果能参加劳动的也被称为半劳力。对于重体力劳动而言，无疑，18周岁到45周岁是人的一生中身体最为强壮的时期，参加"根治海河"工程的民工就是在这一年龄阶段选择的最精壮的劳力。

其次，海河民工在身体素质上要求比较高，必须是身强力壮、没有暗疾的精壮劳力。河北省规定，民工选拔必须要经过严格的体检，"每个出工的社

---

[1] 中共河北省根治海河指挥部政治部：《关于民工入场前的思想发动和组织工作意见》（1966年8月10日），中共河北省委党史研究室编：《河北省根治海河运动》，中共党史出版社2008年版，第283页。

员,在进入工地前必须经过公社以上医院严格的体格检查,凡是不符合海河民工健康标准的不准出工。"①

通过以上两点,可见河北省"根治海河"的劳动力是经过挑选的,充分考虑了工地的劳动强度,出工劳动力的身体条件是否适合工地的工作等,在劳力的组织和安排上比新中国成立初期淮河治理上成熟许多。以 1950 年至1951 年皖西北的淮河治理为例,因为兼顾了工赈性质和救灾成分,灾民成为治理淮河的主要劳动力,治淮工地上的民工基本上没有任何准入条件,因此皖西北治淮是男女老幼一起上河,包括孕妇。河南的情况类似,老小病弱甚至瞎子都上河工。② 这些老百姓上堤的目的是为了能够吃上饭,解决现实的生活困难。与治淮工地上"老弱病残齐上工"的景象相比,河北省"根治海河"工程则是遴选最精壮的劳动力。因为是在水灾过后两年才正式开始治理,工程不存在工赈和救灾的成分,完全是有计划有步骤地按照长期规划展开治理工作。河北省对于海河流域的治理与新中国成立初期治淮工程无论从规划设计还是从组织管理上都更为成熟。

由于"根治海河"工程是有计划的长期治理,因此治河民工是经过挑选的壮劳力。不仅要求年龄条件,还要有严格的身体条件,以适应工地劳动强度大的特点,减少伤亡,做到在工地上少发病、不死人,保证安全生产。民工体检有特定的程序,不仅在入场前进行体检,民工入场后还要再次进行体检复查工作。体检方法采用干部、民工与医务人员三结合的方法,检查步骤总结为"一看二问三检查",即目测、访问、检查。

1. 目测:在体检前,首先观察民工的年令(龄)是否适当,体质是否强壮,有无明显病容,进行初步挑选。

2. 访问:对报名的民工必须通过社、队干部、大队赤脚医生,家属及个人,详细地周密地调查询问病史,了解平常身体健康状况,有无旧

---

① 河北省根治海河指挥部:《关于组织好根治海河民工的几项规定(试行)》(1980 年 3 月 19日),河北省档案馆藏,档案号 1047 - 1 - 754 - 6。

② 葛玲:《新中国成立初期皖西北地区治淮运动的初步研究》,《中共党史研究》2012 年第 4 期。

病暗疾或现症。

  3. 检查：着重做好测血压、听心脏、查腹部、摸肝、脾，检四肢、脊柱。①

  在年龄上，凡小于 18 周岁或超过 45 周岁的是不允许出河工的，"虽适令（龄）但体质瘦小，体弱者"② 也是不允许出工的。在具体的检查中，人体各系统都有具体的标准，以心血管系统为例：血压低于 90/60 毫米汞柱或高于 150/90 毫米汞柱者、心脏瓣膜区有舒张区杂音及三级以上的收缩区杂音者、平静时心律超过 100 次/分及平静时有阵发性心动过速或心律不齐者、有各种心脏病者均为不合格。总之，所有可能因重体力劳动而容易造成不良后果者是不允许上河的。据当时的基层带工干部回忆："民工确定前都要先进行体检，年老的、年幼的、体弱的不许去，有病的更不用说了。海河的活特别苦特别累，一个萝卜顶一个坑，这些人当然也不敢去。"③ 所以，"根治海河"工地所选民工的身体条件一般是比较好的。

  治淮工地上，地方政府为了缓解救灾压力，允许灾民参加淮河治理，虽然上级指示"'在工程的领导思想上应在不妨碍工程的条件下尽量照顾灾民。'不过，站在治淮委的立场，照顾灾民应以不妨碍工程质量为前提。只是这一前提到了地方就不那么重要了。"④ 因此，工程效率可见一斑，"甚至部分体弱者做的土方还不够吃。"为此，部分地区不得不对体弱者进行精简，其中大部分是妇女。而"根治海河"工地的民工由于入场前就经过了遴选，因此没有出现大规模精简民工的现象。虽然也出现了"铁姑娘"出海河工的现象，但那是特殊年代的一个时代化印记，上级从未要求女性出工，而且从组织上

---

  ① 河北省根治海河指挥部：《关于海河民工体格检查工作的要求》（1972 年 8 月 23 日），河北省档案馆藏，档案号 1047 – 1 – 818 – 24。

  ② 河北省根治海河指挥部：《关于海河民工体格检查工作的要求》（1972 年 8 月 23 日），河北省档案馆藏，档案号 1047 – 1 – 818 – 24。

  ③ 《根治海河回忆片断——付仓夫访谈录》，中共河北省委党史研究室编：《热血铸辉煌——海河壮举忆当年》（上），中共党史出版社 2008 年版，第 136 页。

  ④ 葛玲：《新中国成立初期皖西北地区治淮运动的初步研究》，《中共党史研究》2012 年第 4 期。

来说毕竟要成熟得多，这一问题将在下一节具体论及。

三、民工的成分及性别

（一）民工的成分

成分指阶级成分。我国在新中国成立后的相当长的一段时间里是极为重视阶级斗争的，阶级成分成为衡量人的一个重要标签。成分不好的地、富、反、坏分子（即"四类分子"，加上右派也被称为"五类分子"）是受歧视的，尤其是在升学、参军等方面。在那个强调"以阶级斗争为纲"的年代里，对个人出身和成分极为重视。即使在海河工地上，依然在讲成分问题，在"文化大革命"前期更加明显。

在"大跃进"期间的水利工地上，阶级成分不好的人受到了很大的影响，[1] 在"根治海河"工程中，基本没有右派的参与，但其他四种成分的人是允许出工的。河北省"根治海河"指挥部专设政治部，在海河治理初期便规定："地、富、反、坏分子，年龄和身体符合民工条件的，也可让他们参加民工队伍，但数量不要过多，并严加管教，分工包干，落实到人，以便在工地上对他们进行监督改造。"[2] 在明确"四类分子"可以出工的情况下，仍然要限制数量并提出对他们严加管教。同时，"为保证施工队伍的质量和战斗力，各地在组织民工队伍时，要配备好一定比例的党、团员骨干力量。"[3] 在当时人们的潜意识里，阶级成分好的人可靠，战斗力强；阶级成分差的人是不可靠的，不但战斗力差，还要时时刻刻防止他们的破坏活动。

因为把"四类分子"看作危险人物，所以必须对他们时刻提高警惕。河北省"根治海河"指挥部在下发的关于工地安全保卫工作的文件中，单列一

---

① 参见刘彦文《"大跃进"期间引洮工地上的"五类分子"》，《开放时代》2013年第4期。

② 河北省根治海河指挥部政治部：《关于印发民工入场前的思想发动和组织工作的意见的通知》（1965年9月2日），河北省档案馆藏，档案号1047-1-113-1。

③ 中共河北省根治海河指挥部政治部：《关于民工入场前的思想发动和组织工作意见》（1966年8月10日），中共河北省委党史研究室编：《河北省根治海河运动》，中共党史出版社2008年版，第283页。

项提到了对工地上"四类分子"的管教问题。"为保证工地安全，防止敌人破坏，各地在组织民工队伍的同时，要摸清四类分子的底数，进行守法教育，每人作出保证计划，使其自觉地接受改造，争取立功赎罪。"① 并提出建立包改造小组，根据"四类分子"的表现定期进行评审，对表现好的、有轻微破坏活动的以及屡教不改的给予鼓励、批评教育和重点批判斗争等方式进行就地监督改造。对于"四类分子"的子弟，则提出不要歧视，要做好团结教育工作，"但一般不担任什么职务，不要分配要害部位工作。"② 从工地上的实际状况看，歧视现象是明显存在的，尤其是"文化大革命"期间，海河工地为了适应政治宣传的需要，增加了"红宝书"的供给，包括《毛泽东选集》和《毛主席语录》，还有作为荣誉象征的毛主席像章。当时，民工们把得到毛主席像看作无上的荣誉。对像章的奖励分配，便存在着明显的成分歧视。上级政治部门规定：参加施工的"四类分子"，被依法管制和监督劳动的不发，其余戴帽的"四类分子"，经过评审，思想改造和劳动表现好的，由县批准，只发纪念章，不发主席像。③

海河工地上对"四类分子"所从事的工种也有明确的要求，安全问题比较突出的工作禁止"四类分子"从事。河北省明确规定："炊管人员事先要进行严格审查挑选，四类分子及其他有不良思想行为的人，不得担任此项工作。"④ 时时刻刻的提防和歧视给这些人造成了很大的思想压力。

受社会政治风气的影响，海河工地上大讲阶级斗争，阶级斗争一度被强化。工地上的政治思想工作紧随中央政治形势，开展不同的思想教育活动，变换的只是不同的斗争对象和时代话语。海河工地上曾大力开展批两条路线

---

① 河北省根治海河指挥部：《关于工地安全保卫工作几个具体问题的意见（草稿）》（1966 年 8 月 10 日），中共河北省委党史研究室编：《河北省根治海河运动》，中共党史出版社 2008 年版，第 217 页。

② 河北省根治海河指挥部：《关于工地安全保卫工作几个具体问题的意见（草稿）》（1966 年 8 月 10 日），中共河北省委党史研究室编：《河北省根治海河运动》，中共党史出版社 2008 年版，第 217 页。

③ 中共河北省根治海河指挥部政治部：《关于主席像、纪念章、奖状、奖章发放办法》（1966 年 3 月 21 日），河北省档案馆藏，档案号 1047 - 1 - 116 - 16。

④ 河北省根治海河指挥部：《关于工地安全保卫工作几个具体问题的意见（草稿）》（1966 年 8 月 10 日），中共河北省委党史研究室编：《河北省根治海河运动》，中共党史出版社 2008 年版，第 216—217 页。

斗争、"批林批孔"、批"四人帮"等活动。出现问题经常被上纲上线,这突出反映了那个时代的时代特色。如在"根治海河"初期,人们认为"阶级斗争在工地上的主要表现是:突出政治与物质刺激的斗争;自力更生勤俭治水与依赖国家铺张浪费的斗争;多快好省与少慢差费的斗争;工完帐清与不愿清帐的斗争等等"①。所有上级号召和提倡的思想、行为和与之相反的思想、行为也被视为阶级斗争。正如有学者指出的:"文革"期间,阶级斗争话语和社会现实之间的背离上升到极点。阶级成了一个完全由政治态度决定,和任何物质基础无关的东西。② 而对于这一时期的工地上的"四类分子"来说,夹起尾巴做人、勤勤恳恳劳动是他们的本分,一旦工地上出现任何思想和行为上的异动,便会首先拿他们说事,甚至会受到批判。

据统计,在黑龙港工程中,工地上 70% 以上的民工是贫下中农。因为海河工地是高强度的体力劳动,并非每个人都适合,需要有较好的身体条件,而且在农村中还有相当一部分人是不愿出工的。这种重体力劳动也完全不像升学、参军那般有吸引力,所以在实际工作中,民工的遴选上并没有因为成分问题受到太严格的限制。在笔者采访到的民工中,有位老人的成分是富农,而他差不多参加了十年的"根治海河"工程。有的民工则回忆,"'文化大革命'时,我们村的'地、富、反、坏、右'分子或他们的孩子,参加挑河的比别人多。"③ 可见,在实际执行中,成分问题并没有成为海河工地民工遴选的重要条件。文件中提到的具体到一个生产队或一个班"四类分子"的数量不能过多,当然也不会成为问题。因为在农村,相对于广大贫下中农来讲,"四类分子"毕竟是少数,所以在出工农民中不会占太大的比例。

海河工地上没有专门斗争成分不好的民工,据当时的民工回忆,"上了海河的'地富反坏右'分子和他们的子女也都不挨斗。人们都累得七死八活的,

① 《河北省黑龙港地区排水工程总结》(1966 年),河北省档案馆藏,档案号 1047-1-196-2。
② [美]黄宗智:《中国革命中的农村阶级斗争——从土改到文革时期的表达性现实与客观性现实》,《中国乡村研究》第 2 辑,商务印书馆 2003 年版。
③ 孙秀田口述:《根治海河的苦与乐》,杨学新主编:《根治海河运动口述史》,人民出版社 2014 年版,第 171 页。

哪有劲斗别人哪！再者'地富反坏右'在海河上又不发坏，都很老实，所以不斗。"① 但是，成分不好的民工在当时政治气氛较浓厚的状况下，经常因此而受到歧视是常有的事情。在时刻不忘阶级斗争的年代里，无论出现什么问题都会拿"四类分子"是问，是那个特殊年代的特殊逻辑。但相比"大跃进"时期的水利建设中，"根治海河"中"四类分子"所受到的冲击和影响要小得多。

（二）民工的性别

在河北省"根治海河"骨干工程中，是不要求女性出工的，但在海河工地上，同样出现了女性的身影。这部分人中，一部分是从事后勤服务或广播宣传等辅助性劳动，严格来说，她们并不算在民工的行列，但她们也为"根治海河"做出了自己的贡献。如冀县柏芽公社女干部卢金迟号召和带动女青年积极参加"根治海河"，有10名女青年自愿组成"三八炊事班"，战斗在海河工地上。"她们说：'我们不能推土，可以当后勤，多一个人就多一份力量。'"② 除去这些从事后勤工作的女性之外，还有一部分是真正搞土方的海河民工，这些女性被称为"铁姑娘"，她们单独设立团体，在接受上级任务后，都是独立作战，这些女性集体被称为"铁姑娘排""铁姑娘连"或"红姑娘连"。"铁"代表了力量，有一种不服输的气概和与男性一比高低的豪气，"红"则代表了政治上的倾向，在这里的"铁"和"红"没有明显的区别，都是指的参加"根治海河"施工的女民工。

"铁姑娘"是新中国成立初期特殊背景下的产物，有着强烈的"去性别化"色彩。③ 关于"铁姑娘"的称谓，最早是指20世纪50年代农业合作化运动和社会主义经济建设中涌现出来的一些农村未婚女青年中的劳动积极分子。④ "农业学大寨"运动开始后开始全国闻名。1964年至1965年，大寨经

① 郑学熙口述：《从岳城水库修配厂厂长到海河民工营长》，杨学新主编：《根治海河运动口述史》，人民出版社2014年版，第88页。
② 阎大根：《冀州人民根治海河施工纪实》，河北省政协文史资料委员会编：《再现根治海河》，河北人民出版社2009年版，第187页。
③ 金一虹：《"铁姑娘"再思考——中国文化大革命中的社会性别与劳动》，《社会学研究》2006年第1期。
④ 耿化敏：《关于〈"铁姑娘"再思考〉一文几则史实的探讨》，《当代中国史研究》2007年第4期。

验引起中央高层关注，进而被树成典型逐渐向全国推广。而大寨"铁姑娘"也因此而"走红"，引起全国各地的纷纷仿效。"文化大革命"中，"铁姑娘"被进一步树立为"革命妇女"的典范。在"铁姑娘"现象被大力提倡和颂扬的背景下，海河工地出现"铁姑娘"也是顺理成章的事。

当时，在动员妇女参加劳动的过程中，出现了一句典型的口号，即"时代不同了，男女都一样，男同志能做到的，女同志照样能做到"。这是"文革"时期的典型时代话语。有学者考证，这几句话源自于 1964 年 6 月，毛泽东和刘少奇在十三陵水库畅游时，看到几个女青年从身后游上来时发出的感慨。《人民日报》首次报道时只是作为"毛主席畅游十三陵水库"的一件逸事。至 1970 年 3 月 8 日，为庆祝"三八"妇女节，《人民日报》正式引用这段语录，以此为标题报道了劳动妇女们的先进事迹。此后，这条语录便频繁地被引用，有时甚至铺天盖地而来。这种时代话语不仅被赋予妇女不甘落后、要与男子一比高低的含义，而且成为 20 世纪六七十年代对男女平等的最高诠释。①

海河工地上最常见的劳动是挖河筑堤，民工们要用小推车把重几百斤的土从河道中挖出装车并爬坡筑堤，此种劳动对身强力壮的男性来说都属于高强度的重体力活。女性由于特殊的生理条件，是不太适合从事这种重体力劳动的。海河工地大多远离家乡，野外施工，风餐露宿，生活非常艰苦，也不太适合女子参加。所以在施工中，出工人数的分配是按照男劳力的百分比分配的，上级并没有组织妇女出工。之所以出现女性民工出工的现象，政治因素起了决定性的作用。

随着"文革"的开展，各条生产战线上的工作思想和方法越来越"左"倾。在那个特殊的年代，"铁姑娘"精神被极力地宣传与颂扬，国家的政治话语起到了非常强势的导向作用，不但鼓舞了一些妇女积极分子，同时吸引了一些基层领导干部的关注。有些基层干部开始支持并组织女性参加治河，这些地方领导者不乏为了政绩的需要、为了吸引更多的关注而独树一帜。在这

---

① 金一虹：《"铁姑娘"再思考——中国文化大革命中的社会性别与劳动》，《社会学研究》2006年第 1 期。

种特殊的政治氛围中，妇女进入传统上男性所从事的领域，"冲破了'妇女不能挖河'的旧习惯"。① 因此女性参加治河，意识形态的倡导不可忽视。文献中多次提到很多女性主动参加，如"治河骨干工程劳动强度较大，本来不动员女社员出工。但是，广大女青年坚决要求远征战海河"②。但这种"主动"参加，我们不能排除有积极报名参加治河的女性积极分子，但动员和组织的痕迹是相当明显的，尤其是地方党政领导的支持与参与。组织女性出河工，多是由于基层领导的政治敏锐性。闻名海河工地的藁城县城关民工营"铁姑娘排"，是在 1973 年春工发动期间，"藁城城关东大片（东垒下、西垒下、孟村、五界村、革庄、毛庄、塔头、二大队、三大队）的姐妹们听到组织妇女到海河参战的消息"③ 后，纷纷报名参战。永清县曹家务连队曾在 1975 年组织了一个妇女施工排，"妇女上海河得到了各级党委和广大群众的积极支持。"④ 藁城县小果庄连"铁姑娘排"是 1968 年秋天组织的，"新生的革命委员会热情支持了女民兵的革命行动。"⑤ 玉田县石臼窝公社党委在 1971 年春接受治理海河的任务后，"决定在海河民工中组织一支女民工排。姑娘们一听说，纷纷踊跃报名。"⑥ 天津静海县王口公社的"铁姑娘排"是在 1971 年 8 月开始组织，"县委决定在王口连队成立一个铁姑娘排，喜讯传到各大队，全体妇女踊跃报名参战。"⑦ 所有这些能够看出，"铁姑娘"组织都是在基层党委的领导下方得以成立。在当时"铁姑娘"精神被大力提倡的情况下，有些地

---

① 《英姿飒爽战海河——记藁城县根治海河施工团小果庄连"铁姑娘排"》，《河北日报》1971年 11 月 30 日，第 4 版。

② 《我省人民奋战十年取得根治海河伟大胜利》，《河北日报》1973 年 11 月 16 日，第 1 版。

③ 樊俊娥：《铁姑娘立志战海河》，河北省政协文史资料委员会编：《再现根治海河》，河北人民出版社 2009 年版，第 253 页。

④ 廊坊地区革委会根治海河指挥部：《关于一九七五年春季治理永定河、龙河施工总结》（1975年 3 月 3 日），河北省档案馆藏，档案号 1047－1－306－9。

⑤ 《英姿飒爽战海河——记藁城县根治海河施工团小果庄连"铁姑娘排"》，《河北日报》1971年 11 月 30 日，第 4 版。

⑥ 《娘子军战海河——记玉田县海河民工团石臼窝连"三八"排的事迹》，《河北日报》1973 年3 月 13 日，第 3 版。

⑦ 《迎朝阳，抓纲治国批"四害"，展英姿，甩开膀子战海河——静海县王口公社根治海河民兵连铁姑娘排》（1978 年 1 月 18 日），静海县档案馆藏，档案号 4－4－22－5。

方组织积极响应了号召。

虽然女性出工从宣传上看似热烈，实际上面临着相当的阻力。藁城县南墩村武秀芳的父亲说："叫你们到工地上，不是洗衣服做针线活，是叫你们拉小车的，挖河里（哩）。你就行了？"陈家庄二大队李小英的母亲说："那（哪）有闺女家去挖河呢，再说，过去当民工，队里每人给四十块钱，每天记15分工，如今一个钱不给，一分工不多记，别人谁愿去谁去，反正咱不去。"① 从这些言论中能够反映出一些农村家长的想法。当时有相当一部分农民对女性出工持反对态度。静海县王口公社在组织女性上海河时，有人就说："自古以来，也没听说过妇女出河工。"②"别看闹得凶，去了也不顶用。"③ 保定市委批准成立"铁姑娘连"参加"根治海河"的消息传来，这在郊区成了新鲜事儿，有人说："开天辟地可没听说过妇女挖河呀！""姑娘挖河是'好事儿'，可前不着村，后不着店，什么人都有！"④ 在他们的思想中，挖河不是女性应该承担的劳动，这是农民长期形成的男女分工观念。

为了展现贫下中农是支持的，这种思想被描绘成阶级敌人的攻击与破坏。玉田县石臼窝公社决定组织女性上海河后，"喜讯传出，贫下中农热烈支持，但是一小撮阶级敌人却在背后吹冷风，散布流言蜚语，致使有的家长产生了思想顾虑，不愿她们去。"⑤ 藁城县女性出工中的阻力也被看成是阶级敌人妄图阻止民众落实毛主席的伟大指示。保定市则把此上升为"两个阶级、两种思想、两条路线的尖锐斗争"⑥。当然，在宣传报道中，所有这些阻力都通过

---

① 《中华儿女多奇志，不爱红装爱武装——藁城县"红姑娘连"事迹片断》（1968 年），河北省档案馆藏，档案号 1047 - 1 - 215 - 17。

② 《战斗在农林战线上的妇女》，农业出版社 1974 年版，第 94 页。

③ 《飒爽英姿战海河，誓为革命献青春——静海县王口根治海河民兵连铁姑娘排》（1973 年），静海县档案馆藏，档案号 2 - 8 - 126 - 5。

④ 保定市铁姑娘民工连：《根治海河意志坚，妇女能顶半边天》（1973 年），河北省档案馆藏，档案号 1047 - 1 - 256 - 64。

⑤ 《娘子军战海河——记玉田县海河民工团石臼窝连"三八"排的事迹》，《河北日报》1973 年 3 月 13 日，第 3 版。

⑥ 保定市铁姑娘民工连：《根治海河意志坚，妇女能顶半边天》（1973 年），河北省档案馆藏，档案号 1047 - 1 - 256 - 64。

揭批阶级敌人的破坏活动、做通父母的思想政治工作得以顺利解决。

藁城县城关公社女工排是由公社革委会挑选的，全连一百名女青年，年龄最大的21岁，最小者才15岁，平均年龄19岁。① 最小者的年龄还要低于上级规定的男性民工最低年龄，如此年轻的姑娘们能否胜任挖河筑堤的重体力劳动实在令人担忧。按照最初制定的政策，民工限定在18—50岁（后改为45岁）的男劳力，而且女性出工明显是不符合规定的，那么为什么不合政策的事情反而得到支持和大力宣传？这一现象还是应该在制度上进行分析。在集体化时代，衡量政绩的标准并不是严格按规定办事，而是上级的态度，具有很大的自由度。"根治海河"的政策中虽没有要求妇女出工，但在当时的背景下，国家是明显鼓励"铁姑娘"现象及组织的，不但有国家领导人的指示，还有媒体铺天盖地的宣传。当时评价一种行为的好坏重点看行为的动机，只要愿望是好的，不管是否符合规定，便容易得到首肯。在这种体制下，难免有只求形式不顾效果的现象发生，同时也破坏了规章制度的严肃性。

在当时"铁姑娘"精神和行动被极力颂扬的时代背景下，出现"铁姑娘"治海河有其必然性。海河工地的女民工在多个地方陆陆续续地出现过，如在1973年春白洋淀复堤工程中，沧州地区任丘县苟各庄组织了一个"铁姑娘班"，是沧州地区"根治海河"以来的第一次妇女上河②；1974年春治理卫运河二期工程中，邢台地区清河县马屯连有32名"铁姑娘"参加"根治海河"；③ 1974年冬季工程中，沧州地区南皮县组织了两个"铁姑娘排"，她们"同男民工开展对手赛，尽管施工条件比较困难，但她们平均每人每日推土达到八方多。"④ 1975年廊坊地区永清县曹家务连队组织了一个妇女施工排。这些地方组织女性上海河，一般都是得到地方党委的支持，不过都没有延续下

----

① 《中华儿女多奇志，不爱红装爱武装——藁城县"红姑娘连"事迹片断》（1968年），河北省档案馆藏，档案号1047－1－215－17。

② 参见沧州地区革命委员会根治海河指挥部《关于白洋淀复堤工程总结报告》（1973年），河北省档案馆藏，档案号1047－1－280－5。

③ 参见邢台地区革命委员会根治海河指挥部《关于卫运河二期工程春季施工总结》（1973年），河北省档案馆藏，档案号1047－1－280－3。

④ 《全面落实毛主席"一定要根治海河"指示》，《天津日报》1974年11月22日，第1版。

去。临西县也有女性出工的记录。天津市以静海县王口公社的"铁姑娘排"规模最大、延续时间较长。1971年秋刚刚成立时由7个大队的37人组成，到1977年春改为"铁姑娘连"，由来自24个大队的260人组成。天津市在单独完成的一些工程中也有一部分女性出工，如1974年在北大港水库工地除了静海县王口公社"铁姑娘排"，还有宁河县赵庄公社"铁姑娘排"。"在'北四河'续建工程工地上，妇女占出工人数的百分之四十。塘沽区、汉沽区参加蓟运河北塘打坝工程的女社员都占一半左右。她们早出晚归，和男同志比干劲，比贡献，发挥了'半边天'的作用。"① 天津市女性出工主要源于劳动力不足，同时也要看到，"北四河"续建工程已不同于早期的海河"大会战"中的大规模骨干工程，其组织形式与配套工程类似，主要依靠当地劳动力，出工人员都是附近郊区农民，离家较近，女性出工相对比较方便，已和"大会战"中的女性出工不能同日而语。

女性出工延续时间最长的当属天津市静海县、河北省藁城县、玉田县和保定市等单位。静海县女性出工集中在王口公社、藁城县的铁姑娘来自小果庄公社、梁家庄公社和城关公社，以小果庄出工时间最长。小果庄连"铁姑娘排"是1968年开挖独流减河时组织的，最初由十几个大队24名女青年组成，初由贾俊香担任排长、后由刘志兰继任。五年中参加过独流减河、支保大会战、治理本县木刀沟工程和永定新河、潮白新河、引沟入潮等9期"根治海河"工程。保定市的"铁姑娘连"规模最大，由郊区9个公社的90多名女青年组成民工连，从1970年冬季开挖"北四河"开始，1971年春季参加北四河二期工程，1973年春综合治理白洋淀的除堼工程，至1973年纪念主席题词十周年时，共3次上海河。

这些来到海河工地的年轻姑娘们，"初到工地有的不会推小车，一驾起来就东倒西颠想翻车。"② 静海县王口公社"铁姑娘排"成员则在入场前就加紧练习，"开始，她们不会推独轮车，就抓紧时间练习。进场前突击练，进场后

① 《本市治理海河工程继续加紧进行》，《天津日报》1974年11月17日，第1版。
② 樊俊娥：《铁姑娘立志战海河》，河北省政协文史资料委员会编：《再现根治海河》，河北人民出版社2009年版，第255页。

在劳动中练。不知用了多少个夜晚，摔了多少次跤，终于学会了推车技术。"①
可见，平时在社队参加劳动，推车之类的农活一般不用女性承担。组织这些
女性来参加治河，应该说典型标示作用更高于具体的施工需要。著名的藁城
市"红姑娘排"刚到工地时，因为从没干过挖河这样的活，不知道该怎样着
手。她们把"小车拉到河里，见土就装，把车道也挖了，有的班不懂得分层
使土，占住一块地方一直往下挖，挖下去一米多深，装车的时候胳膊举得很
高，显得特别费劲，在劳力组合上也有窝工现象，装车的光管装车，拉土的
光管拉土，闲人多，停车的时候多，因此，头几天的工效很低，每人每天连
一方土挖不上来"②。针对这些问题，她们参观了兄弟连队的施工经验，请讲
解员来进行讲解、指导，改进了施工方法，改善了劳力组合，之后工效逐步
提高，在第二次收方时，每人每天平均达到了两方多土。但比起男民工来，
工效依然低很多。随着河越挖越深，施工也变得越来越困难，有的男民工说
风凉话："你们红姑娘连干一天活，别说吃饼子吃馍馍，连喝米粥的粮食都挣
不出来。"也有的说："你们下次别来了，干不了多少活，光给别人添麻烦。"
连队中很多人确实被重活压住了，"再加上工地大风很多，上地就刮一身土，
回到工棚，被褥、饭碗到处也都是土，一到这个时候，大伙一肚子不高兴，
没好气。有人说：'根治海河，一趟就够了，下次说么也不来了。'"这是工地
上妇女劳动的场景再现。应该说，思想上的波动是工地上的正常现象，男性
亦如此，但我们应该看到，男女在生理结构上的差异造就了在生产生活中的
分工，千百年来的男耕女织的格局是符合男女性别差异的。

因此，这种忽视男女生理差异的宣传总归是宣传，等真正到了高强度体
力劳动的治河工地上，也不得不考虑女性的特殊身体状况。据曾和保定市
"铁姑娘连"临近施工的民工回忆，"铁姑娘连"在施工中是可以换班的，

---

① 《战斗在农林战线上的妇女》，农业出版社 1974 年版，第 94 页。

② 《中华儿女多奇志，不爱红装爱武装——藁城县"红姑娘连"事迹片断》（1968 年），河北省
档案馆藏，档案号 1047 – 1 – 215 – 17。

"她们人多,一批下去,另一批顶上来,而男民工是没人换班的。"① 由此可见,在具体的分工中,依然照顾到了女性的生理特点。而且在班排土方量恒定的情况下,"铁姑娘排"的组织者以增加人数的方法来解决劳动强度高的问题,因此女性的人均土方量和男性民工是不相等的。

"根治海河"运动后期,出工越来越困难,为此,1980年河北省"根治海河"指挥部发布了一项关于组织好"根治海河"民工的试行规定,强调全省海河流域内的农村社、队都有集体出工的义务。民工的条件为:"凡十八至四十五周岁身体健康的男性社员,都要按工期轮流出工,干部、党员、团员要带头出工。年龄超过四十五周岁的男性社员或青年妇女社员,适于做工地炊事、医务等服务性工作的,经批准也可出工。"② 可以看出,这一规定比早期的出工条件有所放宽,但也只是说女性可以做些服务工作。在所有的文件中,从来都没有让女性出河工的记录,"铁姑娘"治海河成为时代化的印记。

"根治海河"运动大部分时间处于"文革"时期,在当时的政治环境下,出现"铁姑娘"组织源于时代背景下对"铁姑娘"精神的大力颂扬。在上级没有要求女性出工的情况下,海河工地出现"铁姑娘排""铁姑娘连",有树立典型、吸引关注的作用。当时的女青年,在受到主流话语的不断影响下,积极参与者当然不乏其人。但一些基层干部对政治的高度敏锐性是组织女性出工的主要原因。

在"根治海河"运动中,"铁姑娘"们为海河治理做出了贡献。以静海县王口公社的总结为例,"这些过去没有出过家门的年轻姑娘们,为落实毛主席'一定要根治海河'的伟大教导,每期施工推车爬坡,风餐露宿,豪情满怀,平均每人日行百里路,负重万斤土,合计行程三百万公里,可绕地球七十五周,累计完成土方达二万立方米之多。"③ 成绩是非常突出的。她们还

---

① 笔者在河北省高碑店市东盛办事处龙堂村采访李振江的记录(2012年2月12日)。李振江,男,1949年生,原新城县张八屯公社龙堂村人,1973年在白洋淀除堼工程中与保定市"铁姑娘连"临界。

② 河北省根治海河指挥部:《关于组织好根治海河民工的几项规定(试行)》(1980年3月19日),河北省档案馆藏,档案号1047-1-754-6。

③ 《迎朝阳,抓纲治国批"四害",展英姿,甩开膀子战海河——静海县王口公社根治海河民兵连铁姑娘排》(1978年1月18日),静海县档案馆藏,档案号4-4-22-5。

"经常利用工余时间，帮助炊事员拉水、做饭，给全连同志刷鞋，洗、补衣服"①。她们不但进入了传统社会男性从事的领域，而且同时发挥了女性特长。保定市的"铁姑娘连"有着类似的总结："在党支部的领导下，我们全连战士除每天参加战斗外，还利用工休时间，赶排了文艺节目，组成小型文艺宣传队到兄弟连队慰问演出，并利用中午和晚上休息时，为广大男民工拆洗被褥，洗衣服、刷鞋。三年来，我连为男民工洗补衣服共六千二百多件。"② 这是当时女性生产生活状态的典型反映，在"男女都一样"的倡导下，打破男女分工的女性们，不但进入了通常由男性从事的重体力劳动领域，而且依然继续扮演着女性的传统性别角色，即使离开了家乡远赴海河工地的"铁姑娘"们，也没有完全脱离家务劳作，且都是在工余时间完成，背负了更重的劳动任务。

不过，在"根治海河"运动中，女性总体出工人数较少。由前述论述可以看出，规模较大的保定市"铁姑娘连"90人左右，藁城县"红姑娘连"人数最多时100人左右，静海县"铁姑娘连"仅在1977年规模最大时扩编至260人，多年维持在50多人。其他地方出工者基本为两位数，且多数地方出工并不连续。具体出工状况以藁城县1969—1971年部分工程统计为例：

表5-2　藁城县1969—1971年部分工程中女性出工情况统计表

年份	1969年春			1970年春			1971年春		
性别及比重	女	男	女工比重	女	男	女工比重	女	男	女工比重
小果庄	20	299		26	358		27	345	
良（梁）家庄	11	205		21	304				
城关	30	588							
全县总计	61	7472	8.1‰	47	10011	4.7‰	27	11882	2.3‰

说明：多数公社仅男性出工，省略未列出。全县总计为总出工数，包括其他公社人数在内。
资料来源：由《藁城县海河民工施工团民兵、干部情况表》（1969年3月28日），藁城市档案馆藏，档案号61-1-29-11、《石家庄地区海河工地干部、民兵及基层组织情况统计表》（1970年10月19日），藁城市档案馆藏，档案号61-1-43-16、《海河工地干部民工基本情况统计表》（1971年10月），藁城市档案馆藏，档案号61-1-54-19整理而成。

①《飒爽英姿战海河，誓为革命献青春——静海县王口根治海河民兵连铁姑娘排》（1973年），静海县档案馆藏，档案号2-8-126-5。
②保定市铁姑娘民工连：《根治海河意志坚，妇女能顶半边天》（1973年），河北省档案馆藏，档案号1047-1-256-64。

由表 5 - 2 可以看出，在女性出工较多的藁城县，即使有女性出工的年份，女性出工数仅占到全县总人数的千分之几。"根治海河"运动持续了 15 年的时间，每年冬春两期工程，每期出工人数都要达到几十万人，女性只在少量年份，有限的几个县团出现过，在人数上只是茫茫大海中的小浪花而已，成为数十万劳动大军的些许点缀。"根治海河"运动中的绝大多数土方工程是男性劳动力完成的，男性是海河民工的绝对主体，这是不可争辩的事实。

第二节 民工的日常生活

一、民工的劳动

新中国成立初期，水利民工的组织形式为民工团、民工大队，由省、地、县统一领导。[①] 1958 年人民公社成立后，为了适应"大跃进"的需要，强调生产战斗化、组织军事化，劳动力的组织和管理开始按照军事建制编制，组成班、排、营、连、团等。"根治海河"运动中，由于劳动力需求大，实施了"人海战术"，为了有效组织民工，继续沿袭了人民公社前期组织劳动力的方法，按照军事化原则编排。由于该工程是国家领导的大型工程，所需劳力多，"根治海河"工地上的民工规模也是首屈一指的。

可以看出，按照军事化编制组织民工是"大跃进"以来水利战线上常用的方法，并非是"根治海河"运动中的首创。但是在"根治海河"时期，此种组织方式越来越成熟，逐渐固定下来。一般来说，"根治海河"工地上，以县为单位组成民工团，在县指挥部以下建立营、连、排、班。以公社为单位设连（以 150 人左右为宜），以连为单位建立食堂；出工人数多的公社也可设营，到了"根治海河"后期，为了方便管理，取消了营一级机构，一个公社为一个连。连以下再以村为单位设立排或班，为了组织上的便利，一度在公

---

① 河北省水利厅水利志编辑办公室：《河北省水利志》，河北人民出版社 1996 年版，第 814 页。

社范围内实行各村之间混合编班。各级机构的设置是，营设正副营长、正副教导员，连设正副连长、正副指导员，排或班设排长或班长，并设毛泽东思想宣传员，既辅导学习，又协助连队干部开展政治思想工作。

民工的劳动是非常苦累的。据当年参加施工的民工回忆，大部分河道工程是开挖几十米宽、五米以上深的大河，民工们所用的施工工具非常简单，主要是铁锹和小车。他们先用铁锹来挖土，装上独轮手推车，然后将挖出的土推到筑堤地点，筑成河堤。工地上"主要有两类活儿：一类是主要的，挖土推土；另一类是辅助的，'拉坡'，就是拉装上土的独轮手推车。两类活儿都是很苦、很累的：挖土推土的，每天要挖、推5、6立方米的土，多的10立方米以上；'拉坡'的，每天要拉几十、一百多车次"①。当然各地不同时期具体的劳动方式有差异，比如有的地方挖土的和推土的分工合作，有的地方自供自推，到了后来"根治海河"工地上普遍使用了滑车和爬坡机，这样就不再用人工拉坡。虽有进步，但总体上机械化水平低，多数工序仍然需要依靠人力来完成，民工的劳动强度依然很大。

从亲历者的回忆，能够考察当时民工劳动的概况，民工的生产生活条件是非常差的，主要表现在以下几个方面：

首先，施工环境较为艰苦。水库、河道施工都是野外作业，条件恶劣。尤其是在冬季施工时，"天寒地冻，有时狂风大作，飞沙漫天；有时大雪纷飞，地冻如铁；冰层下，还常常碰到难挖的'狗头胶'、'僵石层'、淤泥、流沙……施工中的困难，一个接着一个。"② 这是施工中最常见的劳动环境的真实写照。在1975年的冬工中，"广大群众顶风雪、抗严寒、破冰冻、攻难关。东武仕、王快等水库的广大指战员在没膝深的泥水中闯过了淤泥关。庙宫水库的指战员战胜了零下二十多度的严寒打冻方。清凉江工地的广大指战

---

① 文字虫：《忆根治海河》，新华网发展论坛，2012年2月25日，网址：http：//forum. home. news. cn/thread/94817635/1. html。

② 《当代愚公战海河》，《河北日报》1973年11月17日，第2版。

员攻克了严重的淤泥、流沙和大面积狗头胶。"①

　　曾任邯郸地区"根治海河"指挥部政工干部的周建国回忆当时"根治海河"的情景，他说当时的施工条件是极其艰苦的，因为没有像样的施工设备，主要靠人力，每人一张锹，两人一辆排子车。民工们要把河内的土挖出来运到几十米外、十多米高的大堤上。"每个民工每天要拉着七八百斤重的车子走百余里路，爬几十里坡，他们的鞋子踏破一双又一双，衣衫磨破一件又一件，肩膀磨出了血，脚底磨出了泡。劳动强度如此大，吃的都是玉米面窝头加老咸菜，即使这样艰苦，他们也从不叫苦喊累，从始至终保持着昂扬的斗志和乐观的情绪，有的民工还互相打趣：我们这里生活不错，每天两干（排子车的两根杆）一盘（排车盘）两见腥（早起上工、晚上收工都见星星）。"②

　　民工的艰苦施工条件，还因施工地点的不同出现特殊状况。1968年冬开挖独流减河时，遇到了罕见的海啸，"在下口施工的文安等县民工、干部，深夜冒雨跑向海边，跳进急流之中，组成人墙，抢堵防潮堤埝，战胜了海啸。开挖永定新河，绝大部分是在芦苇丛生的沼泽地里施工，丰润县、秦皇岛市等民工团，每天两次受海潮袭击，他们硬是用双手挖泥，修筑了十几华里长的防潮埝。"③ 如果说这些困难还不算常态的话，在普通地段挖河的工地上，条件依然艰苦。在1969年冬到1970年春治理大清河的工程中，"邯郸、邢台两地区的民工要在河中挖河，淀中挖河，他们顽强战斗，战胜了'河里一层冰，岸上一片雪，早晚一层冻，中午一片泥'的困难。"④ 施工中，民工们凭着"一辆小车、一张锹"，发扬愚公移山的精神，利用"人海战术"，克服种种困难，对海河水系的各大河流逐一进行治理。

　　其次，劳动强度大、劳动时间长。海河河道工程是挖河筑堤的重体力劳动，"任务都层层分解到村，到小组，没有半点虚事。尤其是春天，黎明即

---

① 河北省根治海河指挥部：《关于一九七五年冬工情况的报告》（1976年1月27日），河北省档案馆藏，档案号1047-1-294-3。
② 周建国：《海河工地是座大学校》，中共河北省委党史研究室编：《热血铸辉煌——海河壮举忆当年》（上），中共党史出版社2008年版，第152页。
③ 《我省人民奋战十年取得根治海河伟大胜利》，《河北日报》1973年11月16日，第1版。
④ 《大清河水唱新歌》，《河北日报》1973年11月7日，第2版。

起，天黑才收工，民工每天劳动的时间都在 12 个小时以上。"① "一般劳动时间是'两头儿不见太阳'。"② 1979 年孟村县团在北排河工程的施工中，"由于加班加点，劳动时间过长，有的一天甚至达到 15.3 个小时。"③ 海河工地民工的劳动紧张到什么程度，现举例来进行说明，以此来展现当时工地劳动的繁忙局面。

1968 年秋冬在独流减河工地上实行了劳动组合法，"坚持做到装车人不停，运土车不停，一旦运转起来，民工喝水、小便的时间都难挤出。一个人稍有耽误，施工便出现'断流'。工效大幅度提高，民工劳动强度空前加大。独流减河上架有一座数里长的大桥，雄伟壮观，堪称津西一景。好多民工进场就向往着上桥观光，一饱眼福。由于施工的紧张和劳累，直到收工退场，竟没找到登桥一眺的机会。"④

海河工地劳动强度大、劳动时间长，几乎贯穿了整个"根治海河"运动始终。对于民工的劳动量和劳动时间，中央是有规定的，但在实际执行过程中却完全变了样，民工的劳逸结合基本停留在口头上。这种现象主要是由两个原因促成：

（一）工程带有承包性质，早完工各方都受益

这一点在前面的论述中已经提及。因国家是按照标工补助粮食、生活费和其他费用的，属于"包干负责"制，所以多完成标工就能较好地解决吃饭问题，其他费用也会有所剩余，因此民工需要通过不断的努力尽可能多地完成标工数量。在其他施工条件没有明显改善的情况下，追求高标工必须通过延长劳动时间、增加劳动强度来实现，这就为以后的加班加点开了先例。同时，也让上级看到了民工在劳动上的潜力。即使在以后粮食补助按人定量以

---

① 《根治海河回忆片断——付仓夫访谈录》，中共河北省委党史研究室编：《热血铸辉煌——海河壮举忆当年》（上），中共党史出版社 2008 年版，第 137 页。

② 河北省广播事业局办公室：《广播简报：海河工程、平调严重》（1980 年 6 月 13 日），河北省档案馆藏，档案号 1047 - 1 - 419 - 4。

③ 《根治海河工作会议参考材料》（1979 年），河北省档案馆藏，档案号 1047 - 1 - 388 - 16。

④ 李谦、冯树详、史平臣：《广平根治海河十五年回忆》，河北省政协文史资料委员会编：《再现根治海河》，河北人民出版社 2009 年版，第 214 页。

后，超标工不再成为获取粮食的动力，但生活费补助以及其他补助还是按照标工来确定的。再者有了之前的超标工的经验，上级分配任务便按往年的实际完成情况来分配。因此在以后的工程量分配时，基本不再按每人每天1个标工进行劳动力的分配。以"根治海河"后期的卫河工程为例，上级下达任务时就是直接以每人每天完成1.5个标工来计算的①。即使这样，大家认为仍有继续提高工效的余地。按照石家庄地区领导海河工程的干部分析，早完工对各方都是有利的。"对国家来说，工程早完成早受益，节省投资；对集体来说，早完成可以早回去，可以支援农业；早结束，早腾地，对当地农业生产也是个支持。从增加收入来说，五十天完成工效二点二个工日，每个民工每天收入生活费一元五角四分，每天伙食费按八角钱计算还剩七角四分，整个工期可得三十七元，而且可以提前回队，多投工，多挣分。各级干部也由于提前完工，投资包干有余而得到奖金。功在国家利在个人。"② 因此早完工对国家、集体和个人都是有利的，但早完工必须通过增加劳动强度、延长每天的劳动时间来实现，所以不可避免地造成劳动强度大的问题。

（二）水利"政治化"，追求提前完成任务

由于"一定要根治海河"是毛泽东主席的号召，为"根治海河"工程涂抹上一层浓厚的政治色彩。同时，"根治海河"的大部分时间处于"文化大革命"时期，政治倾向便更加明显。因此各地不只是把该工程看作水利工程，而是按照政治任务来完成。各级部门为了政绩上的考虑，不断追求提前完成任务。通常，"按中央规定一个标工，就是每日的工作量。但情况并非如此。比如说：省里要求一个工程50天，来到专区就40天，到县30天，来到公社便是20天，这样明明是50天的任务，可来到公社连队就变成20天了，这样大大增强了民工的劳动强度。"③ 在如此情况下，当然一人一天的工作量不可

① 《卫河工地晋县团王玉丰给河北省委的信》（1980年3月3日），河北省档案馆藏，档案号1047-1-405-5。

② 《紧张动员起来，大干五十天，全面完成卫河二期施工任务——赵英忠副专员在卫河工程开工动员会上的讲话》（1980年3月13日），藁城市档案馆藏，档案号61-2-97-56。

③ 河北省东光县根治海河民工团民工高贵清：《治理海河有必要，工作方法要改变》（1980年4月20日），河北省档案馆藏，档案号1047-1-405-1。

能再是一个标工，通过层层加码，民工施工中的最高标工纪录能达到 3 个以上。如此高的纪录，相当于一个人正常劳动 3 天的工作量，劳动强度之大可想而知。

在当时，不按正常计划与程序施工，追求提前完成任务也是一种普遍的社会风气，而且是得到赞扬与首肯的。如 1966 年在开挖子牙新河的过程中，作为先进典型的大城县"小老虎"班就达到了 69 天任务 40 天完成。① 1976 年冬至 1977 年春扩建黑龙港本支工程中，沧州地区总结为"打了一个大胜仗"，"仅用七十五天时间完成了工期一百二十天的任务，平均工效达到二点三个，比计划工期提前四十一天。"② 这是作为一项突出成绩大力宣传的。但从另一个角度看，如此高的工效、如此短的工期，在没有明显技术进步的情况下，只能通过延长民工的劳动时间、提高劳动强度来实现。在取得显著成绩的背后，必然隐藏着广大民工的巨大苦累。

关于加大民工劳动强度的状况，有些县团干部给省委领导的信比较真实地反映了当时海河工地的劳动状况。以 1980 年卫河工地上石家庄地区晋县团为例，当时河北省向地区下达任务为每人平均 108 个标工，标准是每人每日 1.5 个。照此标准定的出工人数，施工期需要 70 天。但是，石家庄地区海河指挥部向下传达时则要求 60 天完成任务（即 3 月 15 日—5 月 15 日），比省里的规定提前了 10 天；民工进场刚刚开工，地区又召开专门会议，提出"大干五十天完成任务"（即 3 月 15 日—5 月 5 日），这样工期又提前了 10 天！到第一个战役还未结束，地区又发出号召，要"大战黄金月（即 4 月份），向'五一'国际劳动节献礼"，工期又缩短了 5 天！就这样，开工不足半个月，施工期限频繁变更，由省里规定的 70 天，到地区后变成 60 天、50 天，最后缩成了 45 天，减少了 1/3 多。在工作量恒定的情况下不断缩短工期，只能用加快施工进度，不断提高工效解决，而且提高工作量的幅度相当之大。据估算，

---

① 《记一支能征惯战的治河大军——大城县根治海河民工团》，《大城县水利志》，地震出版社 1993 年版，第 235 页。

② 《陈公甫同志在一九七七年全区根治海河秋工动员会议上的讲话》（1977 年 9 月 28 日），盐山县档案馆藏，档案号 1977 年长期 3。

按照实际工程量,每人每日必须完成2.3个标工以上,才能达到地区提出的这个要求。当时的实际情况是,民工要达到如此标准将是相当累的,因此这种层层加码的高任务标准激起一些基层干部和民工的不满。"无止境地追求,不适当提前!再提前!"①是县团领导干部对这种行为和做法的概括总结,不满与愤懑溢于言表。此种状况在"根治海河"时期是比较具有代表性的,反映了当时各级部门习惯的行为方式。虽然提前完成任务对领导者有利,对民工也有一些实际的好处,但是必须要考虑民工的身体条件,如此高标准的任务使很多民工难以承受。

据参加治河的民工反映,当时的带工干部"似乎越是缩短工期越'革命'。今年春季安上爬坡机,劳动强度稍微有了点减轻,但时间卡的很死很死……每天三沉儿活,就是早晨四点半起床,过去吃饭一个小时,今年只用40分钟,再就上午、下午。下午一直干到七点半左右。吃不饱饭连里便催上,民工只好随吃了随走"②。据记者的调查,"海河民工劳动强度大,生活艰苦。……上级光说要劳逸结合,实际做不到。今天催进度,明天卡质量,而民工的生活很少有人过问。"③为了尽快完成任务,有的地方利用惩罚制度,要求民工一天必须完成几方土,完不成不让收工。班与班分开活,谁慢让谁加班等。在这种制度下,一天劳动8小时只能是空话。

这种现象的出现有很深的政治背景。在新中国成立后的各项政治运动中,通常是激进的行为得到首肯,保守的言论遭受批评,这在全党和全国范围内便形成了一种风气,"宁左勿右"几乎成了各级干部的行为惯性。也就是说"左"一些一般没有问题,甚至可能得到表彰,而"右"就会招来各种各样的麻烦。反观当时人们的行为,制度常常并不被严格遵守,在实际行动中通常采用的不是客观标准,而是道德尺度,衡量行动的标准主要看行为的目的,

---

① 《卫河工地晋县团王玉丰给河北省委的信》(1980年3月3日),河北省档案馆藏,档案号1047-1-405-5。

② 河北省东光县根治海河民工团民工高贵清:《治理海河有必要,工作方法要改变》(1980年4月20日),河北省档案馆藏,档案号1047-1-405-1。

③ 河北省广播事业局办公室:《广播简报:海河工程、平调严重》(1980年6月13日),河北省档案馆藏,档案号1047-1-419-4。

只要行为的目的和出发点是好的，即使违反上级规定也不会受到处罚。这种行为方式便造成各级干部和民众没有遵守客观制度的习惯，而是以良好的愿望来证明自己行为的合理性。在"越提前工期越革命"的惯性思维下，没有人真正顾及民工的劳逸结合问题。同样是在1980年春季卫河二期工程中，由于石家庄地区冬季没有出工，春季必须要做到两期工程一期完，而有同样施工任务的邯郸、邢台两个地区已完成施工任务的百分之二三十以上，且春季出工早。在这种情况下，"地委领导要求我们，不仅要按质、按量全面完成施工任务，而且工期要提前，在三个地区会战中带个好头。"① 如此高标准的要求只能加重民工的劳动强度，延长他们的劳动时间，是不可能做到劳逸结合的。

另外，在当时的体制下，完成任务的快慢也成为上级考量下级政绩的一项重要依据，为了出成绩、得表扬，领导者一再催着赶进度的现象也会不可避免地发生。原因在于，"下位者的命运全凭上位者来决定，而上位者对下位者的考察又只能凭借数字业绩来进行考核，再加上中共党内传统一向宁左勿右，下级完成上级布置的数字指标只能多不能少。"② 在这种状况下，加班加点成为必然结果，这是新中国成立初期各项工作中的普遍现象，海河工地上赶进度的现象与政治体制具有紧密的联系。

由于加班加点，劳动时间过长，广大民工不堪忍受，叫苦不迭。这种状况几乎持续了"根治海河"运动的全过程。自1965年冬黑龙港除涝工程开始，此种状况就非常严重，有的"专、县还把春节当做动力，有些单位提出，完不成任务不回家的口号。专区硬性规定，每人每天完成四方土的任务，完不成干部要当场作检查，因而下面层层加码，完不成任务就昼夜鏖战，新河县西流公社马庄队规定每人每天完成七方，不少社队民工三点半起床，晚者六、七点上工，一直干到夜十点收工，少数的干到夜十二点、下两点，民工睡眠不足五小时劳累不堪，如宁晋的同志说：'白日里，一片红旗飘扬，到夜

① 《紧张动员起来，大干五十天，全面完成卫河二期施工任务——赵英忠副专员在卫河工程开工动员会上的讲话》（1980年3月13日），藁城市档案馆藏，档案号61-2-97-56。
② 杨奎松：《学问有道——中国现代史研究访谈录》，九州出版社2009年版，第188页。

晚,万盏红灯齐放'"①。到了"根治海河"运动后期,情况依然没有改变。1979年孟村县团在北排河工程的施工中,由于"过度劳累换班之多(如高寨连队170人,换班的就有70人),工地病休之多(因病休工一天以上者将近千分之三以上),退场时遗留病号之多(遗留病号29人)都超过了任何一年"②。为了治理海河,广大民工付出了相当高强度的体力劳动。

通过国家政策和实际施工状况的对比,我们看到,在"根治海河"运动中,出现问题多的地方并非是国家的政策问题,更多的在于地方在执行上走了样。为什么会出现如此现象?在当时,完成上级分配任务的压力是巨大的,同时下级的升迁完全由上级来决定,迎合与讨好上级便在情理之中。而基层的普通民众,只能成为领导者获取政绩的筹码,甚至于不顾民众的实际承受能力。在民主缺乏的时代,对工作成效的考量方式本身便造成了海河工地上极端现象的出现,即劳动强度过高、劳动时间过长。在超额完成任务成为一种习惯追求的情况下,不可能真正顾及民工的身体,所以工地上的劳动强度之高达到非常严重的程度。

当然,也有施工中遇到特殊情况而延长劳动时间的:在1965年至1966年黑龙港工地上,大城县民工团遇到了比较难的土方工程,为了赶工期、尽快完成任务,实行"卡两头"(早出工、晚收工)、"挤中间"(工地就餐)③的方法,以保证按期完成任务。不管哪种情况,首先考虑的肯定是整体利益,民工的切身利益总是被最后考虑或不予考虑。15年"根治海河"历程中,任务指标高、劳动强度大是海河工地的常态。

综上所述,超高的劳动强度是多种因素综合作用的结果,有挖河本身的劳动性质,有"包干负责"的管理方法,有国家补助偏少的促进,有比、学、赶、帮、超的社会背景,也有政治环境的原因。这些因素综合作用在一起,

---

① 河北省根治海河指挥部:《给邢专王金海的一封信关于施工中的问题》(1965年12月31日),河北省档案馆藏,档案号1047-1-196-11。

② 《根治海河工作会议参考资料》(1979年),河北省档案馆藏,档案号1047-1-388-16。

③ 《记一支能征惯战的治河大军——大城县根治海河民工团》,《大城县水利志》,地震出版社1993年版,第235页。

致使繁重的体力劳动压在民工头上，使很多人今天回忆起来依然心有余悸。

在这种高强度的体力劳动中，民工们每天劳动 8 小时以上，在多数情况下需要一天劳动十几个小时，几乎所有的劳动者回忆起当年的劳动场景，都以"累"或"很累"或"相当累"①来回答。有人说："现在回想起挖河来，记忆当中最深刻的就是一个字：'累'。一天干十六个小时，十六个小时啊！"②在采集到的口述资料中就有人发出这样的感慨："现在宣惠河清淤，有人说，就是一天给 300 块钱也没人干。人们都说这辈子干吗活都不比上海河累。"③这是人们的普遍感受。为了活跃民工生活，当时"县里和地区还经常给放电影，一开始，人们还去看，但是后来，民工们一个也不去看了，因为太累了。大上伍村附近一共住了沧州和唐山两个专区八个县的民工。有一天，八个县搞文艺汇演，我们民工们都是军事化入场，都背着铺盖，整齐排队入场全坐在铺盖卷上。节目可能演得还不错，但是民工们一个个偷偷地跑回来睡觉了，到了窝铺谁也不说话，都累极了。你想想，每天早上五点起床，晚上要干到天黑才收工，能不累吗？"④但是谈起他们当时的劳动场景，仍有人心中留有愉快的记忆，如有人说："劳动强度大，很累，但好多人在一起，感觉很热闹。"⑤也有一些报刊登载了一些参与治河者的亲身经历，"在海河工地的几十天里，我和民工们同吃同住同劳动，挖土拉车虽然很累，但是小伙子们有说有笑，感情融洽。"⑥这样的心理感受，应该是集体化时期的独特记忆。著

---

① 2012 年春节和暑假期间，笔者亲自走访了十多位参加过"根治海河"的老人，加上 2012 年国庆节期间河北大学历史学院学生帮助做的调查，受访人数共五十多位，几乎涵盖了出工的所有专区。这是大家的共同感受。

② 冯满堂口述：《我在黑龙港工地当连队副指导员》，杨学新主编：《根治海河运动口述史》，人民出版社 2014 年版，第 159 页。

③ 许俊秀口述：《根治海河的经历》，杨学新主编：《根治海河运动口述史》，人民出版社 2014 年版，第 150 页。

④ 张洪义口述：《三上海河》，杨学新主编：《根治海河运动口述史》，人民出版社 2014 年版，第 188—189 页。

⑤ 河北大学 2012 级历史专业本科生刘梦佳在河北省衡水市安平县子文乡店子头村对徐标侃的调查记录（2012 年 10 月 6 日）。徐标侃，男，1953 年生，曾于 1980 年参加"根治海河"工程。

⑥ 李家宝：《那年治理海河……》，《老人世界》2009 年第 11 期。

名学者郭于华曾对集体化时期的女性参加生产劳动的心理状况进行研究,表现出繁重的体力劳动与愉快的心理体验的结合。① 从以上"根治海河"运动的资料能够看出,不仅是女性,男性在集体劳动中同样有着类似的心理体验。集体劳动中,由于年龄相仿,阅历相似,大多数民工在劳动中关系融洽,经常利用各种方式自娱自乐,为繁重的体力劳动增加乐趣。

在机械化水平非常低的年代里,"根治海河"工程主要是靠劳动者的双手一锹一锹开挖,一车一车推出来的,他们一天劳动十个小时以上,用原始简单的工具干着高强度的体力活,吃、住在艰苦的条件下,为治理海河水患、兴利除害做出了积极贡献。

二、民工的伙食

(一)工地上的粮菜品种

"民以食为天",食物的供给是人类维持体能、保障正常生产生活的基础。海河工地是重体力劳动,伙食问题成为影响工程顺利进行的关键因素之一。

从"根治海河"十几年的整体情况看,工地上的粮食供应实行粗细粮搭配,以粗粮为主,供应少量的细粮以供改善伙食。一般情况下,海河工地供应的粮食品种是本着当地产什么吃什么,国家适当进行调剂供应的原则。由于各地的生产生活条件不同,每期工程稍有差异,多数差异不大。就河北省的民工来说,粮食品种供应较好的有独流减河工程、永定新河工程等。永定新河位于天津市北部,是为分泄永定河的洪水而开挖的行洪河道。该工程自1970年冬季开始施工,此时天津市已成为直辖市,因所用民工数量庞大,依然由河北省协助出工,天津市保障后勤供应。据开挖永定新河的民工介绍,供应工地的粮食以细粮为主,在品种上远远好过其他工地的粮食供应。② 1968年的独流减河工程同样是天津市负责后勤供应,细粮占很大比重。由于当时

---

① 郭于华:《心灵的集体化:陕北骥村农业合作化的女性记忆》,《中国社会科学》2003年第4期。

② 笔者在河北省盐山县千童镇孙庄村采访吕玉良的记录(2012年8月12日)。吕玉良,男,1949年生,曾参与永定新河、漳卫新河、卫运河和宣惠河工程。

天津市郊区种植水稻，民工们还能吃上其他工程中几乎见不到的大米，比其他工程中的粮食供应品种要好很多。

在"根治海河"早期的施工中，大多数农村地区生活条件是比较艰苦的，民工只求一饱，对吃粗粮本身没有什么意见，但是粗粮中高粱面（主要指红高粱，习称红粮）的比例过高成为一个比较大的问题，粮食供应问题上遇到的困难主要是由于红粮面供应量大而展开的。

高粱是新中国成立初期河北省境内种植数量比较大的一个粮食品种，由于它本身所具有的对生长环境适应性强的优点，在其他作物遭受灾害减产时能够保证较高的产量，抗灾能力较强，所以华北农村中高粱的种植面积比较大，尤其是灾年。高粱主要用于人类食用和牲畜饲料，由于红粮面"淀粉少，含麸量高，吃在嘴里发涩，捧在手里发硬"①。不但口感差，还具有难以消化的缺点，因此在食物中不能占过高的比例。在吃红粮制的食物时，必须要经过发酵，并搭配好蔬菜等副食，否则会引发肠梗阻、大便干燥、带血等疾病，影响人的身体健康。

但海河工地的副食供应是比较差的，而红粮面比例则比较高。从"根治海河"工程刚刚开始，就因为粮食品种的搭配问题出现了状况。在1965年开始的黑龙港工地上，很多民工对吃过多的红粮面无法适应，出现了与后方换粮食的现象，据石家庄专区的总结报告称："当前粮食供应红粮面占40%，民工为了调剂品种，有的用红粮面和后方换山药、换白面、换好粮食的问题很不少。"② 之后，吃红粮面的现象一直存在，在1973年至1975年期间最为严重。这与当时的粮食状况和国家的分配政策有一定的关系。

1972年，河北省大部分地区遭受旱灾，国家收购了较多的红粮，玉米收购量较往年减少。因此，河北省粮食局在下发1973年海河工地粮食供应指标时强调："为了减轻国家负担，从全局出发，各地今年在海河、水库以及'三

---

① 《水电部转来沧州地区一海河民工反映工地存在几个问题》（1973年11月11日），河北省档案馆藏，档案号1047-1-259-38。

② 《石专工作组近几天的工作情况刍报》（1965年11月10日），河北省档案馆藏，档案号1047-1-112-16。

线'建设等粮食品种供应安排上，要本着产啥吃啥，国家适当调剂的原则予以妥善安排，除面粉仍按百分之十五供应外，其他品种由各地根据库存力量自己掌握。对收购红粮多的地区，要适当多吃些红粮，也可供应少量的秫米。"① 在此精神指导下，红粮的供应陡然增大，各地供应的粮食中红粮面供应一般已达30%—40%。后来，省粮食部门明确规定红粮比例不少于35%，这已经是一个过于庞大的数字，但是，"实际上有的吃的还多，如朱庄水库曾高达百分之七十以上。"② 据统计，在1973年冬至1974年春南线河道工程中，"其中部分县团红粮比重一度高达百分之七、八十。"③

由于工地上红粮供应比例高，蔬菜、食用油等副食供应差，民工生病人数增加，严重影响了工程的正常施工。据河北省"根治海河"指挥部的统计："如清河县团，出现肠梗阻一名，痔疮患者三十八名，肛裂一百四十五名，这些比较严重的病号占民工总数的百分之十左右。临西下卜寺连队，五百名民工中，大便干燥即占四百零二名。平乡后姑庙连队百分之六十的民工患胃病。"④ 从以上数字看出，严重的病号占到民工总数的10%，大便干燥者占到80%，患胃病者占到60%，可以说是一个非常惊人的数字。

病号增多，不仅影响了施工的正常进行，连没有得病的民工对吃红粮面也心存畏惧，"由于红粮多，病号增加，加之鲜菜不足，不少民工不敢多吃红粮，让肚子'留有余地'影响工效。如清河县团多数连队上工时六个人拉一辆滑车，到下工前一、二个小时体力顶不下来，就需要八个人拉一辆滑车。"⑤如此，严重影响了工程的顺利进行。

---

① 河北省革命委员会粮食局：《关于下达一九七三年上半年海河及大型水库工程用粮指标等问题的通知》（1973年1月8日），河北省档案馆藏，档案号997－8－29－1。
② 中共河北省根治海河指挥部委员会：《关于对张永录同志来信情况的报告》（1975年4月26日），河北省档案馆藏，档案号1047－1－259－3。
③ 河北省根治海河指挥部：《关于海河民工粮食补助标准和供应红粮比例问题的报告》（1974年9月10日），河北省档案馆藏，档案号1047－1－824－24。
④ 河北省根治海河指挥部：《关于海河民工粮食补助标准和供应红粮比例问题的报告》（1974年9月10日），河北省档案馆藏，档案号1047－1－824－24。
⑤ 河北省根治海河指挥部：《关于海河民工粮食补助标准和供应红粮比例问题的报告》（1974年9月10日），河北省档案馆藏，档案号1047－1－824－24。

针对民工吃红粮面过多所引发的问题，河北省"根治海河"指挥部向省委提交报告，阐明工地情况，提出改进意见，认为"海河民工一定要吃红粮，但供应比重不宜过大，否则不仅影响民工身体健康，还会出现向后方换其它粮食的问题。沧州地区今春实吃红粮面仅占供应量的一半左右，其余均向后方调换了品种，衡水地区武邑县团桥头连私用红粮面同当地群众换小麦，造成了很坏的影响。我们意见，红粮供应以不超过粮食总供应量的百分之二十为宜，并以供高粱米为主"①。

由此可见，对于红粮面供应比例过大产生的问题，河北省"根治海河"指挥部及时向上级进行了反馈，并提出解决办法，但是上级并未进行任何改进。在之后下达的1975年海河工地的粮食供应指标中，语气似乎更加坚决。上半年的通知中这样写道："有关粮食供应标准和品种比例，仍按过去有关规定执行，但供应红粮米（面）不得少于35%。"② 下半年粮食供应的通知中这样规定："粮食品种比例：面粉百分之二十；小米百分之十；玉米百分之三十五；高粱米（面）百分之三十五。品种供应要按旬均供，以便民工调剂生活。高粱米（面）的供应，原则上供应高粱米，保证二等米，如有的施工单位，需要高粱面时，必须提前提出需用数量，由粮食部门安排加工。"由此可见，高粱米（面）所占比例在1975年全年都高达35%，达粮食供应总量的三分之一以上。在下半年的供应指标计划中，稍有改进的是加强高粱米的供应，这也算是"根治海河"指挥部的建议中能够得到部分采纳的部分。

除了供应红粮面比例过高的问题外，与之相关的副食、食油供应也频频出现问题。1973年冬在宣惠河的施工中，民工反映："我们进场已经一个多星期了，现在连起子（发酵用）碱面等副食供应还跟不上，高粱面制的干粮，其硬无比。因此民工的发病率较根治其他河系时高得多。"③ 1975年春工，沧

① 河北省根治海河指挥部：《关于海河民工粮食补助标准和供应红粮比例问题的报告》（1974年9月10日），河北省档案馆藏，档案号1047-1-824-24。

② 河北省革命委员会粮食局：《关于下达一九七五年上半年海河、滦河工程用粮指标的通知》（1975年4月17日），河北省档案馆藏，档案号997-7-45-19。

③ 《水电部转来沧州地区—海河民工反映工地存在几个问题》（1973年11月11日），河北省档案馆藏，档案号1047-1-259-38。

州地区后勤组基层干部反映，"民工进场半个多月，苏打、碱面没调进来，吃红粮百分之三十五，猪肉有供应指标，没供应河工，民工的吃法就可想而知了。"① 碱面并不是什么紧俏物资，其供应不及时只能说明主管商业部门的责任心问题。殊不知在计划经济体制下，职能部门一丝一毫的懈怠都会给民工带来身体伤害。"根治海河"后期，后勤供应远不如前期组织得好，与各级部门对海河工程重视程度减弱有很大关系。

另外，1974年后，食用油供应有所下降。1973年下半年，海河工地的粮食补助标准已经降为河道民工每人每月定量71斤，水库民工依然维持每人每天2.2斤。1974年初，省粮食局在下达春季工程的粮油指标时，有关民工生活用油这一项，"提出从原规定河道人日一钱五减到一钱二（减三）。水库建筑物人日一钱三减到一钱（减三）。"② 河北省"根治海河"指挥部据此向省农办提出请示，指出过去的食油补助标准一直是偏低的，每天只能够维持一顿熟菜的量，过去还有少量猪肉和猪油的指标可以调剂，现在由于猪肉猪油供应紧张，工地供应出现困难。而"红粮面的增加，如果再减少食油，民工一天连一顿熟菜均不能保证，势必造成民工体质减弱，病号增多，影响施工"③。因此建议民工生活用油不应再减少，维持原定量为好。省委农办再次对粮食局和"根治海河"指挥部的意见进行折中，在1974年下半年下达的海河工地粮油供应指标中规定："食油：河道民工每人每月四两，水库、建筑物民工每人每月三两半。"④ 相当于河道民工每人每天一钱三，水库民工每人每天一钱二，均比之前有所下降。

---

① 张永录：《关于一些基层干部和群众对根治海河的意见与反映》（1975年3月31日），河北省档案馆藏，档案号1047-1-294-8。
② 河北省根治海河指挥部：《关于海河河道水库民工生活食油原定量不变意见的请示》（1974年2月22日），河北省档案馆藏，档案号1047-1-824-2。
③ 河北省根治海河指挥部：《关于海河河道水库民工生活食油原定量不变意见的请示》（1974年2月22日），河北省档案馆藏，档案号1047-1-824-2。
④ 河北省根治海河指挥部、河北省革命委员会粮食局：《关于下达一九七四年下半年海河、滦河、大型水库河道、建筑物及零星尾工等工程用粮指标的联合通知》（1974年10月8日），河北省档案馆藏，档案号1047-1-824-6。

对于上级的粮食供应政策，一些海河干部和群众表示不满，石家庄地区建议："粮食供应品种，搭配红粮面以不超过百分之五为好。出工民工对后方交小麦，工地吃红粮有反映。"① 沧州地区的一位后勤干部向上级反映："非农业人口活轻或不干体力活，吃红粮百分之二十，河工这么累吃百分之三十五，人们深知我们地区种高粱，是应该吃的。但供这么大比例，是理解不了的。"② 海河民工主要来自农民，而农民本身的生活需要却没能引起上级应有的重视，即使相关的管理部门一再为此打报告、提建议都无济于事。仅从水利工地粮食供应品种这一点来说，付出巨大体力劳动的农民比起城市居民生活要差得多。永定新河工地供应较好也从另一个方面说明，城市占有了远比农村更好的粮食资源。

为了顺利推行粮食供应政策，河北省粮食局在下发供应指标时，特别提示要加强思想政治工作，"同时要宣传红粱是高产作物，要教育干部和民工，发扬艰苦奋斗的革命精神和勤俭治水的光荣传统，正确对待吃高粱米（面）的问题。"③ 这种宣传教育活动，是当时的时代特色，"物质变精神，精神变物质"，是"文革"时期的惯用表达方式。但不管海河干部民工认识如何正确，红粮难消化、病号增多的现象却无法得以改变。在实际工作中，民工对喊空话、讲路线非常反感。有民工向水电部写信反映工地上由于吃红粮发病率增高的现象，"我们的各级指挥部，面对这一实际问题，不是积极设法解决矛盾，而是以大讲路线来掩盖供应工作中的缺点。大讲什么'吃不吃高粱面是路线问题'，要我们忆苦等。……借口路线教育把工作中的问题，把缺点掩盖起来，这是把群众当成群氓、阿斗的具体反映……谁再想搞无限上纲，

---

① 石家庄地区根治海河指挥部：《对海河经济政策执行情况的调查报告》（1975年3月3日），河北省档案馆藏，档案号1047 - 1 - 298 - 9。

② 张永录：《关于一些基层干部和群众对根治海河的意见与反映》（1975年3月31日），河北省档案馆藏，档案号1047 - 1 - 294 - 8。

③ 河北省革命委员会粮食局：《关于下达一九七五年下半年海河、滦河工程用粮指标的通知》（1975年10月15日），河北省档案馆藏，档案号997 - 7 - 45 - 41。

群众就不买他的帐。"① 民工的愤懑之情是溢于言表的。

1976 年以后，海河工地生活有所改善，吃红粮面的现象减轻，但是粮食品种的搭配上没有跟上时代的需要变化，依然粗粮多，细粮少，民工们对此有意见。有民工反映说："在家的社员还吃细粮 40%—50%，而海河民工只供细粮 20%，后方生产队让民工吃细粮一般在 50% 以上。"② 由此可见，民工的补助和生活水准没有根据变化的情况进行调整。在国家的粮食供应政策并没有明显改变的情况下，为了调动民工的劳动积极性，工地上增加了细粮的供应量，增加的细粮多由后方社队通过带后方粮解决。

工地上的蔬菜供应则更为单一。冬季蔬菜供应以大白菜、萝卜为主，再配上适量粉条、猪肉等。春工早期仍然以萝卜、白菜为主，4、5 月是青黄不接的时节，工地蔬菜供应比较困难，上级规定供应适量菜豆来弥补蔬菜供应的不足。

（二）民工的伙食状况及伙食管理方法

海河工地上是以公社为单位统一设伙房。按当时的民工组织，是以民兵连为单位统一起伙，各连配有专职司务长、炊事员等。各连进行自由采购，并根据粮油菜供给自由安排伙食。

"根治海河"运动第一期黑龙港工程中，"施工初期，近五十万人分布在一千八百里的工地上，对生活资料的供应，虽然事先做了较充分的准备，但仍存在一些问题。从当时的情况看，民工生活是比较艰苦的，有的一时吃不上蔬菜、喝不足开水，粮食品种调剂也有些问题，一些民工思想波动，不安心生产。"③ 之后，根据工地的实际状况，生活物资供应上尽量进行改进，以满足民工的基本生活需要。

从整个"根治海河"工程来看，民工的伙食状况主要取决于施工当地的

---

① 《水电部转来沧州地区—海河民工反映工地存在几个问题》（1973 年 11 月 11 日），河北省档案馆藏，档案号 1047 - 1 - 259 - 38。

② 保定行署根治海河指挥部：《关于对海河经济政策执行情况的调查报告》（1979 年 6 月 12 日），河北省档案馆藏，档案号 1047 - 1 - 357 - 9。

③ 中共河北省根治海河指挥部政治部：《关于黑龙港地区排水工程冬季施工政治工作初步总结》（1965 年 12 月 31 日），河北省档案馆藏，档案号 1047 - 1 - 113 - 22。

供应情况。一般情况下，主食以玉米面窝头、高粱面等粗粮为主，蔬菜供应差，大部分时间吃咸菜。每隔三四天改善一次伙食，通常是吃一顿白面馒头和白菜、豆腐、粉条炖的大锅菜。由于海河工地劳动强度大，蔬菜、食用油供应非常有限，民工的饭量很大。如当时有人吃馒头用胳膊来衡量，从手到肩膀排成一行，很多人能吃上一胳膊。也有用扁担来衡量的。因为海河工地都是挖土、推车的重体力劳动，"在施工的紧张阶段，每个民工一顿饭能吃一个 1.05 斤干面做成的馒头，这个馒头切成五段，只留刀印又连在一起，大的像个小枕头，每人一盆粉条、豆腐、萝卜条熬的大锅菜，还喝一碗粥。"[①] 粥主要是玉米面糊糊。工地蔬菜供应品种少，以萝卜、白菜、咸菜为主。肉食也较少，偶尔会供应一些猪肉。在缺乏蔬菜的月份，上级会供应一部分菜豆，让各连队用水煮加盐当菜吃，或生成豆芽。据参加"根治海河"工程的民工回忆工地上的伙食状况，"早晚一般吃窝窝头、稀粥、老咸菜，中午窝窝头、菜汤或疙瘩汤。3 天吃一次细粮。每天 3 次伙房供应开水，两次送到工地。"[②]"民工挖河期间很少吃肉，一期工程下来也就能吃上一两次，平时每人能吃上一个一斤二两的卷子（馒头），就算是改善生活。"[③] 新乐县"根治海河"指挥部干部回忆，"七天改善一次生活，二斤干面蒸的大馒头，大碗豆腐粉条菜，每天两次把开水送到工地。"[④] 为了解决蔬菜供应不足的问题，有的地区会根据自身状况供应一些带有地方特色的食品。如沧州地区临海，当地居民常吃虾酱，此种食品价格低廉，含盐量极高，可以代替蔬菜食用，在很多工程中都出现过。

　　民工饭菜的具体供应方法，经历了大概三个阶段：

---

① 《根治海河回忆片断——付仓夫访谈录》，中共河北省委党史研究室编：《热血铸辉煌——海河壮举忆当年》（上），中共党史出版社 2008 年版，第 137 页。

② 阎大根：《冀州人民根治海河施工纪实》，河北省政协文史资料委员会编：《再现根治海河》，河北人民出版社 2009 年版，第 189 页。

③ 《回忆南宫县根治海河——李凡军访谈录》，中共河北省委党史研究室编：《热血铸辉煌——海河壮举忆当年》（上），中共党史出版社 2008 年版，第 178 - 179 页。

④ 《带病坚持治海河——吴席贞访谈录》，中共河北省委党史研究室编：《热血铸辉煌——海河壮举忆当年》（上），中共党史出版社 2008 年版，第 140 页。

第一个阶段：大锅饭。供应民工的粮食是根据提前测算的标工量，以每标工 2 斤粮食的标准按计划供应，因为每个连队的标工量是提前测量好的，因此每个连队的粮食总量也有固定的数额，连队食堂在此范围内自由安排民工的伙食。民工具体吃多少没有限制，以吃饱为原则。这一方法在"根治海河"工程中实施的时间是最长的。虽然以后粮食政策屡屡变更，定量逐渐减少，但是海河工地是重体力劳动，如果民工吃不饱饭会影响到工程的进展，所以上级部门会想尽办法保证民工的吃饭问题。所以，有的民工认为，海河工地上"尽管生活单调一些，但食不限量，可以敞开肚皮吃饱，比在家里'吃定量'强不少，因而民工普遍感到满意"①。

第二个阶段：吃份饭。就是把饭菜均分，按人头分发给民工。这是杜绝浪费的一种尝试，曾在海河工地实施过几期，但弊端比较明显，"体力强的就出现吃不足，体力差的人就有富余，所以体力强的人就不愿使出全部力气，原因是不能多吃，吃不饱肚子。"② 因为吃不饱，必须要节省体力。所以这种方法在尝试了几期之后便被取消。

第三个阶段：单人打饭。"根治海河"后几年，由于十一届三中全会的召开，提倡按劳分配、多劳多得的基本分配原则，由此引发了工地上管理方法的改变，反映在民工生活方面，就是打破"大锅饭"的平均主义。有些地方改革了饭菜供应的方法，不再集体合伙吃饭，而是采用了发放饭票单人打饭的办法。如沧州地区吴桥县团的各连队、任丘的北汉连队、河间的樊庄连队等，开始采用单人打饭，"节约粮食归国家，节约粮款归自己，定期核算兑现，很受民工欢迎。"③ 他们采用了"评分定量、节约归己"的办法，具体做法是："各连队、班根据民工的劳动好坏，全工期有的连队评三次，有的连队评四次。多数连队是半月评一次。在干了半月后，评过来的这段，谁干的怎

---

① 阎大根：《冀州人民根治海河施工纪实》，河北省政协文史资料委员会编：《再现根治海河》，河北人民出版社 2009 年版，第 189 页。

② 盐山县根治海河指挥部：《关于扩挖北排河任务的总结报告》（1979 年 11 月 22 日），盐山县档案馆藏，档案号 1979－1980 长期 8。

③ 《阎国钧同志在全区根治海河先进集体、先进个人代表会议上的讲话》（1979 年 8 月 27 日），盐山县档案馆藏，档案号 1978－1980 长期 4。

样谁应记几分（一般的分三级即 10 分、9 分、8 分），粮食定量就按这个分定，然后发饭票到人，单人打饭自己愿吃多少就买多少，愿吃什么菜就买什么菜，最后结算，节约归己。"① 如此下来，通过民工个人的劳动贡献确定粮食分配数量，体现了多劳多得的原则，并以"节约归己"的方法增加了激励机制。这是新形势下对民工管理方式的一大改进，不仅体现了国家政策的导向，而且确实改变了工地的面貌。据盐山县"根治海河"指挥部的总结，此种方法的优点有以下两个方面："第一，民工的劳动积极性高，体力强的也拿出自己的全部力气。……采取此法后体弱的人推车不太行，自己回工棚后就主动的多干点零活，如打扫卫生，打洗碗水，给同志们洗碗等，这样做的一样评高分。第二节约了粮食。往年民工对粮食浪费是很大的，有的民工吃不了不是扔掉就是打发要饭的。今年民工没有扔窝头的，到工棚要饭的也要不了什么东西，这样就节约了一大笔粮食，杜绝了浪费。"② 炊管人员也实施了严格的责任制。从实施的效果看，这种方法不但调动了民工的节约意识，而且提高了民工的劳动积极性。民工通过节约可以看到实际的好处，所以节粮效果很好。

从改革伙食管理办法的效果看，制度上约束的效果明显好于单纯的号召节约粮食，实施效果胜过了多年的思想政治工作，由此可以看出经济规律与管理方法的重要性。经济规律、制度制约远胜于思想道德的制约。

从海河工地民工的伙食状况来看，民工的饭菜是非常简单的，但在那个以吃饱为追求目标的年代里，基本能够满足广大治河民工的生活需要。而民工伙食供应方法的变革，是整个人民公社制度下农村变革的缩影。

三、民工的衣住行

（一）民工的穿衣

"根治海河"工程中，上级没有在民工的衣服鞋袜方面有特别的规定和补

---

① 盐山县根治海河指挥部：《关于扩挖北排河任务的总结报告》（1979 年 11 月 22 日），盐山县档案馆藏，档案号 1979 – 1980 长期 8。

② 盐山县根治海河指挥部：《关于扩挖北排河任务的总结报告》（1979 年 11 月 22 日），盐山县档案馆藏，档案号 1979 – 1980 长期 8。

助，民工所需衣物由出河民工家庭自备。对此问题，曾经引发一些议论，因为海河工地上劳动强度大，比较浪费衣服和鞋袜，在那个生活困难的年代，必然会加重河工家庭的负担。下面是邯郸地区"根治海河"指挥部干部对海河工地生活的回忆：当时"施工条件是极其艰苦的，没有像样的施工设备，靠的是一人一张锹，两人一辆排子车。他们要把河内的土挖出来运到几十米外、十多米高的大堤上。每个民工每天要拉着七八百斤重的车子走百余里路，爬几十里坡，他们的鞋子踏破一双又一双，衣衫磨破一件又一件，肩膀磨出了血，脚底磨出了泡"①。而当时农村中农民的生活普遍比较困难，多费衣服、鞋袜对他们来说也是不小的经济负担，影响到出河民工的积极性。于是，有的生产队根据工地的实际需要，主动为河工购买一些垫肩、手套等必要的劳保用品。这些东西国家是没有补助的，完全由出工生产队自行贴补。

如果没有特殊情况，治河民工是不允许换班的，他们在出工时要带好自己的替换衣物。每期施工时间达两三个月，尤其是冬季工程，天气越来越寒冷，"大多是秋收种麦结束时动工，天寒地冻时退场。穿着夹衣上工地，换上棉袄才回家"②。施工地点大多远离家乡，所以必须把御寒的衣服提前准备好带上。

工地上取水比较困难。有些施工地点远离村庄或地处海边，生活用水需要提前打井或与当地社队协商解决。因此，在解决饮水问题都比较困难的情况下，其他用水更是需要节约，"民工的生活比较艰苦，很少洗衣服。"③ 而民工从事的又是重体力劳动，"衣服整天被汗水泡着，时间一久，竟落下了厚厚的一层盐巴。"④ 可见，当时海河工地的生活、卫生条件是很差的。

① 周建国：《海河工地是座大学校》，中共河北省委党史研究室编：《热血铸辉煌——海河壮举忆当年》（上），中共党史出版社 2008 年版，第 152 页。
② 狄绍青：《风餐露宿整八年——忆老团长王恩泽同志》，河北省政协文史资料委员会编：《再现根治海河》，河北人民出版社 2009 年版，第 237 页。
③ 《根治海河回忆片断——付仓夫访谈录》，中共河北省委党史研究室编：《热血铸辉煌——海河壮举忆当年》（上），中共党史出版社 2008 年版，第 137 页。
④ 马子亮口述，张广江整理：《难忘那年挖海河》，http：//k.ifeng.com/173383/3131492。

（二）民工的住宿

在"根治海河"运动的最初阶段，河北省"根治海河"指挥部曾就民工的住宿问题下发过通知，要求治河民工尽量借住当地民房。搭工棚的，工棚物料由出河民工自带，国家适量给予补助。在这一精神指导下，河北省"根治海河"第一个战役黑龙港工程的民工以借住民房为主。黑龙港流域地处河北省中南部平原，沿河附近村庄密集，借住民房有着比较方便的条件。但在以后的其他工程中，借住民房的现象逐渐减少。在"根治海河"运动的十几年中，除黑龙港工程和早期少量工程借住民房较多外，大多数时间民工以自搭工棚居多，这样做的原因有以下几个方面：

第一，民工数量庞大，当地不具备安排那么多人住宿的条件。"根治海河"工程参与民工人数众多，借用民房需要方圆较大的范围内来安排，有的借宿地离工地路途较远，影响施工。

第二，有些施工地点处于海口或低洼地带，洼大村稀，难以找到合适的借宿地。例如永定新河工程，工程所在地原是一片低洼沼泽地区，附近没有村落，必须要自建工棚来解决住宿问题。

第三，自建工棚比较集中，方便领导和管理。这应该是最主要的原因。借住民房给民工在统一上工、统一用餐上带来诸多不便，各地通过实践发现，借住民房并非好的组织方式。因此在前几期工程结束后，上级的文件中便不再有"尽量借住民房"这样的要求。为了有利于组织领导，上级部门开始主张自建工棚。据出河民工讲述，1975年的宣惠河工程中，多数工程地点都邻村，但是都统一自建工棚，不再借住民房。不过，除了"根治海河"这种大型工程外，本地的水利建设工程都是借住民房的。① 所以能够看出这应该是"根治海河"指挥部门的统一要求。

第四，堵塞管理漏洞的需要。最初上级倡导借住民房，是为了节省搭建工棚的费用，以节约为主要目的。但在实践中发现此种方法并不能真正节约，

---

① 笔者在河北省盐山县千童镇孙庄村采访吕玉良的记录（2012年8月10日）。吕玉良，男，1949年生，曾参与永定新河、漳卫新河、卫运河和宣惠河工程。

还可能造成粮食等的浪费。据当时参加大清河工程的沧州地区海兴县朱王公社带工干部吕玉堂讲述,他在当时是不提倡民工借住民房的,只要借住民房,往往会造成粮食流失。因为当时农民生活普遍困难,多数地方粮食不够吃。有的民工为了和房东处好关系,会偷偷从工地带些干粮送给房东,造成粮食上的浪费,反而不如自建工棚效果好。① 尤其是黄骅县的"一窝龙"工棚因造价低廉而得到推广后,海河工地最常见的住宿方式为自建工棚。

无论是借住民房或是自建工棚,住宿条件都是非常艰苦的。以黑龙港工程中临城县开挖滏东排河为例。民工们"住的是百姓的空闲房,十几个人挤在一屋,在地上铺垫柴草打通铺。冬季天冷,窗户上没有玻璃,就用塑料布遮挡起来。当时条件差,屋内没有暖气,又怕取暖不慎失火,给民工带来伤害,给房东造成麻烦,指挥部就规定,所有民工不准在室内燃火取暖,包括不准使用火炉"②。这是借住民房的情况。即使不让取暖,睡地铺,住的毕竟是房屋,比起自建工棚还是要好得多。

"根治海河"的大部分时间内,自建工棚普遍采用了"一窝龙"。这是在黄骅县团的做法基础上推广的。"一窝龙"工棚是当地居民在沿海捕鱼时搭建的一种简易工棚式样,采用一半地上,一半地下的方式,在中间挖过道供民工行走,民工便在过道两边的地上铺上蒲草,直接睡在地上,工棚四周用秫秸扎成把围起来,抹上泥便可。有人形象地形容"民工们住的工棚类似现在的温室大棚,一般是往地下挖80公分,上面搭建棚子,棚子上铺塑料布,地上铺麦秸、草,民工都是打地铺"③。由于挖了过道,工棚的高度可以降低,节省物料。"搭这样的工棚,不用苇席,不用木材,更不用苫布。"④ 所用秫

---

① 笔者在河北省盐山县职教中心小区采访吕玉堂的记录(2012年8月12日)。吕玉堂,男,1937年生,曾在1968年冬1969年春治理大清河工程中担任过海兴县朱王连队的带工干部。

② 《滏阳河畔竞风流——陈喜保访谈录》,中共河北省委党史研究室编:《热血铸辉煌——海河壮举忆当年》(上),中共党史出版社2008年版,第182页。

③ 《回忆南宫县根治海河——李凡军访谈录》,中共河北省委党史研究室编:《热血铸辉煌——海河壮举忆当年》(上),中共党史出版社2008年版,第179页。

④ 《艰苦奋斗勇挑重担——记黄骅县根治海河民兵团艰苦奋斗治理海河的事迹》,《河北日报》1972年11月15日,第2版。

秸都由民工自带，所以"一窝龙"工棚最大的优点在于节省开支。因为工棚物料因陋就简，"每人每期平均只花三角钱的工棚费，比规定指标节省八分之七。"① 由于适应了"勤俭节约"的需要，此种工棚样式得到大规模推广，并在相当长的时间内成为"根治海河"工程中的标准工棚式样，黄骅县团也因此被树为"勤俭节约"的模范典型。

但不管宣传得如何好，这样的简易工棚比起普通居民住房还是要差很多的，"草席油毡搭建的工棚开春和秋末很冷，四处冒冷风。夏季又感到密不透风，低矮潮湿，一个工棚有民工二三十人，又很闷热。下雨时，外面下大雨，工棚里下小雨。"② 工棚潮湿、阴暗，"有的民工多年上河，白天劳累一天，夜里睡在潮湿棚里，落下了腰疼、腿疼病。"③

1968年秋，在天津西部独流减河施工时，由于河宽滩阔，北风格外大。广平县民工的"工棚搭建在弃土区内的牵道上，夜里风格外大，大苫布被狂风撕扯，'吧哒吧哒'起落不停。暴风袭来，工棚常被掀翻。民工们常常半夜爬起来，惺忪着眼，钉橛子、压土块固定工棚，终夜不得安宁"④。由此可以看出当时民工的住宿条件之差。

自建工棚一般是以班为单位。一个班住一个工棚。到1975年左右，"一窝龙"工棚有了新的改进，不少县团用柳条、荆笆搭建了"空心铺"，比打地铺更加保暖和防潮，这种方法在之后的工程中获得推广。

"根治海河"后几年，民工的居住条件有所改善。"在民工工棚方面，近来也有很大变化。宽敞、明亮、干燥、防风雨，空心床，民工住着舒服，少

---

① 河北省根治海河指挥部：《依靠群众，发动群众，大打人民战争，认真落实毛主席"一定要根治海河"的伟大号召》（1971年11月17日），河北省档案馆藏，档案号1047-1-220-13。

② 《根治海河回忆片断——付仓夫访谈录》，中共河北省委党史研究室编：《热血铸辉煌——海河壮举忆当年》（上），中共党史出版社2008年版，第137页。

③ 河北省广播事业局办公室：《广播简报：海河工程、平调严重》（1980年6月13日），河北省档案馆藏，档案号1047-1-419-4。

④ 李谦、冯树祥、史平臣：《广平根治海河十五年回忆》，河北省政协文史资料委员会编：《再现根治海河》，河北人民出版社2009年版，第214页。

得疾病。"① 当然,这种改进只是相对于"根治海河"前期的工棚而言,民工住的毕竟是临时的简易工棚,不可能像字面上所说的那样好。

(三)民工的进退场

民工进退场主要有两种方法,一是步行,二是坐车。坐什么样的车则看各地到施工地的具体条件,如火车、卡车、拖拉机,甚至于牲口拉的大车。以河北省邢台地区南宫县为例,"出去挖河的民工一般都是步行,民工们统一编队统一行动。有几期是较远的地方,如唐山、天津静海,集体坐火车。"② 从上述回忆看,该县是集中入场。也有分散入场的,即指定集合地点和集合时间,民工自由结伴入场。相对来说,分散入场更普遍些。对于进退场方式,基本上是各地根据实际情况具体安排,上级没有特别统一的要求。

还有一些年份由于特殊政治环境影响集中步行入场。如 1969 年,由于我国和苏联关系紧张,中苏边境出现了一些冲突事件,战争气氛陡然升级。受此影响,根据上级部门的指示,石家庄地区的民工在参加"根治海河"工程中全部实行徒步进场。据报道,这样做的目的是对民兵进行徒步拉练的锻炼,明显地带有备战色彩。"去秋一来,三次拉练。被称作'不穿军装的解放军'。通过拉练,学会了走路,学会了宿营,学会了作群众工作。并在行军途中进行了站岗、放哨、行军防空、传口令等军事训练,培养了广大海河民兵一不怕苦,二不怕死的革命精神,锻炼了一支平时能挖河,拉得动,过得硬的治河大军。这种办法好就好在,既挖了河,又练了兵,还为国家节省了大量开支。"③ 受当时政治气氛的影响,藁城县梁家庄连 16 名女民兵在 1970 年春工退场时,上级本来让她们坐拖拉机回来,她们坚决不坐,和男民兵一样,步

---

① 《阎国钧同志在全区根治海河先进集体、先进个人代表会议上的讲话》(1979 年 8 月 27 日),盐山县档案馆藏,档案号 1978 – 1980 长期 4。

② 《回忆南宫县根治海河——李凡军访谈录》,中共河北省委党史研究室编:《热血铸辉煌——海河壮举忆当年》(上),中共党史出版社 2008 年版,第 178 页。

③ 石家庄地区根治海河指挥部:《关于利用民兵外出执行根治海河任务的机会搞战备拉练的情况报告》(1970 年 7 月 14 日),河北省档案馆藏,档案号 1047 – 1 – 218 – 6。

行几百里回乡。①

　　1975 年冬，清凉江扩挖工程中，有二十多万民工参加，他们从家乡到工地，"路途近的几十里，远的七、八百里。全部实行徒步拉练行军，做到红旗引路，领导带队，队伍整齐，纪律严明，边行军边宣传，安全进场。有的在行军中还搞了带工具泅渡过河等军事演习项目。"② 这种大规模集体进场的方式，需要地方上做比较细致的前期工作，要求有较强的组织能力。从整体上来看，集中组织的步行进退场方式相对较少。

　　分散步行入场是比较多的。在笔者进行调查的过程中，多数民工介绍，进场时是由公社提前向民工交代施工地点和到场时间，由民工们自行结伙，大多以村为单位小规模入场，只要在指定时间到达即可。民工们准备好自己的随身物品、小车、工具，带好干粮，步行去工地，沿途就借宿在村庄中。

　　如果施工地点距离家乡路途遥远，火车较为方便的话，上级部门便会和铁路部门联系，让民工乘坐火车入场。而汽车因承载量小，且难以提供民工所带工具的空间，当时汽车运力也比较有限，基本上没有采用。据出河民工介绍，多数是步行入场，少量情况下乘坐火车。但乘火车进场的工程，在结束后一般也是步行回家。以沧州地区盐山县一位 4 次参加治河的民工讲述为例：1970 年冬参加开挖永定新河工程，由家乡步行 140 里去沧州，在沧州乘坐火车，到天津下车，步行前往永定新河工地；1972 年冬参加漳卫新河施工，因距离工地较近，大概十几里，全部步行；1973 年春参加卫运河施工，离家乡大概 500 里路程，与同村民工结伴步行入场。1974 年参加宣惠河工程，在本县境内，40 里左右，步行进场。4 次治河退场全部都是步行。去卫运河工地进场时，"一去的时候跑了（步行）5 天，到回来时赶上个大西北风（口误，应为西南风），两人也不站脚（不休息），两小车子绑一块儿，是一个坐车子一个拉的，连车子带人倒替拉着，一天天不站脚，一天跑百十里地，

---

① 石家庄地区根治海河指挥部：《关于利用民兵外出执行根治海河任务的机会搞战备拉练的情况报告》（1970 年 7 月 14 日），河北省档案馆藏，档案号 1047－1－218－6。

② 河北省根治海河指挥部：《关于今冬海、滦河工程开工情况的报告》（1975 年 10 月 22 日），河北省档案馆藏，档案号 1047－1－294－2。

晚上歇着，3 天跑到家，说 500 多里地呢。"① 这是当时民工进退场常用的方法，他们为了节省力气，就把两辆车拴在一起，两人轮着拉，② 很多民工的回忆中都提到了这种方式。

在民工进退场方面，不同的地方采用了不同的方法，各地根据本地的实际情况灵活组织。据衡水地区安平县参加漳卫新河施工和卫运河施工的民工回忆，1972 年春漳卫新河完工退场时村里派来了农用小拖拉机，各村牲口拉的大车也来接民工，民工们把搭工棚用的材料和劳动工具全部装到车上，一起坐上车回家。第二年春天参加卫运河施工时，是坐"解放"牌大卡车进场，早上从安平出发，途经深县、衡水、枣强，中午时分就到了该县施工所在地故城县郑口东的卫运河工地。③

从距离上看，衡水地区安平县与沧州地区盐山县到达卫运河的距离应该相差不多，但安平县民工坐卡车到达工地仅用半天时间，而盐山县民工步行入场，再加上路途不熟悉，进场则用了四五天的时间。关于民工的进退场方式，除了有特殊政治要求的年份，一般县级以上指挥部并不具体干预，只是按照上级文件的规定进行进退场的补助。民工进退场的方式完全看当地社队的组织能力和重视程度。从上述材料能够看出 1972—1973 年期间安平县对民工的进退场进行了精心的组织，而盐山县则只是规定了到达的时间，由民工自行结伴分散入场。

在"根治海河"运动的宣传图片中，可以看到民工们排着整齐的队伍、一人手举着红旗在前引领大家集中步行入场的场面，那多是为了拍摄需要的刻意行为，不能说完全没有此种情况，最起码不是多数民工进退场的反映。大城县"小老虎"班是"根治海河"时期的先进典型，经常配合此种宣传片的录制工作，从回忆"小老虎"班的文章中能够比较明显地反映出来。

---

① 笔者在河北省盐山县千童镇孙庄村采访郑景华的记录（2012 年 8 月 15 日）。郑景华，男，1951 年生，曾参与漳卫新河、卫运河等多项工程。

② 许俊秀口述：《根治海河的经历》，杨学新主编：《根治海河运动口述史》，人民出版社 2014 年版，第 149 页。

③ 参见刘英奇《在根治海河的工地上》，《文史精华》2007 年增刊 1。

山东省根据施工路途的远近对民工的进退场做出如下规定："鲁北地区参加徒骇河干流施工的民兵，路途单程超过二百华里的，上工时可乘汽车，返回时步行。泰安、昌潍两地区民兵及其工具等，可用汽车、火车运输，凭单据报销。"①

"根治海河"骨干工程采用了多地区"大会战"的方式，大多民工是远距离施工，国家只是根据施工地的远近与交通工具制定了不同的补助标准。民工的进退场采用何种方法，主要取决于施工地点的远近、各地的重视程度和交通方便程度，同时还与当时的政治环境紧密联系。

四、民工的医疗与文化生活

（一）民工的医疗

"根治海河"工地是人员密集的地方，且民工从事的是高强度的体力劳动，难免会出现生病或跌打扭伤等各种事故。对此，国家对海河工地的医疗问题提前进行了规划。"根治海河"工程的医疗费用由国家进行补助，对民工看病实行免费政策。各地区、县的指挥部门和连队都有专职医生，一般小病都能及时得到治疗。针对工地的劳动特点，有的县还特聘了按摩大夫在工地上进行巡回医疗，受到民工的欢迎。

海河工地的医疗采取工地自设医院与当地就医相结合的方式，"为及时减轻施工人员的病痛，每一出工地、市均自带一简易医院，负责疾病治疗和厨房、环境卫生、每个连队均设1—2名不脱产卫生员，在医院医务人员的指导下，管理工棚和个人卫生。遇有重病、伤员送当地医院医治。"② 以河北省新乐县为例，"县里有三名医生住在工地，每个公社也都有一名赤脚医生，一般疾病和小工伤不出工地就能治疗，民工医疗得到了较好的保障。"③

---

① 鲁北根治海河指挥部施工领导小组：《关于今冬明春海河工程施工安排的报告》（1968年9月24日），山东省档案馆藏，档案号 A047-21-030-3。

② 董一林：《人类减灾壮举——根治海河》，《文史精华》2010年增刊1、2合刊。

③ 《根治海河回忆片断——付仓夫访谈录》，中共河北省委党史研究室编：《热血铸辉煌——海河壮举忆当年》（上），中共党史出版社2008年版，第136页。

为支援海河建设，工地上的医务人员是从各级医务部门临时抽调的。1965年7月30日，河北省"根治海河"指挥部向上级报送了《关于抽调医务人员到海河工地服务所需经费问题的请示》，"建议维持目前海河工地抽调医务人员的办法，不给予任何补助费，以利根治海河工程顺利进行。"① 在当时的情况下，各部门都要全力支持"根治海河"工程，凡被抽调参加"根治海河"的脱产医务人员的工资均由原单位发给。属于无偿支援海河施工。除海河工程以外，其他单位则一律按财政部、卫生部1957年5月31日《关于抽调医务人员支援其他部门或参加临时任务期间所需经费的处理原则》，由受支援单位负担。② 由此可见，"根治海河"工程得到国家的重点照顾，各部门基本上是无条件支援。

由于海河工地是人员密集的地方，一旦发生传染病，后果将比较严重。"根治海河"工程刚刚开始的1965年10月，民工刚上河不久，黄骅县工地的青县民工先后有20人发病，症状是吐、泻、腹部剧痛，体温高达40度。后波及青县9个公社，沧县工地也有个别发现，共计发病302人，经多方采取措施才得以控制。③ 子牙新河工地上还发生过流行性脑膜炎。为避免传染病出现妨碍民工身体健康和影响工地施工，海河工地上还开展过"四无"活动，即以无死亡、无食物中毒、无较大工伤事故、无传染病流行为主要内容的卫生竞赛活动，对医疗工作提出了较高的要求。

工地上的医疗主要解决工地上的小伤小病，因为海河工地劳动强度高，民工们落下永久性的病痛也是比较常见的事，如上述提到的"推车大王"穆宗新，其左小腿经常疼，就是当年推车落下的毛病。④ 在"根治海河"工程结束后，仍有很多工地上遗留伤病问题得不到妥善解决而经常上访的例子。

① 《河北省根治海河运动大事记》，中共河北省委党史研究室编：《河北省根治海河运动》，中共党史出版社2008年版，第139页。

② 河北省革命委员会财贸民政办公室：《关于海河抽调医务人员工资问题的复函》，山东省档案馆藏，档案号A034－03－093－10。

③ 河北省根治海河指挥部：《根治海河黄骅工地民工二十人发病的来电》（1965年11月2日），河北省档案馆藏，档案号907－7－288－8。

④ 刘英奇：《拜访根治海河"推车大王"穆宗新》，《文史精华》2008年增刊1。

1965年秋后到1966年春天，我们在交河县挑老盐河的时候，吃红高粱面和红高粱米，每星期改善一顿，炸顿果子饼（油条），或蒸顿包子。很多人吃红高粱面消化不了，大便不通，还有的得肠梗阻。我们医生们就忙了，得及时给他们开药拿药治疗。

上级对海河很重视，看病很及时，吃药免费。县团给连队发放药品，连队到县团领取。当时海河民工没有什么重大疾病，因为都是青壮年，去以前都进行体检。公社里负责体检，县团的医生也都下去到各公社指导监督体检。体检也不是非常严格的，主要听听心脏，看是不是有心脏病，摸摸肝大不大。

工地上注意防疫，怕有传染病。我们还要求伙房注意卫生，防止出现食物中毒。尽管注意，但还难免出现个别食物中毒现象。同时，还要小心坏人的投毒破坏行为。在工地，一般的头疼脑热，连队的医生就看了。连队治不了的，再到县团里来治。如果民工们得了大病或者受了伤，首先由县团医生就地治疗，要是治不好，再送回到县医院继续治疗。民工住院不用个人花钱算账，由县海河指挥部统一结账。后来，海河一散摊子，县海河指挥部工作人员归了水利局，病号就由海河指挥部一次性给了点钱算完事，再也没人管了。①

以上是参加"根治海河"工程的医务人员对海河工地上疾病治疗与防疫的回忆，比较完整的反映了当时海河工地上的医疗状况。

（二）民工的文化生活

在海河工地上，政治学习是当时最为突出的文化生活，尤其是"文化大革命"时期，各连队都遵照上级的要求建起"毛泽东思想大学校"，标语和毛主席语录牌随处可见。1968年秋在独流减河的施工中，"民工白天做工，夜晚到大学校上批判课，阶级斗争的弦绷得紧，不断亮出靶子来批判。尽管劳累一天的民工在会场打瞌睡，但大批判这一课仍然'雷打不动'。背诵语录声，

---

① 徐克勤口述：《海河上的疾病治疗与防疫》，杨学新主编：《根治海河运动口述史》，人民出版社2014年版，第165页。

高唱语录歌声,响彻空旷的河滩。某连队一名负责干部搭公共汽车进了一次天津,便被揪到大戏台上,让其在全体民工面前亮相,遭到严厉批判。"①

据参加 1968 年春滏阳新河二期工程的民工回忆:"当年,根治海河的工地上,政治宣传活动相当活跃,提出'向解放军学习','把工地办成毛泽东思想大学校'。工地上和生活区内,红旗、彩旗招展、标语满目、有线广播喇叭声声;设有学习栏、批判栏;省、地、县都有文艺宣传队、电影放映队,经常到工地和生活区演出、放映;省、地、县都办有根治海河的报纸、简报;还开展'一帮一'、'一对红'、各种打擂、比赛、评先进、帮后进等活动。"②

除了政治学习外,工地上的宣传教育活动也活跃了民工的日常生活,"县设有广播站,广播大喇叭安装在各个公社的施工现场和生活区内,宣传党的政策,广播县团的工作安排和民工中的好人好事以及各公社好的施工经验和进度,对民工进行鼓励。"广播站除宣传工作外,还"播放文艺节目,活跃民工精神生活"③。各公社一般都设有宣传栏,宣传栏定期更换内容,内容紧密结合本公社及各村的施工实际,起到鼓动民工的作用。

除了每天的广播与宣传外,工地上还设有不定期的文化娱乐方式。最常见的是放电影,几乎每个县团都设有电影放映队,过上一段时间会放一次电影,时间不一,大概有一两周的间隔。这是民工最为常见的文化娱乐方式。

此外,为了及时表彰先进、传播先进经验并活跃工地的文化生活,每个地区都组建一支不脱产的小型文艺宣传队,他们经常根据施工过程中出现的先进集体与先进个人的事迹,创作出一些灵活多样的文艺节目,不但活跃了民工的生活,而且起到宣传教育的作用。还有一些专业文艺团体经常到工地演出,代表党和政府到工地上慰问。因为当时"根治海河"是国家领导的大型工程,各地都非常重视,有的县还特意出资邀请专业文艺团体到工地演出,

① 李谦、冯树祥、史平臣:《广平根治海河十五年回忆》,河北省政协文史资料委员会编:《再现根治海河》,河北人民出版社 2009 年版,第 214 页。

② 文字虫:《忆根治海河》,新华网发展论坛,2012 年 2 月 25 日,网址:http://forum.home.news.cn/thread/94817635/1.html。

③ 《根治海河回忆片断——付仓夫访谈录》,中共河北省委党史研究室编:《热血铸辉煌——海河壮举忆当年》(上),中共党史出版社 2008 年版,第 136—137 页。

如黑龙港工程中的临城县团的带工干部回忆："后方还出钱邀请当地的评剧团，到工地进行了 4 天的慰问演出，吸引了全县民工和周围县民工、当地群众前来观看，活跃了民工的业余文化生活，进一步激发了民工的干劲。"① 总体来看，工地上的文化生活是比较活跃的。

就当时演出的作品来说，很多与治河有关。有人回忆：

> 根治海河的时候，上级创作了不少挑河的作品，有的段子至今我还能说上几句。比如沧州人张逢春创作的西河大鼓《王老贵上海河》："卫运河畔王家村儿，有个老汉今年五十七儿，他名字就叫王老贵，老两口子过日子儿。别看他胡子一大把，人老心红是个模范人儿。前几天治河大军上了工地儿，他回来一听急得团团转，坐不住睡不稳吃饭觉得没有滋味……"还说雷锋《一张火车票的故事》等小段。那时说书必须说革命的段子，不让说老段子。②

由此看出，文艺创作贴近生活实际，不仅活跃了民工的文化生活，也成为有效的宣传手段。

以下是当年石家庄地区海河文艺宣传队成员的回忆，反映了当时参加海河工地宣传的工作人员的生活状况。

> 我们团共有 19 名演员，每年都要到石家庄地区 18 个县的海河工地巡回慰问演出。从工地回来后也不闲着，紧接着就是准备省里汇演，排练、表演等。
>
> 在地区海河宣传队巡回演出时，我们打着宣传队大旗，自带着乐器，有背着大鼓、扬琴的，有背花盆鼓、二胡的。走到哪儿演到哪儿，很受欢迎。每到一地，安顿好后，我们上午就先去工地与民工一起劳动，下午准备晚上演出的节目，还帮民工理发、读报、洗衣服等，晚上晚饭后

---

① 《滏阳河畔竞风流——陈喜保访谈录》，中共河北省委党史研究室编：《热血铸辉煌——海河壮举忆当年》（上），中共党史出版社 2008 年版，第 182—183 页。

② 杨学本口述：《给海河民工说书》，杨学新主编：《根治海河运动口述史》，人民出版社 2014 年版，第 294 页。

开始演出，几乎天天如此。

我们表演的节目种类有独唱、重唱、群口相声、对口词、群口词、快板剧、小品等。我们每个人都是多面手，因为就 19 个演员，一台戏要演 20 多个节目，两个多钟头，演员们不演节目就伴奏，要么敲鼓，要么打锣，或拉乐器，谁也不闲着。表演的节目大部分是根据海河工地的生活现编现演。①

总之，受当时政治氛围的影响，工地上非常重视对民工的思想教育活动。这样，工地的文化生活也被带动起来。据当时的基层带工干部回忆，"工地文化生活也较活跃，民工的生活是充实的，没有时间，也没有氛围去想一些杂七杂八的事情，整个施工现场呈现着蓬勃向上的气氛，工期虽长，民工们都不感到枯燥无味。"② 因此，工地的文化生活相对单调但不匮乏，即文化生活形式虽然有限，但比起当时的农村社会还是活跃得多。

第三节 农民的态度与贡献

一、民工的出工动机

马克思说过："任何人类历史的第一个前提无疑是有生命的个人的存在。"③ "根治海河"作为一项大型的水利工程，曾经有数百千万的民工参与其中。那么，作为当事人，当时的农民如何看待这项运动，他们又是怎样参与到这项工作中去的，这就需要考察民工的出工动机。

民工的出工动机具有非常复杂的面相，应该说对于不同地域、不同时期

---

① 《回忆海河文艺宣传队的工作片段——姜玉坤访谈录》，中共河北省委党史研究室编：《热血铸辉煌——海河壮举忆当年》（下），中共党史出版社 2008 年版，第 735 页。

② 《根治海河回忆片断——付仓夫访谈录》，中共河北省委党史研究室编：《热血铸辉煌——海河壮举忆当年》（上），中共党史出版社 2008 年版，第 137 页。

③ 《马克思恩格斯选集》，人民出版社 1972 年版，第 24 页。

出工的农民来说，他们的具体出工动机是不一样的，但是也有一定的共性。总体来说，"根治海河"早期，民工比较好动员，但随着工程的进行，农村社员的生活有了一定的改善，海河工地组织管理上的一些弊端也逐渐出现，影响了民工参与治河的积极性。

　　能吃饱饭，并为家中节省些粮食，这是最主要的动力机制，在前面对"国家管饭"政策的分析中已经提到。当时多数农民生活非常困难，很多地方无法保障民众最简单的生存需要，能吃饱饭成为广大民众最基本的愿望。采访中，有民工说："年轻的时候光去挑河了，这儿那儿的，挑了十来年。为的嘛呢？没得吃啊，为了省口吃的，哪有的吃啊，分那么点粮食。出去个小伙子家里凑合着可以多吃几天，家里不少分东西。出去一个小伙子呆上一两个月，省不少吃的。俺们一个小伙子顶家里好几个人吃，小孩吃不多，吃点就饱了，俺们吃少了能干活吗，当时又没油水，一年不见一点油，分个三斤二斤的芝麻也卖了。"①

　　1966年4月，周恩来总理曾到河北省大名县前桑圈大队视察，了解到这个大队三年没有分现金、人均口粮每天只5.7两。② 此种口粮水准显然根本无法满足民众的基本生活需要，很多农民家庭处于半饥半饱的状态。在这种情况下，"国家管饭"的政策是具有相当大的吸引力的。如果有人出工治河，不但自己可以吃饱，而且可以为家中省下一份主要劳动力的口粮，妻儿老小的生活就会好过许多，而且和在队劳动一样在生产队记工分，有时甚至稍高于在队劳动。在这种情况下，很多农民便踊跃报名参与治河。在黑龙港工程的总结中有这样一段话，讲的是"根治海河"的民工组织工作，"毛主席'一定要根治海河'的伟大号召一发出，立即得到全省人民的衷心拥护和热烈响应，产生了不可估量的力量，大大地推动了生产，推动了水利建设工作。群众说：'毛主席的话说到了咱的心坎上，咱们一定要长志气，大干一场。'一

---

　　①　笔者在河北省盐山县千童镇孙庄村采访尹玉章的记录（2012年8月20日）。尹玉章，男，1939年生，曾参与黑龙港、子牙新河和漳卫新河等多期工程。

　　②　中共中央文献研究室编：《周恩来年谱（1949—1976）》（下卷），中央文献出版社1997年版，第25页。

经组织发动，全省很快形成了一个人人争报名，争出工的热潮，不少地方报名出工人数超过分配任务的几倍甚至十几倍。出现了很多母送子、妻送郎、兄弟争出工的动人事迹。"①

从以上这段话，我们不仅能够看到毛主席号召的力量，而且也能体会到当时农民踊跃出工的热烈场面。应该说，在当时的年代，出现这样的场面不一定是宣传者的夸大，农民踊跃参加治河的原因要结合当时的情况进行具体分析：

（一）灾害的伤痛历历在目，农民拥护对海河的治理。当时的广大农村群众，尤其是居住在海河流域较大干流附近的广大民众，对水灾的危害有着切肤之痛。1963 年大水灾的影响在人们的记忆中尚未退却，民众真心拥护对海河的治理。历史上海河流域经常遭受水灾的困扰，给流经地域的居民带来无数的灾难，历朝政府始终没有解决水灾害民的问题。1963 年大水灾后，党和国家积极对灾区进行救援，尽全力为灾民的生活提供保障，并做出彻底治理海河的决定，广大人民积极响应党的号召。受多年的政治思想教育的影响，当时民众的思想境界普遍比较高，"非受益地区的群众，在毛主席'一定要根治海河'伟大号召鼓舞下，站得高，看得远，高度发扬一地有灾各方支援的共产主义风格。……直接受益地区群众更是迫不及待的以实际行动治好海河。"② 在这样的状况下，民众迫切希望对海河加强治理，领导者的倡导与国家的组织发动，正好符合了民众的愿望。

（二）对毛泽东主席号召的拥护及对新中国的认同感和归属感。自革命战争年代以来的宣传教育以及新中国成立后的思想政治运动，把对毛主席的崇拜推到一个极高的程度，毛主席的地位之高、号召力之大亦是前所未有的。尤其是"文革"时期，"毛主席是我们心中的红太阳""毛主席的话是真理，一句顶一万句"都是当时极为流行的时代话语。对于普通老百姓来讲，这些话语在他们心中深深扎下了根。"交河中郝村有一位七十多岁的干属王庆隆，

---

① 中共河北省根治海河指挥部政治部：《关于黑龙港地区排水工程冬季施工政治工作初步总结》（1965 年 12 月 31 日），河北省档案馆藏，档案号 1047 – 1 – 113 – 22。

② 《河北省黑龙港地区排水工程总结》（1966 年），河北省档案馆藏，档案号 1047 – 1 – 196 – 2。

听说是毛主席派来的民工来挖河，也决心为挖河出把力，爷孙二人一起给民工修镐锨，共计两千多张，分文不取。"① 毛主席的话语具有极强的号召力，这是广大民众积极拥护"根治海河"的一个主要原因。此外，新中国成立后，在人民翻身得解放的思想引导下，广大农民中普遍存在对新中国的认同感以及社会主义制度下的归属感。在党和国家的领导下，积极参加海河治理，为防灾减灾、促进农业发展贡献自己的一份力量，使农民也带有自我价值实现的满足感，这也是他们积极响应上级号召参加海河治理的因素之一。

（三）农民的生活非常艰苦。如前所述，当时民众的生活是非常困难的，而参加治理海河是"国家管饭"，这应该是大量农民积极报名参加治河的最直接、最现实的原因。在生活的困境下，解决生存问题是人类最基本的需求。下面是一个高中毕业刚回乡劳动不久的民工的陈述，很真实地反映了当时出工者的思想状态。

> 挖河筑堤，是当时农村一项最苦最累的活儿，被称之为几大累之一。年纪大、体力弱的人一般干不了，家里条件好一点的则不愿去吃那个苦受那份罪。那时，我在农村已经历练了一年多，打坯盖房、挖渠排涝、出窑送砖等苦活累活干了不少，自感体力已能适应。加上生产队分的粮食总是不够吃，上海河"公家管饭"，省自家口粮还能填饱肚子；不管刮风下雨，天天都记高工分（平均每天 10 分），比在村里干活挣得多；自带工具，每个工期村里给 20 元的磨损费，工程完了还可能分点儿节余，这些对于我都具有极大的诱惑力。于是，就在头年冬天村里动员报名上海河的时候，我毫不犹豫地报了名。②

这段话非常好地诠释了民工自愿上河的动机，虽然挖河苦累，但可以吃饱饭、省粮食、记高工分、分节余，无疑都是与民众生活最贴近的利益，因此民工上河能够得到一些切实的好处。

---

① 河北省天津专区根治海河指挥部：《关于黑龙港排水工程施工情况的汇报》（1966 年 5 月 7 日），河北省档案馆藏，档案号 1047 - 1 - 194 - 1。
② 袁树峰：《我的海河民工经历》，《文史精华》2009 年第 1 期。

一些县团领导的回忆同样印证了农民积极参加治河的原因：

> 根治海河前期，因为1963年大水危害严重，群众治水愿望强烈，而且海河工地上生活有保证，所以群众的积极性很高，家庭困难的都愿意到海河工地上去，这样可以带出一张嘴去，而且每天能记10分工。实际上，上海河待遇比在生产队种地好，这是当时不少人同意上海河的最主要原因。但是，人们争相上海河，都说是为国为民，不说是为了能吃饱饭。凡是上海河的民工，不管在外头干多少天，在家里就按每天10分工记工分。大小伙子在家每天能吃顿饱饭吗？小伙子们在家都饿得够呛了，到了海河头几天，哪个一天按干面说不得吃个三斤多呀！再过四五天，人们吃得肚子里有了底了，吃得就少了。①

吴桥县上村营尹庄社员见到回来的民工吃得胖了，体格壮了，并分了粮款，还有的得了奖状或带上了奖章，都扭转了过去认为出河工是最苦的看法，还有些人为自己没参加这次治河而后悔。② 因此，民工的组织工作并非仅仅是宣传与呼吁能够解决的，而实际的效果是最好的宣传，农民用自己的切身体会对一项工作进行衡量，实际的效果是进行下一步工作的基础。

在此，我们无意否定政治宣传的积极作用，但真正能够促使民众行动的动因应该在于切合民众的利益，包括长远的和短期的。应该说，"根治海河"在最初能够得到民众的积极拥护，主要是将民众的长远利益和短期利益结合在一起，即海河的治理对农业发展、对防灾减灾的巨大作用与短期内解决民众的生活困难结合在一起，这是"根治海河"早期农民踊跃报名出工的关键所在。有治河干部回忆，"在那物资短缺，生活较困难的年代，生产队给民工记满分，工地管吃饱饭，一期工程结束后还能剩点钱，因此民工上海河积极性比较高，组织起来没有遇到什么困难。当然，条件特别好的村还给民工增

---

① 刘玉琢口述：《风雨海河十七年》，杨学新主编：《根治海河运动口述史》，人民出版社2014年版，第58页。

② 沧州专区根治海河指挥部办公室：《关于民工退场后各县活动情况》（1966年1月5日），河北省档案馆藏，档案号1047-1-194。

加些其他待遇。"① 由此可以看出，出河民工对国家制定的出工政策是比较满意的，报名人数出现"超过分配任务的几倍甚至十几倍"的现象在治河初期也是可能出现的。

不仅农民出工如此，处于最基层的农村干部也有着类似的想法。河北省徐水县漕河镇北楼村连文祥曾任村党支部副书记，"根治海河"期间长期担任漕河连队副连长，他是这样回忆当时的情况的，"从个人来说，我愿意去，一来响应毛主席的伟大号召，很光荣；二来家里孩子多，5个儿子，2个女儿，家庭比较困难，到海河工地去，多少可以省点粮食，还可以挣点补贴。"② 由此看出，农民出工既有响应国家号召的荣誉感，又有解决现实生活困难的实际好处，比较充分地诠释了当时大部分农民的出工动机。在他的回忆中，还提到了他带工时的状况，他自称民工比较好带，"他们愿意和我在一起，服从我的指挥，还有一个重要原因就是能够多挣点钱。"③ 由于他经常参加水利建设，经验丰富，不用专门计算，目测便能确定土方数，这样便减少了窝工，提高了工效。因此该连队民工干活速度快，得到的标工补助款就比其他连队要多，民工能够得到更明显的实惠。当时曾任海兴县朱王连队的带工干部吕玉堂也同样谈到了这一问题，他说在别的连队不够吃的情况下，他所带的连队却因为工效高，能多分些粮食和现金，因此受到民工的拥护。④ 当时干部们都想方设法提高劳动效率，这样就可以使民工多一点收入。在当时经济困难的条件下，民工收入的提高对家庭的补益作用十分明显，这是激励他们上海河并不断加班加点的内在动力。这在"根治海河"早期比较明显，但随着工程的连续开展，海河工地的弊端不断出现，农民的生活水平逐渐有所改善，

---

① 《根治海河回忆片断——付仓夫访谈录》，中共河北省委党史研究室编：《热血铸辉煌——海河壮举忆当年》（上），中共党史出版社2008年版，第136页。

② 连文祥：《追忆"钢铁第一连"》，河北省政协文史资料委员会编：《再现根治海河》，河北人民出版社2009年版，第240页。

③ 连文祥：《追忆"钢铁第一连"》，河北省政协文史资料委员会编：《再现根治海河》，河北人民出版社2009年版，第242页。

④ 笔者在河北省盐山县职教中心小区采访吕玉堂的记录（2012年8月12日）。吕玉堂，男，1937年生，曾在1968年冬1969年春治理大清河工程中担任过海兴县朱王连队的带工干部。

尤其是 20 世纪 70 年代后期经济政策越来越宽松,农民有了更多增加收入的渠道,组织民工上海河便不再像早期那样容易了。因此到"根治海河"后期,"大多数社员不愿意去挑河受累,所以,各个生产队就用抓阄、排号等办法让社员轮着去。"①

而在"根治海河"期间的文件或报道中,上级部门为了宣传农民对"根治海河"运动的拥护,常常用十几年不变的话语来描绘农民积极出工的场面。"许多县、社报名出工的人数,常常超过分配人数的几倍,父母送儿子,妻子送丈夫,父子争出工,兄弟齐报名的动人事迹层出不穷。"② 自"根治海河"一开始,一直到 1973 年,甚至到"根治海河"结束,此种话语被不断重复。应该说这种现象会在特定的时间特定的地点可能出现过,但绝非整个"根治海河"运动中的常态。在以后的长期治理中,反复如此表述形容出工场面,给人的感觉是习惯性地照抄照搬了早期的宣传文件,而并非真实情况的反映。当然,这也是在对当年治河民工的访谈中能够看出的状况,档案文献与口述调查相互印证,应该更能准确地反映当时的历史史实。档案上的记载及田野调查的资料证明,农民中虽有一定数量自愿出工的,但多数难以达到如此热烈拥护的场景,而是自愿出工和行政指派的结合。这种行政指派是一直存在的,有民工这样回忆:"那时挑河都说是响应毛主席号召,实际上是你不去行吗?让你去,你就得去。你说挑不了河不去了,他说挑不了河不去了,那就都不去了?"③ 为了完成出工任务,生产队是必须想方设法派出人的。不可否认,在火热的政治宣传下,一时出现的感人场面是有的,但在现实的条件作用下难以维持长久。那么农民对"根治海河"究竟是何种态度呢?还需要进行具体的分析。

---

① 刘玉琢口述:《风雨海河十七年》,杨学新主编:《根治海河运动口述史》,人民出版社 2014 年版,第 59 页。

② 《我省人民奋战十年取得根治海河伟大胜利》,《河北日报》1973 年 11 月 16 日,第 1 版。

③ 许俊秀口述:《根治海河的经历》,杨学新主编:《根治海河运动口述史》,人民出版社 2014 年版,第 150 页。

二、民工的合作与抵制

在"根治海河"运动中，出工治河的农民工是怎样看待这次水利活动的，他们是否真的愿意参加治河？具体来看，可以划分成两种情况：

（一）自愿出工者

从以上的分析中看出，"根治海河"本身得到相当一大部分民众的拥护，尤其是受益地区，对于长期饱受洪水肆虐之灾的地区来说，海河给当地居民经常带来灾难，加强对海河的治理同样是群众的呼声，因此沿河民众非常拥护对海河的治理。如衡水地区冀县人民深受洪水危害之苦，"对根治海河非常拥护和赞成，广大青年积极报名出工，决心为水利建设建功立业。特别是共产党员、共青团员率先垂范，起积极带头作用。不少社、队的报名人数，往往超出分配名额，有的连续出工多次，事迹感人。"① 这是由于地域原因造成。除此之外，从各地动员民工的实际情况来看，自愿出工的主要包括以下几类人：

一是家庭生活困难者。在 20 世纪 60 年代，由于生产力本身的落后和国家统购统销制度的推行，粮食消费以保证城市和工业的需要为重点。很多农民家庭口粮数量无法满足自身的生活需要，青壮年劳动力在家"总是吃不饱"，而到了河上，因为劳动强度大，"主食可以随便吃。"所以一些年轻人"禁不起玉米饼子和馒头的诱惑，更是为了给家里省点粮食，就毅然报了名。"② 这是当时参加治河的民工的一些亲身体会。从上述材料可以看出，无论上级的宣传如何有力，农民必然有自己内在的行为动因。由于当时农村中大部分地区的生活是比较困难的，所以在"根治海河"运动初期，许多家庭生活困难的农民是主动出工的。

二是家庭劳力多者。这里的家庭劳力多是指兄弟多或成年的子女还和父

---

① 阎大根：《冀州人民根治海河施工纪实》，河北省政协文史资料委员会编：《再现根治海河》，河北人民出版社 2009 年版，第 187 页。

② 马子亮口述，张广江整理：《难忘那年挖海河》，http://k.ifeng.com/173383/3131492。

母在一起生活、父亲身体依然强壮的家庭。海河出工是远距离施工,一去就是两三个月,中途不能回家,家中生活需要有人照料。劳力多的家庭出工,不但出工者本人不用担心家中老人孩子的生活问题,生产队也免去单独照顾河工家属的责任,所以一般生产队长愿意动员这样家庭中的劳力出工。曾多次参加"根治海河"的一位老人谈到他之所以参加了十来年治河,就是因为当时老父亲健在,家里劳动力多,可以出去一个人多一些收入,家庭生活也没有受到什么影响。①

三是单身者。有一些单身者(在农村习称光棍)也是自愿参加治河的群体。此类人没有其他人那样的家庭牵挂,在家和上河都是参加集体劳动,由于工地设有集体食堂,可以免去自己生火做饭等家庭琐事的麻烦,因此参加治河在生活上更加方便。对他们来说,参加治河只是出更大的力气而已,比在生产队劳动的工分不少挣,甚至还会多些,所以单身者是参加治河的重要的人选。如衡水地区故城县的民工回忆,在1970年春季参加滹沱河南堤后展工程时,"全村参加那次工程的共有7人,一色的光棍汉,最大的30来岁,最小的17岁,其他几个人都是和我一样的20岁左右的年轻人。"②

(二)被动出工者

按照上级确定的方针政策,在民工的动员方面,"在方法上要求做到自愿报名和领导审查批准相结合,坚决防止派工、抓阄、雇工等简单生硬和错误的做法。"③ 但是在现实的动员中,经常会遇到没有足够的自愿出工者的现象,"有的嫌苦怕累,不报名出工;有的连年出工产生了厌倦情绪。为保证民工人数,不误工期,有的社队采取了一些土办法,或是抓阄定民工,或是劳力多的排号轮流去,实在思想不通的,则用物质刺激促其'上海河'。"在这种情况下,上述被列为"简单生硬和错误的做法"便纷纷出现。

---

① 笔者在河北省盐山县千童镇孙庄村采访韩桂茹的记录(2012年8月16日)。韩桂茹,男,1939年生,曾参加十来年"根治海河"工程。

② 袁树峰:《我的海河民工经历》,《文史精华》2009年第1期。

③ 中共河北省根治海河指挥部政治部:《关于民工入场前的思想发动和组织工作意见》(1966年8月10日),中共河北省委党史研究室编:《河北省根治海河运动》,中共党史出版社2008年版,第283页。

据了解，抓阄的方法是应用最为普遍的。如有的生产队在自愿出工者无法凑足的情况下，将适龄劳力集合起来，通过抓阄确定各自的序号，以后有海河工程任务就依次出工。比如一年中的春季工程，上级的任务是出工2人，便由1号和2号去；到了秋季工程，需要3人，便由3—5号去，依此类推。这样在大家都不太情愿的情况下保证一个相对的公平。也有的地方是每次现抓，如需要出几个名额，先进行发动和自愿报名，在自愿报名名额不达标时进行抓阄，出过工的不再参加，以后每次出工都采取不够现抓的方法来解决。

当然，派工和雇工的现象也是有的，硬性派工的情况也有，但容易激化矛盾，所以生产队干部多数采用商量、做工作与其他较为温和的方式解决。

雇工的现象多出现在"根治海河"运动后期。因为雇工的方式需要通过出钱或出物来解决，在"根治海河"前期农民生活都比较困难的情况下是无法实行的，只有到了农民本身有一定收入，且收入大于出河工的情况下，雇工才有可能实行，才有人会用出钱出物这种方法摆脱出河工的困扰。

农民为何不愿出海河工？原因有以下几个方面：

首先，劳动强度高。海河工地是高强度的体力劳动，前述已经论及。而且工地上多年盛行加班加点，不顾民工的身体健康。文献中对于加班加点增加劳动强度的记载相当多见，因此而累伤、累病的人也大有人在。有民工回忆，他们当时几乎就是分方到班或分方到人，完不成任务会影响到整个大集体的进度和验收，那些身体状况差的压力特别大。"由于有限定的任务赶着，有很多累病、累吐血的。"[①] 很多民工对此有畏难情绪。

因为工地劳动强度过高，民工对此已经躲之不及，有人曾做过这样的描述："七三年以前十元钱十斤小米一斤香油的补助。广大青年不谈钱和务（物），积极参战。可是到了七四年，30元十斤小麦，一斤香油，没人去。到了七五年，50元十斤小麦一斤香油，生产队给买两块毛巾、铁锨一把。还是

---

① 笔者在河北省高碑店市东盛办事处龙堂村采访李振江的记录（2013年7月29日）。李振江，男，1949年生，曾参与开挖永定新河和治理白洋淀工程。

没人去。"① 就是因为高强度的体力劳动使民工吃不消。据民工反映："在文安县清南排水沟当中，累伤了两名，在廊坊西边的工地上，冬季累伤一名，春季累伤一名，七五年春季去七名，拉水一名、挖排水沟一名、拉坡一名，其余四名拉车，两推车换了回来，累坏了一名，还有捎好几次（信）要换（班）。"② 由于高强度的体力劳动，危害了民工的身体健康，所以造成民工不愿出工。

其次，政策不落实。有关政策得不到落实也挫伤了农民的出工积极性。"根治海河"工程中，因为国家的补助都按标准分配到基层连队，各连队需要在完工后尽快进行核算，以做到工完账清，将各项补助进行核算分发，该归集体的归集体，该归个人的归个人。虽然补助一般剩余不多，但毕竟是对民工辛勤劳动的一种回报和鼓励。在实际工作中，有的地方对这项工作没有做好，影响了民工的积极性。"根治海河"运动后期，一些组织管理方法在不断改进，实施了一些激励民工积极性的措施。不过，所有的措施必须要由出工生产队配合才能奏效。由于政策调整的过程中上下级之间缺乏良好的沟通和协商，致使县团对民工的一些承诺在基层没有得到认真的兑现。如盐山县在1979年冬工中承诺的后方记工问题就没有落实，"对民工的情绪有一定影响。"③ 致使春工人员到得不齐且开工不齐。由此看出，"根治海河"后期的组织管理工作是非常粗糙的。社会状况的变化促使出现了许多新的问题，在解决这些新问题的过程中，没有很好地进行调查研究，致使议而不决、决而不行的现象时常出现，严重地影响了政策的严肃性，使民工对上级逐渐失去应有的信任，这是导致农民越来越不愿意合作的原因之一。

再次，经济政策的不统一。这主要表现在生产队所给补助方面。由于鼓励民工出工的需要，"根治海河"期间，尤其是"根治海河"后期有很多生

---

① 《印发"任永昌、张永禄同志反映海河问题的信"的通知》（1975年4月5日），河北省档案馆藏，档案号1047-1-294-8。

② 《印发"任永昌、张永禄同志反映海河问题的信"的通知》（1975年4月5日），河北省档案馆藏，档案号1047-1-294-8。

③ 《北排河土方工程竣工顺序表》（1980年4月18日），盐山县档案馆藏，档案号1979-1980长期8。

产队用给民工补助款物的方式动员民工出工。但补助多少，上级没有统一规定，各生产队根据自己的实际情况，以凑够出工人数为基本原则，所以补助多寡是相当随意的。民工到达工地后会相互询问比较，造成攀比现象严重，致使很多人产生不满情绪。"有些人听说兄弟连队的民工来时，生产队给粮食又给钱，而我们公社每天只给补助一角钱，怨气十足，有人准备退场后回队多要补助；也有的给队上写信要求寄钱等。"① 补助的不统一使一些民工产生怨气，不但容易引发不满，而且加大了以后动员出工的难度。

最后，对"根治海河"效益的质疑。农民的消极应对还不完全是因为海河工地的艰苦劳动，很大程度上还存在对治理效果的质疑和多年治理工作的疲累。"根治海河"与新中国成立初的淮河治理有很大不同。淮河治理后，以皖西北的临泉县为例，在1950年至1956年的7年间，除两年外，5年都有水灾，治理效果并不明显，因此群众中便有一定的怨言，认为不断上河工是白费力气。② 而"根治海河"运动开始后，海河流域的气候却发生了很大的逆转，十几年基本处于干旱状态。在"根治海河"的工程规划中，虽然考虑到地域特点在治理规划上增加了抗旱的因素，但主要还是为防洪而设计，早期工程以排为主。这样就造成一种矛盾状况：连年的干旱困扰着广大农民，而他们又不得不为防洪排涝而出工。虽然大家都明白"根治海河"的意义，但农民却无法像在遭受水灾切肤之痛时那样积极。随着时间的推移，灾情留给人们心中的伤痛逐渐平复，而对"根治海河"工程的巨大付出却使农民逐渐产生了怨言。"海河已被治理了十几年，什么时候才算一站，社员心里没底。群众反映，一年四季干旱严重，而年年治河，雨季又不敢蓄水，有的年份有点地上水，也是可用不可靠。社员觉得再治河白费劲。"③ 虽然治理淮河和"根治海河"开始后两地的境况有一定差别，但民众最初的治河热情渐失却是

① 《我是怎样当指导员的——盐山县团马村连队指导员尹文杰》（1979年），盐山县档案馆藏，档案号1979 – 1980长期8。
② 葛玲：《新中国成立初期皖西北地区治淮运动的初步研究》，《中共党史研究》2012年第4期。
③ 河北省广播事业局办公室：《广播简报：海河工程、平调严重》（1980年6月13日），河北省档案馆藏，档案号1047 – 1 – 419 – 4。

共同的现象。

民工的抵制多以不合作的方式进行，即想方设法不出工，进行消极的抵制。"在高度政治化的'集体化时代'，基层农村社会和亿万农民仍有其自身的生存环境及生活方式，大势所趋的汹涌波涛底下仍会有潜流或暗流的涌动。"① 在上级政策不能满足农民需要的情况下，农民便以消极方式应对，对上级的动员不做回应，以等待给出合适的条件。因此，有学者指出："事实上农民远非如许多人想象的那样是一个制度的被动接受者，他们有着自己的期望、思想和要求。"② 农民常常运用斯科特提到的所谓"弱者的武器"或汤森所说的"不合作"行为来表达自己的不满，以体现自己的利益要求。③ 期待相应政策的调整，以便与自身的权益寻求平衡。当然直接的对抗现象也是存在的，但相对比较少，如工地上逃跑的现象，在沧州地区 1979 年春工的统计中，75 人受罚的，其中逃跑的只有 12 人。④ "根治海河"运动期间的逃跑现象一般出现在后期，且多出现在开工之初。民工一般不以逃跑的方式解决问题，是由于当时农民上河是代表生产队出工，如果不能坚持，可以通过和后方生产队联系找人换班的方式来解决。而且生产队是给记工分的，如果逃跑工分就没有了，以前干过的相当于白干。既然能够通过正常的渠道解决问题，就不必要采取激烈对抗的方式。再者每期工程的时间毕竟有限，仅有两三个月的时间，相对比较好坚持。

"根治海河"运动后期，为了解决"出工难"的问题，各地采取了很多的具体措施，上级领导部门也积极想办法。1980 年 3 月，河北省人民政府专门下达了有关海河出工的具体办法，"但从今春（1980 年）的实际情况看，

---

① 行龙：《"自下而上"：当代中国农村社会研究的社会史视角》，《当代中国史研究》2009 年第 4 期。

② 高王凌：《人民公社时期中国农民"反行为"调查》，中共党史出版社 2006 年版，第 192 页。

③ 参见 [美] 詹姆斯·C·斯科特著，郑广怀等译：《弱者的武器》，译林出版社 2011 年版；[美] 詹姆斯·R·汤森、布兰特利·沃马克著，顾速等译：《中国政治》，江苏人民出版社 2004 年版，第 175 页。

④ 盐山县根治海河指挥部：《关于扩挖北排河任务的总结报告》（1979 年 11 月 22 日），盐山县档案馆藏，档案号 1979 - 1980 长期 8。

社队派工依然很难，负担仍有逐渐加重的趋势。"① 农民的不合作已达到非常严重的程度，预示着此种治河方式已不再受农民欢迎。

三、群众的合作与抵制

治河早期不但得到了出河民工的合作，而且也获得施工地群众甚至是各地群众的合作。"沿途群众向（像）战争年代欢迎子弟兵那样，腾房子、烧开水、烩干粮，问寒问暖。"② 如此场面不仅能够展现民众对治理海河的拥护，而且能够反映出当时农村良好的社会风气，这在治河早期是比较普遍存在的现象。当时普通群众的合作主要基于以下原因：

第一，良好的社会风气。当时农村民风淳厚，广大民众深知水利工程的重要性，对于此项工作的确是从内心里支持。因为多数工地距离家乡遥远，民工参加治河以步行为多，所以民工都有和沿途百姓打交道的经历。当时缺乏商业化的住所，民工都是到沿途村庄借宿，步行赶路到天黑后和当地村庄的干部联系，由村干部安排到村支部、学校等地方，或者安排到住房比较宽裕的农民家中；有时民工自己直接和遇到的村民联系，说明情况，只要提到是治河的，多数群众都会热情接待，而且不会收取任何费用。通过对当时治河民工的走访，一些参与治河的老人对当时良好的社会风气仍然非常怀念。一位老人说，一次在去往工地的途中，天黑时到途经的一个村庄借宿，房主家刚刚办过喜事不久，新媳妇回了娘家，主人家就把过路民工安排到了新房居住，使他们很受感动。③ 从这些讲述中能够体会到当时农村良好的社会风气。

第二，对海河治理的大力支持。沿途百姓的支持和合作虽与当时良好的

---

① 《海河骨干河道工程工作座谈会议纪要》（1980年8月14日），河北档案馆藏，档案号1047 - 1 - 937 - 24。

② 河北省根治海河指挥部：《关于今冬海、滦河工程开工情况的报告》（1975年10月22日），河北省档案馆藏，档案号1047 - 1 - 294 - 2。

③ 笔者在河北省盐山县千童镇孙庄村采访门子江的记录（2012年7月20日）。门子江，男，1949年生，曾参与多次"根治海河"工程。

社会风气有关，同样，他们对治河也是支持的，民众深知河流治理的重要性。驻地群众更是大力欢迎外地民工的到来。沿河群众多遭受水灾之苦，对治理海河的决定大力拥护，对外地来的民工更是热情招待并给予力所能及的帮助。据一些老人回忆，沿河农村在旧社会中因为排水问题经常出现纠纷，三里五乡甚至近邻亲戚为排水动刀子、伤人命的事经常出现。而新中国成立后的"根治海河"运动中，人们看到来自几百里外帮助挖河的不相识的人，非常感动地说："旧社会受水害亲戚朋友不相认，新社会为治水千里之外一家人。不是毛主席他老人家的英明领导，咱拿八大碗的席也请不到啊！"① 如此肺腑之言道出了群众的心声。因此，沿河群众对于"根治海河"这种造福乡里的事情是真心欢迎，自然表现出对治河工作的极大支持。1966年春工民工进场前，"武清驻地大阎务，小河咀、大朱庄的社员群众，象准备接亲人一样把房子打扫的干干净净，听说民工下火车，生产队发动大人小孩扫雪三里多地迎接民工进村。"其他地方也以实际行动表达了对"根治海河"的拥护与支持。沧州列车段在沿途各站都派出专人指挥，帮上帮下。泊镇党政机关、学校、企事业单位，为民工腾房、烧水、供应熟食、菜汤，对民工照顾得无微不至。徒步行军的大城县民工到河间县束城住宿，束城中学师生腾出棉被让民工铺盖。② 这些热情接待让治河民工感到无比温暖。也有的驻地群众积极为民工缝补、拆洗衣物。1970年在武清县境内施工，有的工段水井坏了，民工吃水出现困难，当地群众听说后，"男女老少用桶抬、用盆端，给伙房送水，大大鼓舞了广大指战员的斗志。"③ 新河县平头楼村有13名青年妇女、20名青年和1名57岁的老大爷一连4夜帮助大名县龙王庙公社挖河，当被发现后谁也不说

① 《最坚决最热烈地响应毛主席"一定要根治海河"的伟大号召，多快好省地完成第三个五年计划期间的工程任务》（1967年），河北省档案馆藏，档案号1047-1-120-12。

② 河北省天津专区根治海河指挥部：《关于黑龙港排水工程施工情况的汇报》（1966年5月7日），河北省档案馆藏，档案号1047-1-194-1。

③ 河北省根治海河指挥部：《依靠群众，发动群众，大打人民战争，认真落实毛主席"一定要根治海河"的伟大号召》（1971年11月17日），河北省档案馆藏，档案号1047-1-220-13。

姓名，而是说，"大名到我们这里来挖河，在家门口帮助一下算得了什么哩！"① 在"根治海河"运动早期，百姓的拥护和支持成为"根治海河"工作顺利开展的一大动力。

第三，上级的宣传组织工作得力。各地的积极配合与上级的宣传组织工作做得较好有密切的关系，上级要求沿河社队积极修路、打井，方便民工进场，并做到热情接待民工。在当时，有些地方的组织工作做得非常细致。

1975年的清凉江工程中，工程驻地泊镇党委专门召开了针对治河民工的接待工作会议，要求各机关、厂矿、学校、街道搞好治河大军的接待工作，在全镇掀起了热情接待治河民工的热潮。"家家户户自动给民工腾房、烧开水，不少服务行业给民工义务烙干粮、修鞋、修车。刘辛街年近六十的任福秀大娘，嫌平时喝的井水不甜，亲自借小车到远处为民工拉来甜水；跃进大队社员代明珍自动把自留地的白菜砍一小车给民工做菜汤；有的还给患感冒的民工做姜汤热面。"②

一些县特意成立了专门机构，负责支援"根治海河"工作。1965年秋季"根治海河"工程开工前，衡水地区枣强县专门成立了"支援根治海河委员会"，并要求各公社、各生产大队都成立支援施工的组织，"准备热烈欢迎，热情接待民工。各生产队都主动给民工安排吃饭、住宿。另外，还计划把大小公路、大车道和桥梁都整修好，保证运输畅通。"③ 在上级的宣传组织下，地方上的支援接待工作做得非常周到。

在要求地方上做好接待工作的同时，上级也对治河民工提出了严格的要求。"根治海河"期间民工均采用军事化编制，此时正值毛泽东主席提出在全国范围内"大学解放军"的时期，各级组织部门结合当时的政治形势，要求

---

① 《谢辉副省长在衡水地区各行各业支援海河后勤工作经验交流会议上发言纪要》（1965年11月24日），河北省档案馆藏，档案号1047-1-806-49。

② 河北省根治海河指挥部：《关于今冬海、滦河工程开工情况的报告》（1975年10月22日），河北省档案馆藏，档案号1047-1-294-2。

③ 河北省根治海河指挥部：《响应毛主席的号召，全省人民动员起来，积极投入根治海河的伟大战斗！》（1965年9月），中共河北省委党史研究室编：《河北省根治海河运动》，中共党史出版社2008年版，第239页。

民工向解放军学习，尤其提倡学习军人的"三大纪律八项注意"，不管在行军途中还是在施工工地，都要求民工不仅不能扰民，而且要为民众办好事。因此在"根治海河"相当长的时间内，"治河大军走到哪里，就主动帮助社、队秋收、种麦，给贫下中农担水扫院，受到群众的赞扬。任丘县天门口连民工，路过沧县、交河金丝小枣产区，不摘群众一个枣吃。长丰连十班战士黄国拥，在沧州常召庄大队露营时，看到房东老大伯患头痛，立即请来医生，拿出自己的五角钱买了药，给房东老大伯治好了病。"① 从上述材料中可以看出，当时群众与治河民工的关系是相当融洽的。由于民工严格要求自己，并主动帮助群众，所以被时人称为"不穿军装的解放军"。

"根治海河"运动早期，民工与当地群众之间经常出现互帮互助的良好局面。据天津专区1966年春工总结，他们一进村就开展了为驻地群众大办好事和"三净一满"活动，即将屋子、院子和街道打扫干净，水缸挑满。该专区在工余共帮助当地群众修房、盖房927间，脱坯8000块，积肥运肥32000多车，翻地修畦田1365亩，打井66眼，抗旱浇地20000亩。② 通过这些活动，加强了治河民工和当地社员的联系，增进了双方的感情。

施工过程中，有的施工地段有明水，必须提前做好排水工作，"根治海河"春季工程时，正好是冬小麦灌溉的良好时机，上级要求施工单位和沿河社队相互支持，把排水和灌溉结合起来，充分利用排水进行灌溉。这种细节上的安排，增强了双方的互帮互助，形成团结治水的良好局面，这与上级部门的积极宣传与精心的组织工作是分不开的。

"根治海河"后期，由于社会状况发生了很大的变化，各地"根治海河"的热情渐失，施工单位与当地民众的关系也出现了很大变化，"社员出工，很多地方不是报名，而是抓球（阄）排号；很多干部和党团员不出工，不干累活；民工出发，没人欢送，竣工归来，没人欢迎；民工行军，很少有人接待，

① 河北省根治海河指挥部：《关于今冬海、滦河工程开工情况的报告》（1975年10月22日），河北省档案馆藏，档案号1047－1－294－2。
② 河北省天津专区根治海河指挥部：《关于黑龙港排水工程施工情况的汇报》（1966年5月7日），河北省档案馆藏，档案号1047－1－194－1。

夜间睡在场边村头和马路旁。"① 民工与群众关系紧张的情况越来越多，有的"工程附近社、队常以某种借口设卡，有菜高价卖，有井不让使。武邑县苏正公社一位负责干部，以工程危害了本社水利设施为由，下令断了民工的水源（原来民工饮用这个社队井水都交了油、电钱），民工们饮水、做饭有困难，不得不出去几里地另找水吃。"② 如此造成了民工吃菜、饮水困难。

"根治海河"运动后期，沿河民众不再热情支持，主要原因有以下几个方面：

第一，灾害伤痛逐渐淡化。"根治海河"运动导源于严重的水灾，从治理规划上看，虽然也兼顾了抗旱灌溉的需要，但防洪除涝的目标仍是最主要的。巧合的是，大规模"根治海河"运动开始后，海河流域的气候发生了明显的变化，由新中国成立初的"丰水期"逐渐进入所谓的"枯水期"，也就是说，在1965年后，相当长的时间内没有出现较大的洪涝灾害，不再有迫切的排水需求，而干旱的威胁却日益严重。随着时间的推移，水灾的伤痛逐渐在人们头脑中淡化。在这种情况下，民众对工程的效益没有特别直接的感受，而工程的进行又或多或少地影响到他们的生产生活，因此再也难以找回"根治海河"运动早年的热情。

第二，宣传力度大大减弱。随着"根治海河"运动的进行，尤其是1973年骨干工程完成后，上级对"根治海河"工程的重视程度逐渐降低，宣传力度也大大减弱。1979年，董一林在春工动员会上的讲话中提到，"对沿河社队的宣传工作不能忽视，未进行宣传或是宣传工作做的（得）不够的，一定要抓紧时间补上这一课。要号召沿河社队群众，要像过去支援前线那样，支持治河大军。政工部门要注意总结这方面的经验。要造成一种当地群众热烈欢迎治河大军，处处抢困难、让方便的浓厚气氛，施工队伍要注意为当地办好

---

① 《阎国钧同志在全区根治海河先进集体、先进个人代表会议上的讲话》（1979年8月27日），盐山县档案馆藏，档案号1978–1980长期4。

② 河北省广播事业局办公室：《广播简报：海河工程、平调严重》（1980年6月13日），河北省档案馆藏，档案号1047–1–419–4。

事,搞好'军'民关系。"① 之所以特别强调这一问题,正好说明"根治海河"运动后期的宣传工作逐渐受到忽视,各地再也难以出现以前那种团结治水的良好局面。

第三,民工组织管理不善,出现扰民现象。"根治海河"运动早期,在上级的严格要求下,民工组织纪律严明,以解放军的"三大纪律八项注意"来约束施工队伍,并且按照解放军"既是战斗队,又是工作队,又是生产队"②的要求,经常为民众办好事,尽量不给群众制造麻烦,被称为"不穿军装的解放军"。而"根治海河"运动后期,由于社会风气的转变,此种良好关系逐渐开始变化。在上述董一林的动员讲话中,出现了"今春不能再发生打架斗殴等不良事件"③。这恰好说明,当时在治河民工与当地群众的关系上,出现了一些不和谐现象,甚至有打架斗殴事件发生。外来民工对自身行为缺乏严格要求,当地群众对外来民工存有戒心,影响了双方的关系,致使民众对"根治海河"的看法也有了转变。

四、农民的贡献与牺牲

"根治海河"运动中,农民为治河做出了巨大的贡献。他们用自己的双手,用原始、简单的施工工具,依靠人力完成了大量的土石方工程,不仅新建、扩建了大量的上游水库,而且新辟、扩挖了海河流域五大水系的中下游河道,并协助修建了大量的桥梁、闸涵等建筑物,这些工程都是在广大农民的辛勤劳动下完成的。

1973 年,对"根治海河"前十年的成绩进行了统计,"挖河筑堤,动土达十七亿立方米。有人做过一个计算,把这些土一方方地接成一道长堤,可

---

① 《董一林同志在全省根治海河春工动员会议结束前的讲话》(1979 年 2 月 10 日),盐山县档案馆藏,档案号 1978 - 1980 长期 4。

② 中共河北省根治海河指挥部政治部:《关于民工入场前的思想发动和组织工作意见》(1966 年 8 月 10 日),中共河北省委党史研究室编:《河北省根治海河运动》,中共党史出版社 2008 年版,第 283 页。

③ 《董一林同志在全省根治海河春工动员会议结束前的讲话》(1979 年 2 月 10 日),盐山县档案馆藏,档案号 1978 - 1980 长期 4。

以绕地球四十多圈。"① 当年参加治河宣传的亲历者回忆，"以子牙新河为例，共计完成土方1.66亿立方米，用工6600万个。这个工程总量远远超过了一道万里长城。但是国家只投资1亿元。有人说这个子牙新河如果今天兴建，100亿也拿不下来。也就是说有99亿元是河北农民无私奉献的，为了天津。而子牙新河只是海河系统五大工程之一，如果算总账，以上的数字都还要乘以5。"② 当然，社会环境的变化会使投资数额的计算等出现很大的变化，但即使除去这些因素，广大农民所做出的贡献无疑也是非常巨大的。

骨干河流的治理是国家的公共工程，在"根治海河"过程中，由于国家经济困难，一再强调的是"自力更生、勤俭治水"，"河北的水由河北人民自己来治"，"不能躺在国家身上"。在当时主流话语影响下，凡是群众自己出力能够解决的事便被认为是革命的，而向国家要求投入多一些便会受到批评。按照当时报纸上的评论："过去，有些水利干部对办水利有片面的群众观点，生怕群众'吃亏'，片面地认为大办水利就得由国家包下来。这种见物不见人，看不到群众力量的思想，一度成为全省水利建设的很大障碍。"③ 河北省曾因海河规划投资数目高而受到批评。依靠群众，走群众路线一直以来是中国共产党革命和建设中的一大法宝，但在要求民众为国家、为工业、为水利积极做贡献的同时，如何提高农民的收入和生活水平、如何保障农民的切身利益尚未得到国家的有效重视。

在水利建设有利于农业发展的名义下，国家制定了由农村集体无偿出工的政策，最初的各项补助政策是较为理性的。"文化大革命"开始后，由于"左"倾思想开始抬头，不顾客观经济规律，似乎越节省越革命，在"少花钱多办事，不花钱也办事"的精神指导下，一味要求节俭，对粮食等各项补助不断压缩，各种补助没有随着社会发展的状况适度增加，甚至有所减少，致使海河工地的投入"缺口"越来越大。无奈，在当时的政治高压下，这些"窟窿"均由出工单位即农村社队自行进行填补，使广大农村为海河治理贴补

---

① 《当代愚公战海河》，《河北日报》1973年11月17日，第2版。

② 尧山壁：《水，啊！水》，《随笔》2011年第5期，第26页。

③ 《水利建设的革命》，《人民日报》1965年7月5日，第2版。

了大量财物。但在治理规划中，"根治海河"工程为了城市、为了交通以及为了工业发展的意图又是相当明显，如多条入海尾闾的开辟主要是为了解决洪水集中天津入海的局面。一位民工团长这样回忆："'河北出力，天津受益'，这是海河干部中的一句老话，我有同感，这句话虽不全面，但有一定道理，这句话由天津人来说最合适，也最有意义，但是人家也不说（说来我们也不能没有听见），你有什么法。平心而论，从良心讲，天津人应当讲。叫我看来这只能说：这是历史的产物，吃'大锅饭'的结果！我们河北人能怎么样？"[1] 国家对河流的治理，全面规划，多方受益完全是正确的，但在这个过程中，由于对政策的调整似乎对出工者即广大农民越来越不利，致使国家对农村与农民的政策显得较为苛刻，这主要是由当时国家注重工业的基本导向以及社会环境使然。

在这项延续 15 年的大型水利工程中，每年都有几十万民工奋战在海河工地上，农民不仅为"根治海河"付出了高强度的体力劳动，而且承担了相当一部分的投入。由于"根治海河"是上级派给生产队的任务，在动员出工遇到困难的情况下，不但生产队集体付出沉重的代价，个体农民也不得不自掏腰包解决出工难的问题。

在"根治海河"运动后期，由于劳动强度大、政策不能兑现等种种原因，各地都出现了严重的"出工难"现象，各地生产队只能采取给出工农民额外补贴的方法促使农民出工。但有的生产队自身条件实在有限，拿不出多余的钱或物，便想出各种各样的方法来凑足出工名额，甚至有个别地方需要农民自掏腰包解决。在对衡水地区的调查中，有的大队、生产队无力补贴，只好由上河民工说个数，经全体适龄青、壮年同意后，采取由他们均摊的办法凑钱、凑粮。如阜城县古城公社前雄河大队，1980 年春有 15 人上河，每人每天补贴 0.5 元，全部由适龄青、壮年负担。同年春，蒋坊公社西寇大队第一生产队出民工 4 人，队里原定每人一天补贴 0.7 元，因价钱太低，没人去。最

① 邱立双口述：《一位民工团长的海河情怀》，杨学新主编：《根治海河运动口述史》，人民出版社 2014 年版，第 121 页。

后由全队 29 名适龄青、壮年共同想办法，确定一天补贴 2 元，队上负担 0.7 元，其余适龄青、壮年均摊。① 邯郸地区也有类似报道：曲周县塔寺桥公社李庄大队，有的生产队派不出民工，便采用了"拿号推磨"的办法。具体方法是：先由全体符合出工的适龄劳动力抓号，拿到 1 号的人，如不愿去，就拿 5 元钱出来，给 2 号；2 号仍不愿去，再拿 5 元钱，一并交给第 3 号，依此类推。这样，推了两圈半，达到 60 元时才有人出工。② 由此可见，为治河出工成为当时农村各社队必须完成的任务，农民为完成海河治理的任务在经济上是有一定损失的。

同时，参加"根治海河"工程也损害了一些人的健康。由于工地上劳动强度大、生活条件差、工棚潮湿等原因，有些民工落下伤病，在工地上没有彻底治愈，严重影响了他们以后的生产生活。很多人因为无钱医治或生活困难经常写信或上访，成为"根治海河"运动的遗留问题。如朱新明曾是连续 7 年出工的"老海河"，治理漳卫新河时患上肺结核，回家后无钱医治，写信向上级询问医药费问题。上级这样答复："在施工期民工医药费，每人每日一分钱，由县团统一掌握使用，停工期间遗留病号医疗费，是根据内务部、劳动部（54）内优劳字第 229 号'关于经济建设工程民工伤亡抚恤问题的暂时规定'，民工因工或非因工负伤，医疗费以三个月为限，逾期未疗者，酌情发给一次补助费三十元至六十元。因此，海河不同于工厂、企业、职工劳保。"③ 可见，除了在工地上临时解决一些小伤病外，后续的治疗有一定的期限限制，所发补助数额比较固定。如果在所定范围内没有治愈，只能靠农民自身解决。由此可见，海河民工的医疗问题是没有保障的，上级没有制定对因公致病而造成生活困难者的特殊政策，造成了大量留下伤病的民工在以后的生活中出现困境。

另外，由于进退场途中、在工地劳动中出现意外事故，甚至有出现传染

---

① 河北省广播事业局办公室：《广播简报：海河工程、平调严重》（1980 年 6 月 13 日），河北省档案馆藏，档案号 1047-1-419-4。

② 河北省邯郸地区根治海河指挥部：《关于我区出海河民工社队负担情况的调查报告》（1979 年 12 月 21 日），河北省档案馆藏，档案号 1047-1-357-12。

③ 《给朱新明同志的信》（1973 年），河北省档案馆藏，档案号 1047-1-259-37。

病的状况，一些民工还为此献出宝贵的生命，如1967年春子牙新河工地上出现流行性脑膜炎，据6个专区不完全统计，自2月22日至3月15日不到一个月的时间内，先后出现流脑病人24名，死亡2名。① 对于这类因公死亡者，国家按"根治海河"的政策进行一次性的赔偿。

集体化时期，对农村和农民的政策与对待城市和工人有着明显的差异。这一时期，我国农村绝大多数农民基本处于国家的社会保障体系之外，农民享受不到城镇居民能够享受到的就业、医疗、住房、退休金等各种福利保障，即使在水利工程中做出巨大贡献的农民工同样是如此。"根治海河"运动期间，虽然国家一直强调要兼顾国家、集体和个人的利益，但在实际执行的过程中，更多地倾向照顾国家的困难状况，在全国"一盘棋""共产主义大协作"的号召下，要求民众"自力更生、勤俭治水"，要民工"讲奉献""不求索取"，不要"物质刺激"等，致使农民在水利建设中付出比较大的代价。因为集体和农民的利益没有得到很好的保护，影响了民众积极性的发挥。

"根治海河"运动期间，由于国家经济困难，无力承担大型水利工程的全部费用，在很大程度上依靠了集体的力量。而集体化确立后，国家可以非常便捷地通过行政手段获取农村资源，为海河治理创造了坚实的后盾。海河工地的主要劳动者是农民，之所以在治河的早期能够很好地把农民动员起来，更多地依靠集体的力量和农民所面临的困难的生活条件，当时农民出工治河多是为了解决生活中的困境，且集体化的劳动使他们并无多大自由选择，无论在队劳动或出工治河都是集体劳动，出河工虽然比在队劳动要累很多，但是农民可以从中获得一些实际的好处。但到了"根治海河"后期，社会状况有了很大的变化，政治环境逐渐宽松，国家的政策也逐渐放宽，农民在生计上有了更多的选择，也就是有了更多的改善生活状况的机会，其利益远大于出工治河。农民生活条件的改观，使多数地方的农民不再为吃饭而发愁，这就使最初的出工动力消失，造成"出工难"现象的出现。

---

① 参见河北省根治海河指挥部《关于子牙新河春季工程开工情况的报告》（1967年3月19日），中共河北省委党史研究室编：《河北省根治海河运动》，中共党史出版社2008年版，第297页。

第六章 "根治海河"运动与农村

"根治海河"运动与农村有着非常密切的联系,海河流域所覆盖的区域绝大部分在农村。一方面,"根治海河"的重要目标之一是改变农村面貌。由于农村占据海河流域大部分,水利事业的发展对农村发展至关重要,因此对海河的综合治理对农村影响很大。另一方面,"根治海河"与农村最大的关系是其劳动力主要来自农村。由于农村负责出工,相应地农村中的社队集体承担了相当重要的角色。由于国家政策以及集体化体制的原因,农村为"根治海河"运动付出了较大的代价。

第一节 "根治海河"运动中的农村社队

农村社队主要指公社和生产队,即当时人民公社体制中的集体。在 1962 年后确立的"三级所有,队为基础"的"小人民公社"体制中,农村基层集体划分成公社、生产大队和生产队三级。在"根治海河"过程中,农村社队承担了非常重要的角色,除组织农民出工外,"根治海河所需的物资,除国家少量补助外,大多数是由生产队、大队、公社筹集的。"① 具体情况将在以下小节中详述。

---

① 《根治海河回忆片断——付仓夫访谈录》,中共河北省委党史研究室编:《热血铸辉煌——海河壮举忆当年》(上),中共党史出版社 2008 年版,第 137 页。

一、"根治海河"运动中的公社

集体化时期，公社是一个重要的基层单位，"因为公社是国家的一部分，国家的政治权力通过公社渗透到每一个自然村落，支配着农民的行为。"[①]

在"根治海河"运动中，从省级到县级逐层设立"根治海河"指挥机构，县级设施工团，县以下便是以公社为单位，一般公社设连，大的公社可以设营。从整个"根治海河"运动的资料来看，营的设置不是很多，在早期工程中曾有部分施工单位设过营，后来基本都设连。连一级是相当重要的一级，在这一级设带工干部专门负责民工的组织管理工作。虽然连之下有排或班（排的设置也比较少，女性出工多设"铁姑娘排"或"铁姑娘连"），但是排长或班长都是从民工中选拔，和民工一起参加劳动，不是专事组织管理工作的干部，真正起组织作用的是连级干部。公社这一等级是由公社的副社长和水利干事带工。公社所起的作用主要有以下几个方面：

（一）最基层的组织领导工作

以河北省对"根治海河"的组织领导为例，包括省"根治海河"指挥部，区"根治海河"指挥部和县"根治海河"指挥部三级，施工任务自上而下逐级分解，最后由县"根治海河"指挥部把施工任务分配到公社。当上级将出工任务分派到公社一级后，公社首先按照人口比例确定各生产大队出工名额，然后召开各生产大队会议，宣传"根治海河"的意义，布置出工任务，将当季的施工地点、所出民工名额以及何时开工等信息向大队交代清楚，然后再由各生产大队向所属的生产队传达。在这一环节中，最重要的是进场时间和进场方式。有的公社在交代了施工地点和何时必须到达后便不再具体干预，由民工自行入场，只要大家按时到达即可。也有的公社组织集体进场，步行或乘坐相应的交通工具，这样便对公社一级的组织工作提出更高的要求。

另外，公社还要根据情况筹集施工期间需要的物资，包括生活物资、施

[①] 张乐天：《告别理想：人民公社制度研究》，上海人民出版社2005年版，第281页。

工用具和办公用品等。据当时新乐县长寿公社党委副书记回忆，公社"每期要根据民工多少向大队征集大量的黄豆、粉条、萝卜片、棉籽油等副食品，购买炊具等生活物资，准备爬坡机、钢丝绳、铁丝等施工物资和连部住宿、宣传等办公物品"①。

（二）最低一级的生活单位

民工的吃饭和住宿都是以公社为单位来安排的。民工食堂设在连上，由公社一级组织建立，解决民工最重要的吃饭问题。国家只按工程总量给予生活费补助和粮食补助，具体生活状况由公社食堂自行安排，因此民工的伙食状况与公社的组织管理有极为密切的关系。"根治海河"施工中，在国家补助减少的情况下，民工的生活问题也由公社负责解决，公社常以行政命令的方式将所缺粮食或副食按当地人口比例或直接按出工人数向各生产大队摊派，以保证工程的顺利进行。据参加"根治海河"的民工介绍，当时大队一级对公社的命令绝对服从，让拿什么就拿什么。沧州地区盐山县旧县公社（今千童镇）1973年去卫运河施工时，因当时海河工地供应的高粱比例偏高，公社便要求各生产队，在每个民工出发时带上30斤豆面，以便和高粱面掺在一起吃。② 生产队便将公社分派的任务按要求直接分给每个民工，自行带到河上，统一交给公社伙房。有时出现临时问题，如粮食不足或缺乏副食等，公社便对生产队临时摊派，并设法送到工地上。公社有时还会组织各生产大队去工地慰问并要求生产队帮助解决工地上出现的各种问题。

（三）最后一级核算单位

国家对工程中的各项补贴最终由公社一级进行核算。公社直接掌握了国家给予海河民工生活和工具等方面的一些补助，如民工的生活补助费、机具的磨损修理费、民工的进退场补贴等。这些都由公社一级在工程结束后进行核算，再按照国家规定，及时发给生产大队，生产大队再按实际情况落实到生产队

---

① 《根治海河回忆片断——付仓夫访谈录》，中共河北省委党史研究室编：《热血铸辉煌——海河壮举忆当年》（上），中共党史出版社2008年版，第136页。

② 笔者在河北省盐山县千童镇孙庄村采访郑景华的记录（2012年8月15日）。郑景华，男，1951年生，曾参与漳卫新河、卫运河等多项工程。

集体或个人。因此国家政策落实状况如何与公社一级有着非常密切的关系。

由于公社是一个重要的组织管理机构和最后的核算单位，公社一级对"根治海河"运动的组织领导起了关键作用。在实践中，我们能够看出在对国家政策的执行过程中，各地并没有严格地遵守，而是进行了很多的变通。各地公社一级的工作状况，对"根治海河"工程产生一定的正负面作用。

随着"根治海河"运动的进行，各地普遍出现了比较严重的社队负担，其中每年为治理海河准备施工工具就是一个不小的负担。在当时的农村人民公社体制下，生产队是最基本的核算单位，所以社队负担最终会落到生产队头上。为了解决严重的生产队负担问题，有的公社就对国家各项补助款的分配进行了变通，不再按要求分发，而是专门用于施工用具的积累。沧州地区任丘县的北汉连队就是一个非常重要的典型。1970年春，这个连400名民工参加治理大清河会战工程，由于任务完成得好，被评为先进连队，"但同时也发现，工棚漏雨严重，民工住宿困难；民工用的小车、铁锨都是生产队凑的，大小不一，好坏不等，有的没用三天两天就散了架，民工费力不小，工效不高；施工用的物料每次出工都临时筹集，困难很多，还增加了集体负担。"[①]北汉公社的领导干部认为，"根治海河"工作是一个年年都要出工的长期任务，应该为此项工作设置专门的积累机制。自1970年冬开始，该公社利用国家的补助款专门设置了一个海河仓库，不断购买一些必要的施工器具，如铁锨、小车等，并设有专人修理，在每期施工任务结束后设专人保管。每期工程获得国家补助款后都相应增加，这样就逐渐积累到一定的规模。到1972年底，积累增多了，"公社向各大队、生产队宣布：从现在起，公社不再为根治海河向生产队要工棚物料和工具了。以后任何大队、生产队再开支海河经费，不经批准就是不合法的。"[②]这样，公社在组织海河施工方面发挥了积极的领导作用，采取了有效的措施，大大节约了生产队的开支，做到了海河工程的

---

① 水利部：《水利简报：海河北汉民工连扩大公共积累减轻农民负担》（1979年6月14日），河北省档案馆藏，档案号1047－1－358－1。

② 水利部：《水利简报：海河北汉民工连扩大公共积累减轻农民负担》（1979年6月14日），河北省档案馆藏，档案号1047－1－358－1。

专款专用，被当作减轻社队负担的典型在全省加以推广。

而有的公社对海河工作的重视程度不够，对国家补助钱款的处置出现了相当不同的情况，也产生了截然相反的效果。有些公社不仅没有把应该发给生产队和民工的补助款按时发放，及时做好工完账清工作，而且挪用了这笔经费，将手中掌握的这笔款项改作其他用途。据 1979 年沧州地区盐山县对 12 个公社的不完全调查，海河工程的补助款被有些公社党委平调去盖房子、买拖拉机等计款 46740 元，其中小庄公社 4500 元，小营公社 7000 元，刘集公社 6000 元，曾庄公社 7000 元，卸楼公社 5000 元，杨集公社 3000 元，孟店公社 1000 元，吉科公社 500 元，边务公社 1000 元，韩集公社 6600 元，城关公社 4000 元，马村公社 1140 元。此外，还平调了一部分物资，旧县公社海河连队建的 8 间仓库被公社占用，杨集公社占海河砖 3000 块、白灰 1.5 吨、檩条 18 根、吹风机 1 台，吉科公社占用海河木材 1 立方米，孟店公社占海河房子 11 间、195 机器 1 台、水泵 1 台、胶管 2 根。这些款项和物资被挪用和占用，造成了公社海河连队缺款少物，机具不应手，无法达到理想的工效。这些都是因为公社党委不重视海河工作而引起，连队没办法，就到县团借，年年如此，越来越困难，每到年终决算，财会人员就得过一个难关。由于公社党委的乱平调也造成了应给大队的集体款也给不了，挖河政策不能落实兑现，加重了大小队的经济负担。① 由于公社这一级没有把国家的政策落实好，使本来就有限的补助没有发到生产队和民工手中，不但加重了生产队的负担，还挫伤了民工的出工积极性，对于"根治海河"的继续进行是不利的。

综上所述，在基层组织中，公社一级在"根治海河"运动中起了非常重要的组织领导作用，其作用的发挥直接影响了整个工程的运行状况。

二、"根治海河"运动中的生产队

生产队是人民公社体制中的最底层单位，也是"根治海河"运动中的直

---

① 河北省沧州地区行政公署根治海河指挥部：《关于转发盐山县海河民工团政委李文贞同志调查报告的通知》（1979 年 12 月 21 日），河北省档案馆藏，档案号 1047 - 1 - 357 - 10。

接出工者。国家的出工政策为"生产队集体出工",这句话的含义是,由生产队提供"根治海河"所需的劳动力。每年工程任务确定之后,各级组织单位分别按上级确定的出工人数逐级下达,到达生产队后,生产队则要及时落实到具体社员身上,所以具体由谁出工是由生产队来动员的。

当时,作为"三级所有,队为基础"的基层生产队,对公社的指示和命令基本是无条件执行的。集体化体制的长处在于快速动员、组织劳动力。在当时的体制下,农民作为集体体制中的一份子,劳动由集体安排,粮食由集体分配,集体是他们赖以生存的基本单位。在当时的计划经济时代,农民离开集体是无法生活的,集体化体制的建立使劳动力的组织更为便捷。

那么如何完成上级的出工任务呢?按照学者对人民公社体制的分析,一般来说,"大队党支部接受公社党委的领导,在常规情况下,上级意图的传达与下级的执行之间有一段时间和空间距离。"[1] 这句话的意思就是说,上级传达指示后,会给下级一定的期限来完成任务,至于下级如何具体执行,上级一般不具体进行干预。"例如,公社通过会议或者发文件的方式布置某一项任务,大队以参加会议或者收取文件的方式接受任务,然后自己选择时间和地点,开会讨论如何根据本大队的实际情况完成上级的任务。后一过程通常没有公社干部参与,大队一级有一定的自主权,大队干部在有限的范围内可以按照自己的意志去处理问题。"[2] 这反映了在人民公社体制下公社和生产队关系的一种常态。在"根治海河"的出工问题上正好反映出社队两级的这种工作状况。一般程序为:公社对"根治海河"的任务状况开会进行说明,把出工名额具体落实到各大队,并要求大队干部对民众进行宣传。至于大队干部在接受任务后回本大队如何落实,情况就千差万别了。当然大队干部明白最根本的指标就是出工人数,这是结果,至于过程,在实施中好像不是那么受关注。有的干部可能的确做了民众的思想工作,对任务的说明比较详尽;有的干部则干脆说去几个人挖河,去哪儿等,直接由生产队的队长与符合条件

---

① 张乐天:《告别理想:人民公社制度研究》,上海人民出版社2005年版,第122页。

② 张乐天:《告别理想:人民公社制度研究》,上海人民出版社2005年版,第122页。

的农民协商，民众并不了解详细情况。在"根治海河"工程的各种总结中，这种状况非常常见。

按照国家政策的规定，生产队为"根治海河"出工是生产队的义务和责任，从这一层面上讲，生产队的具体工作有两个方面：

（一）动员农民出工

在"根治海河"期间，生产队的首要任务是动员农民出工。"根治海河"运动中河道工程规模最大，所用民工人数最多。为了使工程尽快产生效益，河道工程采取了"大会战"的方式，每年冬春两个季节，河北省都有七或八个专区（后改称地区）几十万民工同时出工，集中对特定河道进行治理。每季工程根据实际需要确定出工人数，由省"根治海河"指挥部向各地分配名额，经过区、县、公社、大队层层分派，最后把名额落实到生产队。具体由谁出工，则由基层生产队来组织动员。为了不影响后方生产，省"根治海河"指挥部确定了各地出工男劳动力的比例。[①] 每期工程所需民工名额下达后，生产队就开始动员符合条件的农民报名。原则上报名采取自愿方式，如有足够的自愿报名者，工作自然简单易做，但一旦名额不足，生产队就得想方设法凑足民工名额。"根治海河"运动持续十几年，每年春冬两季出工，动员农民上海河成为生产队的一项重要的经常性工作。

（二）为出河民工记工分

除了动员农民出工，生产队还要为治河民工记工分。海河出工为"义务劳动，国家管饭，不计工资"，也就是说，在"根治海河"的过程中，国家除了给民工一定的粮食补助和生活补助外，是不给额外劳动报酬的。生产队则要像民工在队劳动一样给出河民工记工分。具体记多少，各地没有统一的规定，有的是和后方同等劳动力记相同的工分，有的稍高于后方劳动力，以此作为民工参与生产队年终分配的依据。由此可见，所有参加治河的民工外出治理海河，都和在队劳动一样参与自己生产队的集体分配，这一政策相当于

---

① 中共河北省委：《关于黑龙港河工程开工情况的报告》（1965年11月5日），中共河北省委党史研究室编：《河北省根治海河运动》，中共党史出版社2008年版，第258页。

生产队集体承担了治河民工的酬劳。在这种政策下，生产队所受影响是显而易见的：一方面为治河调走本队一部分壮劳力，集体劳动减少了人手；另一方面生产队要集体负担治河民工的劳动报酬。由此，仅就政策本身而言，我们便能看到生产队集体在"根治海河"运动中所起的关键作用。但生产队集体却绝非仅仅提供了免费的劳动力，在政策的执行过程中，生产队的额外付出要比政策本身的规定大得多。

（三）为民工准备施工用具

在治河农民出工前，生产队还要为他们准备小车、垫道棍、铁锹和建工棚用的秫秸、柴草、苇席、油毡和木料等，以便民工到工地上劳动和搭工棚之用。

综上所述，生产队集体要为"根治海河"义务出工并给民工记工分，承担了民工的劳动报酬，即"根治海河"所需劳动力是农村生产队无偿提供的。在民工出工时，还要给他们带上必要的施工工具等。可以说，生产队解决了施工中的关键因素——劳动力问题，因此生产队成为"根治海河"运动的主体。而这一主体作用的发挥，却不仅仅是无偿调走部分劳动力那么简单——由于国家补助低、动员民工的工作越来越困难等等原因，生产队承受了更大的压力。

第二节 "根治海河"运动中生产队的压力

一、生产队的粮食负担

在"根治海河"过程中，出现三项粮食问题，一是民工自带口粮指标问题；二是粮食补助标准削减后工地粮食不够吃的问题；三是红粮面供应比例大的问题。这三项粮食问题都增加了出工生产队的负担。

首先，民工自带口粮指标绝大部分由生产队负担。从现有文献资料和对参与治理海河的民工调查①来看，由民工自带口粮指标的政策从一开始就没有

---

① 在以上对50位不同地区、不同时间出工者的调查中，没有一人是自己带口粮指标的。

得到认真执行。之后在多年的海河治理中，口粮指标的负担多数转嫁到生产队集体头上。虽然上级部门一直三令五申要求民工自带口粮指标，不得动用集体的粮食，但带集体粮食的现象相当普遍。1973年2月唐山地区对丰南、滦县、乐亭三个县25个大队的调查，"有11个大队出工本人不带粮食定量指标，而由生产队负担，动用了生产粮或储备粮三千二百多斤。"① 石家庄地区"根治海河"指挥部于1974年10月下旬到1975年1月中旬，对该区常年出工的束鹿、晋县、藁城、深泽、无极、新乐、高邑、赵县、栾城进行了调查，大部分生产队都是个人出工、集体拿口粮。据9个县出工的157个公社，11180个生产队的调查，有75.8%的生产队，涉及民工3万多人次，本人不自带口粮指标。据统计生产队共出粮99万多斤。② 1975年唐山地区还就此算了一笔账，"我区每年按五万人出工计算（不包括后方小型水利等建设），单粮食这一项，每人每天按8两150天工期计算，损失集体储备将近650万斤。"③

由生产队代交口粮指标，被上级称为吃"双份粮"。上级一直批判此类现象，并发动一些典型社队解决吃"双份粮"的问题，结合政治斗争的实践，"使大家认识到根治海河要不要吃双份粮，这不单纯是为几十斤粮食的小事，而是有关执行什么路线，走什么道路的大问题"，"如果不解决吃双份粮，不仅严重影响集体储备，更重要的是腐蚀人们的思想，助长资本主义倾向的发展，偏离党的基本路线。"④ 将带不带口粮的问题也上升到阶级斗争、路线斗争的高度，这是时代特色。在此号召下，有些地方如廊坊地区安次县南辛庄公社要求出河民工把1974年冬工多领的口粮全部退交生产队，以树立典型，带动民工自带口粮指标。

---

① 唐山地区革命委员会根治海河指挥部：《关于参加治理海河民工用粮几个问题的报告》（1973年2月23日），河北省档案馆藏，档案号1047－1－268－5。

② 石家庄地区根治海河指挥部：《对海河经济政策执行情况的调查报告》（1975年3月3日），河北省档案馆藏，档案号1047－1－298－9。

③ 唐山地区革命委员会根治海河指挥部：《关于海河工地两个阶级两条道路斗争情况及今后意见向地委的报告》（1975年6月20日），河北省档案馆藏，档案号1047－1－298－4。

④ 《抵制物质妖风、坚持为革命治河——安次县南辛庄公社海河民工实现了不吃"双份粮"》（1975年3月6日），河北省档案馆藏，档案号1047－1－307－4。

不管当时局部工作的成效如何，但整体上由集体给出河民工带口粮指标的问题并没有得到有效的解决，而且越来越严重。至 1979 年，廊坊地区调查的情况为，"全区出工的口粮均是生产队的"①。沧州地区对沧县、海兴、盐山、东光和肃宁等县的一些公社进行了调查，发现民工口粮指标从生产队带是普遍存在的现象。② 保定地区的调查情况类似，以博野民工团为例，"参加施工的 2700 多民工，对个人应带的吃粮指标不能兑现，全部由生产队从公共积累的粮食中付出。每人每天吃粮指标是 9 两，施工九十天共八十一斤，全县 11 个公社 80 多个大队，共补粮食 22 万多斤。"③ 可见仅给民工带口粮一项，生产队的支出数额就相当庞大。

其次，工地粮食补助不足产生的缺口也由生产队负担。工地上粮食不够吃的状况自"根治海河"早期就已出现。据一位参加过子牙新河工程的民工回忆："在子牙新河生活还行，一人一天二斤半粮食，但也吃不饱。国家供应的粮食不够吃，各大队就得往工地上送，反正不能让民工们在工地上挨饿。"④ 由此看出，这位亲历者所在连队的平均工效应该在每天 1.25 个标工左右。自 1970 年变更粮食补助标准以来，海河工地粮食不够吃的现象更为严重。仅据 1972 年冬工不完全统计，各地共带现粮 121 万多斤。⑤ 上级部门一再要求不许带后方粮，无奈河道施工是重体力劳动，民工"每天用体力操重近六、七百斤的独轮车，往返飞驰在工地上"⑥。没有足够的热量供给，是无法坚持下来

---

① 河北省廊坊地区行政公署根治海河指挥部：《关于海河民工社队负担的调查报告》(1979 年 12 月 19 日)，河北省档案馆藏，档案号 1047 - 1 - 357 - 5。

② 沧州地区行政公署根治海河指挥部：《关于为根治海河而增加农民负担情况的初步调查报告》(1979 年 12 月 19 日)，河北省档案馆藏，档案号 1047 - 1 - 357 - 4。

③ 保定行署根治海河指挥部：《关于对海河经济政策执行情况的调查报告》(1979 年 6 月 12 日)，河北省档案馆藏，档案号 1047 - 1 - 357 - 9。

④ 杨学明口述：《修建岳城水库和根治海河的回忆》，杨学新主编：《根治海河运动口述史》，人民出版社 2014 年版，第 77 页。

⑤ 河北省根治海河指挥部：《关于对省粮食局"消减海河民工粮食补助标准请示"的意见报告》(1973 年 7 月 16 日)，河北省档案馆藏，档案号 997 - 8 - 45 - 41。

⑥ 《水电部转来沧州地区一海河民工反映工地存在几个问题》(1973 年 11 月 11 日)，河北省档案馆藏，档案号 1047 - 1 - 259 - 38。

的。如果减少劳动时间或降低劳动强度，当然可以降低粮食消耗水平，但那将无法完成上级分配的任务，造成更加严重的后果。无奈，施工单位为了顺利完成上级交给的任务，只能自想办法。结果便是：由施工社队在集体储备中拨出粮食带到工地，以满足海河工地的粮食需要，带后方粮逐渐成为普遍现象。

1973年后，由于上级再次削减补助标准，海河工地的粮食缺口越来越大。1974年冬至1975年春，石家庄地区对所属9个县团进行过调查，反映新的补助标准太低，仅就栾城县滹沱河冬季工程来说，"出工五千人，干了十五天，就超吃后方粮一万八千斤，平均人日超吃二两五。"① 衡水地区1977年秋工带后方粮96万斤。实际人日吃粮水平是二斤八两多，而统计报表仍按二斤三两六钱上报。② 虚假数字的背后，越来越重的负担转嫁到基层生产队头上。

1978年8月24日至27日，河北省粮食局、河北省"根治海河"指挥部再次派调查组到衡水地区对海河骨干河道工程现行粮食政策进行调研，地县海河后勤组及施工连队都普遍认为："海河民工劳动强度大，劳动时间长，副食差，吃粮多，现行规定不够吃。从四个县汇报的情况，实际每人每天吃粮都在2.7斤以上。衡水县和三个施工连队算了一下帐，从七五年冬到七八年春六个工期人日平均吃粮近二斤八两，按实际情况，每人日2.36斤确实不够吃。该县从粮站按人日2.36斤供应，超吃了生产队三十七万斤粮食。"③ 由此看出，补助工地粮食缺口的数额是相当庞大的。

最后，生产队给工地调换粮食品种增加了生产队负担。由于海河工地红粮面供应一度比重过大，出现病号增多、工效降低、民工开小差等问题，影响了工程的顺利进行，于是出现与后方生产队调换粮食的现象。"生产队往工

① 石家庄地区根治海河指挥部：《对海河经济政策执行情况的调查报告》（1975年3月3日），河北省档案馆藏，档案号1047-1-298-9。

② 河北省根治海河指挥部：《关于改变海河骨干工程土石方施工的民工粮食供应办法的请示》（1978年5月24日），中共河北省委党史研究室编：《河北省根治海河运动》，中共党史出版社2008年版，第453页。

③ 河北省粮食局、河北省根治海河指挥部调查组：《关于对海河民工用粮调查情况的汇报》（1978年8月28日），河北省档案馆藏，档案号1047-1-835-4。

地送好粮，往回拉红粮的车辆穿（川）流不息，虽然是等价交换，却也增加了运力。"① 由此看出，由于工地粮食品种搭配不好，给民工的身体健康构成威胁，也给后方公社和生产队造成了很大麻烦。1976年，沧州地区进行粮、款、物大清查，发现"三季工程，各连队以前方供应的高粱米五十八万斤，从后方社队换回好粮食品种，民工吃用"②。

后方社队调换粮食的做法，部分出于无奈，部分出于主动。由于海河工地民工的生活非常艰苦，促使一些后方干部主动解决民工的生活困难，"有些公社党委来工地慰问，见到民工生活这么次、活又这么累，回后方就向大队摊派好粮食品种，限期送到公社，以公社为单位把好粮食品种送到工地，把国家供应的红粮拉回去，干地方小型水利。"③ 基层干部的主动当然也是出于无奈的主动，他们清楚地认识到，如果这种状态持续下去，不但民工的健康受损、施工进度受影响，而且以后也将加大海河出工的难度。而"生产队拿的粮食（玉米、小米、小麦、豆子）都是动用的种子、饲料和储备，兑换生产队的粮食也不是斤顶斤。有的生产队没粮食，拿不来，有多少送多少，拉走的多送来的少，国家吃了亏。过去供的红粮，大多数没吃，拉回后方"④。从以上统计可以看出，后方生产队甚至把种子、饲料等储备都拿出来，与前方兑换，支援海河工地。如此做法不仅影响到后方生产队的正常生产生活秩序，而且由于工地上红粮供应数目巨大，仅仅拉来运往这一项，就需要动用大量的人力和车辆，国家补助中又没有这项开支，如此压力都转嫁到生产队头上。

1976年后，海河工地上吃红粮面的现象有所减轻，民工生活有了比较大

① 《石专工作组近几天的工作情况刍报》（1965年11月10日），河北省档案馆藏，档案号1047-1-112-16。

② 河北省沧州地区革命委员会根治海河指挥部：《关于粮款物大清查的总结报告》（1976年8月20日），河北省档案馆藏，档案号1047-1-716-4。

③ 张永录：《关于一些基层干部和群众对根治海河的意见与反映》（1975年3月31日），河北省档案馆藏，档案号1047-1-294-8。

④ 张永录：《关于一些基层干部和群众对根治海河的意见与反映》（1975年3月31日），河北省档案馆藏，档案号1047-1-294-8。

的改善，"但面粉的供应比例还是少的。拿我公社情况看，公社领导还不错，治河一走便让生产队每个民工带了五十斤小麦，大大改善了民工生活，但这加重了生产队负担，国家应尽量改善民工生活。"① 这是民工在给上级写信中反映的情况。1979 年春，保定地区涿县城关公社南关大队在出工北排河时，给每位民工带的白面达 120 斤。②

综上所述，在解决民工用粮的问题上，生产队起了极其重要的作用。首先，为民工带口粮和补充工地粮食的不足，生产队要付出大量的粮食。生产队付出的粮食在海河民工的粮食消费中占多大比重呢？以实行时间最长的每人每月定量 71 斤来算，每天大概 2.36 斤，除去自带口粮 0.8—0.9 斤，国家补助粮为 1.4—1.5 斤。工地上的吃粮平均数需要一天至少 2.7—2.8 斤，缺额仍由后方生产队补足。如此算来，生产队所出粮食与国家的补助粮基本持平。一些档案材料也印证了如此比例，根据石家庄地区赵县疙瘩头连队调查，滏东排河共出工 167 人，冬春总吃粮 55648 斤，每人平均日吃粮 2.84 斤。其中国家补助粮 26644 斤，生产队额外补贴粮食 29004 斤（贴民工口粮 19591 斤，贴超支粮 9413 斤）。③ 从该连队的调查看，生产队所负担粮食还要略高于国家补助的粮食。除去这些负担外，生产队还要解决工地粮食供应品种不合理的问题，甚至要拿出种子、饲料等与工地进行兑换，不但增加了运费负担，而且严重影响了后方生产队的正常生产。好在红粮面比例高持续时间不长，大部分时间里粗粮以玉米为主，搭配少量的红粮，民工是可以接受的。

"根治海河"运动期间，各地都为治河付出一定代价。曾在衡水地区冀县"根治海河"指挥部工作的干部在进行总结时，第一条便是："前方吃了不少

---

① 河北省东光县根治海河民工团民工高贵清：《治理海河有必要，工作方法要改变》（1980 年 4 月 20 日），河北省档案馆藏，档案号 1047 - 1 - 405 - 1。

② 中央人民广播电台河北记者站：《记者王润庭就海河出工给省委领导的信》（1979 年 12 月 2 日），河北省档案馆藏，档案号 1047 - 1 - 357 - 14。

③ 石家庄地区根治海河指挥部：《关于今春治理卫河加重社队经济负担的调查报告》（1979 年 5 月 25 日），河北省档案馆藏，档案号 1047 - 1 - 357 - 11。

后方粮，给集体增加了很大负担。"① 关于为海河出工增加生产队粮食负担的具体情况，现以 1979 年春保定地区博野民工团的详细统计数据为例：该期参加施工的有 2700 多民工，每人每天吃粮指标是 9 两，施工 90 天共 81 斤，全县 11 个公社 80 多个大队，共补粮食 22 万多斤。此外生产队还要给每个民工白面 30 斤，菜豆 20—30 斤，共 16 万多斤。每人还要食油 3 斤。这几项加在一起，这一期工程各生产队共贴补粮食 38 万多斤，食油 8000 多斤。保定行署"根治海河"指挥部对博野、定兴和安新 3 个县团总体算了一笔账，3 个县共 55 个连队，出工 9000 多人，仅 1979 年春工生产队要额外负担粮食 122 万斤，平均每个生产大队 3000 多斤。② 按此标准，一年将达 6000 斤，这在当时的农村是个不小的数字。

生产队的粮食来自哪？主要来自生产队的集体提留，所谓集体提留是生产队在当年产量中留出来的种子、饲料和其他方面的储备粮，海河工地每年都需要出工的生产队拿出相当数量的粮食，这必然会增加集体提留的绝对值，影响到国家征购任务的完成，减少向农民分配的口粮数量，相应地降低农民的生活水平和集体的劳动积累。

从 1970 年至 1978 年，我国粮食供需一直存在矛盾，虽然国家采取了相关措施，但并没有从根本上扭转这一现象。1977 年，时任国务院总理李先念曾谈到粮食问题："农村集体留粮这几年增加很多，国家征购减少，社员口粮也减少，集体提留的粮食一九七三年是 940 亿斤，一九七六年达到 1140 多亿斤，增加 200 多亿斤。"③ 可以看出，集体留粮增加是一个全国普遍存在的现象。集体留粮增加的原因应该是多方面的，从河北省的情况来看，集体留粮是不可能不增加的，除去其他因素，仅就海河工地来说，民工所带口粮指标与因工地粮食补助不足所产生的缺口，都需要农村集体自行解决，补上这一"窟窿"

---

①　阎大根：《冀州人民根治海河施工纪实》，河北省政协文史资料委员会编：《再现根治海河》，河北人民出版社 2009 年版，第 191 页。

②　保定行署根治海河指挥部：《关于对海河经济政策执行情况的调查报告》（1979 年 6 月 12 日），河北省档案馆藏，档案号 1047－1－357－9。

③　赵发生主编：《当代中国的粮食工作》，中国社会科学出版社 1988 年版，第 168 页。

必须要大大增加集体留粮数量。在解决粮食供需矛盾时对海河工地补助压缩过大，必然带来一系列连锁反应，尤其是1973年后，在国家、集体和个人的关系上，海河工地的粮食支出出现"照顾两头、挤占中间"的现象，即国家压缩粮食供应的政策要执行，而民工的高强度劳动需要保证有足够的食物，迫使集体必须多贴补粮食。因此导致集体留粮的大幅度增加，影响到国家征购任务的完成和社员的口粮分配，所以这一时期粮食征购中又出现"挤两头，加中间"①的现象。在粮食总量没有显著增加的情况下，这种现象不可避免，如此"拆东墙、补西墙"的办法是不可能解决根本问题的。仅以河北省"根治海河"工程为视角，就可以看出集体所储备的水利民工用粮是一个不小的数目。

山东省在"根治海河"施工中对灾区民工的家庭生活有所照顾，规定："因灾缺粮队出工参加徒骇、马颊河和德惠新河干流施工的民工，采取以工代赈的办法，除本人在农村应享受统销口粮和在工地按标准工日发给补助粮外，从民工所在队统销开始之日起到民工完工返回本队止，每人每天另外补助原粮零点八斤。所需以工代赈粮食，纳入地方统销指标，随统销一起安排，发给本户。"②这是与河北省稍有不同的地方。但农村生产队搭粮的现象也同样存在。1968年山东省德州地区"根治海河"指挥部的工作报告指出："民兵把上河前队上给的所谓'补助'的款1280余元和31200余斤粮食，自觉地交给连部，要求归还集体。据不完全统计，各团民兵自动交出队上额外给的粮食88900余斤，款12400余元，归还集体。"③从上述情况可以看出，山东省在"根治海河"工程中生产队贴补粮款的现象同样严重。

二、出工中的额外补贴

在民工动员方面，除了国家政策规定给民工记工分外，生产队还有一些

---

① 即这一时期国家粮食征购数量减少，农民口粮减少，集体提留增加的现象。参见赵发生主编《当代中国的粮食工作》，中国社会科学出版社1988年版，第146页。

② 鲁北根治海河指挥部施工领导小组：《关于今冬明春海河工程施工安排的报告》（1968年9月24日），山东省档案馆藏，档案号A047－21－030－3。

③ 德州地区根治海河指挥部：《关于一九六八年春季治理徒骇河工程政治工作情况汇报》（1968年），河北省档案馆藏，档案号1047－1－214－3。

额外付出，主要表现为给民工补助粮、款、物和记高工分。"根治海河"运动的前几年，民工一般较好组织，很多地方不给额外补助，给补助的数量也不多。但随着工程的进展，民工动员越发困难，给额外补助和记高工分逐渐成为普遍现象，而且愈演愈烈。

生产队额外给出河民工粮、款、物的现象，从"根治海河"运动刚刚开始的黑龙港工程就已经出现。1965 年 11 月，中共中央监察委员会曾对河北省保定地区的出工情况做过调查，列举了在黑龙港工程中部分生产队给民工补贴的状况。如清苑县谢庄大队出民工 30 人，每人补助款 12 元、小麦 16 斤、白面 12 斤、黄豆 8 斤、芝麻 1.2 斤、花生仁 2.4 斤。以上粮款由 12 个小队均摊。清苑县河庄、唐县东建阳大队、博野东杜村第三生产队、安国千里大队都给了民工数量不等的额外补助。① 其他地区也有类似现象，如衡水地区武强县小范公社北牌大队各生产队也有数量不等的补助②。邢台地区威县城关南街大队每个民工补助 10 元，每天补粮 1 斤③。不过，从各地所列举的大队数量看，发放补贴的大队在整个地区所占比例并不大。另据笔者对沧州地区盐山县部分村庄的调查，1973 年以前几乎不存在给额外补助的现象。因此，总体来看，"根治海河"早期给民工补助的还是少数。

1973 年以后，给民工额外补助的现象或多或少地存在。1975 年唐山地区的相关调查报告称："滦南县胡各庄公社郑各庄大队，民工个人不但不带粮食定量，而且每人每天额外补助 0.1 元钱，名曰'潮湿费'，也有按天每人给 0.1 至 0.2 元'出勤补助'的。丰南县有的大队一般每人每天给'出勤补助'0.2 至 0.5 元，个别的更多。"④

① 《赵一民反映保定黑龙港民工出工情况报告》（1965 年 11 月 23 日），河北省档案馆藏，档案号 855－8－3383－12。

② 中共河北省委监委驻衡水地委监察组：《关于几个问题的情况向地委及省监委的反映》（1965 年 11 月 22 日），河北省档案馆藏，档案号 1047－1－112－19。

③ 中共邢台地委办公室：《关于威县增加根治海河民工、平调粮款物及民工记工付酬问题的调查报告》（1965 年 11 月 22 日），河北省档案馆藏，档案号 1047－1－112－21。

④ 唐山地区革命委员会根治海河指挥部：《关于海河工地两个阶级两条道路斗争情况及今后意见向地委的报告》（1975 年 6 月 20 日），河北省档案馆藏，档案号 1047－1－298－4。

"根治海河"运动的最后几年，民工的动员工作越来越难做，给额外补助的现象则越来越普遍。1979年，沧州地委书记、行署专员阎国钧在地区"根治海河"先进集体、先进个人代表会议上讲道，"近几年来，情况变化了。社员出工，很多地方不是报名，而是抓球（阄）排号"，"甚至雇佣出工，给粮食、给钱、给手表、给自行车、给麦田，甚至卖了东西雇民工，每人一二百元，五花八门"。① 据沧州地区盐山县1979年的调查，"由于近几年民工难派，如派出了民工，大、小队干部就像渡过一个难关，去了一块心病，民工答应出工好像立了大功，向生产队要条件，干部就设法给方便"②。民工动员难度之大可见一斑。这一时期，用额外给粮、款、物的办法动员出工的生产队越来越多，而且由于标准不统一，民工之间互相攀比，以致补助水涨船高。如保定地区涿县（今涿州市）官庄大队，"近几年每期修海河出工，除了生产队供给吃的、用的以外，每人再给六十多元钱。可是今年（1979年）春季出工，人们嫌钱少，没人去。全大队仅出两个民工，一连开四五天会动员不出人来。有的社员向支部书记说：'情况你也知道，人家城关一些大队是一人给二百，咱们是穷队，不说二百吧，也得一百五。'后来好说歹说说到一百一十四元，接着又讲好了吃的、用的，两个民工才定下来"③。其他地区也存在类似情况。据调查，1979年冬，邯郸地区大多数连队的海河民工带了后方的粮、款、物，真正不带的是个别连队。具体数目方面，少者10—20元，多者100—150元，一般都在60—70元。④

关于给出河民工记多少工分的问题，河北省"根治海河"指挥部曾原则上规定要按后方同等劳动力记分，可以适当提高，但一般不超过后方最高分

---

① 《阎国钧同志在全区根治海河先进集体、先进个人代表会议上的讲话》（1979年8月27日），盐山县档案馆藏，档案号1978－1980长期4。

② 河北省沧州地区行政公署根治海河指挥部：《关于转发盐山县海河民工团政委李文贞同志调查报告的通知》（1979年12月21日），河北省档案馆藏，档案号1047－1－357－10。

③ 中央人民广播电台河北记者站：《记者王润庭就海河出工给省委领导的信》（1979年12月2日），河北省档案馆藏，档案号1047－1－357－14。

④ 河北省邯郸地区根治海河指挥部：《关于我区出海河民工社队负担情况的调查报告》（1979年12月21日），河北省档案馆藏，档案号1047－1－357－12。

的20%。这只是一个指导性的标准,因此各地在执行中差异很大。曾五次参加治河的辛集市民工回忆,"上海河给的工多,给12分工。"① 整体来看,"根治海河"运动前几年记分不太高,多数不会超过15分。但随着后方生产、生活的好转,大多数人不再愿意离开家乡参加又累又苦的治河工程。为了调动农民的积极性,有些地方给的工分越来越高,如衡水地区冀县柏芽公社一个生产队,民工出一期河工,记一年的工分。② 一期河工最长不超过三个月,以三个月算,民工所记工分相当于在队劳动者的4倍。

关于额外补助和记高工分的问题,现以1979年春石家庄地区高邑县治理卫河的情况为例进行分析:

表6-1 河北省石家庄地区高邑县1979年春卫河工程对海河民工补助情况表

出工单位			出工人数	款（元）	小麦（斤）	日工分（分）
花园公社	南陈庄大队		4	100		50
	王岗大队	第一、四生产队	13	70		50
		第二、三生产队		80		33
	秦岗大队	第一生产队	7	70		60
		第二生产队		65		55
		第三生产队		60		50
王同庄公社	南岩大队	第一生产队	2	500		17
		第二生产队 一组	4		690	17
		二组			500	18
		第三生产队	4		450	18
		第四生产队	3		400	18
		第五生产队	1		400	17

资料来源:石家庄地区根治海河指挥部:《关于今春治理卫河加重社队经济负担的调查报告》(1979年5月25日),河北省档案馆藏,档案号1047-1-357-11。

---

① 《五次根治海河的点滴回忆——刘士久访谈录》,中共河北省委党史研究室编:《热血铸辉煌——海河壮举忆当年》(下),中共党史出版社2008年版,第424页。

② 河北省广播事业局办公室:《广播简报:海河工程、平调严重》(1980年6月13日),河北省档案馆藏,档案号1047-1-419-4。

从表6-1可以看出，花园公社的补助以给现款和高工分为主，工分高者竟达到日记工60分，而一个成年男性劳动力在队劳动最高分一般为10分，海河民工一人的记工量竟达到了在队劳动力的6倍，差距可谓惊人。工分是用来参与生产队年终分配的，给海河民工的高工分，必然降低生产队工分的实际价值，使在队劳动社员的利益受到损害，引发不满情绪。

王同庄公社南岩大队的补助以给小麦和记较高的工分为主。工分一般十七八分，超出在队劳动力七八分，和花园公社相比要少很多，但补助小麦的数量却是比较大的。而且不同生产队之间的补助数量差异较大，尤其是第五生产队和第二生产队一组之间，在同等记工的情况下，补助小麦数额相差290斤。同一个生产大队之间竟有如此差异，这是引发治河民工不满和补助节节攀高的一个重要原因。

给出河民工补助必然增加农村的负担，这一点将在下面的论述中详细论及。但就政策本身来说，国家并没有要求出工生产队对民工进行补助，额外补助的出现主要在民工动员出现困难的情况下，由农村基层自行实施的。因各地生产生活条件不同，造成了各地补助标准产生很大差异，造成补助标准的不统一，由此产生了很大的分化人心的作用。"补助款额是村看村，队看队，看高不看低，所以，社队负担越来越重。"①

在出现问题后，各级"根治海河"部门只是口头呼吁消除此类现象。因为补助本身不符合国家的政策，所以对生产队额外给民工补助问题始终没有进行统一的制度性规范，而这种呼吁几乎没有起到什么作用，总体来说对"根治海河"工程的进行是不利的。"不患寡而患不均"，补助的不统一，造成一些民工思想动摇，出现埋怨情绪，对以后的动员出工造成很大影响。由于民工相互之间的攀比，以至于一些动员组织工作做得好的连队也被迫开始给出河民工补助。

---

① 河北省根治海河指挥部：《海河简报第29期：沧县纸房头海河民工连是如何组织民工出工的?》（1980年8月19日），河北省档案馆藏，档案号1047-1-422-14。

三、支持工地的坚强后盾

在"根治海河"运动中，生产队还要密切关注工地上的一切变化，帮助解决工地上出现的种种问题。例如，一旦有完不成任务的情况或有民工因生病或其他原因不能坚持劳动的，生产队要及时派人去增援或换班，以保证前方工程能够按期完成。公社和生产队还要经常派人去慰问并随时帮助解决实际问题。前面已经论及，在几个特殊年份，由于粮食供给中红高粱面比例过大，蔬菜少，民工出现生病、误工等现象，影响了工程的正常进行。生产队只得派人派车把工地上的红粮运回，和后方的粮食进行调换，来满足工地上民工的生活需要。

海河工地的副食供给也存在很大问题。肉菜虽有定额，但经常无法及时供应，影响民工的生活质量。为了调剂工地民工的生活，出现了向生产队摊派副食品的现象。石家庄地区1975年的调查指出："每期进场都向生产队按出工人数摊派一定数量的副食品，据九个县团统计，共向生产队摊派带进工地食油四万三千多斤，粉条十二万四千多斤，菜豆八万一千多斤，蔬菜六十九万多斤。大部分合理折价付给了生产队，但也有一定数量的民工白吃了生产队的副食，计款一万四千多元，损害了集体利益。"[1] 其他各地区情况类似。

徐水县漕河连队副连长曾回忆，他们在衡水饶阳施工时，因进场晚，落下不少工程，为了尽快赶上进度，提高民工的劳动积极性，连队采取了改善伙食的做法，"把带来的5头猪宰了。"[2] 由此看出，后方生产队经常给治河民工带上部分生活物资，用来改善民工的生活。

除了民工进场时直接带上部分副食品外，各地还通过到工地慰问的机会给民工带钱带物。1979年北排河施工中，保定地区涿县塔上公社组成由公社书记带队的慰问队到工地慰问270位民工，带的食品仅猪肉就四百多斤，每

① 石家庄地区根治海河指挥部：《对海河经济政策执行情况的调查报告》（1975年3月3日），河北省档案馆藏，档案号1047-1-298-9。

② 连文祥：《追忆"钢铁第一连"》，河北省政协文史资料委员会编：《再现根治海河》，河北人民出版社2009年版，第240页。

人还给钱 10 元。①

另外，生产队还要在工具、工棚、炊具、运费等方面贴钱。这一现象在"根治海河"早期就已经出现。现就河北省霸县 4 个连队的办公照明费、宣传费和运费三项费用的收支情况列表如下：

表 6-2　1968 年秋—1969 年秋河北省霸县 4 个连队 3 项海河费用收支情况调查表（单位：元）

时间	连队	民工数	办公照明费			宣传费			运费			合计
			收入	支出	余亏	收入	支出	余亏	收入	支出	余亏	
1968 年秋	东段	168	83	74	+9	31.3	100.7	-67.4				-58.4
	煎茶铺	367	176.3	179.3	-3	71	193.5	-122.5		370.7	-370.7	-496.2
	南孟	339	155	223	-68	62	179	-117	133	407	-274	-459
	城关	282	132.8	235.9	-103.1	50.6	225.3	-174.7	846.3	805.9	+40.4	-237.8
1969 年春	东段	169	87	85	+2	22.5	143	-120.5				-118.5
	煎茶铺	369	175.5	576.7	-401.2	50.8	123.8	-73	707.7	851	-143.3	-617.5
	南孟	346	211	226	-15	45	249	-204	624	704	-80	-299
	城关	271	181.3	234.5	-53.6	36.3	207.7	-171.4	504	780.5	-276.5	-501.5
1969 年秋	东段	127	27.5	39	-11.5	24.5	20	+4.5				-7
	煎茶铺	296	62.3	108.4	-46.1	56.1	108.8	-52.7	362.7	362.7	0	-98.8
	南孟	266	56	54	+2	49	32	+17	320	277	+43	+62
	城关	241	44.5	116.3	-71.8	38.7	50.3	-11.6	250.3	318.2	-67.9	-151.3

资料来源：河北省天津地区霸县根治海河指挥部调查组：《关于对霸县城关南孟煎茶铺东段东杨庄褚河港公社及四个大队执行根治海河政策情况的调查汇报》（1970 年 1 月 22 日），河北省档案馆藏，档案号 1047-1-125-13。

由表 6-2 看出，仅就这三项费用的收支看，除南孟连队 1969 年秋季有所结余外，其他连队一直都是亏损。南孟连队在其他工程中同样是亏损的，而且基本上是出工人数越多亏损现象越严重。

下面是 1965 年秋至 1969 年秋霸县东段公社的集体收支情况：

①　中央人民广播电台河北记者站：《记者王润庭就海河出工给省委领导的信》（1979 年 12 月 2 日），河北省档案馆藏，档案号 1047-1-357-14。

表6-3 1965年秋—1969年秋河北省霸县东段公社海河工程集体费用收支调查表（单位：元）

项 目	收入	支出	余亏
炊具补助费	727.7	2643.1	-1915.4
铺草补助费	344.7	301.1	+43.6
办公照明费	862.7	1467.1	-604.4
工棚补助费	3823.9	8494.8	-4670.9
住民房补助费	143	64.3	+78.7
宣传费	246.3	1069.6	-823.3
不脱产干部出差费		737.2	-737.2
总计	6148.3	14777.2	-8628.9

资料来源：河北省天津地区霸县根治海河指挥部调查组：《关于对霸县城关南孟煎茶铺东段东杨庄褚河港公社及四个大队执行根治海河政策情况的调查汇报》（1970年1月22日），河北省档案馆藏，档案号1047-1-125-13。

从表6-3可以看出，"根治海河"早期国家的各项补助多数是不敷使用的，亏损的钱款均由各生产队补足。

到"根治海河"运动后期，补助不敷需要的情况更加严重。以拉坡机械化为例，机械的采用减轻了民工的劳动强度，工效也大大提高，受到群众欢迎；但是拉坡机使用的同时也出现了加大开支的现象，即机械化所产生的费用问题，主要包括三项费用，一是购置机械的费用，二是油耗费，三是维修费。国家曾在1967年对此问题进行过规范，当时因按标工补助粮款，多劳便可多得，而改进技术可以提高工效，所以上级规定："爬坡工具费，因系改进操作方法，提高了工效，其开支由提高工效中解决。"[1] 民工减轻了劳动强度，用多得的补助补贴新工具产生的费用。但到了机械爬坡机开始推广使用的1975年，费用大为增加，仅靠标工补助已不敷需要，国家未对补助政策进行及时调整，所需费用仍由施工单位自行解决，因此此项技术革新在提高工效

---

① 河北省根治海河指挥部：《关于根治海河工程有关政策规定（第二次讨论稿）》（1967年7月22日），河北省档案馆藏，档案号1047-1-199-1。

的同时，也给后方生产队增加了经济负担。据石家庄地区统计，截至1979年春，拉坡机共1336台，每套需花钱1500元，全部由施工单位自筹。1979年春才改为每台拉坡机补助购置费100元、油耗和维修费3.25元，但这样的补助金额仍然远远不够实际花费。

国家对小车、工棚、炊具等的补助也无法满足需要。如小车及小型工具补助费每个标工补助0.15元，与实际开支相差悬殊。新乐县东王连按规定拨给小车补助费5948元，实际开支为15404元，超支9456元。工棚费也大大超过规定指标，如赵县疙瘩头连，治理滏东排河时上级拨给工棚费1031元，实际开支3120元，超支2089元。① 仅从小车和工棚两项补助费来看，到"根治海河"后期，国家补助仅能满足实际需求的1/3。运费方面，以饶阳县南善连队为例，"75—78年国家拨给该连运费1732元，实开支3796元，超过补助的1.2倍"②。定县齐家庄公社1979年为治理北排河出民工356人，物料进场费、搭棚建灶费，以及添置工棚物料、炊具的花费共计8804元，国家补助3698.48元，超支5105.52元③。此外，民工路途补助费、医药费、办公费等统统不敷使用，现不一一列举，缺额也由生产队补足。

总之，生产队不但要义务出工，还要尽量满足海河工地的种种要求，出粮出钱出物以及增人换班等。有民工反映，当时"缺什么都向生产队要"④，所有工地上不够的开支都由生产队来补足，生产队成为前方顺利施工的坚强后盾。

"根治海河"进行期间，中央虽然一直强调兼顾国家、集体和个人的利益，但在实际执行过程中，由于国家的补助偏低，造成民众不愿出河工。而

---

① 石家庄地区根治海河指挥部：《关于今春治理卫河加重社队经济负担的调查报告》（1979年5月25日），河北省档案馆藏，档案号1047-1-357-11。

② 饶阳县团：《南善连队是怎样减轻生产队负担的》（1979年8月20日），河北省档案馆藏，档案号1047-1-357-6。

③ 政治处：《保定地区今春到北排河出工的社队经济负担情况的调查报告》（1979年4月15日），河北省档案馆藏，档案号1047-1-357-7。

④ 笔者在河北省高碑店市东盛办事处龙堂村采访李振江的记录（2012年2月12日）。李振江，男，1949年生，曾参与开挖永定新河和治理白洋淀工程。

集体处于国家和民众的夹缝之中，压力很大，这里的集体主要指生产队一级。首先，生产队必须完成上级交给的任务，"根治海河"工程中的国家出工政策为"生产队集体出工，义务劳动"，所以生产队必须按照上级确定的人数落实好出工人员并给民工记工分。其次，动员社员出工越来越困难。"根治海河"初期，由于国家制定的出工政策比较符合当时农村实际，民工比较容易动员。但随着"文化大革命"的开展以及"农业学大寨"运动的兴起，国家政策开始偏离正常轨道，逐渐"左"倾，过分地强调"自力更生，勤俭治水"，开始把大河治理同农村的小型农田水利基本建设的出工政策看齐。由于民众难以接受自带口粮指标到远离家乡的地方施工，造成"出工难"现象。在动员工作的困境面前，生产队选择了自身给出河民工补助的方式，多数地方由生产队给民工带口粮指标，并给治河的民工额外补助粮款物。当然，在笔者的调查中，也发现确实有民工自带口粮指标的现象。这种状况一般出现在较为困难的生产队，由于生产队集体太穷，实在出不起民工的口粮，便在分粮时把出河民工的口粮扣掉。此类状况在个别地方和特殊时间出现过。但一旦生产队条件有好转，便采取由集体统一上缴的方式。① 所以，在国家、集体和个人三方面的关系上，最没有得到保护的是集体。在海河治理中，集体的作用是巨大的，它不仅充当了"根治海河"运动的主体，而且成为"根治海河"运动的后盾，起了非常重要的作用。由于"根治海河"正处于国家经济困难时期，在国家没有能力提供大量资金予以保障的状况下完成了大量治理工程，集体的支持功不可没。"根治海河"运动所取得的成就很大程度上源于人民公社体制的保障作用。当然，由于生产队集体为海河治理付出了很大代价，在一定程度上影响了农村的发展。

---

① 笔者在河北省盐山县千童镇东荣村采访高宝册的记录（2014年2月10日）。高宝册，男，1954年生，曾长期担任该村第三生产队队长。

第三节　"根治海河"运动对农村的影响

一、对农村的正面影响

"根治海河"是历时十多年的大型水利工程，该项工程的完成对改变农村面貌具有基础奠基作用。农村面貌的改变主要依靠农业的发展和农民生活条件的改善，而水利工程的兴修对此有明显促进作用。

首先，"根治海河"通过推动农业进步来促进农业生产。"根治海河"工程在很大程度上改变了农村的生产条件，对防洪除涝与抗旱灌溉都起了一定的作用。如今，在海河流域的很多地区，由于集体化时期"根治海河"骨干工程的兴修和配套工程的建设，每年春季的抗旱浇地与汛期的防洪除涝工作，都离不开这些水利工程。几十年来，这些水利设施对促进农业的发展发挥了很大的作用。该工程对农村的影响主要通过促进农业发展来实现，农业的产量提高了，农民的生活改善了，农村的面貌才会发生大的变化。"根治海河"对农业的促进作用详见下章。

其次，为农村培养了一批建设人才。在"根治海河"过程中，由于专职干部比较有限，相当一部分民工参与到"根治海河"的组织管理工作中去，他们经过海河工地的锤炼，在农村建设中发挥了很重要的作用。如广平县的不完全统计，"在几年治河中，他们为后方培养了三百五十多名社、队干部，全县一百四十一个大队，百分之四十的第一、二把手都是经过在海河工地长期锻炼的。"① 文安县统计，苏桥连队政工员任景才、大柳河连张剧增、兴隆宫连任凤巢、左各庄连吕德成、辛庄连刘景壮等人后来都担任了乡村领导干部或经济组织负责人。大部分正副连长和工程员成为乡村农田基本建设的指

---

① 河北省根治海河指挥部：《依靠群众，发动群众，大打人民战争，认真落实毛主席"一定要根治海河"的伟大号召》（1971年11月17日），河北省档案馆藏，档案号1047－1－220－13。

挥员或技术骨干，农村经济体制改革后，不少人成了率先致富的典范。① 著名的保定市"铁姑娘连"的一些老战士，"在所在大队、小队担任了领导工作，成了革命和生产的骨干力量。"② 至 1976 年，河北省对十几年"根治海河"的成绩进行了总结，"十年来，经过工地锻炼，有三千多名青年民工被选拔到连队、县、地区和省根治海河领导机构担任领导职务，有三万四千八百五十三人被选拔为生产大队、公社和县等各级领导班子成员，有二万多人光荣加入了中国共产党，五万多青年民工加入了共青团。"③ "根治海河"工程中的历练，提高了许多优秀青年的组织管理能力和技术水平，使他们在以后的水利工程和农业生产建设中发挥了积极作用。

再次，海河工地成为技术交流的重要场所，促进了各地农村生产技术提高和劳力组织经验的交流。民工们把海河工地上学到的技术和组织方法创造性地运用到生产队劳动中，取得了非常好的效果。如"东光县烟台公社芦角林村民工 27 人回村后把滑车运土方法应用到挖坑肥上，效果良好，社员满意。南皮县民工回队以后，都以班为单位参加生产，在劳动中，还向乡亲们宣传这次治河的经验，使根治海河的意义和各项政策更加深入人心了"④。静海县王口公社"铁姑娘排"成员李树霞，回到民主庄大队后当了大队妇委会主任，由于干水利积累了经验，"她带领九姐妹积极投入水利建设，带动了全大队妇女。开挖子牙耳河工程时，这个大队一个男劳力也没去，由李树霞率领妇女水利专业队完成。"⑤ 这些海河工地上的先进技术和组织管理方法通过各地民工在广大农村传播，促进了农村的技术经验交流。

---

① 狄绍青、李汝业：《根治海河机构设置和人员组成情况》，《文安文史资料》第 9 辑，政协文安县委员会学习文史委员会 2003 年编印，第 223 页。

② 保定市铁姑娘民工连：《根治海河意志坚，妇女能顶半边天》（1973 年），河北省档案馆藏，档案号 1047 - 1 - 256 - 64。

③ 《文化大革命十年、海河大变的十年》，《河北日报》1976 年 6 月 24 日，第 4 版。

④ 沧州专区根治海河指挥部办公室：《关于民工退场后各县活动情况》（1966 年 1 月 5 日），河北省档案馆藏，档案号 1047 - 1 - 194 - 2。

⑤ 《飒爽英姿战海河，誓为革命献青春——静海县王口根治海河民兵连铁姑娘排》（1973 年），静海县档案馆藏，档案号 2 - 8 - 126 - 5。

最后，治理海河还促进了各地农作物品种的交流。"根治海河"早期，由于团结治水的风气非常浓厚，各地的农作物和果树品种以及栽培经验也得到了更加广泛的交流。在1965年冬至1966年春的黑龙港工程中，有些民工从老家带来花椒、白蜡、桃杏树种，仅安次落垡连队就带来树种8000多棵，种成"友谊林"。大成、静海还专门派人给当地传授编织技术，帮助当地农民发展副业生产。霸县临津公社专门派了22名民工帮助驻地社队打机井，该县还给驻地带来了玉米、高粱、大豆、小麦等高产品种，传授种植技术，种成"友谊田"。① 此种做法不胜枚举。当时交河县流传的一首小诗表达了驻地社员对外来治河民工的赞美之情："一捧高粱红殷殷，礼物虽少情意深。种下一棵优良种，扎下万代友谊根。霸县交河三百里，人也亲来地也亲。"

综上所述，"根治海河"运动不仅通过防灾减灾促进了农业生产的进步，而且为农村培养了一批建设人才，还促进了农业技术、农作物品种和组织管理经验的交流，对农村的发展起到了一定的促进作用。

二、对农村的负面影响

在对农村发展产生正面作用的同时，也应该看到，"根治海河"运动也对农村的发展产生了负面影响。在海河治理过程中，生产队既要为治河无偿出工，成为"根治海河"的主体，又要帮助解决工地上的种种问题，成为"根治海河"的后盾。而这两大功能的实现，均以加重生产队负担为代价，在一定程度上影响了农村的发展。这种现象，从治河初期就开始存在，之后越来越严重。

生产队集体为海河出工到底付出了多大代价呢？1978年中央37号文件要求落实湘乡经验，为农减负，河北省"根治海河"指挥部根据文件精神要求各地区进行社队负担②的调查，结果是惊人的。以保定市1979年6月对博野、

---

① 河北省天津专区根治海河指挥部：《关于黑龙港排水工程施工情况的汇报》（1966年5月7日），河北省档案馆藏，档案号1047－1－194－1。

② 当时以生产队为基本核算单位，公社在需要给工地补助时，按当地人口比例或直接按出工人数向各生产队摊派，所以社队负担主要是生产队负担。

定兴、安新三个民工团进行的调查为例：负担较轻的卜也（博野）民工团，当年出工 2750 人，后减到 2300 人，工期 90 天，每人每天约完成 1.5 个标工，共得国家标工、工棚、运输、小车修理等补助费共 22 万多元。然而，后方生产队还需要贴补各项开支 9.6 万余元，平均每个民工 35 元，多者 40 元，少者 15 元左右。该县的情况基本上可代表望都、定县（今定州）、蠡县、安国、高阳等县。负担较重的定兴民工团，当年春季出工 3500 人，应得国家各项补助费 30 万元，生产队尚需补贴各项开支 24 万多元，平均每个民工 70 元左右，多者 80 元以上，少者 40 元或 50 元。该县可基本代表新城（今高碑店）、容城、雄县等县的情况。负担最大的安新县民工团，春季出工 3500 人，应得国家各项补助款 30 万元左右，而生产队尚需补助 45 万余元，平均每个民工 130 元左右，多者达 200 元以上，少者 100 元左右。该县则能代表保定市和涿县。① 由此可见，"根治海河"运动中生产队的负担是非常沉重的。虽然各地情况不一，但据河北省"根治海河"指挥部的估算，国家的投入和集体的付出大概可以达到 1:1②。也就是说，除对建筑物的投资完全由国家负担外，"根治海河"工程有一半的开支是农村付出的。

在"根治海河"运动中，有的生产队拿不出钱给民工补贴，只得变卖生产队的集体财产。有位生产队长说："我们一期工程就得卖掉两头驴，给民工补贴，这样还派不出人，这么办下去，可就苦了我们的老百姓。"③ 有的地方甚至为动员民工治河欠下债务，1979 年冬 1980 年春，衡水地区阜城县蒋坊公社统计，为动员民工治河欠下债务 27500 元④。社员们认为："这几年挖大小

---

① 保定行署根治海河指挥部：《关于对海河经济政策执行情况的调查报告》（1979 年 6 月 12 日），河北省档案馆藏，档案号 1047 – 1 – 357 – 9。

② 《十五年根治海河的初步总结》（1980 年），河北省档案馆藏，档案号 1047 – 1 – 754 – 7。

③ 沧州地区革命委员会根治海河指挥部：《关于一些基层干部和群众对根治海河的意见与反映》（1975 年 3 月 31 日），河北省档案馆藏，档案号 1047 – 1 – 294 – 8。

④ 河北省广播事业局办公室：《广播简报：海河工程、平调严重》（1980 年 6 月 13 日），河北省档案馆藏，档案号 1047 – 1 – 419 – 4。

河，就把队挖穷了。"① 有人向上级写信反映："因为国家补粮补款标准低，生产队还赔粮、赔款。粗了仿算（意为'大概估计'）像我们这样一个公社一年就赔粮 3 万斤，赔款 2 万多元。"② 当时物价水平低，如此大数目的粮食和款项，无论用于增加生产投入，还是用于改进技术，或者直接用于改善民众生活，都应该有比较明显的成效。从这一角度来看，"根治海河"工程的进行不仅加重了农村的负担，加大了生产队开支，还减少了广大社员的收入，影响了民众生活条件的改善。

"根治海河"运动后期，农村为出工付出了更大的代价，有的甚至欠下很多债务，而国民经济正处在调整、改革、整顿时期，"因各种原因有一部分队办企叶（业）处于停顿状态，比较穷的生产队现都靠贷款日子，更不用说扩大再生产了，真无力在（再）付挖河这一项开支了，有一部分干部群众一提挖河就头疼，还有的说：'整年挖河就挖穷了'。"③

由于工地上不适当地提高任务标准、缩短施工时间，完全超出了民工的实际承受能力，各施工单位只能另想办法，采用增人、增机具等方式来解决工地上的困境，以至于 1980 年春卫河工地上出现这样的场景，"后方的汽车、拖拉机，在前后方相隔 250 公里的公路上来回奔驰，送人员、送工具，在这样的大忙季节，闹的前方、后方不得安宁，这是多么大的浪费呀！难怪凡是承担海河任务的集体单位的群众说，海河这个部门是'又臭又硬'，意思是：上级党分配的任务不完成不行，要想完成任务，集体就得付出庞大的人力、物力和财力。当然集体单位为治理海河不只是这次负担重，过去十几年来都是如此，不过开支越来越大就是了。"④ "根治海河"工程持续时间较长，前

---

① 河北省沧州地区行政公署根治海河指挥部：《关于转发盐山县海河民工团政委李文贞同志调查报告的通知》（1979 年 12 月 21 日），河北省档案馆藏，档案号 1047 - 1 - 357 - 10。

② 石英：《南和县郝桥公社石英给金明的一封信》（1980 年 6 月 17 日），河北省档案馆藏，档案号 1047 - 1 - 405 - 2。

③ 河北省枣强县宅城公社杨雨大队社员孟庆广：《给华主席的一封信》（1980 年 5 月 5 日），河北省档案馆藏，档案号 1047 - 1 - 405 - 4。

④ 《卫河工地晋县团王玉丰给河北省委的信》（1980 年 3 月 3 日），河北省档案馆藏，档案号 1047 - 1 - 405 - 5。

后延续达15年时间,足可见农村负担之严重程度。

随着政治氛围的逐渐宽松,一些社员纷纷写信对"根治海河"运动提出自己的意见,主题是反对继续对海河进行治理,枣强县的一位社员就是从社队负担的角度提出这一问题的。他指出海河工程他们县受益不大,但"每年春冬两季挖河,出民工二、三百人,每个一百余人的生产队,每年光这一项开支就得两千余元。再加上国家付出的治河投资,这两项相加是一笔不可小看的资金。……我想治理海河十几年了,基本上做到了涝能排,旱能浇,是否暂停一个节(阶)段,或是该挖的挖,可挖可不挖的不挖,让国家和集体把这部分资金用到刀刃上,支援一下农业急需,农业可能会大上一步,也能促进四个现代化的进程吧"①。虽然农民看问题不具备特别长远的眼光,但治理工作的确损害了他们的利益,也就难怪他们反对海河治理了。

"根治海河"工程的实施对生产队造成如此沉重的负担,绝非国家制定政策的初衷。事实上,从治理活动一开始,上级部门就一直试图兼顾国家、集体和个人三者的利益,在发现一些加重生产队负担的苗头后,曾三令五申予以制止。如在下达用粮指标的通知时,特别强调民工的口粮指标"要带本人的留粮,不能动用集体的种子、饲料或储备粮"②,一再告诫民工不能向集体要款要物,但一直没有收到好的效果。事实证明,仅靠行政命令是无法解决根本问题的。也就是说,只要造成此类现象的根源没有消除,农村负担过重问题就不会在根本上得到解决。总结起来,造成生产队负担重的主要原因有以下两条:

第一,国家补助偏低,政策没有适时改变,这是最根本的原因。"根治海河"运动开始时,适值国家开始倡导"农业学大寨"运动,要求各地学习大寨人自力更生的经验,勤俭节约办水利。自黑龙港工程规划阶段,投资便一再压缩。实际上,不"等""靠"国家,而是集合多方力量办水利,也算开

---

① 河北省枣强县宅城公社杨雨大队社员孟庆广:《给华主席的一封信》(1980年5月5日),河北省档案馆藏,档案号1047-1-405-4。

② 河北省革命委员会生产指挥部:《关于下达一九七〇年上半年海河工程用粮指标的通知》(1969年12月29日),河北省档案馆藏,档案号997-7-3-76。

辟了一条勤俭治水的新路。治河早期，对于加重社队负担问题，上级也是注意防范的，如在黑龙港工程中，按照国家政策规定，所用小车是由民工自带的，国家补助一定的修理费，"原规定有些社、队小车不足需要购置的，富裕队由自己添置，穷队通过贷款解决。但考虑到有些山区、水区，平时生产不用小车，为了不使这些生产队因出河工购买小车而增加群众负担，拟于工程结束后，由工地付款购车。另外，由于河工用车集中，耗损较大，我们打算在工程结束后，在可能的条件下，斟酌情形再考虑是否给一些补助。"① 从上述文件可以看出，治河前期对于增加农村负担的情况还是注意防范的，当时的政策也比较理性。但是，如果说前期治河政策还算合理的话，"文革"期间的政策就开始偏"左"了，补助没有上涨反而部分降低，尤其是在粮食补助上一降再降。而到了"根治海河"运动后期，社会状况发生了很大变化，工程开支也大大增加。据石家庄地区统计，省规定每完成一个标工补助生活费0.45元，而粮、煤、菜、副食、调料价格上涨，人日平均生活费在0.7元以上，按每人每天完成标工1.5个计算，干一天活还不够饭费。工具、工棚等项补助也不能满足需要。以1979年春石家庄地区出工治理卫河为例，出工3万人，施工期60天，实际开支与国家给予的补助相比约超支5985500元。② 可见，国家补助与实际开支相差悬殊。国家的投资与补助政策无法满足日益增长的海河工地的必要开支和农民的实际需要，除了由生产队把这个缺口填补上，似乎并没有更好的解决办法。

基层生产队负担国家工程的开支实属无奈之举。当时"根治海河"不仅是一项生产任务，而且是一项政治任务。因此国家补助不足，只能由施工单位自行解决，经过层层分派，最后落到生产队头上。海河工程补助偏低与整个集体化时期国家的指导思想有关。1956年，毛泽东主席为水利建设制定的原则为："兴修水利，保持水土。一切大型水利工程，由国家负责兴修，治理

---

① 中共河北省委：《关于黑龙港河工程开工情况的报告》（1965年11月5日），中共河北省委党史研究室编：《河北省根治海河运动》，中共党史出版社2008年版，第258页。

② 石家庄地区根治海河指挥部：《关于今春治理卫河加重社队经济负担的调查报告》（1979年5月25日），河北省档案馆藏，档案号1047－1－357－11。

为害严重的河流。一切小型水利工程,例如打井、开渠、挖塘、筑坝和各种水土保持工作,均由农业生产合作社有计划地大量地负责兴修,必要的时候由国家予以协助。"① 由此逐渐形成大型水利工程由国家举办、小型农田水利实行民办公助的投资方式。虽然在水利建设的政策上,毛泽东已经确定了这一原则,但在实际执行中,由于国家重在发展工业,农业方面投入相对较少,更多强调"自力更生、勤俭治水"。因此海河补助政策自开工后非但没有增加反而部分有所减少。到20世纪70年代中期,随着"根治海河"工程取得一定的成绩,很多人心中产生"差不多"的思想;再加上毛泽东、周恩来等关心和倡导"根治海河"的国家领导人相继离世,从中央到地方,对"根治海河"工程的重视程度逐渐降低,更不可能大量增加投入。虽经一再呼吁,1979年海河工程补助标准有所上调,但因提高额度有限,仍不能从根本上改变生产队负担重的状况。

第二,与基层干部作风有关。给民工补助粮款之事,自"根治海河"运动一开始便已出现。当时,动员民工还不是非常困难,又为何会出现干部主动给民工补助的现象?笔者认为,应该与三个因素有关:

(一)与许多基层干部缺乏做艰苦思想工作的耐心有关。1962年"三级所有,队为基础"的人民公社体制建立以后,生产队成为基本核算单位,农村基层干部掌握了生产队集体财产的支配权。为了使动员工作容易些,有些干部便许诺给出河民工多补助钱款,这样就降低了思想动员工作的难度。如1965年天津专区宁河县"根治海河"指挥部对部分社队的调查,"入场前民工思想动员工作,作的不深不细。从分析看,干部作艰苦的细致工作不够,有许愿现象"②。

(二)与基层干部对治河的认识有关。治河工地劳动强度大,基层干部对此是非常了解的。有些干部出于现实考虑,认为应该给出河民工多些补助。

---

① 《对〈一九五六年到一九六七年全国农业发展纲要(草案)〉稿的修改和给周恩来的信》,《建国以来毛泽东文稿》第6册,中央文献出版社1992年版,第4页。

② 宁河县根治海河指挥部:《关于对板桥公社张子铺生产大队购置开支情况的调查报告》(1965年12月8日),河北省档案馆藏,档案号1047-1-112-36。

如廊坊地区安次县"西尤庄、仇庄等大队有些干部原以为海河活累，大队有粮多贴补点算不了什么"①。石家庄地区也有此类现象，有的干部"认为海河工地劳动强度大，民工劳累，生活艰苦，似乎给点粮、款、物算不了什么，因而忽视了对社员群众进行艰苦奋斗、勤俭治水的教育"②。基层干部较为了解农民劳动的实际情况，在执行国家政策的时候也顾及群众的利益，对于上级的政策，基层干部没有能力改变，便以牺牲集体利益不断满足农民的需要来换取民众的合作。

（三）与干部特权有关。这一点在治河后期比较严重。新中国成立后，基层干部数量大增。其中一些人文化水平较低、封建意识浓厚，甚至有人利用手中特权为自己牟私利。"根治海河"运动中，干部出工者相对较少，大小队干部多以领导本地生产为名不参加治河，后来以至于其子弟亲戚也不去，多少有点职务的人都不去。有民工回忆，"上海河的都是普通社员，大队当干部的、教书的、当会计的、保管员、饲养员、车把式都不去。我们上海河实际上是排号去，遭那么大的罪，谁愿意去呀！"③ 因此出海河工，只在少数没有职务和关系的青壮年之间轮换，这些人难免有意见。干部自知理亏，只好不惜代价，采取高额补贴的办法动员民工。当时河北电台驻衡水记者尹连起曾经这样报道这个问题："大、小队干部不但本人不参加治河，而且和他们粘着连着的也不去，风吹不着、日晒不着、雨淋不着的差事都让他们占上了。而出河工，只是在少数没'门子'的青、壮年之间轮换，这些人当然有意见。当干部的行不端，舌头短，根本'拿'不住人家，只好不惜代价，采取高额补贴的办法动员民工。"④ 形成如此风气，实际吃亏的还是集体和社员。

① 河北省根治海河指挥部：《抵制物质刺激妖风，坚持为革命治河——安次县南辛庄公社海河民工实现了不吃"双份粮"》（1975年3月6日），河北省档案馆藏，档案号1047-1-307-4。
② 石家庄地区根治海河指挥部：《对海河经济政策执行情况的调查报告》（1975年3月3日），河北省档案馆藏，档案号1047-1-298-9。
③ 薛伯清口述：《我所经历的子牙新河工程》，杨学新主编：《根治海河运动口述史》，人民出版社2014年版，第198页。
④ 河北省广播事业局办公室：《广播简报：海河工程、平调严重》（1980年6月13日），河北省档案馆藏，档案号1047-1-419-4。

由此可以看出,社队负担的出现并非仅仅是因为上级政策的问题,与基层政权的行为方式也有密切的关系,是国家与基层共同作用的结果。从"根治海河"运动刚刚开始便已经出现这样的问题,而且很多农村干部采取了主动给民工补助的方式。从干部角度来看,"给民工补助一不是贪污,二不是多吃多占,即使是不符合党的政策,群众满意就行。"① 在这里,干部中的传统习惯思想和行为方式起了很大作用,即使国家有政策,很多干部依然按自己的思维方式做事。而且有了生产队这一级核算单位,农村基层干部手中便掌握了一些可供支配的资源。对他们来说,手中掌握的反正是集体储备,属全体社员共同所有,干部也乐得为此送个人情,自己的工作也容易做。所以,有的队长说:"政府不叫补,咱们少补点,少补不行咱们暗中补,实在不行咱们利用去工地慰问的机会也得把这一课补上。"② 也有反映当时"大队干部有'五怕'和'一依靠'的想法!即是不给补助,一怕群众反映,二怕挨骂,三怕麻烦,四怕作艰苦工作,五怕取消干部的出差补助。一依靠是:依靠上级解决问题"③。对有的社员反映给河工补助得太多的问题,有的队长直接答复:"谁也不能提意见,谁有意见,谁去挖河。"④ 从上述话语,一是反馈出挖河的确是很艰苦的体力劳动这一事实;但另一方面,基层干部的蛮横霸道也表现得淋漓尽致。受到中国传统官本位思想的影响,一般中国民众头脑中民主意识淡薄,一切由当官的说了算,下级只是服从,不允许有任何的异议,这在集体化时期上下级的关系中非常典型。

当时,已经有民工认识到出工补助钱、物并非好事,"我去补你去也补,

---

① 河北省天津专区根治海河指挥部:《批转宝坻县关于解决霍各庄公社东霍各庄大队出工"钱字当头"问题的报告》(1965年9月19日),河北省档案馆藏,档案号1047-1-112-7。

② 河北省天津专区根治海河指挥部:《批转宝坻县关于解决霍各庄公社东霍各庄大队出工"钱字当头"问题的报告》(1965年9月19日),河北省档案馆藏,档案号1047-1-112-7。

③ 河北省天津专区根治海河指挥部:《批转宝坻县关于解决霍各庄公社东霍各庄大队出工"钱字当头"问题的报告》(1965年9月19日),河北省档案馆藏,档案号1047-1-112-7。

④ 蠡县县委农村工作部:《关于去黑龙港民工购买和补助物资向地委和县委的报告》(1965年11月12日),河北省档案馆藏,档案号1047-1-112-17。

处处补事事补，补的钱还不是羊毛出在羊身上。"① 群众用最简单的话语道出了问题的关键所在，如果这种义务真正做到公平合理人人有份，人们是容易理解的，但现实情况是，真正的义务出工、轮流出工实际很难执行，这里面有着复杂的原因。从农民的实际情况看，有的的确存在困难，如家庭劳力少，需要照顾家的；有体力弱，无法承担重体力劳动的等。当然也有故意逃避的，甚至于干部特权的存在。因此很多地方海河出工基本固定在有限的几个人身上，所以干部常用额外给点补助的方式来消解这些人的不满，也作为对他们付出重体力劳动的回报。但这种给民工补助的方式必然会增加集体的负担，影响集体经济的巩固和发展，减少社员收入。

由此可见，社队负担的产生是国家政策和基层社会二者互动的结果，绝非仅仅是国家政策本身的问题。

生产队负担从"根治海河"运动初期就已经存在，治理的十几年中或重或轻地存在着。虽然国家一直在试图制止增加生产队负担的行为，但农民、农村的基层干部自有自己的行为方式。上级仅靠口头呼吁，没有切实的行动改变相应的政策，这种呼吁基本变成了一句空话。"根治海河"运动后期，随着农村生活状况的改观，一些地方农民的生活水平大大改善，如廊坊地区安次县马道口东沽港四大队副业搞得好，在队劳动"收入大又轻松，没有人愿出工"②。与在队劳动相比，"挖河劳动强度大，又苦又累，民工都怵头上海河"③，致使动员海河出工越来越难。农村干部在必须完成上级指派的任务的压力下，更多地采用了增加各种补助的方式动员民工出工，这使生产队负担越来越重。1978 年，中央 37 号文件的主旨是为农减负，"根治海河"运动中的生产队负担问题引起了各级领导部门的广泛关注。上级在此问题上进行了切实的调查，而反馈回来的结果是惊人的，治理海河的补助政策如果不加以

---

① 河北省天津专区根治海河指挥部：《批转宝坻县关于解决霍各庄公社东霍各庄大队出工"钱字当头"问题的报告》（1965 年 9 月 19 日），河北省档案馆藏，档案号 1047 - 1 - 112 - 7。

② 河北省廊坊地区行政公署根治海河指挥部：《关于海河民工社队负担的调查报告》（1979 年 12 月 19 日），河北省档案馆藏，档案号 1047 - 1 - 357 - 5。

③ 河北省海河指挥部工作组：《关于民工向社队要粮款物问题（沧州地区调查材料）》（1979 年 11 月 19 日），河北省档案馆藏，档案号 1047 - 1 - 357 - 1。

改变，将严重影响农村集体的公共积累和民众的生活水平。

农村的沉重负担让我们再次想到农村在海河灾害中所做出的重大牺牲。在1963年大水灾中，在洪水流量比1939年水灾大得多的情况下，确保了天津市和津浦铁路的安全，但是如此结果是在牺牲河北省大量农村地区的利益的基础上完成的。据当时《天津日报》记者张连璧回忆：

> 当时谁都以为天津保不住，根据1939年的经验，人们认为这么大的洪水谁也挡不住。但没想到，在共产党、毛主席的领导下，在党中央、国务院统一指挥下，华北800万军民团结一致奋战洪水，天津各行各业，包括天津日报编辑记者，全都扑向抗洪一线，用草包、麻包加高加厚防洪的堤埝，最后，为保天津市区安全，上游地区主动扒开了一些滞洪的口子，天津附近南运河小关村处扒开了东堤，同时炸开独流减河南堤，把洪水泄入团泊洼、北大港，最后爆破拦海大道，把洪水导入渤海。事后天津人谁都知道，天津城区躲过那致命的一劫，托的全是共产党的福。[1]

炸开大堤泄洪，使众多农民流离失所、无家可归，使大量丰收在望的庄稼毁于一旦。这里"主动"扒开泄洪的口子，当然是行政统一指挥下的"主动"。天津市是重要的工业城市，当时是河北省的省会，确保天津的安全当然是重中之重。无可否认，从当时全局的角度来看，这种决策无疑是正确的，无论是国家，还是河北省，在做出重要决策时必定会首先权衡利弊，农村被淹比淹人口和工业集中的城市来讲总归损失要轻得多。从全局着眼，这是农村与农民为整体利益所做的牺牲。但是在以后的"根治海河"运动中，农民不计任何报酬义务出工参加高强度的体力劳动，同时大量的负担也转嫁到出工的农村集体头上。水利工程的受益群体是比较广泛的，并非只有农村、农业与农民。在水利工程中，如何摆正受益方的位置、合理负担仍是我们今天需要不断反思的问题。

---

[1]　李雅民：《根治海河：如许清渠溯源头》，《天津日报》2009年8月26日，第14版。

三、投资方式与农村发展

宋代以前，我国的水利建设一般都以国家经办为主，以大型为主。到宋代，由于土地国有制的崩溃和土地私有制的发展，国家再难以进行大规模的农田水利工程建设，一般都以地方举办或民办为主，工程多趋向于中小型。[①]由于水利建设投入大，以后的历朝政府都量力而行。民国期间，再次出现民间力量对水利建设的参与。但是，在大型的综合性水利工程中，唯有国家才有实力承担起相应的领导作用和资金投入。

新中国成立后，随着农业合作化、人民公社化等农业集体化的开展，我国采用了土地集体所有制，按一些学者的研究，这种土地所有制在很大程度上是一种"准国家所有制"[②]，也就是说，虽然1962年之后确立了"三级所有，队为基础"的人民公社体制，但集体在决策上不能独立做主，主要听从国家的统一安排。这样，国家可以比较容易调取农村集体的资源，而且国家对工程的统一规划、占地、移民迁建等问题的处理也比较容易，为实施大规模的综合规划治理工程提供了便利。

新中国成立后，我国进行了大规模的水利建设，国家在重点治理江河水灾的同时也开展了大量的农田水利建设。按照新中国成立后不久确立的原则，"凡属各大河流的重要工程及治本工程，经费由中央负担；凡属各省地方性的水利事业，尽量由省级经费开支。"[③] 之后逐渐形成了大型水利工程由国家举办，小型农田水利由群众自办、国家适当予以补助的方式，即所谓的民办公助。

1963年海河流域大水灾过后，灾情的严重程度令人瞠目，在人民群众生命财产的巨大损失面前，党和国家下定决心对海河流域进行长期规划、综合

---

① 薄伟康编：《农业史》，经济日报出版社1999年版。第33页。

② 朱秋霞：《论现行农村土地制度的准国家所有制特征及改革的必要性》，《中国社会科学评论》第4卷，法律出版社2005年版。

③ 傅作义：《各解放区水利联席会议的总结报告》，《历次全国水利会议报告文件1949—1957》，《当代中国的水利事业》编辑部1987年印，第22页。

治理。在毛泽东主席"一定要根治海河"的号召下,"根治海河"的准备工作紧锣密鼓地展开。

前已述及,在"根治海河"的筹备阶段,河北省的规划设计是按照传统的施工方法与投资标准进行编制的。由于投资数额大,国家难以承担,当时又正值"农业学大寨"运动逐渐展开之时,所以没有得到批准。国家要求河北省"眼睛向下,自力更生","自力更生"到底依靠谁的力量,因出工者主要是农民工,"根治海河"工程在很大程度上依靠出工农村及社队集体的力量。作为城市、工业或交通部门来说,虽然也是"根治海河"工程的受益者,但因不直接参与该项工程,海河工程所造成的负担与他们似乎没有特别直接的关系。1964年11月开始的沧州地区宣惠河治理工程的投资标准大大压缩,民工义务出工,在各个环节都提倡节约,以后大规模"根治海河"运动就在这样的基准上开始展开。

在以工业为重点的情况下,农村、农业上的自力更生是当时国家政策的基本导向,因此决定了国家在水利建设方面的投资不会增加,相反还要减少。"在安排'三五'国家建设资金时,毛泽东提出,发展农业主要应依靠大寨精神,国家农业投资可适当减少,以缓解资金不足的矛盾。学习大寨精神,建设大寨式稳产高产田,成为农田水利基本建设的要求之一。"① 当时国家经济困难的确是事实,有限的资金应该用在何处?关键取决于政策导向问题。新中国成立后,发展工业成为我国一个最迫切的目标,对农业的投入只能极力压缩。农村是需要发展的,农业要解决民众的生存问题,是一切事业发展的基础,其重要性自不待言。农业发展需要减轻自然灾害,兴修水利。这些工作虽然很重要,国家也比较重视,但在当时的条件下,由于国家经济上仍然比较困难,采取了更多地依靠农村和农民自身力量去解决的方法,这是当时一个指导性的原则,所以也就不难理解在"根治海河"过程中的政策一直对农村与农民较为苛刻了。

在治理过程中,由于对"勤俭治水"的宣传,各地把节约作为一项主要

---

① 王玉玲:《新中国的农业合作化和农村工业化》,《当代中国史研究》2007年第2期。

工作来抓。"根治海河"工地上，"勤俭治水"是各地提得最多的口号。所以在不断地宣传"自力更生、勤俭治水"，号召"河北的水由河北人民自己来治"，要学习大寨人的精神，不能"躺在国家身上"。

"根治海河"期间，对不同的水利建设任务，国家制定了不同的政策。以"根治海河"工程来讲，"骨干工程实行集体出工，小型工具和工棚物料自带，国家给予适当补助；小型工程、较大支流配套和深机井，民办为主，国家给予少量补助；沟渠配套和水土保持等工程基本由社队自办。"[①] 配套建设中执行的是国家对小型农田水利的政策，采取了"民办公助"的方式，以地方投资为主，国家补助为辅。

在骨干工程中，上级指出："群众出工、挖河、治水是自己救自己的革命行动，不能都要国家包起来。要正确认识和处理人和物的关系，国家、集体和个人的关系，破除一切旧框框。"[②] 首先申明骨干工程不能全部依赖国家。另外，面对农村指出的"平调"劳动力的质疑，上级认为"国家管饭"搞工程，在劳动力方面也不能算平调，如果全部依靠国家，就成了"国家出钱，农民种田"[③]。虽然在工程安排上不全是为了农村，但涉及需要出钱出力这些问题时，在宣传上主要强调"根治海河"对农业的作用。

1965年10月16日，《人民日报》刊发社论《依靠五亿农民办水利》，阐明了国家在水利建设上的态度，要求各地学习大寨精神，自力更生艰苦奋斗，勤俭办水利。在投资上，特别说明：

> 发扬大寨精神，依靠五亿农民办水利，并不是说国家对兴修水利就不给予支援。国家今后仍然要有计划、有重点地投资兴办一些大中型骨干工程；群众自办小型农田水利，如果确有困难，国家还是会适当给以

---

① 河北省革命委员会：《关于海河治理情况汇报提纲》（1972年11月24日），河北省档案馆藏，档案号1047-1-228-5。

② 河北省根治海河指挥部：《关于今冬明春工作安排的报告》（1965年8月15日），中共河北省委党史研究室编：《河北省根治海河运动》，中共党史出版社2008年版，第221页。

③ 《国务院海河工程汇报会议汇报提纲》（1971年7月27日），山东省档案馆藏，档案号A121-03-26-8。

支援。但是，一定要看到，国家的资金是有限的，而要办的事情很多，不可能把更多的资金用于水利建设。因此，凡是依靠集体和群众能够办到的事，就不要依赖国家。就是主要由国家投资兴建的工程，也要依靠群众，在最大限度地调动农民积极性的基础上去进行，使有限的资金发挥更大的效益。①

文章以宣惠河治理为例子，说明农民"自力更生""勤俭节约"办水利的实施状况。此时正值大规模"根治海河"运动马上开始动工的阶段，国家以宣惠河的治理为样板，要求以河北省为主的海河流域各省市，在海河治理上不能全部依靠国家，而要尽可能地依靠农民自身的力量来解决。

根据宣惠河的实践，河北省对黑龙港工程的投资计划进行了大幅度修改，投资减为1.25亿元，仅为最初规划的1/3强，最终报送国家审批，国家核准投资1亿元，之后又对初步设计进行了进一步修改，黑龙港的土方施工定额比宣惠河提高了33%，土方综合单价比宣惠河降低了25%。② 本着中央提出的"少花钱、多办事"的精神，使整个工程投资减为8850万元。最终只用了8400多万元，经中央批准又以1500万元修建津浦铁路子牙新河大桥和石德铁路滏阳新河大桥，还完成了一些"根治海河"第二个战役的其他准备工程。③ 黑龙港工程作为"根治海河"的第一个战役，为之后十几年"根治海河"运动打下了基础，积累了经验。据河北省的总结与评价："黑龙港工程工效之高、质量之好和投资之省，都是河北水利建设史上前所未有的，而且全部工程当年见效，群众非常满意。"④ 以后在"根治海河"工程中，无论在施工还是管理方面，均以黑龙港工程作为参照。尤其是奠定了"勤俭办水利"这一基调，之后，依靠群众、自力更生，省之又省成为对"根治海河"运动的基本要求。在"文化大革命"中，"大跃进"期间的主流话语"多快好省"再次抬头。

① 《依靠五亿农民办水利》，《人民日报》1965年10月16日，第2版。
② 《十五年根治海河的初步总结》（1980年），河北省档案馆藏，档案号1047-1-754-7。
③ 《河北省黑龙港地区排水工程总结》（1966年），河北省档案馆藏，档案号1047-1-196-2。
④ 《我省三年来根治海河获得辉煌成就》，《天津日报》1966年11月20日，第3版。

由此看出，从"根治海河"运动的序幕——宣惠河工程开始，基本改变了大型水利工程的投资方式，将大型工程由国家投资更多地向依靠农村自身力量倾斜。对于这样的投资方式，《人民日报》是这样报道的："在去冬今春确定的工程项目中，不仅大量的小型工程，全部依靠群众自办，就是大中型骨干工程，也普遍采取了义务工（由国家供给伙食）和'民办公助'（由国家补助工具费和补助饭费）的办法。"① 这里，把此种投资方式概括为类似于中小型农田水利的"民办公助"方式，而"'民办公助'模式是指由农民决策、农民筹资、农民生产管理、农民使用，政府只是提供资金与技术支持的一种农村基础设施供给模式"②。其特征是农民为主体，国家为辅助。就以后大规模"根治海河"运动的组织领导及负担分配来看，此种方式与上述特征有着明显的差别。笔者认为，将此种模式概括为"民办公助"是不妥的。那么此种方式既非完全由国家投资、又不同于"民办公助"，那么如何概括更加符合"根治海河"工程的具体情况呢？以下将对这种投资方式进行具体的分析。

首先，从领导力量来看，该项工程是在国家的直接领导下完成的。"根治海河"工程是涉及海河流域多省市的一项大型水利工程。除上游水库的续建和扩建外，工程重点集中在中下游，参加该工程的有冀、鲁、豫三省和京津两市，涉及范围广，多省市联合施工。在这种情况下，需要对排水系统进行统一规划，甚至完全改变下游入海通道，这样的工程必须要介入国家的力量来统一领导完成。在治理的过程中，各省市考虑到自己的实际情况，对工程顺序的安排、施工人员数量的确定等问题也曾出现过一定的分歧，这些问题都在中央的协调下得以解决，充分体现了国家的领导作用。因此"根治海河"工程是在国务院和水电部的领导下实施的，从工程的规模、参与者与受众群体来讲，完全不同于各地的中小型工程，地方政府是没有能力领导此种大型工程的。从这个意义上来说，"根治海河"工程属公办也就是国家举办是没有问题的。

---

① 《水利建设的革命》，《人民日报》1965 年 7 月 5 日，第 2 版。
② 郭瑞萍、苟娟娟：《农村基础设施"民办公助"模式的历史演变与比较》，《西北农林科技大学学报》2014 年第 2 期。

其次，从投入大小来看，国家的投入对工程的完成起了至关重要的作用。在15年"根治海河"运动中，国家承担了大量的投入，建筑物的投入完全由国家来承担，国家还需要负责民工的生活补助、工具的维修补助、工程占地移民迁建补助等多方面的投入。从最初国家制定的政策来看，农村社队只提供免费的劳动力即义务工即可，其他投入全部由国家承担。至于在执行的过程中出现大量的农村社队负担问题，并非由政策的初衷引起，而是在实际执行过程中由于各种各样的原因出现的偏差。所以从对工程实施的投入状况分析，这一工程的公办性质也是不容置疑的。

再次，从物资调配情况看，国家同样起了至关重要的作用。在当时的计划经济时代，国家对工业品、农产品都采取了计划供给的方式。其中海河工程中所需的三大材料即水泥、钢材与木材的供给主要依靠国家的订货，这些物资在当时都是比较紧张的，国家几乎在调配全国的力量支援"根治海河"工程。在这种大力度的支持下，"根治海河"前十年的骨干工程才及时产生了效益，其中子牙新河穿运工程、津浦铁路子牙新河大桥以及石德铁路滏阳新河大桥等著名大型工程能够得以及时完工并投入使用。另外，从农产品供给尤其是民工用粮的调配和供给看，国家的投入力度也比较大。虽然因为种种原因依然增加了不少农村负担，但是如果没有国家的大量补助在支撑，在当时的统购统销体制下，每年要保障几十万民工的吃饭问题是难以做到的。从这一点上来看，国家所起的作用同样是关键性的。

从上述分析能够看出，国家在"根治海河"运动中发挥了极其重要的作用，并承担了大部分的投入。当然在工程实施中，农村集体和农民也为此付出了很大代价，该工程才能够迅速产生效益。时任盐山县"根治海河"指挥部副总指挥的刘玉琢老人这样回忆："当时根治海河，国家是花了很大代价的，但是国家花的这些钱也只是整个工程代价的一部分，广大农民群众无论从土地、人力，还是物力上都付出了很大的代价。"① 可见，国家与农民的力

---

① 刘玉琢口述：《风雨海河十七年》，杨学新主编：《根治海河运动口述史》，人民出版社2014年版，第42页。

量缺一不可。因此，"根治海河"工程作为大型工程，既不同于新中国成立初期的国家举办，也不同于中小型工程中的"民办公助"，而是一种介于二者之间的投资方式，其特征表现为国家决策、国家投资、国家管理，农民投入劳动和款物支持。从所起的作用来看，国家的力量是主要的，农民的支持是辅助的，笔者概括为"公办民助"。

在"根治海河"工程的配套工程中，农村集体则承担起了更大的责任。上级重点搞的是黑龙港地区的配套工程，在黑龙港地区的九条骨干河道实施"大会战"的同时，"三十五条支流河道，由受益的专县安排劳力，利用农闲季节穿插施工，力争当年生效。支流河道以下的斗渠、农沟配套和田间工程，由各专县统一规划设计，社队自办，抓紧农活空闲，分年完成。"① 这些工程中领导与投入以地方集体力量为主，国家给予少量补助。

可见，在"根治海河"工程中，农村所起的作用非常大。这里所指的农村不但包括受益地方也包括不受益的地方。由于非受益地方为"根治海河"同样产生了严重的社队负担问题，农村中有很多怨言。为此，在1980年9月召开的全国水利工作会议上，水利部特意提到了研究改革民工工资的问题，认为"水利民工工资，应严格区分受益和非受益区，根据受益情况规定不同标准，避免过低过高和一刀切。原则上不能让非受益队贴粮贴钱"②。以消除明显的不合理现象。合理负担开支应该是一个值得提倡的原则。如果说"文革"时期受一定的"左"倾思想干扰的话，拨乱反正后，包括水利工作，都应该在总结既往经验的基础上走到一个合理负担的道路上来。

"根治海河"运动因处在特定的历史时期，所以是以政治行为带动的，以超经济的力量组织起来的大型群众性治水运动。"根治海河"运动能够继续下去，在于国家强大的行政力量，在于国家政权对基层社会的高度控制，是以

---

① 河北省根治海河指挥部：《响应毛主席的号召，全省人民动员起来，积极投入根治海河的伟大战斗！》（1965年9月），中共河北省委党史研究室编：《河北省根治海河运动》，中共党史出版社2008年版，第235页。

② 水利部：《关于三十年来水利工作的基本经验和今后意见的报告》（1980年10月6日），河北省档案馆藏，档案号1047-1-442-1。

超经济的行政手段调集劳动力。对农民来说，因为海河出工是按照相应的劳动力比例来抽调的，并非全民动员，再加上有生产队作为后盾，所以并非完全是强制性的，而是自愿出工与行政指派的结合。但政治动员在其中起了非常重要的作用。"根治海河"运动之初，借助于毛泽东主席"一定要根治海河"的号召，河北省提出"我们必须积极地宣传最高指示，认真地贯彻最高指示，坚决地执行最高指示，使广大社员群众认清为革命出工、为革命治河的道理"①。如此，把"根治海河"这样一项水利活动提高到"革命"的高度。而且，在治理的过程中，不仅要"自力更生、勤俭治水"，而且坚决不允许"物质刺激"，在那种特定的历史条件下，要求民众讲贡献、讲思想、讲觉悟。但是，此种方法可以在短期内迅速激发起民众的生产热情，时间久了，失灵在所难免。超经济的强制力量最终还得让位于经济规律。忽视人的正当权益的政策最终是不能顺利推行的。"根治海河"能够持续那么多年，虽然行政力量起了很大的作用，但从前面的分析看，由于国家投入不足，无法保证农民的正当利益，造成生产队的巨大压力。生产队不得不想方设法满足出河民工的物质要求。通过集体资源的支持，保障了"根治海河"所需劳动力的调集，帮助工地上解决了因投入不足所产生的种种问题。因此农村基层集体成为"根治海河"运动得以进行的主体力量和坚强后盾，倘若没有人民公社制度，没有生产队的巨大投入，如此庞大的工程是不可能完成的，这一点是毋庸置疑的。"根治海河"运动之所以能够进行下去，集体发挥了巨大作用。

勤俭节约本是应该提倡的，但任何事物都需适度，过犹不及。随着"文化大革命"的到来，指导思想逐渐"左"倾，为了达到自力更生的效果，修改一些比较合理的政策，一再压缩补助，极力减少投资，更加强调土法上马。过度地追求勤俭，必然带来很多问题，如国家粮食补助政策的改变，使"多劳多得、多劳多吃"的合理激励机制丧失，使民工的劳动积极性大大下降。过度地追求"快"和"省"，使一些工程出现严重的质量问题，反而造成巨

---

① 中共河北省根治海河指挥部政治部：《关于民工入场前的思想发动和组织工作意见》（1966年8月10日），中共河北省委党史研究室编：《河北省根治海河运动》，中共党史出版社2008年版，第283页。

大浪费。而且这种过度追求给国家节省投资，甚至违背了自然规律。为了完成上级交给的任务，出工的基层生产队只能不断满足工程正常进行所需要的条件，造成生产队的极大负担。正如群众反映说："公鸡头、草鸡头，不在这头在那头。"① 意思是说，国家补助得不够，只好由农村生产队集体承担起来。由此看出，"根治海河"运动中的投资方式，增加了农村的负担，在一定程度上影响了农村的发展。

党的十一届三中全会以后，从中央到地方，整个社会形势都在经历着巨大的变化，国家开始对新中国成立后三十年来的水利建设进行总结反思，水利建设的指导思想和投资政策开始进行调整。不久，国务院召开了全国水利厅（局）长会议，时任副总理万里已明确提到，"今后水利建设是否要上？当然要上，大中小都要上，但是近期不上。近期是到什么时候，要看国家情况。社办队办的上不上呢？可以上。省有能力的也可以上。只要不向中央要钱，只要能按自然规律经济规律办事，只要有效益就可以上。"② 此次讲话的一个明确信息，就是国家不再对水利项目进行大规模投资。仅此一点，"根治海河"运动的结束是必然的。在讲话中，万里还明确了以后"不能搞红旗招展的群众运动"③。这是对水利建设反思后的结论。

---

① 保定行署根治海河指挥部：《关于对海河经济政策执行情况的调查报告》（1979 年 6 月 12 日），河北省档案馆藏，档案号 1047－1－357－9。

② 《万里副总理在全国水利厅（局）长会议上的讲话》（1980 年 9 月 27 日），河北省档案馆藏，档案号 1047－1－442－3。

③ 《万里副总理在全国水利厅（局）长会议上的讲话》（1980 年 9 月 27 日），河北省档案馆藏，档案号 1047－1－442－3。

第七章　"根治海河"运动与农业

　　"根治海河"运动发端于大水灾的推动，但水灾的发生毕竟有一定频率，所以在治理中必须兼顾多方利益，防灾减灾、保障城市和交通运输的安全以及发展农业都在考虑之列。因此，"根治海河"工程是个多方受益的工程。仅就农村来说，水利工程的兴修对农业发展肯定是有利的。长期以来，由于灾害频发，海河流域的农业生产水平处于低而不稳的状况。"根治海河"工程完成后，在防洪除涝和抗旱灌溉方面都发挥了一定积极作用。国家也希望通过水利设施的兴修，加快华北的粮棉生产，实现海河流域粮食自给和扭转"南粮北调"的局面。

第一节　"根治海河"运动的作用

　　大规模轰轰烈烈的"根治海河"运动持续了 15 年的时间。在当时的状况下，国家对建筑物和相关各项费用进行了投资，农村集体为海河治理无偿出工并贴补了大量款物，每年有数十万人甚至上百万的农民工为海河工程付出高强度的体力劳动。那么，如此付出所获得的效益如何？"根治海河"工程对农业发展到底产生了多大作用？则需要用实际的数据和农民的体会来回答。

一、"根治海河"与排水

　　新中国成立初期的二十多年时间里，海河流域的水患一直处于比较严重的状态，这是"根治海河"运动发起的主要原因。1963年8月爆发的特大水灾则成了"根治海河"运动的直接导火索。同时，1964年局部的平原涝灾也造成了非常严重的损失。因此，衡量"根治海河"的效益，首先需要考察的是排水方面的成效。

"根治海河"工程贯彻了"上蓄、中疏、下排"的方针，在上游新建续建大量水库的同时，中下游的河道治理在规模上是空前的，尤其是"根治海河"运动前期，贯彻了"以排为主"的方针，通过疏通扩挖原有河道和开辟新的入海尾间，使流域内的整体排水入海能力大大增强。下面就海河南系和海河北系的治理分别说明：

海河南系的治理：漳卫南运河在四女寺减河的基础上扩挖成漳卫新河，排水入海能力由治理前的1300立方米/秒扩大到3500立方米/秒，相机分洪的捷地减河由治理前的70立方米/秒扩大到180立方米/秒。子牙河系以前没有单独的入海通道，在"根治海河"期间新挖了子牙新河，排洪入海能力达到6000立方米/秒至9000立方米/秒。对大清河系的入海通道独流减河进行了扩挖，排洪入海能力由过去的1020立方米/秒扩大到3200立方米/秒。

海河北系的治理：在潮白河上开挖潮白新河，排水能力由治理前的150立方米/秒扩大到治理后的2100立方米/秒；蓟运河则由以前的800立方米/秒扩大到1188立方米/秒。潮白新河和蓟运河都通过永定新河入海，新辟的永定新河的排洪能力为4575立方米/秒。

这样，海河流域的五大河系都有了单独的入海通道，再加上海河干流的排洪能力由治理前的800立方米/秒增加到1200立方米/秒，海河流域总的排洪入海能力达到25380立方米/秒，达到治理前的10倍。[①] 从这些数字看，海河流域的排洪入海能力大大增强，极大地减轻了洪水灾害带来的威胁。而且"过去是洪沥争道，大堤决口，千里平原，洪水横流。现在是开挖新河，打通

---

① 河北省防汛抗旱指挥部办公室：《治海河今昔巨变，重科学力保平安》，《河北水利》2003年第11期。

尾闾，洪沥分流，各走各道"①。"根治海河"工程相当于对海河流域的排水问题进行了重新安排，从而形成了初具规模的完整的防洪除涝体系。

由于气候等方面的原因，大规模"根治海河"运动后，海河流域再也没有发生过1963年和1939年那样的大水灾，有人说"根治海河"工程是未经检验的工程，就是指没有经历过大洪水的考验，也就是说，是否达到治理标准没有得到检验。"根治海河"的设计标准是海河南系达到1963年大洪水的标准，海河北系则要达到1939年的洪水标准，都是相关河系有水文记录以来的最大值。"根治海河"工程完工后，因为再也没有发生如此大的洪水，所以能否达到治理标准的确没有得到实践的检验。但是有一点是值得肯定的，未经大洪水检验并不等于工程没有发挥作用，由于增开了大量的入海通道，能够减少水灾的破坏性影响是没有问题的。在较小规模的洪涝灾害中，海河工程所起的作用还是非常明显的，洪水对天津市的威胁也大大降低。

海河流域在1965年后虽无特大洪水，但平原涝灾、规模较小的洪灾依然经常出现，"根治海河"工程起了很明显的作用。现以"根治海河"工程开始后的一些比较大的洪涝灾害为例，以展示"根治海河"运动所取得的效益。

1965年冬至1966年春的黑龙港除涝工程，"共计完成全长九百公里的九条骨干河道，总土方一亿三千九百多万米，其中碾压筑堤土方二千五百零四万立米；各种桥涵建筑物三百四十六座，其中大型闸涵九座，总泄水能力一千一百二十二秒立米（立方米/秒），各种桥梁二百七十五座，总长一万五千多延米。"② 不但各骨干河道得到治理，而且以三区排水方案实施，"南区以南排水河为尾闾，中区以北排水河为尾闾，北区尚余面积较小，通过洼地调节后，用机械扬水排出。"③ 该方案的实施，考虑到了黑龙港地区地域广阔的实际状况，可以使各区沥水分别排出，免除了河水顶托，排水不畅的状况。

---

① 河北省根治海河指挥部：《依靠群众，发动群众，大打人民战争，认真落实毛主席"一定要根治海河"的伟大号召》（1971年11月17日），河北省档案馆藏，档案号1047-1-220-13。

② 《河北省黑龙港地区排水工程总结》（1966年），河北省档案馆藏，档案号1047-1-196-2。

③ 《河北省黑龙港地区排水工程简介》（1966年10月），河北省档案馆藏，档案号1047-1-196-1。

事实证明，工程完成后取得了相当明显的效果。1966 年黑龙港工程刚刚竣工，当年汛期就充分发挥了效益，"位于九河下梢的交河县，七月二十六日一次降雨一百四十多毫米。往年下这样大的雨，要淹地五六十万亩，绝收面积也要有二三十万亩，今年却一亩未淹。"① 海河工程改变了该地的排水状况，使以前沥水无出路的情况大为改观，极大地增强了当地的抗灾能力。

1969 年 7 月 27—28 日，黑龙港流域中上游阜城、武邑、交河、景县等地遭遇了一次大暴雨，有 2000 平方公里范围超过二十年一遇标准，其中 500 平方公里超过百年一遇标准。暴雨中心日降雨量 425 毫米，最大强度 10 小时达到 280 毫米，此次暴雨的雨量与 1961 年相似。以流域内的沧州地区为例，在这种局部范围的强降雨下，1961 年淹地 530 万亩，而 1969 年仅有 110 万亩受灾，仅为治理前的大约 1/5。② 大量农田积水排入黑龙港被治理后的排沥河道，流入渤海。9 月 17 日，《人民日报》对该地进行的报道称："目前，受暴雨袭击的农田，除少数低洼地和河滩地外，绝大部分都看不出曾经受过沥涝。大片大片的玉米、高粱、谷子、棉花长势良好，可望丰收。"③ 如此来看，黑龙港地区的河道排水工程发挥了显著的作用。"根治海河"工程的效益还是比较明显的。

1972 年，沧州部分地区一天内降雨达 300—400 毫米，当时积水 201 万亩，三天内基本排除。潮白新河一次洪峰 800 立方米/秒，洪水安全下泄，避免了分洪给农民造成的损失。而在治理以前，超过 200 立方米/秒，就需要向沿河洼淀分洪。④

徒骇、马颊河的治理也取得了明显效果。1971 年，徒骇、马颊河的骨干工程基本完成，工程重点转向田间配套，即使在配套工程尚未完善的情况下，

---

① 《河北省黑龙港地区排水工程总结》（1966 年），河北省档案馆藏，档案号 1047 – 1 – 196 – 2。

② 河北省革命委员会：《关于海河治理情况汇报提纲》（1972 年 11 月 24 日），河北省档案馆藏，档案号 1047 – 1 – 228 – 5。

③ 《河北人民在毛主席"一定要根治海河"伟大号召鼓舞下，建成黑龙港排涝工程，发挥巨大效益》，《人民日报》1969 年 9 月 17 日，第 3 版。

④ 河北省革命委员会：《关于海河治理情况汇报提纲》（1972 年 11 月 24 日），河北省档案馆藏，档案号 1047 – 1 – 228 – 5。

依然发挥了较大的作用。以山东聊城地区为例，据统计，1964 年 7 月 24 日至 8 月 1 日九天内降雨量为 179 毫米，受涝面积 360 万亩；1971 年 6 月 24—29 日七天内降雨量为 174 毫米，短期积水面积 50 万亩，成灾面积仅 10 万亩。① 由以上数据可以看出，该流域治理后的成灾面积大大下降，展示了"根治海河"工程在排水方面的巨大作用。

在"根治海河"运动开始之前，河北省因洪涝淹地每年平均达 2000 万亩，而 1973 年河北省南部和东部雨量都大于一般年份，积水排除速度较快，灾情大大减轻。"在历史上经常积涝成灾的邢台东部地区，今年六至八月份，多次出现暴雨，雨量大于治理前降雨量最高的一九六三年，而淹地受灾面积比一九六三年减少了百分之八十左右。在河道防洪方面，大清河北支白沟河和潮白新河、青龙湾减河、北运河，今年都出现了超标准的洪水，通过合理调度，都避免了分洪，保住了几百万亩良田。"②

1977 年，河北中东部平原出现了新中国成立以来最大的强降雨。该年度汛期提前，石家庄、衡水地区 5 月份统计降水超出正常年份 1—3 倍，平原东部的沧州、廊坊和唐秦等地区降雨量尤大。沧州地区统计，平均降雨量达 728 毫米，超过常年两倍多，有的公社降雨 1000 毫米以上，大大超过了 1963 年的洪涝，积水面积达九百多万亩。暴雨中心位于献县与交河交界处，8 月 5 日一天的降雨量达 422 毫米，处于暴雨中心的黑龙港南排河肖家楼，先后出现两次 793 立方米/秒和 798 立方米/秒的洪峰，均为 1965 年扩建以来最大值。③ 由于雨量大，时间上又比较连续、集中，造成大面积积水，"根治海河"期间修建的工程发挥了很大作用，这是白洋淀枣林庄溢流堰自 1968 年建成以来第一次投入运用，大清河新盖房分洪道溢流堰自 1970 年建成以来首次过水。仅就南排河而言，"通过这条河共泄水十一亿立米，超过泄水量百分之四十二。如在扩挖前，这些水到明年二月底才能排出，而今年八月底基本排完。大秋

---

① 《关于徒骇、马颊河工程》（1971 年 8 月 1 日），山东省档案馆藏，档案号 A121 - 03 - 26 - 14。

② 《我省人民奋战十年取得根治海河伟大胜利》，《河北日报》1973 年 11 月 16 日，第 1 版。

③ 河北省水利厅：《河北省水旱灾害》，中国水利水电出版社 1998 年版，第 239 页。

有收成，小麦能适时播种。"① 7 月下旬到 8 月初半个月，河北全省平原地区平均降雨 245 毫米，比平原降雨较多的 1964 年产生的水量多一倍半。"北排河最大排水流量二百九十六秒立米（立方米/秒），超设计标准一点六倍，南排河最大排水流量八百五十八秒立米（立方米/秒），超设计标准的百分之四十。而且这种超标准排沥状况历时达半个月以上。"在 1977 年的平原涝灾中，"各项水利工程，在抗灾斗争中发挥了巨大的，显著的作用。特别是大清河与子牙河上的新盖房、枣林庄、西河闸、献县等枢纽工程，节制洪水、沥水下泄，有效地解决了天津市区因刑家圈堵坝造成的紧张状况。同时，60 年代先后完成的排洪排沥工程，长期超设计标准运用，发挥了巨大效益。"② 由此看出，1965 年后新建和扩建的"根治海河"工程起了非常明显的减轻灾害的作用。

对"根治海河"工程最大的一次考验出现在 1996 年。当年 8 月，海河南系出现自 1963 年后最大的洪水，这是海河流域防洪体系建成后遇到的第一次大水，"根治海河"工程在抗洪方面面临着严峻的考验。

1996 年 8 月 4 日凌晨开始，海河流域西部山区自南向北开始普降大到暴雨，暴雨中心在邢台市野沟门水库，达 616 毫米，邢台市和石家庄市境内的京广铁路以西地区的降雨量均超过 300 毫米。南运河、子牙河和大清河系水位迅速上涨，部分河道出现特大洪水，其中子牙河系的洪峰值最大。该年度洪水出现的地区组成与 1963 年 8 月的大水灾类似，总的洪水流量是 1963 年大水灾的 1/4。虽然从总的数值来看，此次洪水总量远小于 1963 年的洪水，但因为此次降雨时间短，洪水来势凶猛，威胁依然很大。据统计，在此次洪灾中，虽然大部分河流的流量小于 1963 年，但部分河流如滹沱河、漳河干流及滏阳河中部的部分河流如沙河、槐河的流量超过了 1963 年，滹沱河上游的岗南水库三日洪量也超过了 1963 年。因此，部分河流面临着严峻的考验。而此次大水灾所造成灾害远比 1963 年小得多，如 1963 年的大水灾造成 5 座中型水

---

① 《陈公甫同志在一九七七年全区根治海河秋工动员会议上的讲话》（1977 年 9 月 28 日），盐山县档案馆藏，档案号 1977 年长期 3。

② 河北省水利厅：《河北省水旱灾害》，中国水利水电出版社 1998 年版，第 242 页。

库和330座小型水库垮坝，1996年没有出现水库垮坝；1963年主要河道决口2396处，1996年仅造成河道决口1处，即只有滹沱河饶阳县故城泛区南堤决口。说明"根治海河"工程完成后，防洪工程发挥了显著作用。因垮坝与决口少，对农村、城市与交通的破坏性影响也大大降低，1963年淹没面积317.1万公顷，1996年淹没面积122.6万公顷；1963年京广铁路中断交通28天，1996年仅造成京广铁路缓行数小时；1963年淹城市4个、城镇32个，1996年仅淹城镇2个。[1]

在1996年8月的抗洪斗争中，"根治海河"运动中新辟和扩挖的子牙新河、漳卫新河和独流减河使相应河系洪水分流入海。其中，子牙新河最大泄洪量2100立方米/秒，漳卫新河最大泄洪量1600立方米/秒，独流减河最大泄洪量765立方米/秒。同时，"根治海河"期间续建和新建的水库对于减灾也起了重大作用。"岗南、黄壁庄、岳城、王快、西大洋等11座大型水库削减洪峰62.3%；调蓄洪水20.03亿 m^3，占海河南系8月上旬来水总量的27.6%。其中，朱庄水库水位达到规定的'敞泄水位'时没有敞泄，对确保京广铁路的安全发挥了关键作用；岳城水库削减洪峰81.8%，结合漳河两岸抗洪抢险，避免了启用大名泛区；岗南、黄壁庄两大水库联合调度，削减洪峰73%，调蓄了滹沱河上游来水总量的44%，对确保京广铁路和滹沱河北大堤的安全发挥了关键作用，减轻了洪水对天津市的压力。"[2] 由此可以看出"根治海河"工程所发挥的巨大作用。

1963年的大水灾中，海河流域的水利工程遭到了毁灭性的破坏。之后，在毛泽东主席"一定要根治海河"的号召下，经过15年的努力，完成了大量的水利工程，这些工程的完成使洪水的排泄能力大大提高，同时配合上游水库的新建与扩建，防洪能力大为提升。倘若没有这些工程，1996年损失的绝不会是上述的数字，"根治海河"期间完成的工程为1996年8月抗洪取得胜利奠定了坚实的基础。据有关专家估算，在1996年8月的洪水中，防洪工程

① 常汉林、陈玉林：《河北省"96.8"与"63.8"洪水的对比与反思》，《河北水利水电技术》1998年第3期。
② 韩乃义：《河北省"96.8"抗洪对海河防洪治理的启示》，《海河水利》2003年第6期。

的减灾效益达到 330 亿元。①

从投资与效益的比较，我们就能看出这项工程的价值所在。据统计，"一九六三年特大洪水所造成的损失约 60 亿元，国家因救灾善后恢复水毁开支约10 亿元。而根治海河第一个十年，共完成投资 9.2 亿元，其中包括对现有大型水库的续建、扩建、开辟各河中下游洪、沥水入海通道，建立了防洪除涝体系，使排洪排沥能力比根治前均提高 5.4 倍，如再遇一九六三年型的洪水或是一九六四年型沥涝，就可循序入海，即使滞洪、滞沥洼地也可不误种麦，基本上改变了过去任水漫淹，横扫南北，最后洪沥水迫临天津市外围的被动局面。"至 1980 年河北省的统计，15 年来，"国家投资共十八亿九千多万元，投入民工总计一千多万人次，用去国家补助粮食十七亿多斤。"② 从以上数据可以看出，国家的投入与 1963 年洪水所造成的损失相比较，"根治海河"工程的经济效益是非常可观的。当然，从以上各章的分析可以看出，在"根治海河"运动中，各农村社队也付出了很高的代价，社队负担是一个比较难以精确统计的数目，据河北省"根治海河"指挥部关于《十五年来根治海河的初步总结》文件中的数字，国家的投资与生产队的负担大概相当。那么即使在国家投资数额翻倍的情况下，与大水灾造成的损失相比，"根治海河"依然是效益明显的工程，而且这种排洪效益是长期的。从上面的数字看出，1996年的防洪效益更是大得多。这仅是从防洪减灾的角度而言，如果再把工程所起的抗旱灌溉、水库养鱼发电、城市供水等积极作用算上，效益应该更加显著。因此，1965 年至 1980 年期间实施的"根治海河"工程的效益是非常明显的，尤其是在排水减灾方面非常突出，由此也体现了工程的价值，其成就是值得肯定的。

二、"根治海河"与抗旱

"根治海河"不仅在排水方面起了较大作用，减轻了洪涝灾害对海河流域

---

① 廊坊市水务局：《建设工程出成效，防洪除涝保安全》，《河北水利》2003 年第 2 期。
② 《十五年根治海河的初步总结》（1980 年），河北省档案馆藏，档案号 1047 – 1 – 754 – 7。

的破坏性影响，而且由于在上游新建和扩建了一批大型水库，在河道施工中修建了一些引水工程以及挖窄深河槽、设置蓄水闸等方法，该工程在抗旱灌溉等方面同样有很明显的效益，促进了农业生产的发展。

"根治海河"期间，大部分年份以干旱为主，在旱情比较严重的情况下，需要充分利用地上和地下水源才能保证农作物获得较好的收成，因此在"以排为主"的宗旨下，海河工程加入了一些灌溉方面的措施，这些方法在抗击干旱的过程中起了相应的作用。据1973年河北省的总结，"根治海河"工程"在抗旱方面也收到了比较显著的效益，去年（1972年）遇到几十年未有的大旱，取得了农业好收成；今年春季继续大旱，又获得小麦空前丰收。根治海河以来，我省连续获得丰收。今年粮食总产量创造了历史最高水平，棉花收成也好于去年。"① 这些成绩的取得与海河工程中的蓄水灌溉设施发挥的积极作用有密切的关系。

山东省的抗旱工作也效益明显，在1973年的报道中这样总结：

> 在抓水抗旱的斗争中，山东省人民根据排灌结合、有蓄有排的原则，利用河道节节建闸，蓄水灌田。一九七〇年以来，德州地区先后在马颊河、徒骇河、德惠新河上建立了十四座大闸，使河道成为可以蓄水的竹节水库。同时，一方面在有条件的地方打井，一方面引用黄河水，补充河水和地下水源，使井灌和引黄灌溉相结合，初步形成河渠相通的水利网，在抗旱夺丰收中发挥了很大作用。如今，整个鲁北大地都是沟渠纵横，北起漳卫新河，南到黄河，几条主要河道和干渠都可以互相沟通，水浇地面积已发展到一千多万亩，一九七一年开始初步实现粮食自给，每年还向国家提供皮棉二百万担左右。②

以上是河北、山东两大省关于"根治海河"工程抗旱灌溉效益的总结，可谓成效显著。那么抗旱作用具体是如何发挥的？现以河北省盐山县为例进

---

① 《我省人民奋战十年取得根治海河伟大胜利》，《河北日报》1973年11月16日，第1版。

② 《治江治河的正确道路——关于根治海河发展农业生产的调查》，《河北日报》1973年11月18日，第4版。

行考察。该县位于河北省东南部，以漳卫新河为界与山东省相邻。漳卫新河为漳河和卫河的下游，是为分泄漳卫南运河系的洪水于1971年至1972年间在四女寺减河的基础上扩挖而成。应该说，在当时，漳卫新河扩挖的主要目的是开辟南运河系的直接入海通道，主要是为了泄洪。当然，为了满足抗旱灌溉的需要，在治理中修建了一些蓄水闸。"根治海河"工程完成以后，海河流域的气候发生了和治理之前完全不同的变化，几十年来以干旱为主。因此，自工程修建至今，除了极个别年份满足泄洪需要外，在绝大部分年份，漳卫新河却在抗旱方面起到了难以替代的重要作用。据当地农民介绍，在一年中的大部分季节里，河道中水量极少，甚至有时是干枯的，但到了需要灌溉的时期，即每年的春节前后和春季雨量稀少期间，漳卫新河会定期来水，这些水来自上游水库或是引来的黄河水。来水期间，位于出海口附近的闸门关闭，沿河各地都会提闸放水或发挥扬水站作用，将河水引至和大河相连的一些沟渠，即当时所谓的配套工程。农民便利用河水浇灌冬小麦，几乎年年如此，为保证农业丰收创造了良好的条件。由此可见，"根治海河"期间所修工程的作用明显地发挥出来。

笔者在调查中发现，在近些年河北省盐山县的农业发展中，"根治海河"工程发挥的作用越发明显。在抗旱的措施上，农民主要利用地上水和地下水两种水资源，也就是渠灌和井灌两种措施。20世纪70年代以后，由于机井的发展，井灌曾一度发挥了非常重要的作用，但也造成了地下水超采严重的问题。由于气候干旱的影响，水资源补充能力不足，使地下水位快速下降，不但造成部分地面沉降，而且在很多地方形成了严重的漏斗区，井灌受到了很大影响。为合理利用水资源，最近几年，政府部门加大了水资源的调蓄力度，加大地上水资源的利用，而地上水的利用很大程度上依赖了"根治海河"期间兴修的水利工程。仅就漳卫新河来说，引黄灌溉的幅度明显加大，甚至一年几次。由于海河流域春旱严重，春季来水是比较固定的。在干旱的年份，秋季种麦也会适当放水，因此农民在应对干旱的问题上越来越依赖渠灌。这种地上水的获得，没有"根治海河"期间完成的水利工程是无法实现的。从这一点上看，"根治海河"工程在除害兴利方面作用明显，因此对农业的发展起了很大的促进作用。

此外，水库的灌溉作用同样不容小视，水库拦蓄上游来水并储存雨季降水，等到缺水季节需要用水时再将这些库存水加以利用，其中大量水资源用来灌溉周边农田。现以 1969 年 5 月竣工的河南辉县陈家院水库为例。该水库建在淇河支流香来河上，库容仅为 1222 万立方米，为小型水库，但可浇地80000 亩，并解决了 40600 人及 8 个公社的牲畜吃水问题。[①] "根治海河"期间还大量扩建和新建了一批大型水库，在蓄水灌溉和解决饮水问题方面都有明显作用。

第二节 "根治海河"运动与农业发展

一、配套工程与机井建设

配套工程是骨干工程发挥作用的关键。在"根治海河"期间，中央一直强调一定要搞好工程配套建设，指出："如果光把干流搞通了，不搞好工程配套，整个工程等于不搞。干支流要配套，排蓄要配套，田间工程要配套。"[②]也就是说，无论是排水还是抗旱，只有和当地的农田水利基本建设结合起来，做到大河与沟渠相连，才能充分发挥水利设施的积极作用。在"根治海河"过程中，海河流域各省、市在实施骨干工程的同时加强了农村配套工程建设，以利于海河骨干工程切实发挥作用。如果说配套工程重在解决地上水问题，这一时期开展的机井建设则重在利用地下水，两方面相结合，共同促进了海河流域农业的发展和进步。

---

① 河南省水利史志编辑室：《河南省 1949—1982 年海河流域水利事业大事记》，1985 年编印，第 39 页。

② 《国务院海河工程汇报会议汇报提纲》（1971 年 7 月 27 日），山东省档案馆藏，档案号A121 -03 - 26。

（一）配套工程

"根治海河"工程的目的之一是要促进海河流域农业的发展，在骨干河道治理的基础上，结合配套工程，使骨干工程发挥作用。中央曾要求在有条件的地方，应该达到每人一亩水浇地，一亩旱涝保收、稳产高产田的目标。配套工程要从支流到沟渠到田间，必须达到相互贯通，达到排水抗旱的目的。

"根治海河"期间的配套工作伴随着骨干工程施工而展开。从该工程开工建设开始，配套工程便着手安排。一般支流工程，在保证干流施工和不影响当地农业生产的情况下，由所在地政府组织。以河北省为例，在"根治海河"运动期间，"每年冬春组织几十万以至上百万人的施工队伍，集中力量打歼灭战，一条河系一条河系地治理。与此同时，每年还有几百万人在县、社、队大搞配套工程和各项农田基本建设，形成了一个千军万马战海河，社社队队办水利的热潮。"① 可见，配套工程建设所投入的劳动力还要高于骨干工程建设，规模之大可见一斑。有人回忆，在毛主席"一定要根治海河"的号召发出后，"挑河的任务就多起来了。人们有的上海河，有的在家挑小河小沟，没有闲人。"② 这是流域内农村的基本状态。

支流配套工程中的治理政策与骨干河道是有明显区别的。一是在劳动力的安排上，配套工程主要依靠当地的农业生产劳动力，由工程所在县、社来具体安排；另外在工程投入上，国家对配套工程采取了小型农田水利建设中"民办公助"的方法，主要依靠当地农村的力量，国家适当予以补助，因此资金投入比骨干工程要少得多。上级多次强调：配套工程主要是发动群众，贯彻大寨精神，自力更生，确有困难的社队国家给以适当帮助，国家提供的资金不能平均使用。整体来看，配套工程与这一时期的农田水利基本建设结合起来，在"农业学大寨"精神的指引下，主要依靠社队本身的力量将本地的农田水利建设与"根治海河"骨干工程连接起来。以天津市宁河县为例，在

---

① 《冀鲁京津人民团结协作奋战十年根治海河获巨大胜利》，《河北日报》1973年11月17日，第2版。

② 许俊秀口述：《根治海河的经历》，杨学新主编：《根治海河运动口述史》，人民出版社2014年版，第148页。

配套工程建设中,该县坚持"资金以自筹为主,设备以自造为主,技术力量由自己培训为主"的原则,在配套工程上新建的 65 个电力排灌站,总计投资 644 万元,其中社队集体自筹资金占到 60%。①

河北省"根治海河"配套工程一度由省"根治海河"指挥部一起领导实施,尤其是黑龙港除涝工程中,在疏通了 9 条干流河道的基础上,同时安排当地农村社队进行相应的沟渠配套建设。在黑龙港工程实施前,省里就将骨干工程和配套工程统一进行了安排,骨干河道由 7 个专区联合出工,"三十五条支流河道,由受益的专县安排劳力,利用农闲季节穿插施工,力争当年生效。支流河道以下的斗渠、农沟配套和田间工程,由各专县统一规划设计,社队自办,抓紧农活空闲,分年完成。"② 双方相互配合共同施工,以取得良好的排水除涝效果。一般来说,配套工程的施工条件比起骨干工程要差,"根治海河的土方工程主要是靠小推车推,有些县里和公社里的配套工程还用抬筐抬。"③ 由于配套工程实行"民办公助",施工中的粮食问题由当地自身解决,配套工程中民工的伙食一般比骨干工程要差。

配套工程取得了一定的成效。1966 年 11 月,在毛泽东主席发出"一定要根治海河"号召三周年之际,河北省统计,"三年来,河北省各专区、县和一些社、队还自办了大批的配套水利工程,加上全省社队在山区、在平原所修的大量农田基本建设工程,三年总计完成的土方工程量共达十四亿多立方米。"④ 关于"根治海河"配套工程的具体实施情况,现以河北省沧州地区南皮县为例来说明。

南皮县在配合全省治理骨干河道的同时,"县委负责同志带领由干部、水利技术员和老农组成的'三结合'测量队,在全县查地形,看流向;走访了

---

① 《狠抓后方配套工程、加快农田基本建设》,《天津日报》1973 年 11 月 15 日,第 1 版。

② 河北省根治海河指挥部:《响应毛主席的号召,全省人民动员起来,积极投入根治海河的伟大战斗!》(1965 年 9 月),中共河北省委党史研究室编:《河北省根治海河运动》,中共党史出版社 2008 年版,第 239 页。

③ 刘玉琢口述:《风雨海河十七年》,杨学新主编:《根治海河运动口述史》,人民出版社 2014 年版,第 57 页。

④ 《我省三年来根治海河获得辉煌成就》,《天津日报》1966 年 11 月 20 日,第 3 版。

各个社队，反复调查研究，制定出一个'以排为主，排灌结合，三河相通（南运河、宣惠河、漳卫新河），沟渠相连，排灌两用'的水利建设规划。"规划制定后，几年中，县委县政府领导广大农民在积极开展本县的水利建设工作，"经过三、四年的艰苦奋战，除配合兄弟县社疏浚了宣惠河，开挖了南排河和大浪淀排水河外，在全县又开挖了十二条主干渠，三千四百多条斗支渠，沟通了南运河、宣惠河，漳卫新河，并且做到沟沟相通，渠渠相连，形成了一个完整的排灌渠网。接着又建立了蓄水节制闸二十二座，达到了能引、能排、能蓄、能灌。"① 因为配套工程做得好，1969年南皮县遇到特大暴雨，雨量之大，来势之猛，和1961年相似，但1961年涝地达到90%，秋季收成无几，全年总产不过5000万斤，而1969年的这次大暴雨却顺着千沟万渠一泄无余，全年获得了大丰收，粮食总产达14000万斤。全县第一次向国家做了贡献，结束了吃粮靠国家、花钱靠贷款的局面。② 粮食的增产改变了当地的生产生活面貌。

配套工程做得比较出色的还有天津市宁河县。宁河县位于天津市东北部，靠近渤海湾，地势低洼，土质盐碱。"根治海河"运动前，这里大雨水灾，小雨碱灾，无雨旱灾，农业发展水平比较落后。在"根治海河"工程实施后，为了充分发挥作用，县里按照永定新河、潮白河、蓟运河三项海河骨干工程的布局，狠抓了后方配套工程，使全县各主要河道与本县境内的海河骨干工程连接起来，以充分发挥骨干工程的作用，从根本上改变本县春旱秋涝的落后面貌。"几年来，这个县本着全面规划，及早动手，发动群众，分批配套的原则，先后完成了永定新河、潮白河、蓟运河等九十九项配套工程。特别是今春（1973年）根治蓟运河骨干工程铺开后，全县组织了六千人的水利配套会战大军，从三月中旬开始，仅用了一个月的时间，在长达九十华里的河段上，完成了还乡河改道和蓟运河下游小型进排闸三十九座，开挖衔接骨干工程的排水干渠五千余米，抢在蓟运河大堤筑成前竣工，保证了海河骨干工程

---

① 《南运河两岸气象新》，《河北日报》1973年11月16日，第3版。
② 《南运河两岸气象新》，《河北日报》1973年11月16日，第3版。

充分发挥作用。"①

山东省对"根治海河"的配套工程同样非常重视。1971年山东省规定配套工程安排60%的劳力,海河流域的漳卫河及黄河工程各安排20%的劳力。②配套工程比较零散,但工程量是非常大的,从以上劳动力安排比例就能明显反映出来。

从"根治海河"运动的主要力量河北省的状况来看,黑龙港配套工作抓得比较严,要求也比较高,成效较好。自1966年春骨干工程完成后,这里的配套工程一直在不间断开展,1968年还进行了加强。至1969年,经过3个冬春的努力,"使大部分农田排水工程和黑龙港骨干工程配了套。据不完全统计,仅挖掘大的支流河道的土方就达八千多万立方米,还兴建了许多桥梁、涵洞和小闸。有的地区基本上做到河渠相通,沟渠相连。"③

其他省、市的工程本身便以配套工程居多。在"根治海河"运动中,河北省完成了大量的骨干工程,河南省和山东省完成了徒骇河和马颊河骨干工程,此外各省、市除与河北省共同合作完成部分骨干工程外,其他工程规模相对较小,多是在所属海河流域范围内做的配套工程。以1970年冬至1971年春为例,河南省的豫北地区主要搞打井和灌区配套,深翻平整土地,建设大寨田以及修建小型水库等群众性水利工程;北京市则是在郊区大搞群众性水利运动,最高出工52万人进行农田水利基本建设,并在东南郊区开展了除涝工程,集中了14万劳力;山东省在完成徒骇、马颊河大中型水利基建计划的同时,在鲁北三区大搞配套工程,投入农田水利基本建设的劳力高达200多万人;因该年度天津市境内实施了永定新河工程,天津市在做好河北省三十多万治河大军的生活物资供应工作外,还完成了永定新河的大小建筑物110

① 《狠抓后方配套工程、加快农田基本建设》,《天津日报》1973年11月15日,第1版。
② 《根治海河工程今冬明春任务安排座谈会简报第二期》(1971年7月13日),山东省档案馆藏,档案号A121-04-07-8。
③ 《河北人民在毛主席"一定要根治海河"伟大号召鼓舞下,建成黑龙港排涝工程,发挥巨大效益》,《人民日报》1969年9月17日,第3版。

项。① 骨干工程完成后，天津市将施工重点转向了相关配套工程。配套工程建设成为"根治海河"运动的重要组成部分。

在配套工程取得相当成绩的同时，也应该看到，该项工程亦存在很大不足，制约了骨干工程作用的发挥。

1967年后，由于骨干工程转移，河北省"根治海河"指挥部没有足够的力量再管理黑龙港地区的工程配套，把该项任务移交给河北省水利厅来具体负责。之后，省"根治海河"指挥部和省水利厅有了明确的分工，"根治海河"指挥部主要负责"根治海河"骨干工程，水利厅则负责海河配套工程及各地的农田水利建设。应该说分工负责有利于工程的施工和管理，尤其是"根治海河"指挥部，可以集中力量专事骨干工程建设，有利于骨干工程的组织。但配套工程的移交弱化了与"根治海河"运动本身的联系，这对各级部门的重视程度是有直接影响的，从这一点上看，对乡村配套工程又是不利的。毕竟"根治海河"工程有毛主席的号召引路、有党中央和水电部的直接领导，在当时，地方政府不敢有丝毫的放松和懈怠。但该项任务交归水利厅后，配套沟渠建设便不再有这种强烈的政治色彩和巨大的推动力，仅仅变成生产建设上的一般任务，受重视程度明显降低。虽然海河流域的配套工程一直在搞，也取得了一定的成绩，但总体来说，做得还是远远不够，尚有很大的提升空间，没能发挥应有的作用。

无疑，骨干工程需要配套工程才能发挥效益。在"根治海河"过程中，虽然一直强调骨干、配套工程一起抓，但在实际执行过程中，各级部门对配套工程建设比对骨干工程的重视程度要小得多，尤其是河北省把配套工程移交给水利厅后，此种状况愈加明显。同时，"根治海河"工程开始后，该地的气候发生了整体性的逆转，海河流域逐渐趋向于干旱，导致广大农民治理海河的积极性逐渐降低，再没有上级的积极领导，效果自然不尽如人意。在配套工程建设方面，由于黑龙港工程开展得早，上级比较重视，在1968年又进

---

① 《根治海河工程今冬明春任务安排座谈会简报第二期》（1971年7月13日），山东省档案馆藏，档案号A121-04-07-8。

行了重点加强，"现在看黑龙港地区好一些，别的地区差一些，在黑龙港地区进展也不平衡。"① 在当时的状况下，配套工作的好坏与骨干工程一样，主要取决于上级的重视程度。

"千军万马战海河，社社队队搞工程。"② 这是"根治海河"运动中海河流域水利工程的真实写照。尤其是1973年以前的十年治理当中，流域内的广大民众在党中央的号召下，在各省市"根治海河"指挥部门的直接领导下，不但按照任务规划抽调劳力参加骨干工程的海河"大会战"，而且各社队也在自己所辖范围内组织劳力大搞配套工程，与骨干工程相连接，以便使骨干工程更好发挥作用。如果把参与配套工程的劳动力计算在内的话，参加"根治海河"水利工程的人数将是相当庞大的。据1973年河北省的总结，"每年冬春农闲季节，前方几十万治河大军集中力量挖河筑堤，修建骨干工程；后方上百万社员打井修渠，平整土地，大搞配套工程。现在，海河流域广大地区的粮食总产量，比治理前的一九六三年增加了一倍。"③ 由此看出，"根治海河"期间用于配套工程建设的劳动力数量远高于骨干工程，配套工程配合骨干工程，对农业的发展起了一定的积极作用。

（二）机井建设

"根治海河"起源于大水灾，是为了解决新中国成立后非常突出的洪涝灾害问题，因此早期在排水方面考虑较多。但海河流域本来就是个旱涝灾害交替发生的地域。在基本解除了洪涝灾害之后，旱的问题更加突出。因海河流域的降水集中在夏季，全年大多数时间以干旱为主，农作物需要进行灌溉才能保证较好的长势和收成，因此必须设法解决灌溉问题。灌溉有两种渠道：一是利用地上水，二是利用地下水。

在利用地上水方面，"根治海河"骨干河道治理的过程中已经有所考虑，

---

① 河北省根治海河指挥部：《依靠群众，发动群众，大打人民战争，认真落实毛主席"一定要根治海河"的伟大号召》（1971年11月17日），河北省档案馆藏，档案号1047－1－220－13。

② 《治江治河的正确道路——关于根治海河发展农业生产的调查》，《河北日报》1973年11月18日，第2版。

③ 《治江治河的正确道路——关于根治海河发展农业生产的调查》，《河北日报》1973年11月18日，第2版。

如修建蓄水闸等。但水利专家在计算了各河流量的基础上曾得出结论，仅靠本流域地表水是难以满足农业生产需求的。以漳卫河流域为例，漳河上游建有岳城水库，可以控制全流域水量。据统计，漳河按平均年水量，可以满足渠灌面积322万亩，上游用水后剩余水量只有2.5亿立方米。卫河上游因为支流繁多，没有控制性的大水库，水量不能充分调节，在灌溉季节尚不能满足上游200万亩土地的灌溉用水，所以中下游用水方面还要另想办法。因此，水电部在漳卫河中下游规划中提出的意见为："充分开发地下水源，合理调整井渠灌区；大力提倡节约用水；利用河道节蓄非灌溉季节的来水；进一步研究自黄河引水的问题。"[①] 由此看出，从农业发展的长期规划看，该流域需要开发地下水源即利用井水灌溉，还要进一步考虑调入外流域水源的问题。

利用地下水则需要通过打井来实现，因此机井建设也随着水利建设的高涨被列为重点。"根治海河"期间，海河流域除了进行山区水库的加固和扩建、中下游河道的开挖和疏浚外，同时还进行了以抗旱为中心的水利建设，其中最重要的就是机井建设。

机井建设和"根治海河"工程本是两种不同的水利建设，但为了改变海河流域多灾低产的面貌，实现毛泽东主席在新中国成立初期提出的"遇旱有水、遇涝排水"的目标，两者相互配合，联合发挥作用，共同改变海河流域农业生产的面貌，因此机井建设也常被作为一项重要水利措施而归入"根治海河"运动中。虽然机井建设与"根治海河"有一定的联系，但因其投资和组织方式与"根治海河"工程有很大的不同，现仅简要述及。

鉴于海河流域的旱灾状况越来越突出，自1966年开始，周恩来总理亲自抓了河北省的打井问题。河北省本着除涝、抗旱两手抓的精神，在继续进行海河骨干工程以治理洪涝灾害的同时，开始注重开发地下水源，机井建设有了很大的进展。至1972年，河北省已有机井32万眼，万亩以上灌区139处，全省灌溉面积达到4900万亩，其中井灌面积3400万亩，渠灌面积1500万亩，

---

① 水电部：《漳卫河中下游治理规划说明》（1971年），山东省档案馆藏，档案号A121-03-26-14。

比新中国成立初期增加 3 倍多，比 1963 年增加了 2700 万亩。仅从 1964 年至 1972 年，新打机井 15.5 万眼。① 应该说，"根治海河"期间的机井建设与防洪除涝工程相互交叉、相互配合，对减轻海河流域的自然灾害、促进该地区的农业发展起了很大作用。海河流域的农民在国家的领导下，依靠集体的力量，为改变本地区的生产面貌做了大量努力。但是因为水资源缺乏严重、治理效率有待提高等种种原因，仍不能满足灌溉需要，灌溉面积依然比较少。至 1972 年，全省的耕地 1.07 亿亩，灌溉面积尚不到一半，而且保证率低，所以仍要以大打机井来发展灌溉，开发地下水源，并适当注意深、中、浅层分层取水。因此，全省制定了每年新打机井七八万眼的目标。②

到 1973 年毛主席发出"一定要根治海河"号召十周年时，海河流域农村的机井已发展到 49 万眼，井灌面积达到 4000 万多亩，占灌溉总面积的 2/3。井灌与渠灌相结合，使海河流域基本实现了每人一亩水浇地，农业生产有了较快的发展。③

"根治海河"运动期间，其骨干工程已初步建成了由上游水库、中游滞洪区和下游泄洪尾闾组成的比较完整的防洪体系，在进行骨干配套工程的同时，又开展了大规模的以机井建设为中心的农田基本建设。这一时期的机井建设，在增加灌溉面积、促进粮食增产方面起到了一定的积极作用，对于提高地方人民生活水平，扭转整个南粮北调的局面有一定意义。但是机井建设仍有明显缺陷。笔者在进行田野调查的过程中，很多农村社员对"根治海河"河道工程基本持肯定态度，认为这些工程的完成，对抗旱、排涝都起到了明显的作用，但对机井建设的评价则相反。有人认为机井建设是失败的，虽然建成的机井数量非常可观，也确实加大了农业灌溉的力度，但是这一时期的机井

---

① 河北省革命委员会：《关于海河治理情况汇报提纲》（1972 年 11 月 24 日），河北省档案馆藏，档案号 1047-1-228-5。

② 河北省革命委员会：《关于海河治理情况汇报提纲》（1972 年 11 月 24 日），河北省档案馆藏，档案号 1047-1-228-5。

③ 《冀鲁京津人民团结协作奋战十年根治海河获巨大胜利》，《河北日报》1973 年 11 月 17 日，第 2 版。

大多只能使用两三年，报废率太高，农民认为"不中用"。① 从投入和产出的角度，其效益与"根治海河"骨干工程相比相差甚远。以后虽然海河流域的井灌获得了较大发展，但主要依靠 20 世纪 80 年代以后兴起的真空井，机井保存下来且能起作用的比较少。

从根本上来说，海河流域是个缺水区域，除充分调蓄地上水资源外，需要从外流域调水和开发地下水，该流域的灌溉问题基本是沿着这个方向实施的。但南水北调是复杂、繁重的工程，需要较长时间来逐步完成。井灌可以充分发动群众的力量较为快速地解决缺水的燃眉之急，"根治海河"期间机井建设获得了较快发展，就是因为井灌的发展相对比较简单，但也造成机井报废率高，地下水超采形成漏斗区等一系列问题。

二、"根治海河"与生态变化

在新中国成立后的很长一段时间内，由于认识水平的局限，从中央到地方均缺乏环境保护意识，致使对一些有利于生态的举措没有引起足够的重视。如"根治海河"期间，对上游山区水土保持做了一些工作，但没有延续下去。1963 年大水灾后，河北省有 7 个专区、40 个县建立山区建设办公室，33 个县成立了水土保持专业队，进行了一些治理，并树立了一些先进典型，试图推广先进经验起到以点带面的作用。河北省在"三五"期间的"根治海河"重点工程报告中，也曾明确提出了在上游山区大搞植树造林、进行水土保持工作的规划。如果这一工作得以持续开展，并与"根治海河"的各项工程相配合，治理效果将会更加显著。但后来由于"文革"的爆发，各级水土保持工作机构普遍瘫痪，干部被调离。在之后大力开展的"农业学大寨"运动中，片面强调"以粮为纲"，又出现了为了追求粮食高产而不惜"伐木种田"等破坏植被的现象。因此，水土保持工作在"根治海河"期间没有多少进展。

从灾害成因分析中，能够看出生态恶化是加重海河流域水灾的一个非常

---

① 笔者在河北省盐山县千童镇孙庄村采访郑景华的记录（2012 年 8 月 16 日）。郑景华，男，1951 年生，曾参与漳卫新河、卫运河等多项工程。

重要的因素,生态保护是全面综合治理海河流域所必需的。因此,大力开展山区水土保持工作,防止水土流失,是以后海河治理工作必然要采取的措施。但若说在"根治海河"过程中完全没有兼顾到生态,也不尽然。在工程进行中,为了方便群众生产生活所采取的一系列举措,有相当一部分是有利于环境保护的有效方法。另外,从河流治理活动本身看,也是人类对自身生存环境的改造。

"根治海河"前后,流域内的生态环境是有一定改变的。从整体上看,在1977年的平原涝灾中,"由于全省已有二十多条排涝骨干河道及时排泄了涝水(约56亿立方米),使天津市未受沥涝水的威胁,津浦、京广、石德铁路能够正常运行,全省耕地积水面积比一九六四年少一千二百多万亩,如果没有修建这些工程,一九七七年还可能多淹地二千二百多万亩。由于排水较快,不但挽救了许多秋季作物,一些低洼地区还可适时种上小麦。"① 在全面治理以前,由于排水不畅,一些低洼易涝地区由于地下水位高,形成了大面积的盐碱地。"根治海河"工程完成后,随着排水体系的形成,易涝面积由367万公顷减少到100万公顷,盐碱地面积也由227万公顷减少到80万公顷。"昔日凄惨景象已为粮棉林果、牧草苇鱼全面发展的新景象所代替。"② 由此可见,流域内农业生态环境有了很大改观。

在海河流域的中下游地区,尤其是下游的一些低洼地带,在"根治海河"工程完成以后发生了很大变化。洪水出路的改变,河渠灌溉网的形成以及盐碱地的改造都改变了当地的生态条件,对农业发展产生了深远的影响。以下以三个区域为例进行说明:

(一)黑龙港流域

治理前的黑龙港地区,由于低洼易涝,排水困难,盐碱地面积庞大,被当地群众形象地称为:"旱了收蚂蚱,涝了收蛤蟆,不旱不涝收碱巴,就是难以收庄稼。""根治海河"工程实施后,黑龙港地区的盐碱地一直处于面积不

---

① 《十五年根治海河的初步总结》(1980年),河北省档案馆藏,档案号 1047 – 1 – 754 – 7。

② 张泽鸿:《根治海河,效益恢宏——纪念毛泽东同志"一定要根治海河"题词30周年》,《海河水利》1993年第5期。

断减小、程度逐渐减轻的过程中，自然的、人为的因素都在促成这一改变。"天然降水偏少、旱频率增大；工农业用水量增加；地表水几乎断绝；海河骨干排水工程的建成；井灌井排，机井化程度的提高；地下水位普遍大幅度下降；农业技术的不断改进与农艺水平的提高；……这些因素的综合影响，都导致地下水位的不断下降。"① 地下水位下降到一定程度，积盐、返盐的过程自然减缓或终止。由此看出，生态环境的改变是一个多元因素作用的结果。其中，"根治海河"工程的完成是其中一个重要的因素。

治理后的黑龙港地区不仅土地盐碱化程度有了很大改观，而且由于河道的扩挖，以前阻水严重、沥水无出路的状况得以缓解，改变了当地的自然生态条件，使夏秋作物有了更好的保障。治理后虽无大灾，但小规模的自然灾害所造成的损失明显减轻，为当地的农业发展创造了更加有利的条件，促进了人与自然的和谐发展。

（二）献县"四十八村"

"根治海河"工程实施前，在河北省献县有一个经常遭受水灾的地方，即献县"四十八村"。这些村庄位于滏阳河和滹沱河汇入子牙河的三角地带，由3个公社的48个自然村②组成。由于滏阳河和滹沱河在历史上经常泛滥，"每遇汛期，两河洪水咆哮而下，涌向这四十八个自然村的三角地带，争夺子牙河入海。可是子牙河河床窄浅，容纳不下，于是，洪水倒溢，'四十八村'一片汪洋。"③ 这种状况在全面"根治海河"运动前是经常发生的，主要原因在于子牙河根本无法满足排水的需求，于是"四十八村"一带在清朝初期就被皇帝钦定为滞洪泛区。

---

① 田济马等：《黑龙港地区盐碱地演变的研究》，《土壤学报》1995年第2期。
② 三个公社即张村、临河、小平王三个公社，计有：大八里庄、小八里庄、南张村、北张村、大王庄、前尹庄、后尹庄，小陈庄、贾庄、桥头村、永合村、大章村，权寺村、河堤、万家寨、文大夫、古庄、临河村、石疃、梁庄、北三角、赵三角、冉三角、陈三角、东三角、张枝根、镇上、李疃、尹堡寨、东尹官、西尹官、堑头、富庄、路庄、小平王、后小平王、贾庄桥、小王庄、冯庄、文都村、祝庄、杜凌花、抛军哨、参军镇、双村、刘庄、齐庄、元昌楼等48个自然村。
③ 《沧海变桑田》，沧州地区纪念毛主席"一定要根治海河"题词十周年筹备办公室1973年编印，第113页。

在"根治海河"工程中，三方面的努力改变了献县"四十八村"的面貌。

第一，子牙新河的开辟。子牙新河的开辟是子牙河系治理中最重要的工程。该河从献县北部开始朝东北方向入海，在起始地建有著名的献县枢纽工程。当上游来水加大时，便提闸将洪水分泄到新开挖的子牙新河内，减轻子牙河的排水压力。另外，与子牙新河同时开辟的北排河是专门的排沥河道，两河两堤，与子牙新河并行。由于新开辟的子牙新河和北排河的排水能力大大增强，极大地减少了洪水对"四十八村"的威胁，促进了该地面貌的改变。

第二，岗南、黄壁庄水库的续建和扩建。1958年，滹沱河上游修建了岗南和黄壁庄两座大型水库，在拦蓄滹沱河水方面发挥了很大作用。通过1963年大水灾的检验，暴露了"大跃进"期间水库建设中标准低、设施不完善等一些问题。自1966年起，河北省"根治海河"指挥部开始对海河上游的水库进行续建和加固工作，岗南和黄壁庄水库是较早进行维修与加固工作的，在"根治海河"期间分别加固了两个水库的大坝、非常溢洪道等，使两座水库拦蓄洪水的能力进一步增强，献县"四十八村"面临洪灾的威胁进一步减轻。

第三，当地水利配套工程的建设。除了这些骨干工程的完成对本地有影响外，在"根治海河"期间，当地民众在改造本地面貌上也做出了相当大的努力，他们"层层制订规划，修筑道路，植树造林，平整土地，修渠打井，一年四季忙个不停。几年时间，他们开拓和疏浚了总长二百多里的十四条干渠和支渠，建起了九座引水闸，使农田灌溉面积发展到九万四千多亩，占全部耕地面积的百分之七十左右"[1]。这些工程完成后，献县"四十八村"的自然面貌和生产面貌发生了很大的变化。过去，这里经常遭灾，"积水盈野，几十里许皆河身"。治理以后，即使再遇特大洪水，也可保证汛后及时种麦。

（三）天津以西的洼地

天津以西的洼地以静海县为中心。该县因地处海河下游，地势低洼，曾是洪涝水最为集中的地方，有人形象地比喻静海县像一个大水盆，从千里太

---

[1] 《换了人间——献县四十八村新貌》，《人民日报》1972年2月20日，第2版。

行山发源的各条河流，几乎都先注入这个盆内，而后再注入渤海。县境内河流纵横，洼淀遍布，分布着9个大的洼淀，其中以贾口洼最为著名，历来是受灾最为严重的地方。"根治海河"工程实施后，很多河流绕开了静海在其他地方分流入海，尤其是子牙新河和北排河的开挖对静海县的影响最大，"子牙河系经过治理后，上游的大部分洪涝水在静海县以南，顺着新开的河道流入渤海，使全县积涝面积大大减少。"① 当地的群众适时抓住时机开展了综合治理盐碱涝洼地的行动。从1970年到1973年期间，"全县先后把五十一条干渠、三百多条支渠、四十八座大中型扬水站和相应的涵闸连接起来，成为渠渠相通、站站相连的深渠河网系统，做到一处受涝，全县排水；一河有水，全县灌溉。"② 该县还进一步采取措施，平整土地，改良土壤，植树造林，加固堤埝，并结合修整田间道路，做到沟渠成网地成方，沟渠路旁树成行，逐步实现方田园林化。据统计，几年来，全县盐碱地的面积已由原来的73万亩减少到20万亩，水浇地由26万亩增加到64万亩。这个原来缺粮的县迅速变成了余粮县，从1966年起，平均每年给国家贡献粮食2300万斤。③

天津以西的洼地中，比较知名的还有现在属于廊坊文安县的文安洼。该地地处文安县东部，由于地势低洼，一度是大清河以南、子牙河以北的沥水归宿地，还是大清河流域的分洪洼淀。"根治海河"工程实施后，这里的面貌也发生了很大改变。1977年7月下旬，河北中南部降下暴雨，沥水下泄，流入文安洼的流量达到每秒641立方米，超过清南规划核定的每秒408立方米58%。同时由于当地降雨量大，文安龙街一带流量超过历史最大值，达到每秒699立方米，汇入文安洼的沥水量达到近1亿立方米。马武营水位达4.18米，平地水深1.3米。在这种情况下，按照"根治海河"以来的规划，洼地采用机械排水。于是当地政府开动了文安洼周边所有的排涝泵站，并从廊坊

---

① 《治江治河的正确道路——关于根治海河发展农业生产的调查》，《河北日报》1973年11月18日，第4版。

② 《治江治河的正确道路——关于根治海河发展农业生产的调查》，《河北日报》1973年11月18日，第4版。

③ 《治江治河的正确道路——关于根治海河发展农业生产的调查》，《河北日报》1973年11月18日，第4版。

全市 6 个区县调集排水机具,将洼内沥水排入周边河道渠网。"由于已实现深渠河网、渠渠相通、站渠相连,在 1 个多月的时间里,沥水全部排干,大洼适时种上小麦,次年小麦丰收,文安洼粮食总产量达到 0.8 亿 kg,创历史最高水平,为 1949 年粮食产量的 3.2 倍。"① 由于"根治海河"工程实现了对排灌的统一安排,措施得当,效益明显。以前,由于文安洼沥水没有出路,群众中流传着"涝了文安洼,十年不回家"的谚语,但 1977 年就创造了"涝了文安洼,当年种庄稼"的新的历史画面。"根治海河"工程实施后,沥水排出较快,极大地改变了这些低洼地区的农业生产面貌。

另外,"根治海河"工程中,一度实行过"六成"验收标准,当时是以方便群众的生产、生活为目的,实施后,客观上对保护当地生态起了很好的促进作用。

宣惠河治理时,上级就要求"河通桥成",力图扭转过去一年挖河,多年架不上桥的被动局面。在"根治海河"工程的设计中,时任河北省副省长兼河北省"根治海河"指挥部副总指挥、办公室主任谢辉一再强调:"我们挖河筑堤是为了发展和保护农业生产,因此要有生产观点,不能只是单纯搞工程。"② 于是,"谢辉同志强调从有利生产出发,采取挖河筑堤,弃土成田,路口修坡道,河道建桥,过河修路,有条件的修建堤顶公路,以及堤坡、堤脚植树等统一安排的办法,简称'六成'。"③ 最初的河通桥成的标准到黑龙港除涝工程时发展为"河成、堤成、桥成、路成、田成、树成"的六成标准。尤其是把过去认为是废物的弃土修成台田服务于生产,沿河堤防种树变成生产堤的措施最为突出。田成和树成标准,更加具备了环保特色。黑龙港工程至 1966 年 5 月 30 日彻底完工,不但治理了 9 条骨干河道,还"利用挖河弃土筑成了台田,在河堤河坡上植了树,基本实现了河成、堤成、桥成、路成、

---

① 廊坊市水务局:《建设工程出成效,防洪除涝保安全》,《河北水利》2003 年第 2 期。

② 张延晋:《怀念根治海河的好指挥谢辉同志》,河北省政协文史资料委员会编:《再现根治海河》,河北人民出版社 2009 年版,第 66 页。

③ 何树勋:《依靠群众、敢于创新——回忆谢辉同志在根治海河中的指导思想》,中共河北省委党史研究室编:《热血铸辉煌——海河壮举忆当年》(上),中共党史出版社 2008 年版,第 92 页。

田成、树成，闯出了一条新的治水路子"①。

"六成"标准的前四成是从方便交通方面提出的要求。挖河的土一般用于筑堤，挖河与筑堤相辅相成；河道上需要建桥，为了不影响交通，许多桥梁提前施工或采取井柱法，如在开挖新河时，可以在平地建桥，先修桥后挖河，再在桥两头修好引道，河挖成桥也通了，做到挖河与交通两不误；堤坡上设有上下坡道，有条件的要修建堤顶公路，用作交通之用，这样可以少占耕地。

最具环保特色的当属田成和树成标准。

田成：在河道开挖中，挖河之土主要用于筑堤，但有时筑堤用不了所有土，于是结合黑龙港地区盐碱地改造，将多余弃土修成台田，这样既解决了弃土占地问题，且有利于盐碱地改造和农业生产，是一个非常好的举措。田成标准的实施，"根本结束了过去挖河弃土占地一大片，筑堤取土满地坑的不顾生产的状态。"② 是有利于生态环境保护的良好举措。仅黑龙港工程中，就将挖河弃土修成高标准台田七万多亩。③ 这一措施在治河的同时帮助沿河社队进行了盐碱地改造，给当地居民的农业生产创造了极为有利的条件。

树成：堤前堤后堤坡植树造林，防风护岸，保护堤防。过去人们对植树问题认识不足，很多人认为堤坡上种树容易破坏堤防。在黑龙港工程设计的过程中，经过规划设计人员大量的调查研究，对种植的树木类型进行了分类，找到了比较有利的解决方案，决定绿化植树工作分层实施。堤坡种灌木，堤脚以外种乔木，逐渐形成一条条的防风林带。这样，不仅能起到保护堤防、防止水土流失的作用，而且对改造气候、改良土壤有很好的作用。同时树木的种植也可以增加沿河社队的收入，扩大多种经营。因此自"根治海河"工程一开始，就对绿化工作非常重视。1965 年 12 月 23 日，在沧州市召开了黑龙港绿化工作会议，河北省农林局、水利厅、农田水利电力局、交通公路局，邯郸、邢台、石家庄、沧州各专区林业局、水利局以及子牙、南运河务局及

---

① 《河北省根治海河运动大事记》，中共河北省委党史研究室编：《河北省根治海河运动》，中共党史出版社 2008 年版，第 150 页。

② 《十五年根治海河的初步总结》（1980 年），河北省档案馆藏，档案号 1047 - 1 - 754 - 7。

③ 《河北省黑龙港地区排水工程总结》（1966 年），河北省档案馆藏，档案号 1047 - 1 - 196 - 2。

有关县的林业局参加了会议，研究河堤绿化问题。时任副省长谢辉对植树非常关心，"他为了做好河道堤防的管理，不仅重视现有工程的绿化工作，而且对新建河道堤防，也要在施工过程中把树种上，才算竣工。所以，在开工的前一年，就发动沿河村庄培育苗圃，为来年堤防种树做好准备。把树栽成后，他还关心树的成活情况，每当他从沧州到衡水去时，多半是不走公路，走大堤。"①"根治海河"初期植树工作做得好，与上级领导的重视有直接关系。

在黑龙港工程中，在河堤及河坡上植树550万株。② 仅保定专区到工程结束验收时统计，堤坡植树达68万多株。③ 这些植被不仅起到了防风固堤的良好作用，也保护了沿河的生态环境。

1966年11月，为把黑龙港和子牙新河沿岸绿化工作搞得更好，河北省"根治海河"指挥部特购买紫穗槐树种。紫穗槐是一种易种、易活、生长快的树种，非常适合栽种在河渠沟旁，起到防风固沙的作用。指挥部将10万斤树种分配给沧州专区3.3万斤，衡水专区2.6万斤，邢台专区2.7万斤，邯郸专区1万斤，天津市北大港0.4万斤。④ 要求各专区协助沿河县、社、队发动群众，适时移植，做好绿化工作，使树木切实起到保护堤坡的作用。

山东省在1968年徒骇河的治理中提出了河成、堤成、路成（将左岸大堤筑成八米宽的公路）、林成，弃土成田的要求。⑤ 很显然是参照河北省的"六成"标准所制定。在林成方面，特意提到："有树苗条件的，在完工时发动施工民兵每人栽上几株树，把河旁绿化起来。"⑥

"根治海河"工程中的河成、堤成、桥成、路成、田成、树成的"六成"

① 何树勋：《依靠群众、敢于创新——回忆谢辉同志在根治海河中的指导思想》，中共河北省委党史研究室编：《热血铸辉煌——海河壮举忆当年》（上），中共党史出版社2008年版，第93页。
② 《河北省黑龙港地区排水工程总结》（1966年），河北省档案馆藏，档案号1047-1-196-2。
③ 《黑龙港工地保专工段提前竣工》，《河北日报》1965年12月24日，第1版。
④ 河北省根治海河指挥部：《关于调拨紫穗槐树种的通知》（1966年11月21日），河北省档案馆藏，档案号1047-1-188-55。
⑤ 鲁北根治海河指挥部施工领导小组：《关于今冬明春海河工程施工安排的报告》（1968年9月24日），山东省档案馆藏，档案号A047-21-030-3。
⑥ 鲁北根治海河指挥部施工领导小组：《关于今冬明春海河工程施工安排的报告》（1968年9月24日），山东省档案馆藏，档案号A047-21-030-3。

标准，是大型水利工程建设中有利生产、方便民众生活、增加社队收益的一条新路。虽然当时从中央到地方并没有多少环保意识，但不影响其在客观上采取了比较有效的措施，并取得了比较好的效果。"根治海河"工程前几年取得良好效果并得到民众的普遍欢迎，与这些标准的严格执行有着密切的关系。在治理河道的同时产生出综合效益，无疑是水利建设中值得提倡的做法。这些创举客观上推动了生态环境的保护，也有利于工程效益的发挥。

不过，在"六成"标准的执行中，存在着前紧后松的现象。"根治海河"前几年，尤其是1965年至1967年黑龙港工程和开挖子牙新河的工程中，这几条标准贯彻得非常好。但随着治河工程的逐年展开，对这些标准的执行越来越放松，效果大大不如以前。首先，当时做到"六成"确实存在一定困难。以"林成"为例，必须提前有树苗储备。河堤所需树苗是个非常庞大的数字，不经过提前有计划的准备，一般无法满足此类条件。二是施工结束后并非植树季节。冬工结束正是天寒地冻的季节，而春工结束基本到了5、6月份，也错过了3月份的最佳植树季节。因此，"林成"的标准多是挖河筑堤的后续工作，一般民工直接参与的很少。就笔者采访到的民工看，他们几乎都没有植树的经历。其次也与谢辉副省长的过早离世有关。"六成"标准是他提出而且执行得比较严格的，他本人非常重视植树，还曾说过："咱挖完海河后，还要带着队伍去绿化山区，山区绿化了，不仅山区受益，平原也受益，这才叫根治呢！"① 从上述话语能够看出，谢辉副省长在为生产服务的指导思想下，还有着非常先进的环保思想观念。只可惜1968年6月，这位"根治海河"运动的重要领导人因心脏病突发而离世，成为河北省"根治海河"工作的重大损失。以后随着工程的进行，这一标准基本不再提及，一般是在工程完工后由水利工程的管理部门组织沿河社队劳力后续完成，效果难免不尽如人意。

在"根治海河"运动期间，也出现了由于规划设计考虑不周造成生态环境恶化的现象，如在白洋淀的治理中，由于没有贯彻好"综合利用"的精神，

---

① 何树勋：《依靠群众、敢于创新——回忆谢辉同志在根治海河中的指导思想》，中共河北省委党史研究室编：《热血铸辉煌——海河壮举忆当年》（上），中共党史出版社2008年版，第93页。

造成了白洋淀水位不稳、淀面逐渐缩小、淀内水产资源减少、蓄泄安排不合理造成周边土地盐碱化等问题。1972 年，新华社记者以《河北省治理海河处理白洋淀措施不当水产资源遭到破坏》为题进行了报道，对此，河北省及中央领导都非常重视，召集相关地方进行了研究，提出了"对淀内要洪、涝、旱、碱，渔、苇、粮、航统一规划，园田抬高、防风苇台整治，泄洪道和航道开挖疏浚等"①措施，及时进行了改进。

总之，"根治海河"工程实施后，海河流域的面貌有了比较大的变化。1970 年在对该工程的报道中这样写道：

> 从太行山到渤海湾，山山水水换新颜。在海河水系南系和西系，十九条大型河道修起来了，总长一千六百多公里；十四道大型堤防筑起来了，总长一千四百多公里。这些工程，西和太行山相连，东同渤海相通，以每秒钟吞吐一万三千三百多个流量的巨大威力，疏导洪水和沥涝，使五千多万亩农田免除了洪、涝灾害。在河北山区，建成和扩建了一千四百多座大中小型水库，把大量的冬闲水和洪水拦蓄起来；数以千计的扬水站（点），二十多万眼机井，星罗棋布在渠道纵横的大平原上，使河北省实现了一人一亩水浇地。盐碱地面积减少了一半以上，洼地长出了好庄稼。②

这样的总结报告虽有溢美之词，但我们必须承认的是，海河流域比起治理前的状况的确大有改观，民众赖以生存的环境发生了很大的变化。

三、对农业发展的影响

"根治海河"对农业产生的影响具有明显的两面性。就当时的农村发展来看，由于海河施工调集了大量的农村劳动力，在治理过程中给农村增加了很

---

① 水利电力部、河北省革委会：《关于白洋淀问题的汇报提纲》（1972 年 11 月 22 日），河北省档案馆藏，档案号 1047 - 1 - 218 - 4。

② 《治水史上谱新篇——记河北省人民治理海河的伟大斗争》，《天津日报》1970 年 11 月 18 日，第 2 版。

大的负担，一定程度上对各地农业的发展是不利的。

在"根治海河"工程刚刚开始的黑龙港工程中，就出现了调用农村劳动力和工具比例过高的问题。以河北威县为例，1965年秋，河北威县"根治海河"指挥部在施工中，派出民工14596人，占男劳动力的23%，据11个大队63个生产队调查，共派出"根治海河"民工517人，占男整半劳力的30%。由于民工人数的增多，导致其所带工具也相应地大量增加。据该县李寨公社郭庄大队调查，6个生产队，共17辆排子车，调往工地就15辆，留下2辆还是破的不能用，极大影响了当地的农业生产。①

1966年春，周恩来总理曾到河北省农村视察，在与大名县委领导座谈、了解全县生产情况时，"对大名县被抽调九千多人、三千多辆排子车上海河工程表示不满，说：为什么调那么多排子车去？如果我是县委书记，我就顶。我一直担心海河上人多了，什么事太集中了不行。"② 由此看出，黑龙港工程中调用农村劳动力和工具过高的现象是非常严重的，而且各地也并没有按照上级出工比例要求出劳力，河北省在安排黑龙港工程中曾规定，各地出工人数最多不超过当地男劳动力的15%。③ 由此看出，出工比例过高并不是国家政策的问题，而是各地在执行过程中的变通。

为何基层不顾自身农业生产主动增加出工人数，其中原因非常复杂。最重要的原因有两个方面，一是上级分配的任务指标过高，下级难以完成，只能以增人的方式来解决。1965年秋"根治海河"工程刚开工，威县第什营公社梁善庄民兵连长11月18日从工地返回说："任务大，完不成，十二天以后国家就不管饭了，得自己吃自己的，要求赶快出'救兵'，没与支书和公社商量（因在县开劳模会），全大队共二十三名男劳力，已在河上九名，二十日又

① 中共邢台地委：《批转地委办公室对威县增加根治海河民工、平调粮款物及民工记功付酬问题的调查报告》（1975年11月24日），河北省档案馆藏，档案号1047-1-112-21。
② 中共中央文献研究室编：《周恩来年谱（1948—1976）》下卷，中央文献出版社1997年版，第25页。
③ 中共河北省委：《关于黑龙港工程开工情况的报告》（1965年11月5日），中共河北省委党史研究室编：《河北省根治海河运动》，中共党史出版社2008年版，第258页。

去九名，共去十八名，占男劳力的百分之七十八。"①　"根治海河"工程施工中不断压缩施工时间、提高劳动强度的情况，前已述及。下级在无法按时完成施工任务的情况下，只能以增人增机具的方式来解决问题。二是为了早日完工、争当先进模范。在当时的条件下，各地把"根治海河"当作政治任务，需要不折不扣地完成，没有任何商量的余地。而且在比、学、赶、帮、超的社会背景下，夺得先进会带来一些实际的好处，所以基层单位会倾注全部的精力。仍以上面威县的第什营公社为例，该公社"是前方树立的重点社，为了树红旗加快速度，应去四百六十人（县委扩大后的数），实去六百七十名"②。

前已述及，周恩来总理对海河工程占用大量劳力和机具非常不满，但他忽略了一个基本事实，在当时政治高于一切状态下，基层干部不具备和上级对抗的资本。在毛主席"一定要根治海河"的号召下，作为县级领导干部，是很难做到和上级直接对抗的。一顶破坏毛主席"根治海河"任务的政治帽子便足以让基层干部所有的努力付诸东流。

由此看出，抽调大量的农民和工具上海河影响了农业生产的正常进行。黑龙港工程后，上级针对海河出工影响农业生产的问题，对之后施工任务的分配有所调整，如在子牙新河施工中民工总数减少，但出工专区增加，即在以前 7 个专区的基础上又增加了唐山专区，力图使各地出工人员比例减小，不影响当地的农业生产，但海河工地上的增人现象一直或多或少地存在。到"根治海河"运动后期的卫河工地和北排河工地上，又出现过部分施工单位"两期工程一期完"的做法，致使增人现象非常严重，各地还要准备大量农业机具支持海河治理，如为了碾压大堤，就需要从后方调来大量拖拉机。这只是对农业影响的一部分，与此同时，由于国家投入少，部分治河负担落在生产队头上，因前面已经论及，此处不再赘述。集体负担的增大不仅影响了农

---

①　中共邢台地委：《批转地委办公室对威县增加根治海河民工、平调粮款物及民工记功付酬问题的调查报告》（1975 年 11 月 24 日），河北省档案馆藏，档案号 1047‒1‒112‒21。

②　中共邢台地委：《批转地委办公室对威县增加根治海河民工、平调粮款物及民工记功付酬问题的调查报告》（1975 年 11 月 24 日），河北省档案馆藏，档案号 1047‒1‒112‒21。

民生活的改善，还直接影响了对农业的投入。这是"根治海河"运动对农业的负面影响。

但从长远来看，"根治海河"工程对农业发展又存在有利的一面，尤其是之前受灾严重的地域。由于大量骨干工程的完成，改变了海河流域各地的生产面貌，除害兴利作用较为明显。

新中国成立初期的海河流域沥涝现象非常严重，从1949年至1965年的16年中，除1952年、1957年、1958年三年丰收外，以洪涝灾害为主的有9年，共减产粮食248亿斤，从1953年到1964年的12年中，国家共给河北省调进粮食170亿斤。[①]"1963年由于特大洪涝灾害，全省粮食生产降到新中国成立后最低点，这一年人均占有粮食量仅140.8公斤。"[②]河北省的粮食无法自给，灾害的频发是制约海河流域农业发展的一个主要因素。

在"根治海河"的决定做出之后，在工程的先后安排上，首先考虑了农业兴利的需求，如中共中央、国务院对"三五"期间"根治海河"的指示中明确指出："原则同意河北省委根治海河的意见。关于'三五'期间的具体安排，由国家计委与水利电力部统筹研究后提出意见报中央确定。现在决定一九六六年先对河北省涝碱严重的黑龙港河打一个歼灭战，以解决这个地区的缺粮问题；同时继续修建岳城、黄壁庄两水库，以确保防洪和防空的安全。"从以上安排看出，为了解决缺粮问题，优先安排了黑龙港流域的除涝工程，并进一步指出："治理黑龙港河，不仅要做好干、支流的疏浚工程，而且要把田间工程、桥涵建筑和整个工程的管理工作紧紧跟上，使整个工程配套成龙，并且要求在明年初步收效。"[③]

"根治海河"工程开始实施后，对农业发展的促进作用是比较显著的，在一些低洼易涝地区，经过除涝工程的治理，结合适当排咸排碱，生产面

---

① 中共河北省委：《关于河北省在"三五"期间根治海河重点工程的报告》（1965年5月25日），中共河北省委党史研究室编：《河北省根治海河运动》，中共党史出版社2008年版，第212页。

② 牛凤瑞等：《平衡与发展：河北粮食问题研究》，河北人民出版社1992年版，第59页。

③ 《中共中央、国务院关于"三五"期间根治海河重点工程的指示》（1965年6月26日），《党的文献》1997年第2期。

貌有了大幅度的改进，促进了农业的发展。仍以河北省黑龙港地区为例，1964 年大雨，涝水无出路，这个地区的大部分县、社受灾减产。到了 1966 年，黑龙港工程刚刚完成，有些县、社降雨比 1964 年还大，水却顺着新开挖的河渠排泄入海，保证了农业生产的好收成。据统计，"七月黑龙港地区一次降雨一百至二百毫米，与往年同样降雨量比较，约增产粮食三至五成，全流域四十一个县（市）的粮食产量，全部达到自给有余。这是历史上从来没有过的现象。"① 以前沥涝严重的交河县，不但没有淹地，而且粮食总产量创出历史新高，平均亩产在三百斤以上。② 这些成绩的取得，极大地鼓舞了沿河百姓的生产积极性。不但改变了当地的生产面貌，而且使千百年来经常发生灾害的海河在新中国成立后得到有效的治理，经过今昔对比，无疑加深了民众对新政权的感情。

由于排水更为顺畅，"根治海河"工程改变了这一地区的生产面貌。过去，黑龙港地区的粮食平均亩产不过一百多斤，灾年仅四五十斤，有的地方颗粒无收，每年需要国家调入粮食。1963 年和 1964 年黑龙港地区都遭了灾，国家每年给该地区调入粮食 8 亿斤，即使收成较好的 1955 年、1957 年，调入粮食依然达到 2 亿斤以上。③ 黑龙港地区的 47 个县（市）中，以前除 1 个县外都缺粮，而到治理后的 1969 年时已有 80% 的县实现了粮食自给或自给有余。④ 据统计，黑龙港地区治理前有盐碱地 1000 万多亩，1972 年时已减少了一半多，水浇地面积从 1964 年的 448 万亩发展到 1129 万亩，增长了 1.5 倍⑤。其中一些个例比较明显地展现出"根治海河"的成绩，地处武邑县大碱场的苏正大队，过去亩产百斤左右，"根治海河"工程实施后，连年大幅度增产。地处黑龙港地区的献县南河头大队，在骨干工程完成后，大搞水利工

① 《河北省黑龙港地区排水工程总结》（1966 年），河北省档案馆藏，档案号 1047－1－196－2。
② 《河北省黑龙港地区排水工程总结》（1966 年），河北省档案馆藏，档案号 1047－1－196－2。
③ 河北省根治海河指挥部：《关于今冬明春工作安排的报告》（1965 年 8 月 15 日），中共河北省委党史研究室编：《河北省根治海河运动》，中共党史出版社 2008 年版，第 219 页。
④ 《根治海河工程取得巨大胜利》，《天津日报》1970 年 11 月 17 日，第 1 版。
⑤ 河北省革命委员会：《关于海河治理情况汇报提纲》（1972 年 11 月 24 日），河北省档案馆藏，档案号 1047－1－228－5。

程配套，变水害为水利，粮食亩产连续三年跨"长江"①，1971 年亩产超过了千斤。青县的姚庄子大队，过去是个涝碱洼地，基本上十年九灾，1965 年治理前的 4 年累计总产粮食 102 万斤，根本无法解决当地人的吃饭问题，又吃国家统销粮 42 万斤。1965 年"根治海河"工程实施以后，5 年累计粮食总产 420 万斤，自给有余，还向国家交售余粮 95 万斤。② 处在海河流域下游的静海县，历年来农业生产条件很差，"根治海河前的静海县，平均年产粮食只有六、七千万斤，近年来已跃增到二亿四五千万斤，比根治海河前的平均年产量增长三倍多。"③ 过去，黑龙港地区的状况被群众概括为"春抗旱、夏排涝、秋堵口、冬救灾"，"根治海河"工程实施后，这一地区的面貌已经有了根本性改变。

鲁北三区的农业面貌也发生了可喜的变化。据统计，"二五"期间，粮食平均年产量为 28.8 亿斤，"三五"期间，为 40 亿斤左右，1970 年达 46.7 亿斤，比"二五"期间平均年产量增加 62%。④ 1971 年时，山东北三区、河北沧州等农业发展比较差的地区已经不吃调进粮了。⑤ 1973 年夏天，黑龙港地区上游邯郸、邢台地区 14 个县连降暴雨，流经黑龙港地区的洪水，顺利地从新开挖的滏阳新河以及南排河等分别流入渤海。因为减少了沥涝灾害，"治理海河后，面貌逐年变化，粮食产量年年上升，一九六九年开始实现粮食自给。

① 上"纲要"、过"黄河"、跨"长江"是当时农业增产的标准。这是 1956 年 1 月发布的《一九五六年到一九六七年全国农业发展纲要（草案）》上规定的粮食产量标准。即从 1956 年开始，在 12 年内，粮食每亩平均年产量，在黄河、秦岭、白龙江、黄河（青海境内）以北地区，由 1955 年的 150 多斤增加到 400 斤；黄河以南、淮河以北地区，由 1955 年的 208 斤增加到 500 斤；淮河、秦岭、白龙江以南地区，由 1955 年的 400 斤增加到 800 斤。（参见中共中央文献研究室编《建国以来重要文献选编》第 8 册，中央文献出版社 2011 年版，第 41—42 页。）简言之，三个标准的具体数字为：上"纲要"（亩产粮食 400 斤）；过"黄河"（亩产粮食 500 斤）；跨"长江"（亩产粮食 800 斤）。一直到 20 世纪 70 年代仍是农业发展状况的标准。

② 河北省根治海河指挥部：《依靠群众，发动群众，大打人民战争，认真落实毛主席"一定要根治海河"的伟大号召》（1971 年 11 月 17 日），河北省档案馆藏，档案号 1047 - 1 - 220 - 13。

③ 《静海新貌》，《河北日报》1972 年 9 月 22 日，第 2 版。

④ 《关于徒骇、马颊河工程》（1971 年 8 月 1 日），山东省档案馆藏，档案号 A121 - 03 - 26 - 14。

⑤ 《国务院海河工程汇报会议汇报提纲》（1971 年 7 月 27 日），山东省档案馆藏，档案号 A121 - 03 - 26 - 8。

今年（1973 年），这个地区又夺得粮棉双丰收，为扭转南粮北调做出了贡献。"①

到 1973 年毛泽东主席发出"一定要根治海河"号召十周年，对海河流域各省市的农业发展有个比较全面的统计：河北省粮食平均亩产上"纲要"的县、市，已占全省县、市的近一半。历史上多灾低产的鲁北地区，在河系经过治理以后，面貌有了显著变化。从 1971 年起，这个地区初步实现了粮食自给，棉花和其他经济作物也有了很大发展。北京和天津两市郊区，农业生产也获得了全面丰收。1973 年，海河流域广大地区的粮食总产量，比 1963 年增长了一倍，其中一些多灾低产的地区，实现粮食自给有余，对国家做出了新的贡献。②

在"根治海河"后的十几年中，河北省粮食产量已有较大增长。到 1975年已有 78 个县（市）粮食亩产上了"纲要"，52 个县（市）过了"黄河"，9 个过了"长江"。③ 有学者对 1967 年到 1978 年河北省的粮食增产做过统计，"全省粮食总产由 1967—1969 年的平均 1048.9 万吨增加到 1976—1978 年的年平均 1493.4 万吨，增长幅度达 42.1%，年平均递增率为 4.0%。"④ 沧州地区在 1964 年全区粮食产量 15 亿多斤，至 1979 年已达到 30 亿多斤。⑤ 15 年中粮食产量整整翻了一番，可以说是一个非常惊人的进步。从整个河北省的情况看，粮食产量从 1965 年的 195 亿斤，到 1979 年已增长到 355 亿斤。⑥ 至 1982年，河北省完全结束了长期以来靠吃外省粮的历史。⑦

---

① 《治江治河的正确道路——关于根治海河发展农业生产的调查》，《河北日报》1973 年 11 月 18日，第 2 版。

② 《冀鲁京津人民团结协作奋战十年根治海河获巨大胜利》，《河北日报》1973 年 11 月 17 日，第 2 版。

③ 《在毛主席"一定要根治海河"光辉题词十三周年庆祝大会上董一林同志的讲话》（1973年），河北省档案馆藏，档案号 1047 - 1 - 117 - 31。

④ 牛凤瑞等：《平衡与发展：河北粮食问题研究》，河北人民出版社 1992 年版，第 60 页。

⑤ 《阎国钧同志在全区根治海河先进集体、先进个人代表会议上的讲话》（1979 年 8 月 27 日），盐山县档案馆藏，档案号 1978 - 1980 长期 4。

⑥ 《十五年根治海河的初步总结》（1980 年），河北省档案馆藏，档案号 1047 - 1 - 754 - 7。

⑦ 张泽鸿：《根治海河，效益恢宏——纪念毛泽东同志"一定要根治海河"题词 30 周年》，《海河水利》1993 年第 5 期。

大规模"根治海河"之前，海河流域的农业生产水平一直是低而不稳定的，由于"根治海河"工程实施以来，增加了海河流域抵御自然灾害的能力，农村面貌有了比较大的变化，因此国务院在 1972 年召开的 14 省市抗旱会议上，要求河北省成为华北地区的粮棉主要产区，到 1980 年粮食总产要达到 450 亿斤。[①] 这一更高目标的提出在很大程度上是依托了这些年该地所发生的巨大变化。倘若没有"根治海河"工程，制定这样的目标便带有更多的不确定性。没有实施基础的目标，国家当然也不会轻易提出。总之，"根治海河"工程对当地农业生产面貌的改变是比较大的。

应该说，农业的发展是多重因素作用的结果。首先是天气因素。从 1963 年大洪水和 1964 年海河南系大规模的平原沥涝以后，海河流域没有再发生规模大的水灾，这在无形中减少了自然灾害的破坏作用，促进了农业的发展。另外，持续干旱和地下水的利用，使地下水位有所下降，这对盐碱地改造是极为有利的，因此天气状况本身对农业生产有较为有利的影响。二是农业技术的改进。随着社会的发展和进步，一些新的农业技术逐渐在生产中应用并推广，如化肥的使用范围越来越广泛，对粮食作物的增产也有很大的促进作用。因此，海河流域农业条件的改变是多重因素作用的结果，虽非全是"根治海河"的功劳，但"根治海河"工程所取得的成就依然是其中一个非常重要的因素，这是毋庸置疑的。有学者在对河北省 1967 年至 1978 年粮食增产的原因进行分析时，把大规模农业基本建设改变了农业生产面貌列为首要条件，而在这些基本建设中，"根治海河主体工程，包括子牙新河、永定新河、漳卫新河、黑龙港河本支扩挖、朱庄水库续建、跃峰渠等相继建成。平原地区进行以机井建设为中心的农田基本建设。1978 年末全省实有机井达 58.74 万眼，水田、水浇地面积达 5491 万亩，分别比 1965 年增长 6.67 和 1.09 倍。水利条件的改善为粮食生产，特别是夏粮的增长提供了基本前提条件。"[②]

由于"根治海河"运动的开展，海河流域的面貌已有较大的改观，不但

---

① 河北省革命委员会：《关于海河治理情况汇报提纲》（1972 年 11 月 24 日），河北省档案馆藏，档案号 1047－1－228－5。

② 牛凤瑞等：《平衡与发展：河北粮食问题研究》，河北人民出版社 1992 年版，第 60 页。

能及时排除洪涝水,而且可以蓄水灌溉,这是促使河北省农业增产的一个关键条件。水利工程修建的目的在于兴利除害,海河工程排洪除涝与抗旱灌溉两方面作用相结合,大大增强了该流域的抗灾能力,使这一区域的农业生产逐渐减少了对天气因素的依赖,增强了人类掌控自然界的能力。虽然从远景看,海河流域的水资源依然不能满足本地工农业生产的需要,但与之后实施的南水北调工程相配合,"根治海河"工程依然有重要的价值。现在,"根治海河"工程依然在发挥着重要的作用,如前述提到的冀鲁交界的漳卫新河为沿河农村的冬小麦灌溉提供了很好的条件,充分发挥了水利工程对农业发展的促进作用。在笔者对当时"根治海河"民工的调查中,大多数人对"根治海河"工程对农业发展的促进作用是肯定的。

当然,由于上游水库的拦蓄作用与近年来海河流域干旱问题的影响,如今,海河各河流断流现象愈加严重,但这是社会发展、天气变化等因素共同作用的结果,与工程本身没有太直接的关系。海河流域土地资源丰富,光热条件较好,因此农业发展有着比较大的潜力。该流域发展的关键是解决好水资源配置不平衡问题,即洪涝与干旱交替发生的状况,"根治海河"工程正是朝这个方向努力的,也取得了比较显著的效果,对农业发展的促进作用不容忽视。"根治海河"是海河流域综合治理上迈出的重要一步。

结　语

　　"根治海河"运动是集体化时期在党和国家的领导下开展的一次大型河流治理活动，持续时间长，工程量大，动员劳力多。党和国家采取了新中国成立后通常采用的运动型模式进行组织动员和施工管理。在这场轰轰烈烈的持续15年的群众性运动中，以河北省为主要力量的海河流域广大农民在党和国家的领导下，每年出动几十万人，采用"人海战术"，逐条河系依次治理，使洪涝水可以按照人们的意愿循序下泄并可适当抗旱灌溉、兴利除害。通过民众的辛勤努力，"根治海河"运动取得了非常显著的成就，先后开挖疏浚了骨干河道52条，总长3700多公里，修筑防洪大堤总长3400多公里，增辟了河道入海口，排洪入海流量从1963年的4620立方米/秒增加到24680立方米/秒，提高5.4倍；排涝入海流量从1963年的414立方米/秒增加到3180立方米/秒，提高7.7倍。修建了大型桥梁、闸涵等建筑物3400座。加固、扩建了龙门、王快、岳城、东武仕、庙宫等大批大型水库，并对"大跃进"期间兴建的一些大型水库做了扫尾工程。[①] 这些工程的修建，为减轻洪涝灾害、确保天津市和重要交通干线的安全以及农业增收奠定了基础，并对海河流域民众的生产生活产生了很大影响。对该项治理工作的反思，将有利于新时期的江河治理及环境治理工作。

---

① 《十五年根治海河的初步总结》(1980年)，河北省档案馆藏，档案号1047－1－754－7。

一、"根治海河"运动取得成功的条件

20世纪六七十年代开展的"根治海河"运动是历代对海河治理中力度最大的一次，也是对海河流域的状况改变最为显著的一次。经过15年的不懈努力，海河流域的广大民众在党和国家的领导下，完成了前代无法完成的工程。新中国成立后在海河治理方面能够取得如此巨大的成就，不得不引发我们的思考，新中国到底具备了哪些历代政府无法达到的条件？应该说大型水利工程的完成，除去技术原因外，应该从社会环境、财力状况与组织领导能力去分析。

首先，相对稳定的社会环境。稳定的社会环境是进行大型水利工程建设的重要条件。江河治理、防灾减灾是治国安邦的大事，是发展经济、安定社会的重要保障。大型水利工程投资数额大，动用人员多，涉及面广，没有良好的政治经济环境是无法有效组织的。民国期间，由于西方技术的传入，我国水利技术水平有了很大进步。具体到海河流域，1917年大水灾后成立的顺直水利委员会为海河流域的治理做出了很大努力，在流域规划的编制和实施方面都有一定的进展。1939年，海河流域再次爆发大水灾，当时正值抗日战争期间，动荡的局势使国民政府无暇顾及水利建设。如果没有战乱的影响，海河流域的水利建设上应该有一个较大的进步。民国期间多项规划设计停留在口头上，与动荡的社会环境密切相关。反观我国20世纪六七十年代的状况，虽有战争威胁，但国内一直维持了和平的局面。当然15年的治理中，也面临着"文化大革命"带来的剧烈社会震荡和冲击，但由于"根治海河"是在毛泽东的号召下进行的，这无疑成为工程顺利进行的有利条件，加上周恩来、李先念等党和国家领导人对"根治海河"的正确领导，采取了一些必要的保护措施，使"根治海河"运动虽然受到一定程度的影响，但基本上维持了稳定的局面，这样就能使海河治理在一个相对安定的环境下进行，保证了工程的顺利施工。

其次，农村集体的大力支持。新中国成立时，中国共产党从国民政府手中接下的是一个经过多年战乱破坏的烂摊子。新中国成立后的十几年中，虽

经各界不懈努力，国家的经济状况有所好转，但一直到 20 世纪 60 年代，我国的经济状况并没有得到明显的改观。同时，国家在新中国成立初期很长一段时间里把工业发展放在首位，对农业的投入非常有限。虽然为了农业增收的需要，党和国家对水利建设非常重视，但因整体财力不足，无法提供数量巨大的投资，因此在"根治海河"运动中，采用了由农村集体无偿出工的方式，致使农村生产队不但提供免费劳动力，而且为海河治理贴补了大量的粮食和款项。"根治海河"的成就是在党的领导下，国家、集体与农民三方合力的作用下取得的，即党和国家的领导与投入、农村集体的大力支援以及农民的高强度体力劳动。因此在国家财力状况并未取得明显进步的情况下，国家是依靠了集体的力量，依靠人民公社体制完成了大量工程。

最后，强大的组织领导能力。与之前历代政府对海河的治理相比，新中国成立后"根治海河"运动中最明显、最为关键的因素是党和国家强大的组织领导能力。在当时的计划经济体制下，国家几乎可以无偿调动任何力量来参加国家的大型水利工程。其中，海河干部和工作人员多是兼职，工资、福利由原单位发给；商业、粮食、交通等部门必须全力配合，协同合作；相关劳动力的调集，同样是依靠强大的行政力量直接向农村生产队抽调，且不管受益与否。而新中国成立后政治运动的方式、国家对基层的高度控制能力使这一切能够得以顺利实现。冀朝鼎曾指出："发展水利事业或者说建设水利工程，在中国，实质上是国家的一种职能。"① 水利工程，尤其是大型的水利事业是一种公共工程，必须由政府出面来进行领导，因此政府必须有强大的组织领导能力。从历史上中国水利的发展状况来看，政府是水利事业发展的主导力量，新中国成立后的情况依然如此，只有政府才具有组织大型水利工程建设的条件与能力。而新中国成立后，中共政权以前所未有的程度深入到乡村，其对基层社会的控制力达到了历代政府无以比肩的程度。这样，在组织劳动力和调集农村资源方面才能够比较顺利地进行。"根治海河"工程中，中

---

① 冀朝鼎：《中国历史上的基本经济区与水利事业的发展》，中国社会科学出版社 1981 年版，第7 页。

共利用了在战争年代与新中国成立初期常用的运动型动员方式，组织了大规模的水利"大会战"并持续了十几年的时间。这一点，也是其他时期所不能相比的。

综上所述，与历代政府的治理相比，新中国在海河治理上取得了较大成就的关键并不是完全由于稳定的社会环境和国家财力状况的进步，而是国家领导人对水利工作的重视、国家政权对基层社会的高度控制以及党和国家强大的组织领导能力。

新中国成立后的集体化时期，政府利用这些有利条件在海河治理上取得了重大进展，这是集体化时期在水利建设方面的巨大贡献。但也应该看到，这一时期的海河治理仍有很多缺点，在水利"政治化"的背景下，"根治海河"运动主要依靠强大的政权力量来维持，无法纳入规范化、制度化轨道，造成前紧后松、一些工程质量不过关、不按经济规律办事、浪费严重、重工程轻管理以及只做表面文章忽视治理效果等一些明显的缺陷。海河远未"根治"，留给后代的水利建设任务依然比较繁重。

二、"根治"海河任重道远

"根治海河"工程虽取得了很大成绩，但离"根治"目标相差甚远。"根治海河"运动中的河道工程主要集中在中下游，对于上游的治理，重点放在了加固、新建、续建水库，而对水土保持工作、河道上游工程都没有很好地兼顾。要想达到"根治"的目标，必须要实行综合治理。综合治理的范围是非常广泛的，需要上中下游共同努力，在多方面下功夫，方能真正达到"遇旱有水、遇涝排水"的目标。

另外，骨干工程的配套工程量非常大，治理期间没有很好地得以解决，一定程度上影响了骨干工程效益的发挥；由于排涝工程的标准偏低，以及重工程轻管理，这些工程的标准还有进一步下降的趋势；在水库工程中，很多大、中型水库依然达不到新型的保坝标准，小型水库的问题更加严重，"根治海河"期间重点续建和扩建的黄壁庄水库问题很大，严重威胁河北省省会石家庄市的安全。另外，还存在着蓄滞洪区安全设施滞后，灾害预警和撤退安全问题无法得到保障等。同时，滏阳河、滹沱河中上游问题严重，无法满足大水需要，在以后的水灾中造成了洪水漫溢的问题。而在"根治海河"规划中，本来是按照先中下游后上游的次序来安排，1973 年后由于国家重视程度降低，组织管理上也出现很多问题，上游工程安排并不多，除了滹沱河、卫河进行过较大规模治理外，其他河流基本没有治理，这些都是以后威胁流域安全的大问题，亟待得到解决。另外，海河流域的洪水与各大支流泥沙多有密切关系。而在整个"根治海河"运动期间，上游的水土保持工作几乎没有多少进展，甚至于在"以粮为纲"的号召下，还出现伐木种田现象，对生态环境造成进一步的破坏。水土保持工作亦急需得到加强。

"根治"的含义，主要是指在措施上的治本。"根治海河"是人类对自己生存环境的改造，人类通过自身努力，使自然界与人类和谐相处。通过治理，到 20 世纪 70 年代中期，海河流域各河系都有了单独的入海通道，形成各河分流入海与集中天津海河入海并存的新格局，减轻了洪涝灾害的威胁，为城市、交通运输和农业的发展创造了条件，基本达到治理目的，但遗留的问题同样需要引起重视。毛泽东的"一定要根治海河"的号召，对鼓舞海河流域民众综合治理海河起了极大的推动作用。但是关于"根治"这一概念，"应该是一个形象号召，而不是一个科学技术术语。因为世界上任何建设事业，都没有一劳永逸、万年不变的。"[①] 而且，随着时间的推进，工程老化、河道淤塞以及水库的安保问题都会不断出现新情况。

同时，人类认识自然、改造和利用自然的道路是无止境的。几十年来，海河流域的生产条件有了根本性的改变，自然和生态环境也发生了重大变化。如今，由于上游水库的拦蓄，工业用水的增多，加之降雨量的减少，海河流域已经多年不见大水，而连年干旱造成的水资源短缺和生态环境恶化已成为当前农业增收的重大制约因素。但不得不承认的是，由于特殊的地形和气候条件，洪涝威胁依然是存在的，突发性的暴雨洪水仍是海河流域人民的心腹之患。水利对农业发展固然重要，但历史发展到今天，水利对工业的发展、

---

① 高辛：《关于根治海河大计问题的商榷》，《海河水利》1984 年第 2 期。

城市的繁荣以及对整个国民经济的发展都是至关重要的，水利建设也应该有一定的超前性。"重大治水方略的实现，都不是一下子能搞起来的，等到用时再搞就来不及了。"① 所以水利事业的发展要有长期的远景规划并有适当的投入。我们应当尊重历史，保持、维护民众付出巨大汗水和代价取得的来之不易的成果，加强对既有水利设施的管理和维护，加强总结既往的经验教训，继续对海河流域进行综合治理，使水利设施真正做到为民服务。

"根治海河"工程开始后，由于气候上的变化，海河流域发生水灾的频率比起新中国成立初期大大减少。但是，既定的危险并没有解除，由于经济、社会的发展，如果出现大水灾，损失将更为惨重。有人对 1963 年和 1996 年大水灾造成的损失进行过统计，1963 年总的直接经济损失为 59.3 亿元，1996 年总的直接经济损失为 456 亿元。随着社会的发展，海河流域增加了多条交通干线，如京九铁路、京深高铁、京港澳高速、京昆高速等；华北油田和华北经济迅速崛起。无论哪一条河流出现问题，损失都是极其巨大的。按照海河流域的重要地位，出现大的水灾不但会影响当地的发展，还会影响到整个国民经济发展的全局。1993 年，曾任水利部部长的钱正英在海河流域治理开发与经济发展战略研讨会上做了总结，她认为海河流域最近几年地下水位急剧降低，"在中小降雨的情况下，地表径流会减少很多，但是在大暴雨的情况下，根据各地方的经验，地表径流不会减少多少，就是如果真遇到大暴雨，还是照样会遇到大洪水。"② 因此，海河流域的发展必须要在保证防洪安全的前提下进行。由此看出，虽然海河流域总体水资源短缺是事实，但是洪涝威胁没有彻底解决，依然是心腹之患。我们应增强水患意识，不能因为大部分时间缺水而有丝毫的麻痹大意，因为海河流域的水灾都是突发的，并没有任何的前兆。

1996 年 8 月的大水灾过后，有关水利工作者对水灾的状况进行了反思，

---

① 水利部：《关于三十年来水利工作的基本经验和今后意见的报告》（1980 年 10 月 6 日），河北省档案馆藏，档案号 1047 - 1 - 442 - 1。

② 《钱正英同志在海河流域治理开发与经济发展战略研讨会上的发言》，《水利规划》1994 年第 1 期。

着重提到了人们麻痹思想严重，水患意识的淡薄，"96·8"大水灾给人们敲响了警钟。2012年7月21日，警钟再次响起，海河北系突降大暴雨，暴雨中心在北京市郊区。这次大暴雨对北京周边的铁路与公路交通造成很大影响，京广铁路、京港澳高速一度中断交通。海河流域的状况再次提醒人们应该有忧患意识，在面对新问题时仍然要关注整个流域的综合治理，以保证该流域农业的可持续发展以及确保重要城市和重要交通设施的安全，不能因为灾害频率的减少而放松警惕。在以后的社会发展中，应有计划、有步骤地继续加强对海河流域的治理，防患于未然。

三、15 年"根治海河"运动的启示

如今，距毛泽东发出"一定要根治海河"的号召已经有 50 余年的时间。50 年中，我国的经济获得了快速的发展，对防洪减灾提出了更高的要求。从海河流域的自然地理和气候特点看，海河的进一步治理是必须要进行的，否则一旦出现大水灾，损失会非常巨大，而这种水灾的威胁时时存在，因此有必要继续"根治海河"的伟大事业。在新的时期内进行水利工程，当然不同于 50 年前的施工组织。但是，集体化时期"根治海河"运动中所反映出来的规律性问题将给进一步的治理提供一定的经验借鉴。

首先，尊重经济规律，建立合理的筹资模式，实现重大工程费用合理负担。

从上述的分析可以看出，在"根治海河"工程中，农村提供无偿劳动力，农民付出高强度的体力劳动，农村集体承担了工程一半的投资。在国家尚处于经济困难条件下，这一政策对工程的顺利进行起到了重要的保障作用。如果按照大河治理的一般原则，主要依靠国家投资的话，必然会推迟海河治理的进度，无法尽快改变海河流域的面貌。因此，在国家财力有限的情况下，充分发挥集体的力量，调集必要的人力物力是大河治理的一条成功经验。但是，我们也应该看到，由于国家投资较少，政策不能根据变化的环境适时做出调整，"根治海河"运动后期社队负担越来越重，农村为治河付出沉重代价，在一定程度上损害了集体经济，影响了农村的发展和农民治河的积极性，

使民众对海河治理越来越有意见，以致出现消极抵制和讨价还价的现象，给基层集体造成了很大的压力。

应该说，水利工程的兴修对农业的发展非常有利，但水利工程的受益者并非只有"三农"，城市、交通和工业等都是水利工程的直接受益者。客观上看，"根治海河"工程中的有很多措施是为了保卫城市和交通的安全。现在，我们已经"充分认识到水利是国民经济的基础设施，以公益性为主，在社会主义市场经济中属于公共物品，是政府提供公共服务的重要领域"[①]。既然带有明显的公益性质，就需要建立合理的筹资制度模式与适当的融资渠道。大型水利工程，建立多方集资渠道应该是一条合理的途径，应该遵循受益者都要合理负担的原则，不能只压在农村与农民身上，而且还有一部分负担压在了完全不受益的农民身上。这样的做法可以在特殊年代得以实现，但长此下去只能招致民众的不满和反抗。水利工程尤其是江河治理有广泛的受益面，应该发挥全社会的力量，共同为江河治理进行专项资金积累，以便达到充分调配和合理利用水资源，并实现防灾减灾的目的，为保卫粮食安全，发展城市经济、保障交通运输甚至促进整个国民经济的发展保驾护航。海河远未"根治"，后续的治理必须尊重经济规律，合理负担，利用社会各受益部门的合力来完成。

其次，尊重科学，科学规划与管理，注重工程效益。

"根治海河"运动启动于"大跃进"之后我国经济的调整、巩固、充实、提高之时，在经历了"大跃进"所带来的社会震荡之后，从中央到地方的思维方式都逐渐趋于理性，在工程实施的早期，一直力图避免之前出现过的主观主义错误，回到正常的轨道上来。因此，在规划、组织领导上，初期的政策是比较合理的。但是随着政治形势的风云变幻，"文化大革命"开始后，"大跃进"期间的"多快好省"等口号再次出现，过分强调政治，忽视科学，不顾规律的现象有所抬头，尤其反对"物质刺激""专家治水"，使指导思想

---

① 韩瑞光、刘明喆、张光锦：《做好流域水利规划体系建设，支撑和保障水利及经济社会可持续发展》，《海河水利》2007 年第 2 期。

越发"左"倾。"根治海河"中的绝大部分工程完成于"文革"时期，过激的社会风气再次影响了水利工程，在大肆宣传"勤俭治水"的同时，由于不顾经济规律，却制造了不少浪费，令人痛心。

"根治海河"期间实施的工程，还普遍存在"重工程，轻管理"的现象，只管完成了多少工程，不顾实际产生的效益，甚至出现一些得不偿失的安排。"根治海河"利用了新中国成立初期经常采用的运动型模式治理。群众运动的特点是，有时表面轰轰烈烈，实则效率低下，贪大图虚名。水利建设要量力而行，不能贪多求快，不能超越客观条件急于求成，而是应该树立长期治理的目标，在安排计划、确立项目时，要综合考虑各方面的条件，从劳力、财力和物力以及技术力量的实际情况出发，制定合理的规划，循序渐进，而且要不断根据实际情况进行政策和技术的适当调整。"根治海河"运动中，在总体健康的治水模式下，由于受"左"倾思想的干扰，一度出现高指标、瞎指挥的现象，造成一定的不良后果，这是应该汲取的经验教训。

从水利工作本身来说，最基本的经验是要尊重科学，按照自然规律和经济规律办事，因此水利事业一定要提前进行合理规划，讲求经济效果，不能盲目蛮干，以致出现严重的质量问题而造成巨大的浪费。

再次，将水利建设纳入制度化轨道。

新中国成立后，由于我国实行全党全民办水利，党的政治路线和思想路线正确与否、党对水利建设的态度与重视程度等，对水利工程影响极大，"根治海河"运动前后期的差别很大程度上取决于党和国家的重视程度，所以在取得一定成就的基础上也出现了诸多问题。兴修水利是治国安邦的大事，是利国利民的事业，有其自身的规律可循。因此，水利的发展要有长远的规划，要注重自然规律与经济规律，减少人为的主观性，使水利建设走上制度化轨道。

"根治海河"运动所取得的成就，是国家利用强有力的政治动员，依托人民公社体制取得的，是集体化时期特殊的时代特点造就的。时至今日，社会环境已经发生了重大变化，水利建设中虽有众多的规律可循，但具体做法无法简单复制。如今，随着机械化水平的提高，人力已经不再是水利工程中的关键因素，但是资金的投入却是巨大的，水利建设所面临的最大问题是资金投入问题。国家在建立合理的融资渠道解决水利建设中的投入问题时，应制定相应的法律制度进行保障。法律化、制度化将是以后水利建设，进而是整个社会主义现代化建设的一个重要保障。

"根治海河"运动大部分时间处在"文化大革命"时期，具有鲜明的政治色彩和群众性治水运动的特点。由于新中国成立后国家的指导思想偏重于工业，对农业投入不足，在水利建设中部分牺牲了农村、农业与农民的利益，这是在"以农补工"的整体指导思想下完成的。由于当时国家经济实力不足，在水害频繁且严重的情况下，这是最有效的组织方式，这一点是毋庸置疑的。随着社会的发展、经济的进步，国家对待"三农"的政策正在逐渐发生变化。2007年1月29日，中共中央、国务院刊发了《关于积极发展现代农业扎实推进社会主义新农村建设的若干意见》的中央一号文件，指出"农业丰则基础强，农民富则国家盛，农村稳则社会安"。这是新中国成立后经济发展中对"三农"问题认识的再次提升，与新中国成立初期掠夺与牺牲"三农"利益的做法形成了鲜明的对比，也是国家政策转变的重要标志。

对于农业与工业、农村与城镇的关系，新中国成立后经历了"以农补工"和"以工补农"政策的演变，正如有学者所指出的，无论哪项政策，都是我国在发展过程中的理性选择。① 今天，注重解决"三农"发展中的问题，使工业反哺农业，缩小城乡差别是党和国家不断努力的目标。重要的，我们应该总结历史发展的规律，在更大程度调动民众积极性的同时，按照历史发展的客观规律选择未来发展的道路，以便少一些曲折，多一些坦途。总结集体化时期水利建设上的经验，不仅可以使我们更深入地探究历史规律，而且更深入地思考水利建设的经验教训，以便进一步发展我国的水利事业，为保障粮食安全，促进整个国民经济的发展服务。

综上所述，"根治海河"运动是在国家的组织领导下，依靠人民公社体

---

① 辛逸、高洁：《从"以农补工"到"以工补农"——新中国城乡二元体制述论》，《中共党史研究》2009年第9期。

制，由农村集体组织农民出工完成的。国家起了主导作用；农村集体成为主体力量和坚实后盾；农民是施工的主力军。由于国家和集体投入相当，"根治海河"运动既不同于大型工程的国家举办，又不同于小型农田水利的"民办公助"，而是一种新的投资方式——"公办民助"。该运动对乡村社会的发展既有积极作用，也有负面影响。水利建设必须尊重科学规律、尊重经济规律，并纳入制度化、规范化轨道，只有注重工程效益与合理负担才能更好地处理水利与民生的关系。

参考文献

一、档案资料

河北省档案馆藏：河北省根治海河指挥部档案（全宗号 1047）。

河北省水利厅档案（全宗号 982）。

河北省人民政府档案（全宗号 907）。

河北省委档案（全宗号 855）。

河北省粮食局档案（全宗号 997）。

天津市档案馆藏：天津市水利局档案（全宗号 X166）。

山东省档案馆藏：山东省水利局档案（全宗号 A121、A047）。

石家庄市档案馆藏：石家庄地区水利局档案（全宗号 99992、99993）。

高碑店市档案馆藏：新城县水利局档案（全宗号 34）。

藁城市档案馆藏：藁城县根治海河档案（全宗号 61）。

静海县档案馆藏：静海县根治海河指挥部档案（全宗号 2、4）。

盐山县档案馆藏：盐山县根治海河指挥部档案（1970—1980）。

二、文献资料

沧州地区纪念毛主席"一定要根治海河"题词十周年筹备办公室编：《沧海变桑田》，1973 年印。

《当代中国的水利事业》编辑部：《1949—1957 年历次全国水利会议报告文件》。

《当代中国的水利事业》编辑部：《1958—1978 年历次全国水利会议报告文件》。

《海河巨变》编写组：《海河巨变》，人民出版社 1973 年版。

河北省根治海河指挥部编：《河北省根治海河工程资料汇编（1963—1973）》，1973 年印。

河北省根治海河指挥部编：《子牙河工程参考手册》，1966 年印。

河北省旱涝预报课题组编：《海河流域历代自然灾害史料》，气象出版社 1985 年版。

河北省纪念毛主席"一定要根治海河"题词十周年筹备办公室编：《一定要根治海河——河北省十年来根治海河主要工程简介》，1973 年印。

河北省纪念毛主席"一定要根治海河"题词十周年筹备办公室编：《一定要根治海河 1963—1973》，1973 年印。

河北省农业展览馆革命委员会编：《河北省农业展览简介》，1972 年印。

河北省水利厅编：《河北省水旱灾害》，中国水利水电出版社 1998 年版。

河北省政协文史资料委员会编：《再现根治海河》，河北人民出版社 2009 年版。

《建国以来毛泽东文稿》，中央文献出版社 1991 年版。

《建国以来重要文献选编》，中央文献出版社 2011 年版。

聊城地区纪念毛主席"一定要根治海河"题词十周年筹备委员会编：《一定要根治海河——聊城地区根治海河典型选编》，1973 年印。

《农业集体化重要文件汇编》，中共中央党校出版社 1981 年版。

任宪韶、户作亮、曹寅白主编：《海河流域水利手册》，中国水利水电出版社 2008 年版。

山东省根治海河指挥部编：《鲁北大地换新貌——山东省根治海河工程简介》，山东人民出版社 1973 年版。

水利部海河水利委员会编：《海河流域水利建设四十年（1949—1989）》，1989 年印。

水利部海河水利委员会编：《海河沧桑 40 年》，1989 年印。

水利电力政治部宣传处编：《海河两岸尽朝晖》，水利电力出版社 1973 年版。

《水利辉煌 50 年》，中国水利电力出版社 1999 年版。

汤仲鑫等：《海河流域旱涝冷暖史料分析》，气象出版社 1990 年版。

杨学新主编：《根治海河运动口述史》，人民出版社 2014 年版。

《英雄的人民、宏伟的工程》，上海人民出版社 1975 年版。

张学亮编：《为民造福——治理海河工程规划与建设》，吉林出版集团有限责任公司 2011 年版。

中华人民共和国统计局、中华人民共和国民政部编：《中国灾情报告（1949—1995）》，中国统计出版社 1996 年版。

中共河北省委党史研究室编：《河北省根治海河运动》，中共党史出版社 2008 年版。

中共河北省委党史研究室编：《热血铸辉煌——海河壮举忆当年》（上下），中共党史出版社 2008 年版。

《中共中央关于大型水库工程情况和防汛问题的指示》，《党的文献》1997 年第 2 期。

《中共中央关于水利建设问题的指示》，《党的文献》1997 年第 2 期。

《中共中央、国务院关于"三五"期间根治海河重点工程的指示》，《党的文献》1997 年第 2 期。

《中共中央转发中财委一九五〇年水利工作总结和一九五一年方针任务》，《党的文献》1997 年第 2 期。

《中央人民政府政务院关于一九五二年水利工作的决定》，《党的文献》1997 年第 2 期。

《中国河湖大典·海河卷》，中国水利水电出版社 2013 年版。

中国社会科学院、中央档案馆编：《中华人民共和国经济档案资料选编·基本建设投资和建筑业卷》，中国城市经济社会出版社 1989 年版。

整理海河委员会编：《整理海河治标工程进行报告书》，1933 年印。

政协阜平县委员会编：《太行绿歌——阜平县落实毛主席"一定要根治海河"伟大指示兴山富县纪实》，2009 年印。

政协河北省大名县委员会文史资料研究委员会编：《大名文史资料》第 4 辑，1994 年印。

政协河北省邯郸市委员会文史资料研究委员会编：《邯郸文史资料》第 1 辑，1984 年印。

政协河北省深县委员会编：《深县文史资料选辑》第 2 辑，1984 年印。

政协河北省盐山县委员会文史资料委员会编：《盐山文史资料》第 6 辑，1998 年印。

政协河间市委员会编：《河间文史资料》第 12 辑，2003 年印。

政协怀来县委员会文史资料工作委员会编：《怀来文史资料》第 3 辑，1998 年印。

政协山东省德州市委员会文史资料研究委员会编：《德州文史》第 3 辑，1985 年印。

政协山东省德州市委员会文史资料研究委员会编：《德州文史》第 4 辑，1986 年印。

政协天津市和平区委员会文史资料委员会编：《天津和平文史资料选辑》第 5 辑，1995 年印。

政协天津市宁河县委员会文史资料委员会编：《宁河文史资料》第 5 辑，1995 年印。

政协文安县委员会学习文史委员会编：《文安文史资料》第 7 辑（1963 年抗洪斗争专

辑），1999年印。

政协文安县委员会学习文史委员会编：《文安文史资料》第9辑（纪念毛泽东主席"一定要根治海河"题词40周年专辑），2003年印。

三、报刊资料

《人民日报》（1963—1980）。

《河北日报》（1963—1980）。

《天津日报》（1963—1980）。

四、志书

白德斌主编：《保定市水利志》，中国和平出版社1994年版。

保定地区水利志编纂委员会编：《保定地区水利志》，中国社会出版社1994年版。

大城县水利志编纂委员会编：《大城县水利志》，地震出版社1993年版。

固安县水利局编：《固安县水利志》，中国人事出版社1991年版。

《海河志》编纂委员会编：《海河志》，中国水利水电出版社1995—2001年版。

河北省地方志编纂委员会编：《河北省志·水利志》，河北人民出版社1995年版。

河北省地方志编纂委员会编：《河北省志·自然地理志》，河北科学技术出版社1993年版。

河北省水利厅水利志编辑办公室编：《河北省水利志》，河北人民出版社1996年版。

河北省水利厅水利志编辑办公室编：《河北水利大事记》，天津大学出版社1993年版。

河南省水利史志编辑室编：《河南省1949—1982年海河流域水利事业大事记》，1985年印。

衡水地区水利志编纂委员会编：《衡水地区水利志》，河北人民出版社1995年版。

廊坊地区水利志编撰委员会办公室编：《廊坊地区水利志》，河北人民出版社1998年版。

刘录仓主编：《南宫县水利志》，河北人民出版社1991年版。

栾城县水利志编撰委员会编：《栾城县水利志》，河北人民出版社1997年版。

齐河县水利志编纂委员会编：《齐河县水利志》，山东人民出版社1990年版。

山东省水利史志编辑室编：《山东水利大事记》，山东科学技术出版社1989年版。

石家庄地区水利志编审委员会编：《石家庄地区水利志》，河北人民出版社2000年版。

天津市水利局水利志编纂委员会编：《天津水利志》，天津科学技术出版社2003年版。

田恒通主编：《新河县水利志》，新河县水利志编纂委员会办公室1988年印。

文安县水利志编纂委员会编：《文安县水利志》，水利电力出版社 1994 年版。

萧玉雄主编：《邢台地区水利志》，河北科学技术出版社 1992 年版。

薛冠智主编：《沧州地区水利志》，科学技术文献出版社 1994 年版。

五、著作

薄一波：《若干重大决策与事件的回顾》，中共中央党校出版社 1991 年版。

曹应旺：《周恩来与治水》，中央文献出版社 1991 年版。

池子华、李红英、刘玉梅：《近代河北灾荒研究》，合肥工业大学出版社 2011 年版。

丛进：《曲折发展的岁月》，人民出版社 2009 年版。

丁泽民主编：《新中国农田水利史略（1949—1988）》，中国水利电力出版社 1999 年版。

董丛林、苑书义、孙宝存、郭文书主编：《河北经济史》，人民出版社 2003 年版。

冯登岚、刘鲁风：《新中国大事辑要》，山东人民出版社 1992 年版。

冯炎：《中国江河防洪丛书·海河卷》，水利电力出版社 1993 年版。

高峻：《新中国治水事业的起步（1949—1957）》，福建教育出版社 2003 年版。

高王凌：《人民公社时期中国农民"反行为"调查》，中共党史出版社 2006 年版。

顾浩：《中国治水史鉴》，中国水利水电出版社 1997 年版。

《海河史简编》编写组：《海河史简编》，水利电力出版社 1977 年版。

韩钢主编：《中国当代史研究》，九州出版社 2011 年版。

韩立成：《当代河北简史》，当代中国出版社 1997 年版。

河北省水利厅编：《河北省水利十年》，河北人民出版社 1960 年版。

河北省政协文史资料委员会、河北省档案局编：《毛泽东与河北》，河北人民出版社 2006 年版。

冀朝鼎：《中国历史上的基本经济区与水利事业的发展》，中国社会科学出版社 1981 年版。

江家伦、张芳：《中国农田水利史》，农业出版社 1990 年版。

柯延：《一代天骄：毛泽东的历程——一个伟人和他的辉煌时代》，解放军文艺出版社 1996 年版。

李静萍：《农业学大寨运动史》，中央文献出版社 2011 年版。

李明编著：《中国共产党三代领导集体与三农》，知识产权出版社 2010 年版。

李日旭主编：《当代河南的水利事业 1949—1992》，当代中国出版社 1996 年版。

李若建：《折射：当代中国社会变迁研究》，中山大学出版社 2009 年版。

李友梅等：《中国社会生活的变迁》，中国大百科全书出版社 2008 年版。

李约翰：《毛泽东和省委书记们》，中央文献出版社 2000 年版。

林毅夫：《再论制度、技术与中国农业的发展》，北京大学出版社 2000 年版。

林蕴辉、范守信、张弓：《凯歌行进的时期》，人民出版社 2009 年版。

凌志军：《历史不再徘徊——人民公社在中国的兴起和失败》，人民出版社 1997 年版。

刘小荣：《1966—1976 年的天津》，中共党史出版社 2011 年版。

楼建军、李建业：《山东的水利建设》，山东人民出版社 2006 年版。

骆承政等：《中国大洪水——灾害性洪水述要》，中国书店出版社 1996 年版。

罗平汉：《农村人民公社史》，福建人民出版社 2006 年版。

罗兴佐：《治水：国家介入与农民合作——荆门五村农田水利研究》，湖北人民出版社 2006 年版。

牛凤瑞等：《平衡与发展：河北粮食问题研究》，河北人民出版社 1992 年版。

农业部农田水利局：《水利运动十年（1949—1959）》，农业出版社 1960 年版。

山西大学中国社会史研究中心编：《山西水利社会史》，北京大学出版社 2012 年版。

水电部基本建设司编：《当代中国水利基本建设》，1986 年印。

水利电力部政治宣传处编：《毛主席的光辉永照祖国山河》，水利电力出版社 1978 年版。

水利水电科学研究院编：《中国水利史稿》（下），水利电力出版社 1989 年版。

水利部农村水利司编著：《新中国农田水利史略（1949—1998）》，中国水利水电出版社 1999 年版。

时鉴：《听毛主席讲中国》，红旗出版社 2003 年版。

汤奇成：《水利与农业》，农业出版社 1985 年版。

唐正芒：《新中国粮食工作六十年》，湘潭大学出版社 2009 年版。

王年一：《大动乱的年代》，人民出版社 2009 年版。

王瑞芳：《当代中国水利史（1949—2011）》，中国社会科学出版社 2014 年版。

王泽坤：《变害为利——新中国开国之初的水利建设与淮河大战》，吉林出版集团有限责任公司 2010 年版。

王智：《燕赵百年 1901—2000》，河北人民出版社 2001 年版。

王祖烈：《淮河流域治理综述》，水电部治淮委员会淮河志编纂办公室 1987 年印。

温铁军：《中国农村基本经济制度研究——"三农"问题的世纪反思》，中国经济出版社 2000 年版。

温铁军：《"三农"问题与制度变迁》，中国经济出版社 2009 年版。

武汉水利电力学院、水利水电科学研究院《中国水利史稿》编写组：《中国水利史稿》（上），水利电力出版社 1979 年版。

武汉水利电力学院编：《中国水利史稿》（中），水利电力出版社 1987 年版。

吴晓梅：《毛泽东视察全国纪实》，湖南文艺出版社 1999 年版。

解峰、徐纯性、刘荣惠：《当代中国的河北》，中国社会科学出版社 1990 年版。

辛逸：《农村人民公社分配制度研究》，中共党史出版社 2005 年版。

颜昌远主编：《水惠京华——北京水利五十年（1949—1999）》，中国水利水电出版社 1999 年版。

杨学新主编：《根治海河运动编年史》，河北大学出版社 2015 年版。

杨学新主编：《起步与拓荒：新中国社会变迁与当代社会史研究》，河北大学出版社 2013 年版。

杨奎松：《学问有道——中国现代史研究访谈录》，九州出版社 2009 年版。

杨奎松：《中华人民共和国建国史研究》，江西人民出版社 2009 年版。

姚汉源：《黄河水利史研究》，黄河水利出版社 2003 年版。

姚汉源：《中国水利发展史》，上海人民出版社 2005 年版。

姚汉源：《中国水利史纲要》，水利电力出版社 1987 年版。

叶连松等：《河北经济事典》，人民出版社 1998 年版。

尤德、李祖锡：《新中国光辉的第一》，安徽少年儿童出版社 1995 年版。

《战斗在农林战线上的妇女》，农业出版社 1974 年版。

张乐天：《告别理想：人民公社制度研究》，上海人民出版社 2005 年版。

赵发生主编：《当代中国的粮食工作》，中国社会科学出版社 1988 年版。

邹逸麟、张修桂主编：《中国历史自然地理》，科学出版社 2013 年版。

中共中央文献研究室编：《周恩来年谱（1949—1976）》，中央文献出版社 1997 年版。

［美］戴维·艾伦·佩兹著，姜智芹译：《工程国家——民国时期（1927—1937）的淮河治理及国家建设》，江苏人民出版社 2011 年版。

［美］杜赞奇著，王福明译：《文化、权力与国家——1900—1942 年的华北农村》，江苏人民出版社 2010 年版。

〔美〕弗德里曼著，陶鹤山译：《中国乡村：社会主义国家》，社会科学文献出版社2002年版。

〔美〕黄宗智：《华北小农经济与社会变迁》，中华书局2000年版。

〔美〕黄宗智：《长江三角洲小农家庭与乡村发展》，中华书局2000年版。

〔美〕卡尔·A.魏特夫著，徐式谷等译：《东方专制主义——对于极权力量的比较研究》，中国社会科学出版社1989年版。

〔美〕J.唐纳德·休斯著，梅雪芹译：《什么是环境史》，北京大学出版社2008年版。

〔美〕R.麦克法夸尔、费正清编，谢亮生等译：《剑桥中华人民共和国史》（1966—1982），中国社会科学出版社1992年版。

〔美〕李怀印著，岁有生、王士皓译：《华北村治——晚清和民国时期的国家与乡村》，中华书局2008年版。

〔美〕李怀印：《乡村中国纪事——集体化和改革的微观历程》，法律出版社2010年版。

〔美〕詹姆斯·C.斯科特著，郑广怀等译：《弱者的武器》，译林出版社2011年版。

〔美〕詹姆斯·R.汤森、布兰特利·沃马克著，顾速等译：《中国政治》，江苏人民出版社2004年版。

六、论文

常汉林、陈玉林：《河北省"96.8"与"63.8"洪水的对比与反思》，《河北水利水电技术》1998年第3期。

程振声：《李先念与新中国环境保护工作的起步》，《中共党史资料》2008年第3期。

崔景华：《一个民工团团长的回忆》，《文史精华》2010年第Z1期。

戴哲夫、顿维礼、张延晋：《毛主席"一定要根治海河"题词的前前后后》，《文史精华》2010年第Z1期。

戴哲夫、张延晋、顿维礼：《毛主席关心河北水利建设》，《文史精华》1994年第3期。

董一林：《继续完成"一定要根治海河"的宏伟任务（代发刊词）》，《海河水利》1982年第1期。

董一林：《人类减灾壮举——根治海河》，《文史精华》2010年增刊1、2合刊。

董一林、王克非：《根治海河十四年》，《文史精华》1994年第3期。

冯仕政：《中国国家运动的形成与变异：基于整体的整体性解释》，《开放时代》2011

年第 1 期。

冯贤亮：《清代江南乡村的水利兴替与环境变化——以平湖横桥堰为中心》，《中国历史地理论丛》2007 年第 7 期。

高峻：《古田溪水库移民的历史考察》，《中国经济史研究》2013 年第 1 期。

高峻：《论建国初期对淮河的全面治理》，《当代中国史研究》2003 年第 5 期。

高峻：《新中国治水史研究资料的收集》，《中国水利》2013 年第 2 期。

葛玲：《打井与政治——20 世纪 50 年代中期的皖西北打井运动》，《南京农业大学学报》2012 年第 2 期。

葛玲：《二十世纪五十年代皖西北稻改运动的初步研究——以临泉县为例》，《中共党史研究》2011 年第 3 期。

葛玲：《二十世纪五十年代后期皖西北河网化运动研究——以临泉县为例的初步考察》，《中共党史研究》2013 年第 10 期。

葛玲：《建国初期自然灾害中的政府和乡村——以 1955 年皖西北临泉县城关区春荒为中心》，《党史研究与教学》2012 年第 4 期。

葛玲：《历史的思想与思想的历史——评〈农村人民公社分配制度研究〉》，《党史研究与教学》2008 年第 2 期。

葛玲：《统购统销体制的地方实践——以安徽省为中心的考察》，《中共党史研究》2010 年第 4 期。

葛玲：《新中国成立初期皖西北地区治淮运动的初步研究》，《中共党史研究》2012 年第 4 期。

葛玲：《灾荒与生活：1954 年皖西北水灾中的救灾政治》，《党史研究与教学》2013 年第 1 期。

葛玲：《政策演进中的统购统销制度特征分析》，《湛江师范学院学报》2008 年第 5 期。

葛玲：《中国乡村的社会主义之路——20 世纪 50 年代的集体化进程研究述论》，《华中科技大学学报》2012 年第 3 期。

耿化敏：《关于〈"铁姑娘"再思考〉一文几则史实的探讨》，《当代中国史研究》2007 年第 4 期。

郭于华：《心灵的集体化：陕北骥村农业合作化的女性记忆》，《中国社会科学》2003 年第 4 期。

韩乃义：《河北省"96.8"抗洪对海河防洪治理的启示》，《海河水利》2003 年第6 期。

韩瑞光、刘明喆、张光锦：《做好流域水利规划体系建设，支撑和保障水利及经济社会可持续发展》，《海河水利》2007 年第 2 期。

河北省防汛抗旱指挥部办公室：《治海河今昔巨变，重科学力保平安》，《河北水利》2003 年第 11 期。

河北省水利学会：《为根治海河积极贡献力量——河北省召开治水问题学术讨论会》，《水利水电技术》1964 年第 2 期。

黄尊国、刘敬礼：《根治海河备忘录——纪念毛主席"一定要根治海河"发表 30 周年》，《海河水利》1993 年第 5 期。

金一虹：《"铁姑娘"再思考——中国文化大革命中的社会性别与劳动》，《社会学研究》2006 年第 1 期。

柯礼丹：《海河流域规划——流域开发治理的基本依据》，《水利规划》1994 年第 1 期。

李安峰：《"大跃进"期间农田水利建设中移民伤亡抚恤问题——以昆明为中心考察》，《古今农业》2010 年第 2 期。

李春峰：《"大跃进"的前奏：兴修农田水利建设运动》，《沧桑》2010 年第 1 期。

李继光：《根治海河中的两项新经验》，《水利水电技术》1979 年第 2 期。

李金铮：《借鉴与发展：中国当代社会史发展的总体运思》，《河北学刊》2012 年第 4 期。

李金铮：《区域路径：中国近代乡村经济史研究方法论》，《河北学刊》2007 年第 5 期。

李金铮：《土地改革中的农民心态》，《近代史研究》2006 年第 4 期。

李金铮：《向"新革命史"转型：中共革命史研究方法的反思和突破》，《中共党史研究》2010 年第 1 期。

李金铮：《追求更具解释力的乡村社会史学——李金铮教授访谈录》，《晋阳学刊》2010 年第 2 期。

李里峰：《运动式治理：一项关于土改的政治学分析》，《福建论坛》2010 年第 4 期。

李彦东、李世勤：《海河流域的防洪体系已经形成》，《海河水利》1993 年第 5 期。

李文、柯阳鹏：《新中国前 30 年的农田水利设施供给——基于农村公共品供给体制变迁的分析》,《党史研究与教学》2008 年第 6 期。

刘洪升:《根治海河取得成就原因探析》,《农业考古》2010 年第 6 期。

刘洪升:《根治海河史略》,《河北省地方志》2002 年第 2 期。

刘洪升:《根治海河运动述论》,《燕山大学学报》2005 年第 3 期。

刘洪升:《论河北省根治海河运动的特点及经验教训》,《当代中国史研究》2007 年第 3 期。

刘洪升:《明清滥伐森林对海河流域生态环境的影响》,《河北学刊》2005 年第 5 期。

刘洪升:《唐宋以来海河流域水灾频繁原因分析》,《河北大学学报》2002 年第 1 期。

刘京华、冉世民、陈红:《河北省根治海河运动》,中共中央党史研究室第二部编:《社会主义时期党史专题文集(1949—1978)》第三辑,中共党史出版社 2008 年版。

刘彦文:《"大跃进"期间引洮工地上的"五类分子"》,《开放时代》2013 年第 4 期。

刘彦文:《"大跃进"时期的甘肃引洮工程述评》,《中共党史研究》2013 年第 5 期。

罗兴佐:《论新中国农田水利政策的变迁》,《探索与争鸣》2011 年第 8 期。

罗兴佐、贺雪峰:《乡村水利的组织基础》,《学海》2003 第 6 期。

罗志田:《见之于行事:中国近代史研究的可能走向——简论史料、理论与表述》,《历史研究》2002 年第 1 期。

吕元平:《对海河流域某些大型水库的回顾与展望》,《海河水利》1984 年第 3 期。

满永:《"反行为"与乡村生活的经验世界——从〈人民公社时期中国农民"反行为"调查〉一书说开去》,《开放时代》2008 年第 3 期。

满永:《革命与生活——兼及问题导向的中共党史研究》,《党史研究与教学》2012 年第 1 期。

满永:《生活中的革命日常化——1950 年代乡村集体化进程中的社会政治化研究》,《江苏社会科学》2008 年第 4 期。

门万和:《治理海河三十年》,《地理知识》1979 年第 9 期。

彭瑞善:《联合调度是根治海河的有效方法》,《水利水电技术》1997 年第 11 期。

戚振华:《鲁北平原展新姿——纪念毛主席题词"一定要根治海河"30 周年》,《海河水利》1993 年第 5 期。

钱杭:《共同体理论视野下的湘湖水利集团——兼论"库域型"水利社会》,《中国社会科学》2008 年第 2 期。

田济马等:《黑龙港地区盐碱地演变的研究》,《土壤学报》1995 年第 2 期。

"根治海河"运动与乡村社会研究（1963—1980）

王光宇：《安徽治淮的回顾与思考》，《中共党史研究》2009 年第 9 期。

王铭铭：《"水利社会"的类型》，《读书》2004 年第 11 期。

王龙飞：《近十年来中国水利社会史研究述评》，《华中师范大学研究生学报》2010 年第 1 期。

王培华：《清代滏阳河流域水资源的管理、分配与利用》，《清史研究》2002 年第 4 期。

王瑞芳：《成就与教训：农业学大寨运动中的农田水利建设高潮》，《中共党史研究》2011 年第 8 期。

王瑞芳：《从重建设到重效益：改革开放初期我国水利工作重心的转变》，《江苏师范大学学报》2013 年第 1 期。

王瑞芳：《"大跃进"运动前后"三主"治水方针的形成和调整》，《当代中国史研究》2013 年第 1 期。

王瑞芳：《新中国成立初期的农田水利建设》，《中国经济史研究》2013 年第 1 期。

王胜：《20 世纪 50 年代后期中国农村建设的历史回顾》，《求实》2010 年第 5 期。

王玉玲：《新中国的农业合作化和农村工业化》，《当代中国史研究》2007 年第 2 期。

吴敏先、张学凤：《建国 60 周年前后中华人民共和国史研究述评》，《东北师大学报》2013 年第 3 期。

吴绮雯：《论毛泽东"人定胜天"的环境思想》，《涪陵师范学院学报》2006 年第 5 期。

吴忠民：《重现发现社会动员》，《理论前沿》2003 年第 21 期。

辛逸、高洁：《从"以农补工"到"以工补农"——新中国城乡二元体制述论》，《中共党史研究》2009 年第 9 期。

辛逸、葛玲：《三年困难时期城乡饥荒差异的粮食政策分析》，《中共党史研究》2008 年第 5 期。

行龙：《从"治水社会"到"水利社会"》，《读书》2005 年第 8 期。

行龙：《"水利社会史"探源——兼论以水为中心的山西社会》，《山西大学学报》2008 年第 1 期。

行龙：《"资料革命"：中国当代社会史研究的基础工作》，《河北学刊》2012 年第 2 期。

行龙：《"自下而上"：当代中国农村社会研究的社会史视角》，《当代中国史研究》

2009 年第 4 期。

薛冠智：《根治海河是沧州地区最光辉的篇章》，《海河水利》1993 年第 5 期。

阎达开：《一定要根治海河、对人民无限负责——怀念毛主席》，《海河水利》1995 年第 5 期。

杨奎松：《从"小仁政"到"大仁政"——新中国成立初期毛泽东与中央领导人在农民粮食问题上的态度异同与变化》，《开放时代》2013 年第 6 期。

杨学新：《河北省根治海河运动研究的回顾与反思》，《当代中国史研究》2013 年第 5 期。

杨学新、刘洪升：《周恩来与建国初期海河水利建设》，《河北大学学报》2013 年第 1 期。

尧山壁：《水，啊！水》，《随笔》2011 年第 5 期。

袁树峰：《我的海河民工经历》，《文史精华》2009 年第 1 期。

岳宝鉴：《洪水过后的反思》，《河北水利水电技术》1998 年第 3 期。

张爱华：《"进村找庙"之外：水利社会史研究的勃兴》，《史林》2008 年第 5 期。

张剑平：《新时期关于社会史研究的理论和方法的探讨》，《社会科学》2012 年第 12 期。

张剑平、戴晓洁：《黄宗智对中国历史研究范式的反思及其价值》，《郑州大学学报》2012 年第 6 期。

张俊峰：《明清以来晋水流域之水案与乡村社会》，《中国社会经济史研究》2003 年第 2 期。

张晓玲：《中农的日常生活（1953—1956）——统购统销制度下国家与农民的关系》，《华南农业大学学报》2013 年第 1 期。

张学礼：《根治海河运动取得巨大成就的历史考察》，《文教精华》2008 年第 29 期。

张学礼：《"一定要根治海河"决策形成的历史略述》，《党史博采》2005 年第 5 期。

张学礼、杨博：《根治海河工程的历史经验和现实价值》，《前沿》2011 年第 8 期。

张学礼、杨博：《根治海河工程中民工管理模式的历史考察》，《经营管理者》2011 年第 4 期。

张岳：《新中国水利五十年》，《水利经济》2000 年第 3 期。

张泽鸿：《根治海河，效益恢宏——纪念毛泽东同志"一定要根治海河"题词30 周年》，《海河水利》1993 年第 5 期。

赵金升：《根治海河的伟大成就和遗留问题》，《中国地理》1979 年第 5 期。

赵世瑜：《分水之争：公共资源与乡土社会的权力和象征》，《中国社会科学》2005 年第 2 期。

［美］黄宗智：《中国革命中的农村阶级斗争——从土改到文革时期的表达性现实与客观性现实》，《中国乡村研究》第 2 辑，商务印书馆 2003 年版。

［日］森田明：《中国水利史研究的近况和新动向》，《山西大学学报》2011 年第 3 期。

七、学位论文

陈胜辉：《人民公社体制下农田水利建设的历史考察》，贵州财经大学 2012 年硕士学位论文。

郭丽娟：《河北省根治海河民工研究》，河北师范大学 2006 年硕士学位论文。

蒋俊杰：《我国农村灌溉管理的制度分析（1949—2005）——以安徽省淠史杭灌区为例》，复旦大学 2005 年博士学位论文。

刘王莹：《人民公社初期水利建设工地管理与民工日常生活：以 1958—1960 年太浦河工程上海段为例》，上海师范大学 2010 年硕士学位论文。

刘彦文：《水利、社会与政治——甘肃省引洮工程研究（1958—1962）》，华东师范大学 2012 年博士学位论文。

孙景丽：《1949—1978 年随县水利建设与农村社会》，华中师范大学 2008 年硕士学位论文。

谢丁：《我国农田水利政策变迁的政治学分析：1949—1957》，华中师范大学 2006 年硕士学位论文。

褚推鸧：《当代广西水利建设述评（1950—1979）》，广西师范大学 2006 年硕士学位论文。

尹北直：《李仪祉与中国近代水利事业发展研究》，南京农业大学 2010 年博士学位论文。

张艾平：《1949—1965 年河南农田水利评析》，河南大学 2007 年硕士学位论文。

张学礼：《河北根治海河运动探析》，河北师范大学 2003 年硕士学位论文。

周亚：《集体化时期的乡村水利与社会变迁——以晋南龙子祠泉域为例》，山西大学 2009 年博士学位论文。

后　记

本书是作者 2013 年承担的河北省社会科学基金项目（项目编号：HB13LS013）的结项成果。本书是在博士论文的基础上修订而成的。

回顾写作历程，感慨良多。首先向各位良师、挚友与亲人表达深深的谢意。

首先感谢我的导师李金铮教授。李老师是我的硕士导师，2001 年先生从复旦大学博士后流动站出站回校，我有幸成为先生的开门弟子，我的硕士论文从选题、写作到成稿都倾注了先生大量心血。毕业八年后，我有幸再次跟随先生攻读博士学位，我的博士论文同样是在先生的精心指导下完成的。十几年来，先生给我的关怀和帮助无法历数，以致使我养成了一种习惯，只要遇到不易解决的困难，首先想到的是拨通先生的电话，而先生也总能帮我指点迷津，化解所有的难题。对恩师的感谢已经无法用语言来表达！

感谢参加我开题、预答辩和答辩的刘敬忠教授、杨学新教授、张剑平教授、范铁权教授和肖红松教授。从开题到成稿，各位先生给我提出很多指导性的意见，对论文的写作、修改和完善有很大帮助。感谢刘老师对选题的肯定和热情支持，感谢杨老师提示的宽广视野和中肯建议，感谢张老师严谨治学的态度对我的深深影响。与范老师、肖老师则亦师亦友，我们相识于学生期间，十多年来二位一直是我人生路上的兄长和朋友，感谢你们一直以来的帮助和鼓励，我更把你们的勤奋与成就作为我今后努力的方向。

开题时，恰逢当年研究生毕业答辩之际，有幸得到来院参加毕业生答辩的两位专家——河北省社科院刘洪升研究员与陕西师范大学黄正林教授的指导。刘洪升先生是研究"根治海河"的前辈，黄正林教授是中国近现代史领域的优秀学者，二位先生给我的选题提出了很多宝贵意见。毕业时，黄正林教授与河北省社科院的朱文通研究员出席了我的论文答辩，两位先生不仅给我提出很多修改建议，而且给予我一定肯定和鼓励。再次衷心感谢各位先生的指点，得到你们的指导使我深感荣幸！

感谢硕士阶段曾指导过我两年的池子华教授。先生为人谦和，学业上兢兢业业。虽然由于工作原因离开了河北大学，但十几年来一直关心和督促着我的工作和学习。先生在去苏州大学之前把我推荐给了他的挚友李金铮先生。今生有幸，遇到了人生道路上给予我很大帮助的两位恩师。

感谢各地档案馆的工作人员。在论文准备过程中，我到过多个档案馆查阅资料，尤其成了河北省档案馆的常客，不但多次造访，有时一查就是一两个月。另外，还去过天津市档案馆、山东省档案馆、石家庄市档案馆、盐山县档案馆、藁城市档案馆、静海县档案馆以及高碑店市档案馆等。感谢河北省档案馆的连薇、石家庄市档案馆的刘建英、盐山县档案馆的韩金花、藁城市档案馆的李书俊等各位姐妹以及不知名的工作人员的帮助。没有你们的支持，我的论文难以顺利完成。

感谢我的同学、同事和朋友们。感谢王利民、刘颖冰、崔玉敏、郑京辉、王玉蓉、把增强、刘洁、范喜茹、郑清坡、樊孝东、郭晓勇、刘玉梅、崔军锋、彭小舟、周晓丽、刘姗、王峥、程从军、申慧青等，学习、工作和生活中常常得到你们的帮助、支持和鼓励！感谢兄长吕少军在我回乡查档和调研中提供的所有便利！感谢历史学院2011、2012级的同学们参加了我的调研活动。真心感恩所有帮助过我的人。

感谢亲人的理解和支持。我的父亲和公公都是多年参加"根治海河"工程的"老海河"，年轻时他们为此吃了不少苦。如今，这段经历给了他们很多难忘的回忆，他们不但亲自为我提供了大量信息，还带着我采访了很多的治河亲历者，丰富了我的口述资料，使我增强了对这段历史的感悟。感谢父母的理解和支持，他们身体不太好，虽然经常电话联系，可我知道他们总是报喜不报忧，不愿让我分心。感谢爱人和孩子的包容，忙碌中的我难免发脾气，感谢你们对我的迁就。

　　几年来，边工作边学习，既要履行自己的职责又要完成学业，上有老下有小，有时真觉得分身乏术。博士论文的工作量的确是其他文章无法比拟的，虽然经过读博期间的努力，我所发表的论文质量有所提高，但因本人的学术水平以及时间精力所限，依然不能交上一份满意的答卷。毕业之后，河北大学历史学院及时将我的博士论文列入华北学出版计划，使这本书得以尽快面世。感谢历史学院姜锡东教授和李维意教授的支持！感谢责任编辑邵永忠先生为本书出版付出的努力！

　　本书的不足之处，敬请读者批评指正。

吕志茹
2015 年 3 月

责任编辑:邵永忠

封面设计:徐　晖

责任校对:吕　飞

图书在版编目(CIP)数据

"根治海河"运动与乡村社会研究:1963～1980/吕志茹 著.
　-北京:人民出版社,2015.8
ISBN 978－7－01－014879－3

Ⅰ.①根…　Ⅱ.①吕…　Ⅲ.①海河-治河工程-水利史-1963～1980
　Ⅳ.①TV882.821

中国版本图书馆 CIP 数据核字(2015)第 110552 号

"根治海河"运动与乡村社会研究(1963—1980)
GENZHIHAIHE YUNDONG YU XIANGCUN SHEHUI YANJIU(1963—1980)

吕志茹　著

人民出版社 出版发行
(100706　北京市东城区隆福寺街 99 号)

北京龙之冉印务有限公司印刷　新华书店经销

2015 年 8 月第 1 版　2015 年 8 月北京第 1 次印刷
开本:710 毫米×1000 毫米 1/16　印张:24.5
字数:370 千字

ISBN 978－7－01－014879－3　定价:58.00 元

邮购地址 100706　北京市东城区隆福寺街 99 号
人民东方图书销售中心　电话 (010)65250042　65289539